U0250888

重大工程施工技术专著系列

# 大型构件
# 液压同步提升技术

卞永明　著

上海科学技术出版社

**图书在版编目(CIP)数据**

大型构件液压同步提升技术 / 卞永明著. —上海：上海科学技术出版社，2015. 5

（重大工程施工技术专著系列）

ISBN 978 - 7 - 5478 - 2543 - 3

Ⅰ. ①大… Ⅱ. ①卞… Ⅲ. ①液压提升机 Ⅳ. ①TH211

中国版本图书馆 CIP 数据核字(2015)第 039168 号

**大型构件液压同步提升技术**

卞永明　著

上海世纪出版股份有限公司<br>上 海 科 学 技 术 出 版 社　出版

（上海钦州南路 71 号　邮政编码 200235）

上海世纪出版股份有限公司发行中心发行

200001　上海福建中路 193 号　www. ewen. co

上海中华商务联合印刷有限公司印刷

开本 787×1092　1/16　印张 18　插页 4

字数 400 千字

2015 年 4 月第 1 版　2015 年 4 月第 1 次印刷

ISBN 978 - 7 - 5478 - 2543 - 3/TH・51

定价：86. 00 元

# 内容提要

本书详细介绍了液压同步提升技术的发展概况、应用场合、发展趋势、工作原理和装置结构等,并对液压同步提升中的关键技术(钢绞线负载均衡、电液比例阀技术、系统稳定性等)进行了深入的数学建模和仿真分析。第1章对液压同步提升技术进行概述,第2章介绍了液压同步提升系统的组成,第3章研究了钢绞线负载均衡理论,第4章介绍了液压同步提升系统比例阀技术及仿真,第5章研究了系统控制策略与参数,第6章介绍了液压同步提升系统的抗振试验,第7章详细介绍和分析了多项国内重大工程的应用实例,为液压同步提升技术的实际应用提供了宝贵的实践经验。

本书理论与实践相结合,内容系统丰富,尤其是大型工程施工项目的应用分析,较多资料未曾公开过,具有较高的参考价值。本书可以为从事机械电子工程、机械设计、机械制造、土木工程等专业的工程技术人员提供参考,也可供高校相关专业师生参阅。

# 前 言

液压同步提升技术是一项新颖的建筑施工安装技术，它与传统的提升方法不同，采用柔性钢绞线或刚性立柱承重、提升器集群、计算机控制液压同步提升，结合现代化施工方法，将成千上万吨的构件在地面拼装后，整体提升到预定高度安装就位。在提升过程中，不但可以控制构件的运动姿态和应力分布，还可以使构件在空中长期滞留并进行微动调节，实现空中拼接，完成人力和现有设备难以完成的施工任务，使大型构件的起重安装过程既简便快捷，又安全可靠。

国际上著名的瑞士VSL国际有限公司自20世纪70年代开始使用液压整体提升技术在世界各地进行了大型构件的施工、安装。例如：韩国的3 400 t顶部结构的提升，德国的高架起重绞车的移位和1 400 t主弓桥的提升，瑞士的5 300 t屋顶结构的提升等工程，都体现了液压整体提升技术无可比拟的优越性。此外，瑞典Bygging－Uddemann、意大利Fagioli、美国Barnhart等都是专业提升公司，它们在国外成立分公司、办事处或制造工厂，从事提升设备的生产，项目的承包、施工、服务等多方面的工作，足迹遍及全球，完成了多项大吨位构件的液压同步提升安装项目，如法国巴黎TDF塔7 780 t塔楼的提升、芬兰赫尔辛基9 000 t伞形水塔的提升、日本东京成田国际机场5 068 t修理机库钢结构屋顶和跨海大桥施工等。

在我国，从80年代末开始，液压同步提升技术先后应用于上海石洞口电厂和上海外高桥电厂六座240 m钢烟囱顶升，上海东方明珠广播电视塔450 t钢天线桅杆整体提升，北京西站主站房1 800 t钢门楼整体提升，北京首都国际机场四机位机库网架屋面提升以及上海大剧院钢屋盖整体提升等一系列重大建设工程中，获得了巨大成功，取得了显著的社会效益和经济效益。

计算机控制液压同步提升技术是一项成熟的构件提升（下降）安装施工技术，它采用柔性钢绞线承重、提升油缸集群、计算机控制、液压同步提升的原理，结合现代化施工工艺，将成千上万吨的构件在地面拼装后，整体提升（下降）到预定位置安装就位，实现大吨位、大跨度、大面积的超大型构件超高空整体同步提升（下降）。大型构件液压同步提升技术的核心是液压提升设备，它主要由柔性钢绞线或刚性支架承重系统、电液比例液压控制系统、电气控制系统及传感器检测系统组成。

液压同步提升技术是在实际工程应用迫切需要的形势下形成的，是在因工程的重大影响而要求它具备万无一失的安全可靠性和方便灵活的现场适应性前提下，得到逐步完善和不断发展的，它不仅省工、省时、省料，而且具有显著的经济效益，因而后继工程接连不断，展现了良好的应用前景。可以说，它的发展过程完全适应了经济发展需要，特别是当前建筑业发展的需要。

计算机控制液压同步提升系统由钢绞线及提升油缸集群（承重部件）、液压泵站（驱动部件）、传感检测及计算机控制（控制部件）和远程监视系统等部分组成。钢绞线及提升油缸是系统的承重部件，用来承受提升构件的重量。用户可以根据提升重量（提升载荷）的大小来配置提升油缸的数量，每个提升吊点中油缸可以并联使用。这种技术具有同步性好、被提升物件状态稳定、安全性好、效率高等优点。

本书详细介绍了液压同步提升技术的发展概况、应用场合、发展趋势、工作原理和装置结构等，并对液体同步提升中的关键技术（钢绞线负载均衡、电液比例阀技术、系统稳定性等）进行了深入的数学建模和仿真分析。最后通过对多项工程应用实例的详细介绍和分析，为液压同步提升技术的实际应用提供了宝贵的实践经验。

上海同新机电控制技术有限公司是国内知名的液压提升专业公司，专门从事机电液一体化技术研发与工程应用。本书工作得到了上海同新机电控制技术有限公司的大力支持。特别感谢郑飞、程鹏、秦利升、宋文杰、金晓林、李怀东等对本书的专业贡献，也感谢卞康丽、徐瑛等的无私帮助；本书还得到了同济大学的张氢教授、刘宗群高工、吴冲教授、刘广军副教授、秦仙蓉教授、李安虎教授等的支持；在本书的撰写过程中，同济大学的研究生蒋佳、王夏晖和沈天曜等付出了辛勤劳动。本书引用了作者早期所带的几位研究生的论文，在此一并致以感谢。本书第 1 章对液压同步提升技术进行概述，第 2 章介绍了液压同步提升系统的组成，第 3 章研究了钢绞线负载均衡理论，第 4 章介绍了液压同步提升系统比例阀技术及仿真，第 5 章研究了系统控制策略与参数，第 6 章介绍了液压同步提升系统的抗振试验，第 7 章介绍了液压同步提升的应用实例。全书是作者及其团队结合了多年来的科研成果和工程实践的基础上撰写而成的。本书可以为从事机械电子工程、机械设计、机械制造、土木工程等专业的工程技术人员提供参考，也可供高校相关专业师生参阅。

本人在编撰过程中虽然花了不少精力，但仍难免有错误与不足之处，殷切期盼广大读者批评指正。

作　者

# 目 录

## 第3章 钢绞线负载均衡研究 39



## 第4章 液压同步提升系统比例阀技术及仿真 68

# 第1章 绪论

现代化的建筑物不仅向高层和超大方向发展，而且造型各异、别具一格，然而这些颇具创意的结构设计给安装施工带来了诸多难题，譬如大型构件的高空安装问题，使用传统的工艺方法存在一定的局限性，甚至难以逾越某些障碍。

液压整体同步提升技术是一项新颖的建筑施工安装技术，它与传统的提升方法不同，采用柔性钢绞线或刚性立柱承重、提升器集群、计算机控制液压同步提升，结合现代化施工方法，将成千上万吨的构件在地面拼装后，整体提升到预定高度安装就位。在提升过程中，不但可以控制构件的运动姿态和应力分布，还可以使构件在空中长期滞留并进行微动调节，实现空中拼接，完成人力和现有设备难以完成的施工任务，使大型构件的起重安装过程既简便快捷，又安全可靠。

## 1.1 液压同步提升技术特点

液压同步提升技术的核心设备采用计算机控制，全自动完成同步升降、负载均衡、姿态校正、应力控制、操作闭锁、过程显示和故障报警等多种功能，是集机、电、液、计算机、传感器和控制理论等技术于一体的现代化先进设备。

液压同步提升技术具有以下特点：

1) *提升重量和提升高度不受限制*　由于提升吊点数不限，提升器集群数不限，钢绞线长度不限，因此可将任意大小、任意重量的构件整体同步提升至任意高度；由于提升器锚具具有逆向运动自锁作用，使提升过程安全可靠，并且构件可在空中任意位置长期、可靠地锁定。

2) *自动化程度高*　整套提升设备采用计算机控制，操作方便灵活，能够全自动地完成同步升降、负载均衡、姿态校正、参数显示及故障报警等多种功能；此外，手动、顺控、自动及单动、联动等多种操作方式十分适用于现场施工作业。

3) *控制模式完备*　液压提升设备并不像其他起重设备那样仅仅是做简单的构件提升，而是能够根据不同的提升对象和施工要求，在提升过程中进行构件的姿态调整和(或)应力控制，乃至实现多目标复合控制，因此，特别适合于超大型构件的同步整体提升、安装。

4) *体积小、起重/自重比大*　与相同起重量的其他起重设备相比，液压提升设备的体积仅为它们的1/10～1/5，而提升重量却能够达到其自重的50倍甚至更多，这就有可能进入其他起重设备无法进入的狭小空间或高空、地下等施工场合进行起重安装作业。

5）安全可靠性好　为确保提升工程绝对安全，万无一失，对系统的安全可靠性做了周密考虑。采用信号冗余传感技术、控制系统电磁兼容技术、控制软件抗干扰技术以及采取误操作闭锁、液压系统爆裂自锁和楔形夹具逆向运动自锁等一系列措施，有效地避免了事故的发生。

6）适应性、通用性强　由于预见到该项技术应用的广泛性，因此提升系统采用了模块化、集成化和程序化设计，使液压系统、电气系统中的模块单元可以灵活组合，以适应不同的施工要求；系统结构紧凑，适合在狭小空间作业，也给设备本身的运输和现场安装布置带来方便；硬件功能的软件化则只要通过更改软件就能够满足不同的提升控制目标。

液压同步提升技术的这些特点，保证了各项重大工程的顺利进行。这种新颖的起重技术在长距离、大吨位提升方面的特点和优越性，是传统的卷扬机钢丝绳滑轮组起重技术不能比拟的。上海东方明珠广播电视塔钢天线桅杆整体提升、北京西站主站房1 800 t钢门楼整体提升、北京首都国际机场四机位机库网架屋面提升、上海证券大厦钢天桥整体提升、上海大剧院6 075 t钢屋盖整体提升、东方航空公司双机位机库整体提升等一系列大型提升建设工程都采用了液压同步提升技术，解决了一大批世界性的工程难题，显示了液压同步提升技术的巨大提升能力和优越性能，因而受到工程界的广泛关注，并被住房和城乡建设部列为重点推广的建筑业施工新技术。

## 1.2　液压同步提升技术发展概况

### 1.2.1　国外发展概况

国际上著名的瑞士VSL国际有限公司自20世纪70年代开始使用液压整体提升技术在世界各地进行了大型构件的施工、安装。例如：Chong Ro Building（韩国，3 400 t顶部结构的提升）、Philippsburg Power Station（德国，高架起重绞车的移位）、Nantenbach Railway Bridge（德国，1 400 t主弓桥的提升）、Palexpo Exhibition Center（瑞士，5 300 t屋顶结构的提升）等工程，都体现了液压整体提升技术无可比拟的优越性。

此外，瑞典Bygging - Uddemann、意大利Fagioli、美国Barnhart等都是专业提升公司，它们在国外成立分公司、办事处或制造工厂，从事提升设备的生产，项目的承包、施工、服务等多方面的工作，足迹遍及全球，完成了多项大吨位构件的液压同步提升安装项目，如法国巴黎TDF塔7 780 t塔楼的提升、芬兰赫尔辛基9 000 t伞形水塔的提升、日本东京成田国际机场5 068 t修理机库钢结构屋顶和跨海大桥施工等。

1992年投入使用的西班牙巴塞罗那广播电视塔（图1-1），全高288 m、总重2 600 t。该塔位于海拔445 m山上，由三部分组成：高205 m、直径4.5 m混凝土基座，38 m长的钢桅杆和长45 m的顶端结构。它的建成是VSL公司液压整体提升技术的成功运用。

1997年，在法国Wattrelos的一个小镇，为了改善当地的自来水供应状况，决定修建一个容量3 000 $m^3$的水塔，其塔顶圆锥形壳体重2 000 t。圆锥底面直径达38.9 m，高度为

37.5 m。塔顶锥形壳先在地面上围绕塔体支柱浇注而成，然后采用液压同步提升技术，整体提升到顶部。总共用了不到 13 h，即完成了塔顶锥形壳体的提升，如图 1-2 所示。

图 1-1 西班牙巴塞罗那广播电视塔

图 1-2 法国水塔

图 1-3 所示为日本东京成田国际机场修理机库。修理机库钢结构屋顶跨度为 90 m×190 m，没有内部支撑，重 5 068 t，提升高度为 18.03 m，其在地面上组装焊接完成，然后用液压同步提升的方法整体提升上去。

图 1-3 日本东京成田国际机场修理机库

### 1.2.2 国内发展概况

在国内，液压同步提升技术的研究始于 20 世纪 80 年代中期，以同济大学为主导，大致分为以下三个阶段：

1）*液压同步提升技术的萌芽阶段* 同济大学开始进行计算机电液控制技术的工程应用研究，最早应用在液压电梯的控制中，采用 MCS－48 系列单片机、DYBQ－G25 型电液比例调速阀，进行电梯的信号逻辑控制和调速控制，围绕电梯加、减速段舒适性问题和门区平层问题，进行了电液比例控制系统调速特性的研究，并针对电梯控制接触器的电磁干扰，重点解决了计算机控制系统的抗干扰问题，均取得了良好效果。可以说，这是液压同步提升技术的雏形（单点液压顶升）。对这些基本问题的研究和解决，为以后液压同步提升技术的形成奠定了技术基础。

2）*液压同步提升技术的形成阶段* 液压同步提升技术于 1990 年被正式应用于上海石洞口第二电厂 2×60 MW 发电机组钢内筒烟囱顶升工程。钢内筒烟囱高 240 m，直径 6.5 m，总重 600 t，采用倒装法逐段向上顶升施工。三个液压爬升器在三根刚性立柱中间，依靠油缸的同步伸缩和上下插销的协调插拔向上爬升，将钢烟囱同步托起。在此工程中，进行了爬升器负载平稳转换研究；采用 MCS－51 系列单片机进行数字同步调节，解决了三点支承的高精度同步控制问题，使顶升过程的同步精度达到±1 mm，完全满足工程要求。这是该项技术在重大工程应用方面迈出的关键一步。

3）*液压同步提升技术的成熟阶段* 从 1994 年的上海东方明珠广播电视塔钢天线桅杆整体提升到 1996 年的上海大剧院钢屋盖整体提升，是液压同步提升技术大规模工程应用并取得辉煌成就的时期。与此同时，该项技术本身也在各项重大工程应用中不断完善，日趋成熟。在以前提升技术的基础上，提出了钢绞线承重、提升器集群、计算机控制、液压同步整体提升的方案，获得了巨大成功，取得了显著的经济效益和社会效益。工程实践证明，液压同步提升技术是一项具有良好应用前景的新技术。

## 1.3 液压同步提升技术的应用场合

液压同步提升技术主要应用于需要进行超大、超重、大跨度和高安装高度的构件提升领域，包括建筑工程、桥梁工程和大型机电设备等场合。

### 1.3.1 建筑工程

1）*上海东方明珠广播电视塔钢天线桅杆整体提升工程* 上海东方明珠广播电视塔钢天线桅杆全长 118 m，总重 450 t，是当时世界上最长最重的天线桅杆，采用地面组装、整体提升的技术方案，并为此专门研制了一套提升设备。以 $\phi$15.2 mm 的柔性钢绞线作为承重索具，120 根钢绞线从标高 350 m 的混凝土塔顶平台挂到地面，20 只 400 kN 的液压提升器分别布置在钢天线桅杆根部段四侧，托着超过 100 m 的天线桅杆，沿着 120 根钢绞线同步向上攀升。在这一工程中，柔性钢绞线的采用使电视塔天线桅杆的长距离超高空整体提升成为可能，钢绞线平均负载为每根 3.75 t；计算机控制系统采用 MCS－96 系列单片机与 FX－2 可编程控制器组成的控制网络，同时控制天线桅杆的垂直度和钢绞线的负载均衡，这一多目标控制策略保证了庞大天线桅杆的平稳提升。又由于提升器楔形夹片的逆向运动自锁作用，使提升过程十分安全可靠；锚具的主动松紧，又解决了提升器带载下降问题。在解决了这一系列技术关键之后，钢天线桅杆经 80 余 h、350 m的连续提升，顺利到达预定安装位置，使其顶端达到 468 m 的高度。如图1－4所示。

**图 1－4 上海东方明珠广播电视塔**

2）上海大剧院钢屋盖整体提升工程　上海大剧院是一座国际性高等级综合剧院，凌空翱翔的大屋顶显示其迥异的风格。大屋顶平面尺寸 100 m×90 m，高 11.4 m，重 5 800 t，为一空间框架结构，由箱形和工字形截面制成 2 榀纵向主桁架，2 榀纵向次桁架，12 榀上反拱月牙形桁架和联系梁等组成；整个屋盖呈月牙形上反拱，支撑在 6 个电梯井上，如图 1－5 所示。大屋盖整体提升高度近 40 m，采用的提升设备为 44 台 4 吊点 2 000 kN提升器。该工程进一步提高了提升设备的模块化、标准化程度，使之成为无限可扩展系统。

**图 1－5 上海大剧院**

3）北京首都国际机场四机位机库钢屋盖分块电控液压千斤顶群同步提升、爬升工程　四机位机库屋盖钢结构由钢桥、中梁及多层球管网架三种结构组成，覆盖面积 3.5 万 $m^2$，是我国最大的机库，并列世界第一。建筑物长 306 m、宽 90 m、高 40 m。大门处设梯形悬挑钢桥，长 306 m、宽 11.4 m、高 12 m，为双跨连续梁，重 2 100 t；中梁将结构分为对称的两部分，桁架梁长 90 m、高 12 m，重 400 t，网架为多层正交斜放抽空四角锥焊接球管网架，中间由中梁支承，长 306 m、宽 84 m、矢高 6 m，重 2 000 t。钢结构总重 5 400 t，如图 1－6 所示。巨型屋盖采用分块整体提升与爬升工艺，高空合龙技术和多级计算机主从控制方式。

4）北京首都国际机场 A380 机库钢屋盖整体提升工程　A380 机库大厅屋盖结构跨度

图 1-6 北京首都国际机场四机位机库

352.6 m,进深 114.5 m,屋盖顶标高 39.8 m。屋盖结构采用三层斜放四角锥钢网架,下弦支承,网格尺寸 6 m×6 m,高 8 m。机库大门处屋盖采用焊接箱形钢桁架,宽 9.5 m、高 11.5 m,如图 1-7 所示。

图 1-7 北京首都国际机场 A380 机库

5) 中国石油大厦主中庭钢结构索桁架整体提升工程 中国石油大厦工程所需整体提升钢结构部分为中庭屋顶,长 43.2 m、宽 40.5 m,由 2 榀桁架 HJ2 和 31 榀桁架 SHJ 组成。其中 HJ2 单重约 200 t,SHJ 单重约 600 t,加上 31 根索及索头,中庭屋面结构总重约 650 t。安装就位标高为 53.5 m,如图 1-8 所示。针对提升重量大、安装标高较高的结构,采用地面散拼后整体提升就位的安装方法。

6) 深圳市民中心钢结构屋盖整体提升工程 深圳市民中心钢结构屋盖为焊接球网架结构,在安装时采用低位拼装,两次整体提升的施工工艺。该工程具有提升结构面积大、结

图 1-8 中国石油大厦

构复杂、提升吊点布置多和提升过程中各点同步高差要求高的特点。提升重量为 2 650 t，提升高度为 46 m，尺寸结构是 150 m×120 m，如图 1-9 所示。同步点数为 13 点，提升设备包括：18 台 200 t 提升油缸、18 台 40 t 提升油缸、11 台液压泵站及 1 套计算机控制系统。

图 1-9 深圳市民中心

7）广州白云国际机场飞机维修库钢结构屋架整体提升工程 广州白云国际机场飞机维修库是亚洲规模最大的五机位机库。机库钢结构屋架的Ⅰ区跨度 100 m，Ⅱ区跨度 150 m，屋架宽 76 m，重量 4 650 t。在屋面钢结构施工中，采取将Ⅰ、Ⅱ区在地面拼装，然后整体提升的施工工艺。提升吊点布置在屋架周围的 12 根立柱上，提升高度为 26 m，如图 1-10所示。同步点数为 12 点，提升设备包括：19 台 350 t 提升油缸、11 台 200 t 提升油缸、13 台液压泵站及 1 套计算机控制系统。

图 1-10 施工中的广州白云国际机场飞机维修库

### 1.3.2 桥梁工程

1）广州高速公路丫髻沙大桥竖转工程 广州高速公路丫髻沙大桥是一座三跨连续自锚中承式钢管混凝土系杆拱桥，跨越珠江，呈双飞雁结构，造型新颖、美观，如图 1-11 所示。大桥主跨度 360 m，主拱高度 76 m，施工本身有一定难度，兼之位于航运繁忙的黄金水道，对大桥的施工提出了较高的要求。利用大桥两岸的开阔地带进行转体施工，对跨度较大的结构进行竖转，无论是位置控制还是荷载控制均有较大的难度。采取计算机控制液压同步提升技术，为确保大桥主体结构的安全施工提供了保障。

图 1-11 广州高速公路丫髻沙大桥

2）连徐高速公路京杭运河特大桥主拱竖转工程 京杭运河特大桥位于连云港—徐州高速公路邳州段，为中承式提篮型拱桥。主桥跨度 235 m，桥面宽 34.5 m，主拱结构为钢管混凝土拱，如图 1-12 所示。主拱在安装时，采用每半拱在河面低位拼装，每半拱分别竖转，

图 1－12　连徐高速公路京杭运河特大桥

最后空中合龙的安装工艺。转体重量为 2 500 t，同步点数为 4 点，使用设备包括：24 台200 t 提升油缸、4 台液压泵站和 2 套计算机控制系统。

3）广州新光大桥钢结构拱肋整体提升工程　广州新光大桥主桥为新颖的飞雁式三跨连续中承式钢箱桁拱桥；其中大桥主跨长度 428 m，在拱桥系列中名列世界第六、中国第三，如图 1－13 所示。全桥钢拱肋拱分为 5 大段，用整体提升法进行安装。同步点数为 4 点，使用设备包括：24 台 350 t 油缸、12 台液压泵站和 1 套计算机控制系统。

图 1－13　广州新光大桥

### 1.3.3　大型机电设备

液压同步提升技术在大型机电设备方面最主要的应用莫过于大型龙门起重机的安装。

大型龙门起重机不仅高度高、跨度大，而且重量比较大，轻则 2 800 t，重的可达 4 000 t，给安装带来了很大的难度。据我国国民经济中长期发展规划，到 2020 年，我国的造船吨位要力争达到国际领先。要超越日本、韩国等造船大国，单靠人力成本的竞争优势已不可能，必须依靠关键技术和核心技术在生产过程中的充分利用。为了能适应市场竞争的需要，确保出口及新开发船型的建造和交付，提升我国造船业在国际市场上的信誉和地位，大量地提升分段的起重、翻身能力是十分必要的，这必然促进对大吨位门式起重机的需求。大吨位门式起重机在船舶工业中起着至关重要的作用，往往是造船厂家实力的象征。但由于特大型龙门起重机重量大、高度高、跨距大，采用常规的起重设备进行安装几乎不可能。

液压同步提升技术的发展，在上海外高桥造船有限公司 600 t 门式起重机，上海沪东中华造船集团有限公司 600 t 门机 1 号、2 号，大连造船老厂 600 t 门式起重机，江苏靖江新世纪船厂 300 t 门式起重机等一系列大型项目中进行了成功的实践，很好地解决了特大型龙门起重机的安装问题。

1) *大连船舶重工集团有限公司 600 t 龙门起重机整体提升工程* 在大连船舶重工集团有限公司 600 t 龙门起重机安装过程中，使用两副门字形塔架为提升塔架，钢结构大梁在地面拼装制作，刚性腿和柔性腿铰接在大梁上。在整体提升钢结构大梁的过程中，刚性腿和柔性腿随着大梁的提升一起提升到位，如图 1-14 所示。提升重量为 3 400 t，提升高度为 78 m，结构长度为 182 m，同步点数为 4 点，使用设备包括：16 台 350 t 提升油缸、8 台 200 t 提升油缸、4 台 100 t 提升油缸、4 台 80 L/min 液压泵站、2 台 40 L/min 液压泵站和 1 套计算机控制系统。

**图 1-14 大连船舶重工集团有限公司 600 t 龙门起重机**

2) *江苏新扬子造船厂 900 t 龙门起重机整体提升工程* 江苏新扬子造船厂 900 t 龙门起重机整体提升工程是在国内首次采取四塔体系，解决了多塔提升控制的难题，如图 1-15 所示。提升重量为 3 800 t，提升高度为 76 m，结构长度为 180 m，同步点数为 4 点，使用设备包括：16 台 350 t 提升油缸、16 台 100 t 提升油缸、4 台 80 L/min 液压泵站和 1 套计算机控

图 1-15 江苏新扬子造船厂 900 t 龙门起重机

制系统。

3) 浙江金海湾船业 900 t 龙门起重机整体提升工程 浙江金海湾船业 900 t 龙门起重机(图 1-16)的整体提升重量为 4 200 t,提升高度为 76 m,结构长度为 210 m,同步点数为 4 点,使用设备包括:16 台 350 t 提升油缸、4 台 200 t 提升油缸、4 台 80 L/min 液压泵站和 1 套计算机控制系统。

图 1-16 浙江金海湾船业 900 t 龙门起重机

在诸多重大工程的应用中,液压同步提升技术解决了一个又一个技术难题,逐步发展成为新颖、独特和完整的成套施工技术——超大型构件液压同步提升技术。该技术的出现,适应了当前建设事业蓬勃发展的需要,是高新技术改造传统施工技术的重大突破。它以新颖的设计构思、独特的施工方法、高超的自动化程度和良好的安全可靠性赢得了重大工程的应用,并将在更广泛的施工领域获得推广。

## 1.4 我国液压同步提升技术的发展趋势

我国的液压同步提升技术是在实际工程应用迫切需要的形势下形成的，是在因工程的重大影响而要求它具备万无一失的安全可靠性和方便灵活的现场适应性前提下，得到了逐步完善和不断发展，又因其省工、省时、省料，具有显著经济效益而展现了良好的应用前景，后继工程接连不断。可以说，它的发展过程完全适应了当前我国建设事业，特别是建筑业发展的需要。

液压同步提升技术将在以下三个方面得到发展：

1）*液压同步提升技术本身进一步完善* 在工程实践中，液压同步提升技术攻克了一道道技术难题，不断趋于成熟和完善，不过在施工过程中一般仍采用间歇式液压同步提升，其在负载转换的过程中，上、下锚具交替紧、松锚而使重物呈现停顿、再启动状态，产生附加惯性力，不仅使生产效率低下，而且还使安全性受到影响。连续式液压同步技术，利用上下主液压缸的速度差 $\Delta v$ 进行负载转移，在上升过程中未出现短暂的下降现象，连续作业过程中几乎没有惯性冲击，工作平稳。所以，连续式液压同步提升技术将成为研究的热点，与其相关的机器人高性能、高可靠性的控制系统、泵站一体化、机器人集群化、网络化控制技术也将得到快速发展。此外，截至目前，所有工程均以垂直向上的重载提升工况为主，极少带载下降工况，更无负载平移或旋转。发展上述作业工况，使之成为多向同步技术，则将适应更多的施工场合。此外，减少提升准备工作量，改目前的间歇提升为连续提升，则施工周期还将进一步缩短。

2）*应用领域进一步拓展* 除构件同步提升外，液压同步技术还可用于建筑施工的其他方面，如滑模施工、地下排管乃至建筑物整体平移等都是有可能应用的领域。此外，还可将液压同步技术作为机械作业功能的一部分，用于建筑施工固定设备上。液压同步提升技术的出现，适应了当前建设事业蓬勃发展的需要，是高新技术改造传统施工技术的重大突破。它以新颖的设计构思、独特的施工方法、高超的自动化程度和良好的安全可靠性赢得了重大工程的应用，并将在更广泛的施工领域获得推广。

3）*走向国际市场* 国际上有像瑞士 VSL、瑞典 Bygging - Uddemann 公司那样专门从事提升安装的专业公司，他们已在全世界 30 多个国家进行了大吨位构件的提升安装。国内在该技术领域的专业公司主要有：上海同新机电控制技术有限公司、上海同济宝冶建设机器人有限公司、上海洪铺钢结构工程有限公司、中建八局第三建设有限公司等。若在现有基础上，组织专门队伍、落实配套措施、加强国际联系、承担国外工程，那么，这项技术走向国际市场为期不远。

# 第2章 液压同步提升系统

大型构件液压同步提升技术的核心是一套液压提升设备，它主要由柔性钢绞线或刚性支架承重系统、电液比例液压控制系统、电气控制系统及传感器检测系统组成，如图2-1所示。被提升结构件的水平度、液压提升油缸的位置、系统压力及温度等参数通过相应的高差、位置和压力传感器转换为电信号输入电气控制系统，并经计算机和可编程逻辑控制器（programmable logic controller，PLC）处理、判断，发出相应的控制命令或一定的控制信号，以满足提升过程的精度和可靠性要求，最终完成给定的提升任务。

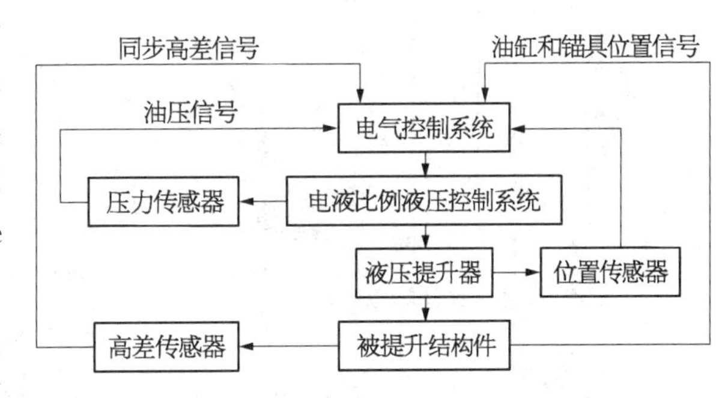


**图2-1　液压同步提升系统的组成**

根据液压同步提升的结构及功能，可以看出它主要由承重系统、传感检测系统、电液比例液压控制和电气控制系统组成。根据被提升对象的不同，承重系统又分为柔性钢绞线承重系统和刚性支架承重系统；采用不同的承重系统，其液压提升油缸的结构不同，但其提升原理是一样的。故在以下的提升系统分析中，只就采用柔性钢绞线的承重系统进行分析，其结论也适用于刚性支架承重系统。

## 2.1　液压提升器与承载系统

由于提升对象具有大吨位、超高空的施工要求，使得承重系统不但要有足够大的承载能力，而且要有足够长的承重索具，为此，采用抗拉强度大、单根制作长度较长的柔性钢绞线作为承重索具；采用承载能力大、自重轻、结构紧凑的液压提升器作为提升机具。这样，承重系统可按一定的方式组合使用钢绞线和提升器集群，可使承重系统的提升重量及提升高度不受限制。

### 2.1.1　提升机具与承重索具

1）提升机具　液压提升器的结构如图2-2所示。

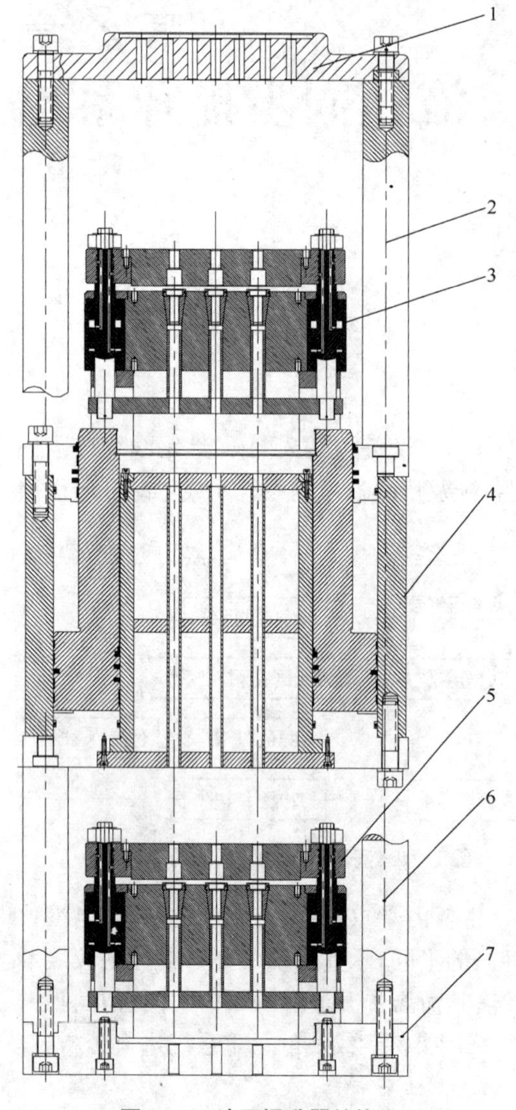


图 2-2 液压提升器结构

1—导向板；2—上部立柱；3—上锚具组件；
4—主油缸；5—下锚具组件；6—下部立柱；7—底板

液压提升器主要由提升主油缸和位于两端的上、下锚具构成。当提升器倒立放置时，上锚具和下锚具与现在所指锚具的位置正好相反。锚具由楔形夹具和一个控制夹具动作的锚具油缸组成。它们通过楔形夹具的单向自锁作用夹紧钢绞线，而松开锚具则要通过提升主油缸和锚具油缸的配合才能打开。承重系统提升力是通过提升器主油缸大腔进油产生的。在工作时，钢绞线穿过上锚具、活塞杆空心部分和下锚具，通过锚具的切换和主油缸的伸缩来完成提升动作。

2）*承重索具* 根据油缸结构及工程要求，采用美国钢结构预应力混凝土用钢绞线标准 ASTMA416 - 90a；级别：270 kpsi (1 kpsi = 6.895 MPa)；公称抗拉强度：1 860 MPa；公称直径：17.8 mm；最小破断载荷：353.2 kN；1% 伸长时的最小载荷：318 kN。该产品按国际标准生产，其抗拉强度、几何尺寸和表面质量都得到严格保证。单根制作长度可达千米，呈盘状。在工程中选其作为提升索具使用，具有安全、可靠的性能，承重件自身重量轻，便于安装运输，中间不必镶接，使用后仍可回收利用。但是，由于钢绞线本身的制作工艺，在承重以后钢绞线产生旋转扭矩。因此，在使用时要左右旋钢绞线对半搭配使用，以平衡其旋转扭矩。

### 2.1.2 承重系统的施工布置

承重系统的施工布置要根据以下原则进行：

(1) 综合考虑工程的施工条件及其他因素，确定拟采用爬升还是提升的方法。

(2) 根据提升对象的具体结构及提升重量，确定承载系统拟采用的吊点位置和吊点数目。

(3) 根据吊点的载荷分配情况，确定每个吊点拟采用的液压提升器台数和柔性钢绞线根数。

(4) 根据提升对象的提升高度要求，确定柔性钢绞线的使用长度。

确定好上述各项之后，就可以考虑提升器、钢绞线及提升结构的具体布置。

在上海东方明珠广播电视塔钢天线桅杆整体提升工程中，承重系统共使用了 20 台 40 t 液压提升器，每台提升器夹持 6 根钢绞线，共使用了 120 根钢绞线，它们被分成东、西、南、北四组，每组5台液压提升器、30根钢绞线形成一个吊点。为了保证同侧吊点中每台提升器受载均衡，它们的主油缸油路并联连接。为了消除钢绞线旋向造成的扭矩，每台提升器相邻钢绞线采用旋向不同的钢绞线。图2-3所示是这次工程的施工布置图。提升器4倒立放置，采用攀升方法进行提升。图中，提升器主油缸缸体通过U形吊杆6与提升段5铰接，天线桅杆7固接于提升段之上。钢绞线2通过天锚1(一种楔形夹具)与混凝土筒体8相连。很显然，天线桅杆的一次向上提升是通过提升器主油缸活塞杆端锚具自锁夹紧钢绞线，缸体带动提升段来完成的。在上海大剧院钢屋盖整体提升工程中，承重系统也采用了4个吊点，但由于提升重量大，集群采用了44台液压提升器，792根钢绞线。液压提升器放置形式也不同于东方明珠广播电视塔工程。

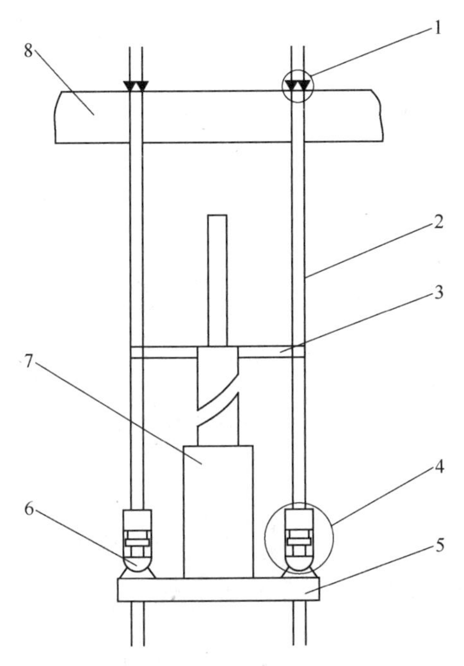


**图2-3　东方明珠广播电视塔桅杆整体提升工程施工布置图**

1—天锚；2—钢绞线；3—扶正器；4—提升器；5—提升段；6—U形吊杆；7—天线桅杆；8—混凝土筒体

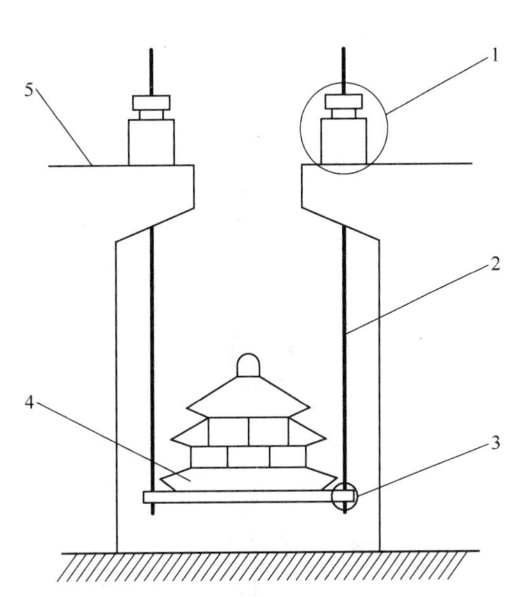


**图2-4　北京西站主站房钢桁架整体提升工程施工布置图**

1—提升器；2—钢绞线；3—地锚；4—主站房钢桁架；5—吊点平台

在北京西站主站房钢桁架整体提升工程中，由于提升重量大，承重系统采用了更多的吊点，集群采用了更多的液压提升器。液压提升器放置形式也不同于上海东方明珠广播电视塔钢天线桅杆整体提升工程。图2-4是此工程的施工布置图，液压提升器1直立放置于吊点平台5之上，钢绞线2下端通过地锚3(一种楔形夹具)直接与被提升的主站房钢桁架4相连。这样，主站房桁架的一次向上提升是通过提升器1主油缸缸体支承于吊点平台5之上，活塞杆端锚具自锁夹持钢绞线向上提起来完成的。

### 2.1.3　承重系统的动作过程

承重系统沿钢绞线带载上升或下降是通过提升器主油缸及锚具的一些动作组合来完成的。提升油缸数量确定之后，每台提升油缸上安装一套位置传感器，传感器可以反映主油缸的位置情况、上下锚具的松紧情况。通过现场实时网络，主控计算机可以获取所有提升油缸的当前状态。根据提升油缸的当前状态，主控计算机综合用户的控制要求(例如：手动、顺控、自动)可以决定提升油缸的下一步动作。提升油缸的工作流程如图 2-5 所示。

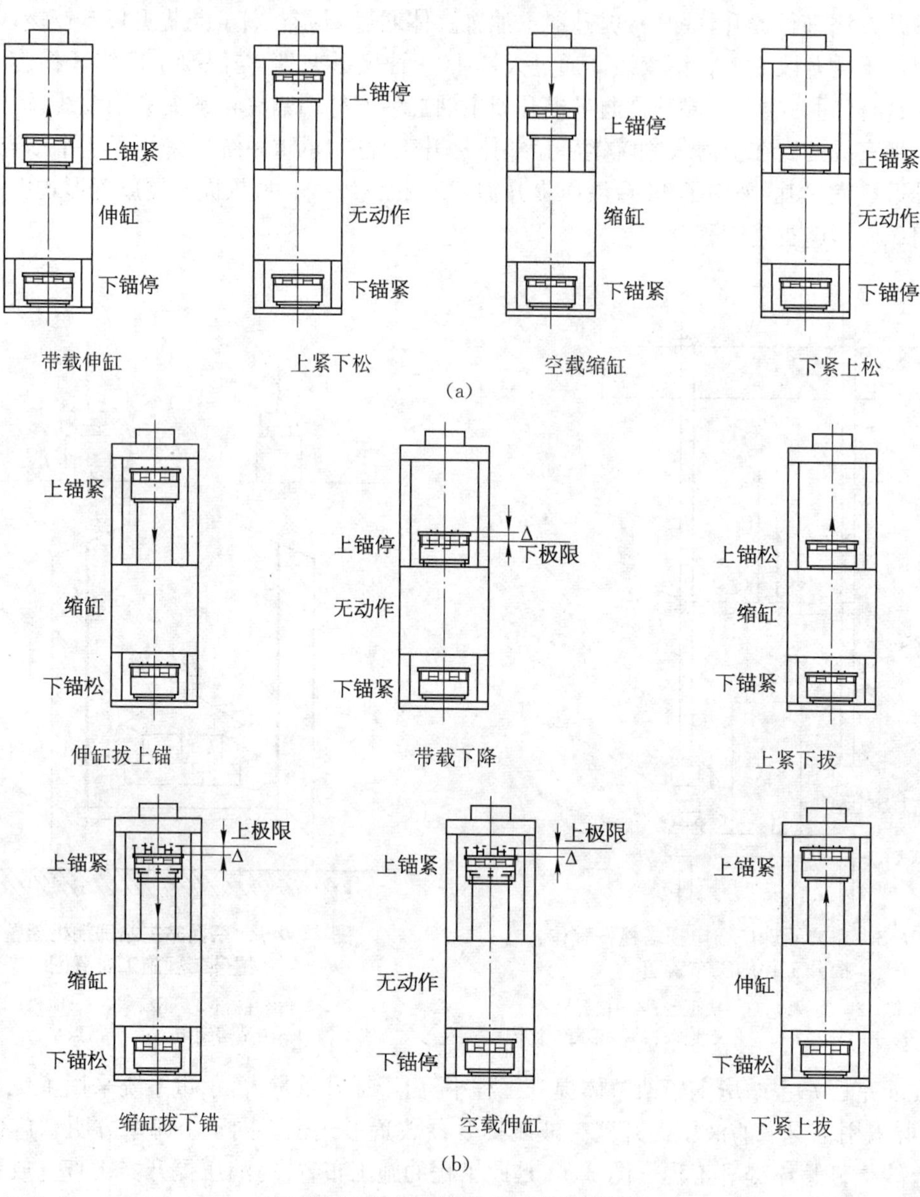


**图 2-5　提升油缸的工作流程**

(a) 上升流程；(b) 下降流程

1) 上升　提升器上升动作时，提升器主油缸大腔进油，活塞杆外伸，下锚夹具由于向下自锁作用卡紧钢绞线，主油缸缸体上升，上锚自动脱开，将重物提升一个行程结束，提升主油缸小腔进油，活塞杆缩回，上锚卡紧钢绞线，下锚自动脱开，如此往复，便将重物一步一步提起。具体步骤如下：

(1) 带载伸缸。提升器主油缸大腔进油，活塞杆外伸，这样，下锚具就会因自锁作用而紧紧夹住绞线，从而引起缸体上升，上锚具就会因失去自锁作用而自行松开，可以实现上锚具受载到下锚具受载的载荷转换。这一步缸体带动提升段，将天线桅杆往上提升一段。当主油缸全伸时，停止伸缸。

(2) 上紧下松。用锚具油缸将上锚具推紧，拔松下锚具。这一步执行后，并没有改变上、下锚具的载荷状态，载荷仍作用在下锚具上，上锚具仍未承载。这一步仅为下一步上、下锚具的载荷转换做准备。

(3) 空载缩缸。主油缸小腔进油，回缩。下锚具因失去自锁而自行松开，上锚具因自锁作用而夹紧钢绞线，从而实现载荷从下锚具到上锚具的转换。这一步，缸体被锁定，天线桅杆停滞空中。当主油缸全缩时，停止缩缸。

(4) 下紧上松。紧下锚具，拔上锚具，锚具载荷状态同第(3)步。

(5) 重复执行第(1)步动作。

承重系统往复执行第(1)～(5)步动作，则可将提升物一步一步地攀升到位。

2) 下降　下降过程比上升过程复杂，因为提升器向下运动的方向是上、下锚具的自锁方向，要使锚具松开就必须依靠提升器主油缸和锚具油缸的主动配合。在锚具油缸主动打开的情况下，为了克服上、下锚具的向下自锁作用，提升器主油缸在下降过程中每次伸缸、缩缸末都留有一段行程 Δ 供脱锚用，才能完成下降动作。主油缸可以利用这段行程 Δ 再伸缸或缩缸，消除对应锚具的自锁作用，然后用锚具油缸拔松锚具并保持脱锚状态。具体步骤如下：

(1) 伸缸拔上锚。主油缸利用下面第(5)步预留的脱锚行程 Δ 伸缸主动打开上锚具，使锚具油缸保持上松状态，脱锚行程 Δ 伸完后，停止伸缸。

(2) 带载下降。主油缸回缩，缸体带动提升段负载下降。当主油缸缩至离全缩还剩一个 Δ 距离时，停止缩缸。这段距离为第(4)步再缩缸拔下锚预留。

(3) 上紧下拔。紧上锚具，松下锚具。锚具载荷状态同第(2)步，下锚具靠锚具油缸是松不开的。

(4) 缩缸拔下锚。因第(2)步预留了脱锚行程 Δ，故可再缩缸解除下锚具的自锁状态，脱锚行程 Δ 缩完后，停止缩缸。

(5) 空载伸缸。锚具油缸保持下松，伸缸直到离全伸还剩一个 Δ 距离时，停止伸缸。这段距离 Δ 为第(1)步再伸缸拔上锚具预留。

(6) 下紧上拔。紧下锚具，拔上锚具，锚具载荷状态同第(5)步。

(7) 重复执行第(1)步动作。

承重系统往复执行第(1)～(7)步动作，则可使提升结构下降。

以上分析是针对一台提升器而言的，在实际承重系统中提升器集群使用。因此，需要提升器集群协调一致地按上述描述动作，才能实现上升或下降功能。提升器集群在上升或下降过程中的协调动作是由计算机控制完成的。提升过程中，多提升器联动时的各束钢绞线负载均衡是一个必须解决的问题。通过集群提升器主油路并联和特定的提升动作规律，实现各束钢绞线的负载自动均衡。

图 2-6 所示为集群提升器的工作流程。

由于各提升器主油缸并联，各缸油压必定相等。在图 2-6 中，上升流程的第①步，对应某束较松钢绞线的油缸会首先伸出，该束钢绞线被张紧，直至各缸油压一致。当该油缸首先

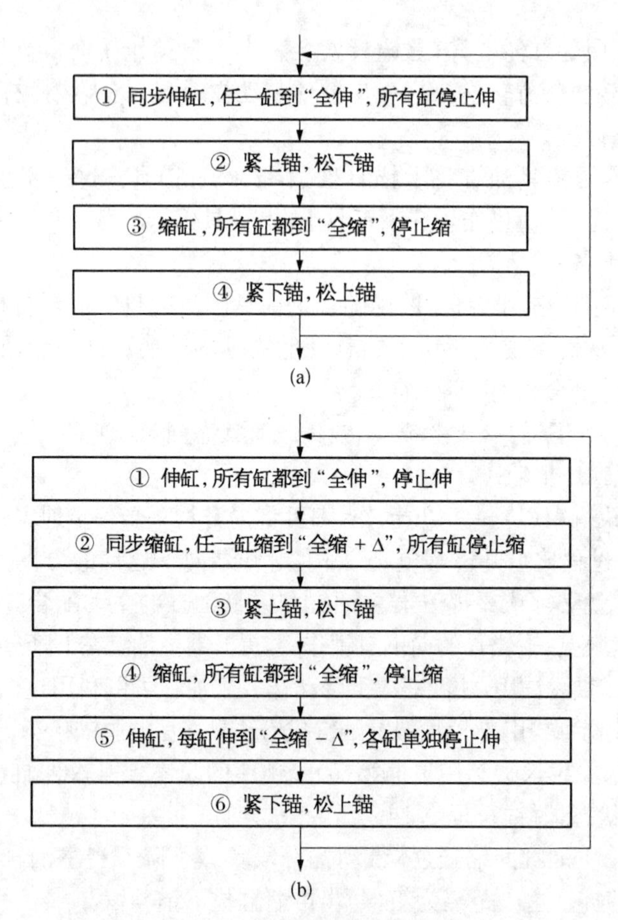


**图 2-6 集群提升器的工作流程**

(a) 上升流程；(b) 下降流程

到达"全伸"位置时，所有油缸都停止伸缸，这样，各束钢绞线张力便在提升过程中趋于一致。因此，这一步有各束钢绞线张力自动均衡的作用。同样，在图 2-6 中，下降流程的第②步也有类似的作用。这样，在整个上升或下降过程中，通过这种自动调整，使每一吊点各束钢绞线张力始终保持均衡状态。

## 2.2 液压动力系统

液压同步提升系统的工作装置都是液压驱动的，在不同的工程使用中，吊点的布置和油缸安排都不尽相同。为了提高液压提升设备的通用性、可靠性，液压系统采用了模块化、标准化设计技术。每一套模块以一套泵站系统为核心，根据提升重物吊点的布置以及油缸数量，可进行多个模块的组合，以满足实际提升工程的需要。

### 2.2.1 单个泵站的液压系统结构

单个泵站液压系统由主液压系统和锚具辅助系统组成，如图 2-7 所示。锚具辅助系统

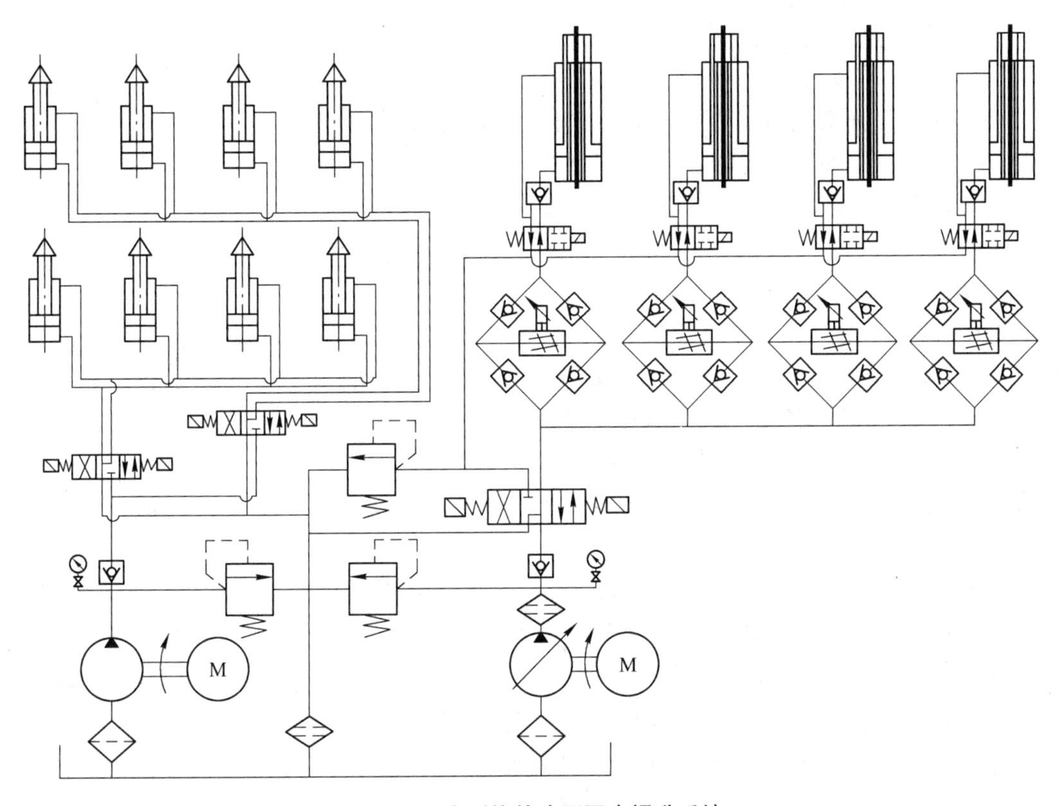


**图2-7　大型构件液压同步提升系统**

主要用于锚具油缸的松锚、紧锚动作。主液压系统由主电机、主液压泵、电磁换向阀、溢流阀、电液比例流量阀、桥式换向回路、主阀块、提升油缸等组成。

确保主液压油缸的同步精度是主液压系统设置的关键。通常，位置同步控制大多采用电液伺服系统。电液伺服阀响应快，静态性能好，但价格高，对工作油液的污染敏感性强，因此，维护使用要求高。考虑到液压同步提升的速度较低，同时由于电液比例控制技术的迅速发展，比例阀的静态性能已经能与电液伺服阀媲美，响应速度也有所提高，而它的价格要低得多，对工作油液的污染敏感性也较弱，维护使用要求低。因此，采用了电液比例流量阀来控制主油缸的速度。借助自整角电机构成电液比例闭环控制系统，通过微机控制及相应的控制算法，达到位置同步精度要求。

主液压缸在同步顶升和同步下降时都要有相同的同步位置精度，因为电液比例流量阀不能实现双向调速，为简化控制系统，降低造价，采用了液压桥式换向回路，以实现主液压缸的双向速度控制。

主液压缸需要在一定的行程内往复运动，它通过软管进、回油，一旦软管爆裂，后果不堪设想。为确保安全，在每个主液压缸的缸体上都安装了液控单向阀，这不仅解决了安全问题，还为顶升作业带来了方便，允许主液压缸能在任何位置停留，这在施工过程中是十分必要的。

为了便于系统调试和同步下降控制，调试主系统通过相应的二位四通常开式电磁截止阀来实现主油缸的单缸操作闭锁。

### 2.2.2 液压系统的扩展方式

液压同步提升系统是一种现场拼装式的大型起重安装设备，需要适应各种大型构件的起吊要求。由于工程情况各异，每次使用设备量大，设备利用率低。为了提高设备利用率，原则上要求系统可以以不同方式组合和扩展。

液压系统采用了紧凑的集成化结构设计和灵活的模块化结构设计方法，以满足系统不同方式的扩展要求。

1）油缸扩展　同一吊点的所有油缸以并联方式实现油缸的扩展，从而使单吊点的提升能力不受限制，并保证了同一吊点的各油缸受载均衡。为了防止油缸管路爆裂而引起提升物下坠，在油缸并联回路中增加了液控单向阀。

液压提升系统对这种液控单向阀有以下两个基本要求：

（1）当主油缸正常伸缸或缩缸时，要求液控单向阀在很小的开启压力下就能打开，而且压力波动不会引起开度的变化。

（2）当由于管路爆裂、油缸带载下降速度过快或其他原因而造成主油缸进口失压时，要求液控单向阀能迅速关闭，锁定主油缸，从而保证提升物不下坠。

由于外泄式液控单向阀的开启压力要比内泄式液控单向阀的开启压力小得多，且与背压无关，现在液压同步提升系统液压回路中都采用外泄式液控单向阀。

2）泵站扩展　根据不同工程需要，液压泵站主要有以下三种应用方式：

（1）单吊点单泵站。即在每个吊点安置一台泵站和若干个提升油缸，这是液压系统的最基本模块单元。

（2）单吊点多泵站。当吊点的起重量较大时，在该吊点布置的提升油缸数目也相应增加，如果使用一台泵站，系统在流量上无法满足提升要求。为了提高整体提升速度，采用单吊点多泵站的扩展方式，用多台比例阀并联控制。

（3）单泵站多吊点。当多吊点起吊轻型构件时，在这些吊点布置的提升油缸数目不多。为了减少泵站的使用数量，在泵站流量和电气控制系统容量允许的情况下，可以采用单泵站与多个自带比例阀的就地阀块箱组合使用的方法，完成多吊点的提升。

### 2.2.3 泵站液压系统的特点

1）清晰的模块化结构设计　将整套液压系统分成几套基本的泵站系统和若干与之配合使用的就地阀组，把整套泵站液压系统分解成若干相对独立的模块，使它们既能按某种组合方式完成一个工程，又可以单独操作或以另外的方式进行组合，以便用于另外的工程，为整套系统的通用性打下良好的基础。尤其是就地阀组的设计，只要有一套泵站动力系统，在泵站流量和电气控制系统容量允许的情况下，就可以用所需数量的就地阀组与这套泵站动力系统进行组合，完成多吊点的提升。在四位机网架提升时，每片网站布置了 12 个吊点。因此，使用 2 台泵站，每台泵站各配备了 5 台就地阀组，共同完成 12 吊点的网站提升。这样的组合不仅方便了工程的施工，而且提高了设备的通用性。此外，模块化结构也给设备的吊装运输和现场布置带来了极大的便利。

2）紧凑的集成化结构设计　每套泵源模块系统和就地阀组模块系统均以集成阀块的

形式连接，结构十分紧凑。系统将电液比例流量阀、单向阀、溢流阀安装在主阀块上，而将电磁换向阀安装在辅助输出阀块上。主阀块叠在辅助输出阀块上面，而主油缸截止阀输出阀块采用叠层阀块结构，每嵌入一层板，就相应增加两个油缸的油路，而不需要更改系统中的其他部分。集成化结构还有助于减少系统管道压力损失，并且使阀组装拆检修十分方便。

3）先进的电液比例控制技术　作为工业控制计算机和大功率液压设备之间的桥梁，电液比例流量阀在本系统中用来实现液压同步控制。它兼备了电子反应快速性和液压高密度传递能量的双重特性，具有对介质清洁度不灵敏、制造成本低廉和控制能量损失小等一系列优点。特别是它能直接接收来自计算机的脉宽调制（pulse width modulation，PWM）信号，从而使系统的结构更简单。因此在实际提升工程中，获得了较快的响应速度、较高的同步控制精度，并显示出良好的工作可靠性和稳定性。

4）完备的安全可靠性措施　因为工程关系重大，不能出现事故，因此对这套系统的安全可靠性做了十分充分的考虑。在系统安全可靠性方面，除了在提升主油缸上安装了防爆裂液压锁之外，对实现单缸操作的电磁阀也在内部结构上进行了改造，将常闭式（中位机能O型）改成常开式，使其在正常提升时不动作，只有在特意操作时才动作，减少了该电磁阀动作的机会。

### 2.2.4 电液比例技术的应用

1）电液比例技术概况

（1）电液比例技术基本概念。在液压传动与控制中，能够接收模拟式或数字式信号，使输出的流量或压力连续成比例地受到控制的系统，都可以称为电液比例控制系统，例如，数字控制系统、脉宽调制控制系统以及一般意义上的电液比例控制系统。从广义上讲，在应用液压传动与控制和气压传动与控制的工程系统中，凡是系统的输出量，如压力、流量、位移、转速、速度、加速度、力、力矩等，能随输入控制信号连续成比例地得到控制的系统，都可称为比例控制系统。

理解伺服装置与比例控制装置的差别是有意义的。伺服控制装置总是带有内反馈，任何检测到的误差都会引起系统状态改变，而这种改变正是强迫这个误差为零。误差为零时伺服系统会处于平衡状态，直到新的误差被检测出来。比例控制装置是一种有确定增益的转换器。例如，比例阀可以把一个线性运动（手动或电磁铁驱动）转换成比例的油流量或压力，转换常数取决于阀的几何尺寸及其制造精度。闭环比例阀也可以用于外部反馈闭环系统。电液伺服系统是较早主要在军事工程领域发展起来的电液控制技术，而电液比例控制技术是针对伺服控制存在的诸如功率损失大、对油液过滤要求苛刻、制造维修费用高等问题，而它所提供的快速性在一般工业设备中往往用不着，在近30年迅速发展起来介于普通控制与伺服控制之间的新型电液控制技术分支。

在比例控制系统中，主控制元件可以有无限种状态，分别对应受控对象的无限种运动。与比例控制对应的还有开关控制。由于开关控制中控制元件只有两种状态，即开启或关闭，因此要实现高质量的复杂控制时，必须有足够的元件，把各个元件调整成某一特殊的状态，从而实现使受控对象按预定的顺序和要求动作。比例控制和开关控制都可以是手动或按程序自动进行。不同的是在比例控制中，比例元件根据接收到的控制信号，自动转换状态，因而使系统大为简化。在工程实际应用中，由于大多数被控对象仅需要有限的几种状态，因而开关控制也有其可取之处。开关元件通常简单可靠，不存在系统不稳定的情况。

(2) 电液比例技术的发展历史。机电液一体化代表着机械制造行业的一个总体发展趋势。作为机电液一体化支撑技术之一的液压技术，具有大功率、易于实现无级调速、工作平稳可靠的优点。但是传统液压元件的控制精度较差、响应慢，所以后来发展了具有高控制精度的电液伺服阀，但是电液伺服器件价格高、结构复杂，且对油质要求十分严格，这使得伺服技术难以为更广泛的工业应用所接受。在很多工业应用场合，要求有灵活方便的控制手段，却并不要求太高的控制精度或响应性，电液比例控制技术应运而生。

电液比例阀是介于电液伺服阀与传统开关阀之间的一类阀，相对于传统的开关阀，它能通过改变信号的大小，方便地实现无级调速，并且其控制精度比开关阀要高，但结构却更为简单。相对于电液伺服阀，其价格低、节能、维护方便，因而在现代工业领域得到了广泛的应用。

电液比例控制技术的发展大致可分为三个阶段，从 1961 年瑞士 Beringer 公司生产 KL 比例复合阀起，到 70 年代初日本油研公司申请了压力和流量两项比例阀专利，这是电液比例技术的诞生时期。这一阶段仅仅是将比例电磁铁用于工业液压阀以代替开关电磁铁或调节手柄，这时的比例放大器多设计为模拟恒压式，控制性能较差，且多为开环控制。

70 年代后期到 80 年代初，电液比例控制技术的发展进入了第二个阶段。采用各种内反馈原理的比例元件大量问世，广泛使用了耐高压比例电磁铁，恒流式比例放大器也得到了推广使用。电液比例技术的应用范围日益扩大，不仅用于开环控制，也被应用于闭环控制。

80 年代起，电液比例技术的发展进入了第三个阶段。比例元件的设计原理进一步完善，采用了压力、流量、位移内反馈和动压反馈及电校正等手段，使阀的稳态精度、动态响应和稳定性都有了进一步的提高，阀体的设计已采用了易于集成，且元件已标准化，能应用于大流量工作场合的插装阀式结构，同时，由于传感器和电子器件也日趋小型化，电液比例技术向集成化方向发展。比例放大器的技术也日臻成熟，出现了多种控制方式的比例放大器，以往的模拟式放大器因功率大、温升高，逐渐被脉宽调制式比例放大器替代。

(3) 电液比例技术的特点。电液比例技术之所以得到迅速发展，与其基本特点分不开。

在电液比例控制系统中，主控元件可以有无限种状态，分别对应于受控对象的无限种运动。电液比例控制系统的关键元件是电液比例阀，它与伺服阀、传统液压阀、早期比例阀的特性比较见表 2-1。

**表 2-1　电液比例阀、伺服阀、传统液压阀和早期比例阀的特性比较**

| 特性＼类别 | 伺服阀 | 比例阀 | 传统液压阀 | 早期比例阀 |
|---|---|---|---|---|
| 介质过滤精度(μm) | 3～10 | 25 | 25 | 25 |
| 阀内压力降(MPa) | 7 | 0.5～2 | 0.25～0.5 | 0.25～0.5 |
| 稳态滞环(%) | 1～3 | 1～3 | — | 4～7 |
| 重复精度(%) | 0.5～1 | 0.5～1 | — | 1 |

(续表)

| 特性 \ 类别 | 伺服阀 | 比例阀 | 传统液压阀 | 早期比例阀 |
|---|---|---|---|---|
| 频宽(Hz/-3 dB) | 20～200 | 0～70 | — | 1～5 |
| 中位死区 | 很小 | 有 | 有 | 有 |
| 价格因子 | 10 | 3 | 1 | 3 |
| 控制功率(W) | 0.05～5 | 10～25 | 15～40 | 15～30 |

电液比例控制系统是电子-液压-机械放大转换系统。从控制特性看，更接近于伺服控制系统；从经济性和可靠性看，更接近于开关控制系统。其优点如下：

① 能实现快速平稳的开环控制，特别是大惯量控制，如液压电梯；也能实现精准的闭环控制，获得精密的工件或完成精细的工作要求，如汽轮机进气阀位置比例控制；还可以实现高精度的同步控制，其控制精度可达0.02 mm。

② 兼备了电气和电子技术的快速性、灵活性和液压技术输出功率大的双重优点，控制性能好，传动能力强。

③ 可明显地简化液压系统，实现复杂程序控制，降低费用，改善控制过程品质，提高可靠性，缩短工作循环时间。对一些较复杂的工作循环，要求在工作过程中不断改变压力或速度，采用电液比例控制技术不仅能大大简化系统结构，而且可提高系统性能。

④ 比例放大器中有斜坡信号发生器，以设定的阶跃信号作为输入信号，使斜坡信号发生器产生一个缓慢上升或下降的输出信号，输出信号的变化速率通过电位调节器调节，以实现被控系统工作压力、速度、加速度等的无冲击缓冲过渡，避免大的振动和冲击。对位置系统来说，可以准确定位。

⑤ 能实现按比例控制流液的方向、流量和压力，还可以连续比例地实现流量、压力与方向三者之间的多种复合控制功能。

⑥ 可以改善主机的设计柔性，实现多通道并行控制，例如，工程机械中的多路阀通常必须集中设置，因而不得不使执行元件的连接管路延长，这就不可避免地增加了系统的复杂性和管路损失，对系统的动态特性不利，但若采用电液比例控制阀代替多路阀，则可将阀布置在最合适的位置，克服上述缺点。

⑦ 便于计算机控制，便于建立故障诊断专家系统，容易实现系统智能化。

同时，电液比例控制系统也存在一些缺点：

① 与开关控制相比，其技术实现较复杂；与伺服阀系统相比，其控制精度较低，响应慢。

② 电液比例控制系统易出现不稳定状态。

③ 死区范围较大。

(4) 电液比例技术的发展趋势。提高控制性能，适应机电液一体化主机的发展；提高电液比例阀及远控多路阀的性能，使之适应野外工作条件；发展低成本比例阀，其主要零件与标准阀通用。

比例技术与二通和三通插装技术相结合，形成了比例插装技术，其特点是结构简单，性能可靠，流动阻力小，通油能力强，易于集成，如流量-位移-力反馈二通电液比例流量阀，阀的各部分都采用了插装式结构;此外出现了比例容积控制,这为中、大功率控制系统节能提供了新的手段。

由于传感器和电子器件的小型化,出现了传感器、测量放大器、控制放大器和阀复合一体化的元件,极大地提高了比例阀(电反馈)的工作频宽,主要表现在以下几方面:

① 高频响、低功耗比例放大器及高频响比例电磁铁的研制,1986 年德国 Bosch 公司提出高性能闭环控制比例阀,由于采用了高响应直流比例电磁铁和相应的放大器,并含位置反馈闭环,其流量输出稳态调节特性无中位死区,滞环仅 0.3%,负载腔达 80%供油压力,工作频宽和性能已达高水平伺服阀,而成本仅为后者的 1/3。

② 带集成式放大器的位移传感器(200 Hz)的开发,为电反馈比例阀小型化、集成化创造了良好的条件。加拿大 Micro Hydraulics 公司生产的高性能电液比例流量阀 CETOP5 可提供伺服阀特性,但是只相当于比例阀的价格,工作频宽达 40 Hz。

③ 伺服比例阀(闭环比例阀)内装放大器,具有伺服阀的各种特性:零遮盖、高精度、高频响,但其对油液的清洁度要求比伺服阀低,具有更高的工作可靠性。如 PID 调节技术的应用,改善系统的稳态性,使之有较好的动态响应指标,可利用计算机对 PID 参数进行最优化数字化或利用实验研究来获得实际线路 PID 参数的优良匹配。

④ 比例放大器向多样化发展。尽管目前模拟式和开关式比例控制放大器在性能上已基本满足实用要求,但仍然存在一些不足之处,主要的缺陷就是缺乏灵活性。因为不论是模拟式还是开关式,都是由模拟元器件构成的普通模拟比例控制放大器。各种控制方案都必须由模拟硬件去完成,而且控制功能必须与硬件一一对应,要改变控制方案就得更换模拟器件。近年来,随着数字计算机技术的迅速发展,性能改善,价格下降,新的目标就转向了研制带微处理器的智能型比例控制放大器。这种智能型控制装置不仅要具有记忆功能,还要有逻辑思维能力。它不仅可以通过程序控制的方式来实现任何一种控制规律,而且可以充分发挥实时控制和综合控制的优势。由于智能比例放大器在许多方面优于普通的模拟比例放大器,能实现模拟比例放大器难以实现的一些功能,并且,随着自适应、模糊等现代控制策略固化到智能放大器中,将进一步完善调节器部分的性能,提高放大器总体控制功能。

2) 比例阀

(1) 比例阀的组成及分类。比例阀是介于普通液压阀和电液伺服阀之间的一种液压阀,它可以接收电信号的指令,连续地控制液压系统的压力、流量等参数,使之与输入电信号成比例地变化。随着其自身的发展,又出现了闭环比例阀,其性能已达到或者接近伺服阀的性能,同时又具有抗污染、成本较低的优点,在液压控制工作中获得十分广泛的应用。

比例阀有多种分类方式。最常用的分类方法是按其控制功能来分类,可分为比例压力控制阀、比例流量控制阀和比例方向控制阀,或者是它们的复合(比例复合阀)。如果按液压放大级数来分类,又可分为直动式和先导式。直动式是由电-机械转换元件直接推动液压功率级而工作。由于受电-机械转换元件输出力的限制,直动式比例阀能控制的功率有限。先导式比例阀由两级以上的液压放大级构成,前者称为先导阀或先导级,后者称为主阀或功率放大级。因此,根据控制功率的需要,可以采用相应级数的比例阀。直动式比例阀能控制的流量一般在 15～30 L/min。两级比例阀可以控制的流量通常在 500 L/min 以下。如果按控制方式分类，可分为电磁式、电动式、电液式和手动式。电磁式比例阀采用比例电磁铁，根据输入的电信号来控制输出的液压参数。电动式比例阀采用直流伺服电机，根据输入信号来控制输出的液压参数，目前主要用于压力阀和流量阀。伺服电机在电信号的作用下，输出一定的转速，再经过减速机构，达到变换控制阀芯的位移。电液式比例阀通常都采用力矩电机和喷嘴挡板的结构为先导控制级。力矩电机根据输入的电信号，通过与它连接在一起的挡板输出位移（或角位移），改变挡板与喷嘴间的距离，达到液阻的变化来进行控制。手动式比例阀用手动装置输入信号。

(2) 比例阀的构成及其控制原理。比例阀虽然种类繁多，结构各异，但其工作原理及构成都可用图2-8来表示。从框图中可见，它主要包括电控器、电-机械转换元件、液压先导级、液压功率放大级和检测反馈元件等部分。通常电控器放在阀外，但也有集成在阀体内部的。后者通常称为放大器一体式比例阀。

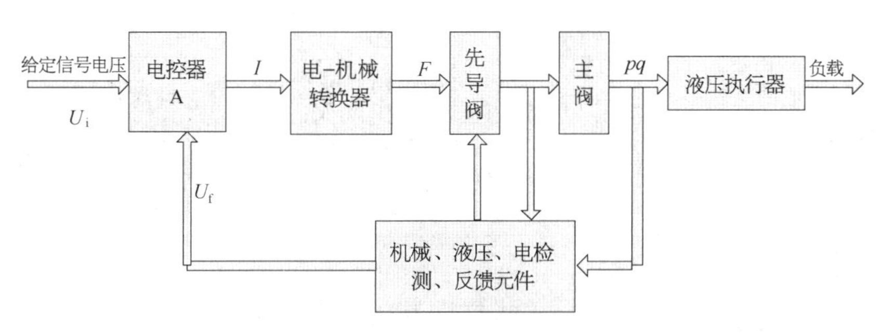


**图2-8　比例阀的结构框图**

电磁铁受信号电流的控制，产生一个可变的电磁力 $F$，这个力与弹簧力相比较并最终取得平衡，并由此产生位移 $S$。对于比例节流阀，它相当于节流口的开度。

可见，这是通过电流去控制阀芯的运动，进而控制了流体的压力、流量，完成了电-机-液的比例转换。如果要求的功率不大，阀的输出可直接驱动执行器，这是直动式比例阀的情况。在压力和流量较大的情况下，电-机械转换装置无法直接驱动功率级主阀，这时需要增加液压功率级，这就构成了多级比例阀。先导阀可以采用滑阀、锥阀、挡板阀等，而主阀常采用滑阀或插装阀。

比例阀从组成来看，可以分成两大部分：电-机械比例转换装置和液压阀本体。前者将电控制器输入的电信号按比例连续地转换为机械力和位移输出，后者接收这种结构力和位移之后按比例连续地输出压力或流量。按照它的组成，并从其发展过程来看，电液比例阀可以分成两类：一类是在开关或控制型的基础上加以改进的，即将开关或定值控制型阀的手调部分改为电-机械比例转换装置而成；另一类是在电液伺服阀的基础上加以简化的，它保留了伺服阀的控制部分，降低了液压阀部分的精度要求，因此又被称为廉价伺服阀或工业伺服阀。

(3) 比例阀的特点。能简单地实现自动连续控制、远程控制和程序控制；制造较电液伺服阀容易、价格低，效率亦比电液伺服阀高；把电的快速性、灵活性等优点与液压传动力量大的优点结合起来，能连续、按比例地控制液压系统的执行元件运动的力、速度和方向，能防止压力或速度变换时的冲击现象；能明显简化系统，减少元件使用量；实现复杂程序控制，工程应用意义重大;控制性能比伺服阀差,但其静态特性可以满足大多数机器的要求,技术上容易掌握,工作可靠。

(4) 电-机械转换装置。其工作原理、用途及特点见表 2-2。

**表 2-2 电-机械转换装置的工作原理、用途及特点**

| 形 式 | 工 作 原 理 | 用 途 | 特 点 |
|---|---|---|---|
| 比例电磁铁 | 在由软磁材料组成的磁路中,有一励磁线圈,当有信号时,铁心与轭铁之间出现吸力而使铁心移动 | (1) 驱动锥阀或喷嘴(挡板)以控制比例压力阀或比例方向阀、比例复合阀;<br>(2) 推动节流阀阀芯以控制比例流量阀 | 结构简单,使用一般材料,工艺性好;机械力较大,控制电流也较大;使用维护方便;适用于人工调节,且动态特性及静态精度要求不是很高的场合;控制功率:1~100 W |
| 动圈式力电机 | 在由硬磁材料和软磁材料共同组成的磁路中,有一两个控制线圈。当有信号电流时,悬挂在弹性元件上的铁心相对轭铁移动,并输出机械力 | (1) 驱动锥阀或喷嘴(挡板)以控制比例压力阀;<br>(2) 驱动喷嘴(挡板)以控制比例方向阀 | 结构简单,要用较贵重材料,工艺性尚好;机械力较大,控制电流中等;使用维护方便;静、动态性能较好;控制功率:1~10 W |
| 力矩电机 | 在由硬磁材料和软磁材料共同组成的磁路中,有一两个控制线圈。当有信号电流时,支承在弹性元件上的铁心相对轭铁转动,并输出机械力矩 | (1) 带动锥阀或喷嘴以控制比例压力阀或比例方向阀;<br>(2) 带动节流阀(或经前置放大)以控制比例流量阀 | 结构复杂,要用贵重材料,工艺性差;机械力矩小,控制电流小;结构尺寸紧凑;静、动态性能优良;控制功率:0.01~1 W |
| 伺服电机 | 定子上有励磁绕组,控制电流整流通向转子。转子的转向及转速由控制电流的极性及大小所决定。经齿轮减速后带动电液比例阀 | (1) 带动节流阀转动以控制比例流量阀;<br>(2) 带动锥阀做直线移动以控制比例压力阀 | 结构复杂,多由专业厂家提供产品;使用中可能出现电火花;静、动态性能一般 |

传统的电-机械转换器大多是根据电磁作用原理设计的,根据发展次序为:直流和交流伺服电机,步进电机,动圈式力电机,力矩电机和比例电磁铁。新型的有依靠压电材料的电致或磁致伸缩特性工作的电-机械转换器。

(5) 电子比例控制器及比例放大器。比例阀用的电子比例控制器,是一种用来对比例电磁铁提供特定性能电流,并对电液比例阀进行开环或闭环调节的电子装置。其外表有指示仪表、调整开关等,内部则以比例放大器为核心,设计配置与比例电磁铁和比例放大器均匹配的电源供给、控制信号输入及逻辑控制等电路单元。

比例放大器由电源和信号输入接口、信号处理、调节器、颤振电路、前置放大级、功率放大级等部分组成。它能够对弱电信号进行整形、运算和功率放大。放大器与其服务的比例阀和比例电磁铁相匹配,放大器设有深度负反馈,并在信号电流中叠加颤振电流。放大器中还可以设置斜坡发生器,以便控制升压、降压时间或运动的加速度、减速度。

# 2.3 电气控制系统

电气控制系统是整套液压提升系统的“大脑神经中枢”。它首先必须完成集群油缸作业时的动作协调控制,无论是提升主油缸,还是上、下锚具油缸,在提升工作中都必须在计算机控制下协调动作,为同步提升创造条件。然后对各吊点的同步高差或垂直度、油缸压力进行合理的调节控制,实现重物安全可靠地提升。电气控制系统由动力控制系统、功率驱动系统和液压同步提升实时控制系统等组成。动力控制系统用于控制液压泵站的启动、运动和停止。功率驱动系统由电液比例流量阀和各类电磁阀的相应驱动放大电路组成,在计算机的电信号控制下,驱动比例阀和各类电磁阀,完成提升油缸的顺序操作控制和同步控制。液压同步提升实时控制系统是电气控制系统的核心,根据程序指令的要求对传感器输出信号进行分析处理,经计算决策后向电液执行机构输出控制信号,并向操作显示面板输出参数显示信号。

## 2.3.1 液压同步提升实时控制系统的原理及功能

液压同步提升实时控制系统的原理如图2-9所示,该系统主要完成下述几项功能:

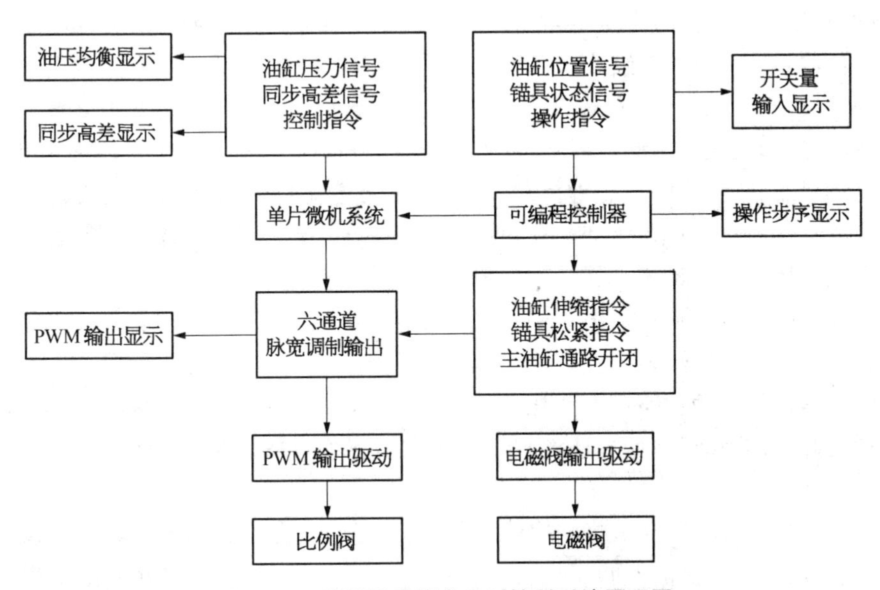


图2-9 液压同步提升实时控制系统原理图

1) *液压提升的顺序动作控制* 液压提升器是多个油缸、锚具和阀件的组合。要实现提升器在刚性支架或沿柔性索具向上爬升,各个油缸必须协调动作,不仅有动作先后控制,还有多油缸协调动作。例如,顶升过程结束后脱上锚,就需要主油缸先缩缸数秒,将荷重转移到下锚,然后驱动上锚油缸脱锚,边缩主油缸边脱锚,以保障负载平稳过渡。

2) *集群油缸的协调控制* 单台液压提升器的提升能力有限,通常需要几十台、甚至上百台提升器共同承载提升。上海东方明珠广播电视塔钢天线桅杆提升就使用了20台提升器。集群油缸就是指多台提升器共同承载提升。由于每台提升器承载不一致，动作也有差异，因此必须要决策什么时候动作、什么时候停止、什么时候联动、什么时候单独操作，以实现多台提升器的协调动作。

3) 提升结构件的运动姿态控制　结构件整体提升不同于结构件一般吊装，通常还有许多特殊的要求。提升过程中结构件在空中运动姿态的控制就是其中之一。例如东方明珠广播电视塔钢天线桅杆长 118 m，重 450 t，在长达 350 m 的提升过程中，天线桅杆垂直偏差不允许超过 0.2°～0.3°。钢内筒烟囱长 240 m，重 600 t，在 36 m 高度上，提升平面的支点高差不能超过±1 mm。诸如此类的高精度位置控制由人工控制是难以实现的，只有依靠计算机反馈控制才能做到。

4) 提升结构件的内应力控制　结构件设计通常只考虑其就位后的应力状态，因此在提升过程中，不允许产生额外的应力和变形。北京西站主站房钢桁架长 28 m、宽 45 m，就位后由 8 个支点支承。钢桁架整体提升吊点就设在准备就位的 8 个支点上，在长达 50 m 的提升过程中，始终维持 8 个吊点的恒定高差，误差控制在±10 mm。这样钢桁架在提升过程中始终保持了和就位后一致的应力分布。

5) 刚性支架和柔性索具的受力均衡控制　液压提升器在提升过程中，或者是在刚性支架上一步一步爬升，或者是沿柔性索具一步一步向上攀升。液压提升器的承载最终将转移到刚性支架和柔性索具上。一般来说，一个吊点只用一台刚性支架，只要控制吊点受力，就能控制刚性支架应力。但对于柔性索具——钢绞线而言，一个吊点的载荷需要几根甚至几十根钢绞线分担，这就要求钢绞线均衡承载。北京西站主站房钢桁架提升时，用 390 根钢绞线共同承载 1 800 t；上海东方明珠广播电视塔钢天线重量由 120 根钢绞线承载。如果不考虑提升过程中的钢绞线自动均载，就会发生钢绞线破断，承载钢绞线数量的减少和破断时产生的冲击更会加剧钢绞线的不合理承载，甚至导致恶性循环。因此刚性支架和柔性索具的均载是液压提升的关键技术。控制吊点均载、并联油缸均载和同一油缸内多根钢绞线的均载，可以实现柔性索具的整体均载。

6) 自动操作　液压同步提升往往是大面积的作业，控制自由度很多、控制精度也很高，依靠人力来控制很难胜任，因此全自动操作是液压同步提升的主操作方式。在自动操作模式下，人工只需进行启动和停止按钮操作，其他控制均由计算机完成。为了便于初始安装、调试、最后拆卸和排除故障，系统还设置了顺序单步操作和手动操作两种方式，作为辅助操作方式。

在上述众多的控制要求中，将结构件运动姿态控制、应力控制和柔性索具均载控制统称为同步控制。同步控制是液压同步提升的关键。对于不同的工程，需要根据工程要求制定相应的控制策略。超大型构件的整体提升并不是简单的起吊提升，它涉及被提升构件本身的特性、形状、提升姿态及内部应力等情况。因此，应当根据不同的提升对象和要求，制定不同的提升控制策略，如构件的绝对垂直度/水平度控制、相对位移控制、应力控制等。正确、合理的控制策略是成功提升的先决条件。一般来说，控制策略包括吊点安排、控制目标确定和控制算法编制三大部分。

吊点安排受结构件外形、重量分布等因素制约。钢内筒烟囱为圆截面，吊点沿圆周三点均布，避免超静定承载。钢天线桅杆为方截面，吊点安排在正方形四侧，由于边长较短，采用沿边长均布方案。

控制目标是指提升过程中的同步要求。同步要求往往有多个,例如钢天线桅杆在提升过程中除了要求天线杆垂直偏差小于0.2°外,还要求每侧提升器承载均匀。由于这些控制目标相互间不独立,因此会相互干涉甚至发生矛盾。例如在受到侧向风载时,若要保证垂直精度,就必须降低均载要求。此外,吊点的布置有较大的冗余度,经常形成超静定承载。北京西站主站房钢桁架有8个吊点,桁架刚度较强,某个吊点稍稍提高,就可能导致相邻吊点卸载,若要满足8个吊点相对高差不变,就很难保证各吊点受力合理分布。确定控制策略就是要将原始的提升要求转化成计算机控制的具体方案。东方明珠广播电视塔天线桅杆提升时,将上述原始的同步要求转化成下述控制目标:

(1) 东侧提升器为主令提升器,控制电流设定,以恒定速度提升。

(2) 西侧提升器以东西垂直偏差小于±0.2°为控制目标。

(3) 北侧提升器以南北垂直偏差小于±0.2°为控制目标。

(4) 南侧提升器以东西两侧提升器承载之和等于南北两侧提升器承载之和为控制目标。

制定上述控制目标后,东、南、西、北四个吊点的控制都转化成单目标控制,垂直偏差为主要控制目标,承载均衡为辅助控制目标,且在风力偏载作用下,垂直偏差和承载之和均衡两个目标都能满足。调节东侧主令提升器速度,就能方便地改变整体提升速度。从上述例子可见,因地制宜、主次分明地制定控制目标,可以收到事半功倍的控制效果。

为有效地实现控制目标,还必须编制合理的控制算法。由于控制元件的非线性、系统参数随提升高度变化、风载等侧向力影响,控制算法除了满足控制目标要求外,还要考虑很多问题,例如提升过程的平顺性、系统的抗振、系统参数的自适应、控制参数的现场选择等。编制好的程序还必须在现场调试中经受各种状态的考核,使其成熟。由于液压提升技术大都应用在重大工程中,因此程序的可靠性越高,工程的风险就越低。

### 2.3.2 液压同步提升实时控制系统的结构

根据液压同步提升的信号采集类型、方式的不同以及控制对象的不同,构建一个液压同步实时控制系统需要以下几种智能模块(节点):

1) 主控模块 也即主控计算机,根据网络传送来的现场信号发出各种指令,是控制系统的大脑。

2) 泵站电气模块 在液压同步提升系统中,泵站电气部分控制电磁阀、比例阀的动作。

3) 油缸位置检测模块 该模块从油缸位置传感器获取油缸位置信号,并通过网络传送给主控计算机。

4) 激光测距仪测量模块 该模块负责采集提升构件空中姿态(角度或高度等)信息,并根据主控计算机的要求将测量所得信号送到主控计算机。

以CAN总线构成的现场实时控制网络连接如图2-10所示,其控制信号流程如图2-11所示。

在液压同步提升系统中,主要包含两个反馈系统:第一个是提升油缸动作控制反馈系统;第二个是提升油缸速度反馈系统。通过第一个反馈系统,可以实现对提升油缸的顺序动

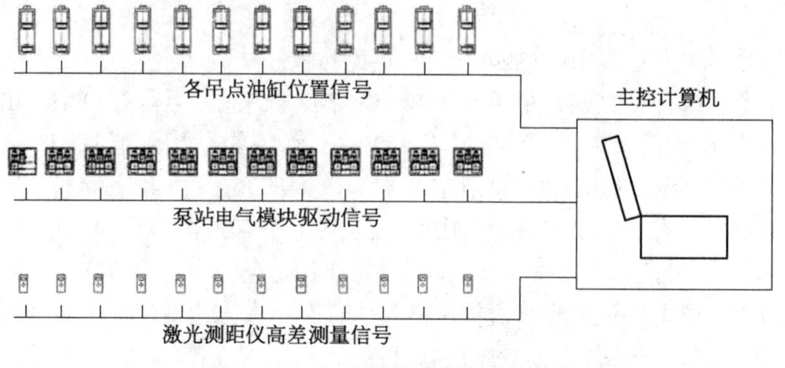


**图 2-10 实时控制网络连接示意图**

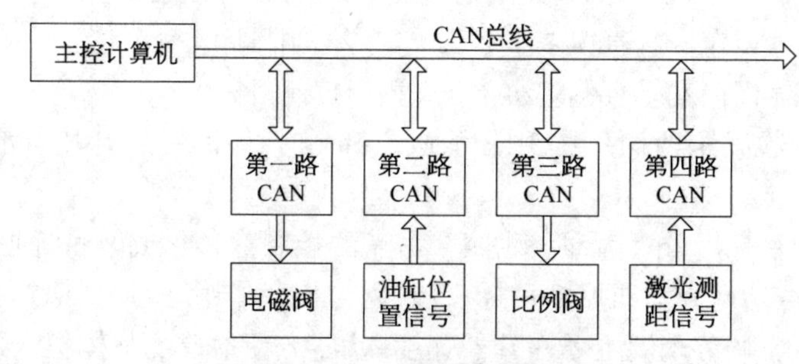


**图 2-11 控制信号流程**

作及相互协调动作的控制;通过第二个反馈系统,可以实现对提升构件的位置(同步)控制。在第一个反馈系统中,油缸当前位置信号采集任务由第二路 CAN 节点完成,采集结果通过 CAN 网络实时传送给主控计算机,然后,主控计算机再通过 CAN 网络将动作指令发送给第一路 CAN 节点,从而可以实现对电磁阀的控制。在第二个反馈系统中,提升构件空中姿态信息采集任务由第四路 CAN 节点完成,采集结果通过 CAN 网络实时传送给主控计算机,然后,主控计算机再通过 CAN 网络将速度调节指令(PWM 信号)发送给第一路 CAN 节点,从而实现对比例阀的控制。

由于 CAN 网络可以构成一个多主系统,所以在提升系统中可以使用多个主控计算机参与控制,并且由于主控计算机位置不受网络系统的限制,这更加提高了远程控制配置的柔性。

在实际提升系统中,主控计算机可以放在网络系统中的任何位置、任何节点处,也可以使用多台主控计算机参与联控、单控或者作为某台主控计算机的热备份,这增加了整个提升系统远程控制的容错能力,大大提高了提升系统的可靠性。

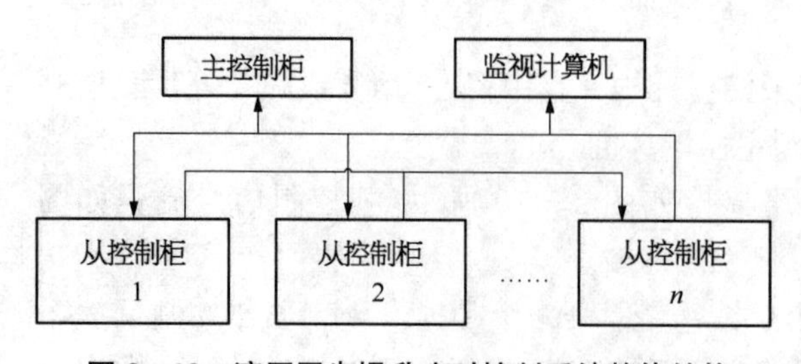


**图 2-12 液压同步提升实时控制系统整体结构**

液压同步提升实时控制系统的整体结构如图 2-12 所示。

由于系统控制范围很大,输入、输出信号很多,单台计算机难以胜任整个系统的控制,因此需要采用多机分层群控方式,由一台主控制柜和多台从控制柜组成二级控制。从控制柜可以单机操作,也可以与主机联机运行。如果吊点不多，一台控制柜就能胜任系统同步控制；在系统吊点很多时，就需要联机运行。联机时，全部控制操作均在主控制柜进行，从控制柜只有紧急停机和暂停的操作权。每台控制柜还通过串行通信和监视计算机联络，不断地把系统控制状态信息传送给监视计算机。监视计算机是一台通用微机，它不断显示和记录接收到的控制参数，供操作人员监视。

### 2.3.3 液压同步提升实时控制系统中硬件设备的描述

液压同步提升实时控制系统与其他控制系统不同，它不是一成不变的。随着其应用场合和提升对象的不同，液压同步提升实时控制系统信号采集规模和类型可能都会发生变化，相应的控制输出规模也会发生变化。不仅如此，其处理程序也会根据不同的控制要求进行相应的修改。为了保障提升控制系统扩展的方便性，要求控制系统在硬件规模和软件规范方面都要有统一的协议来规范它们。

在液压同步提升实时控制系统中，控制网络节点是分散在现场各处的提升吊点。每个提升吊点特征参数抽象提取直接关系到控制网络节点硬件设计和软件规范，从硬件组成来看，提升吊点包括承载的提升油缸、驱动的液压泵站以及测量的各种传感器。对于控制系统来说，它所关注的并不是上述硬件配置，而是反映上述硬件工作状态的特征信号，通过这些输入或者输出信号，控制系统可以根据一定的控制策略和算法来决定下一步动作。对于液压同步提升控制系统来说，提升吊点要求采集的信号和输出的信号主要有：

（1）提升油缸位置信号。包括提升油缸的当前位置信息和锚具的当前位置信息，前一个信息反映主油缸的行程，后一个信息反映锚具的松紧状态。

（2）泵站控制信号。主要有两种控制信号，一种是控制各种提升油缸动作的电磁阀信号；另一种是控制提升油缸运行速度的比例阀 PWM 驱动信号。

（3）反映提升构件空中姿态信号。主要有高差信号、角度信号等。

（4）载荷信号。主要有反映泵站当前工作载荷的压力信号和反映提升吊点载荷状况的压力信号。

在提升系统中如何描述提升油缸、泵站以及各种传感器是构成实时网络控制系统的关键。对提升油缸来说，由位置传感器、锚具传感器获取的各种信号是其特征信息，必须通过现场网络的智能节点将这些反映提升油缸状态的特征信息传送给计算机。换句话说，主控计算机对提升油缸的识别是通过分散在提升油缸上的智能网络节点获得的。智能网络节点能够及时传送油缸当前的位置信息。提升油缸是通过网络节点的标识(ID)来区分的，不同的网络节点标识对应不同的提升油缸。主控计算机对位于提升油缸处网络节点的呼叫实际上是对一个提升油缸状态信息的采集过程，由位于不同提升吊点处的智能网络节点的信息集成来实现的。在提升控制系统中，除了采集提升油缸信息，输出泵站控制信息之外，还要采集提升构件的空中姿态信息和提升载荷信息。这些信息也是通过分散在相应提升吊点处的智能网络节点来实现的。

图 2-13a 所示的提升吊点处的各种硬件配置在提升控制系统中的描述仅仅是与它相关联的网络节点标识，如图 2-13b 所示。通过这种对应关系，可将纷繁复杂的具体硬件转换成虚拟的、标准统一的逻辑设备，这为硬件描述设备之间的逻辑关联带来了极大方便。

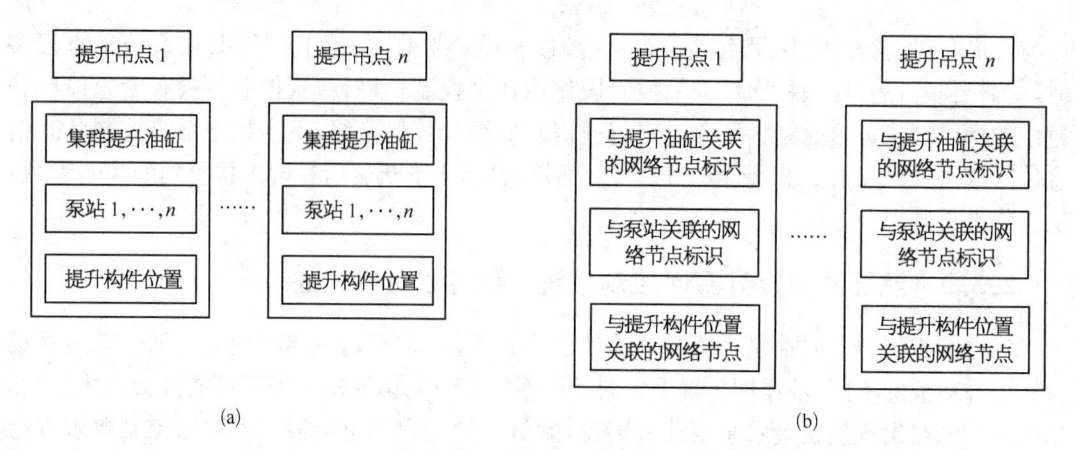


**图 2-13　提升吊点硬件描述**

(a) 提升吊点硬件配置示意；(b) 提升吊点在提升控制系统中的描述

在提升控制系统中，硬件设备不复存在，取而代之的是与其关联的网络节点标识。这种描述可以解决硬件设备的虚拟描述问题，但不能解决各种逻辑设备关系，提升油缸与泵站之间的关系等。为了使提升控制系统能准确地确定各种逻辑设备之间的关系，还需要对上述描述做进一步的深化。在描述提升油缸的参数中，增加了关于提升吊点、泵站的关联参数，这样描述提升油缸的完整的描述参数如下：

(1) 与提升油缸一一对应的网络节点标识。

(2) 提升油缸所在的提升吊点标识。

(3) 驱动提升油缸的泵站网络节点标识。

同样，也可以使用相同的方法来描述泵站和各种传感器。提升油缸、泵站以及传感器的描述参数见表 2-3～表 2-5。

**表 2-3　提升油缸描述参数**

| 1 | 2 | 3 | 4 | 5 | 6 |
|---|---|---|---|---|---|
| 提升油缸网络节点标识 | 油缸信号 | | 泵站网络节点标识 | 截止阀编号 | 提升吊点标识 |

**表 2-4　泵站描述参数**

| 1 | 2 | 3 | 4 |
|---|---|---|---|
| 网络节点标识 | 动作信号 | | 提升吊点标识 |

**表 2-5　传感器描述参数**

| 1 | 2 | 3 |
|---|---|---|
| 传感器网络节点标识 | 测得的数据 | 同步提升吊点标识 |

通过上述方法，不仅是对硬件设备一一对应关系的映射，同时，也对它们之间的相互关系做了完整的描述。这样提升系统可以将提升吊点用一组特定的数据结构来定量描述，这为控制系统程序编写奠定了基础。

### 2.3.4 主控计算机的选择

近几年来,PC技术向嵌入式应用领域渗透的步伐逐渐加大,国内外计算机工业界都非常重视发展嵌入式PC。嵌入式PC以其超小的体积,极低的功耗,极其丰富的软件支持(编程工具、编程环境以及调试手段),无须机箱和底板即可直接叠装组合成各种系统,受到用户的欢迎。

早期的嵌入式PC产品是基于8位和16位ISA总线的标准化母板的PC,体积较大,后来又开发出多种小型化嵌入式PC产品。首块2 in×4 in(1 in=25.4 mm)嵌入式PC的问世开创了小型化嵌入式PC的新时代。之后小型化嵌入式PC产品逐渐得到很多公司的注意,并形成了系列化、模块化产品,例如美国Dovatron Internation公司的ESP(extremely small package)模块系列就包括了单板计算机、调制解调器、传真/调制解调器、网络接口板和数据采集板等。

当前,国际上小型化嵌入式PC产品中,具有代表性的当数PC/104或PC/104+,其尺寸仅为3.6 in×3.8 in,不用插板滑道和总线母板,模板之间采用层叠式组合。PC/104与ISA规范完全兼容,因此,厂商能够利用与台式PC同样的ISA接口标准和外设芯片系列,根据用户的需求组合成更多的功能,开发新型的PC/104产品。与此同时,现在几乎所有的工业标准总线产品都在以不同的方式向嵌入式PC技术靠拢,例如,所有的厂家将ISA总线规范直接映像到原有总线上,推出非ISA总线的嵌入式PC;有的已推出基于VME总线规范的嵌入式PC产品。

嵌入式PC的应用领域极其广泛,从重要的军事电子系统到日常的游戏机都普遍采用了各种嵌入式PC。其原因除了PC具有丰富软件资源可利用之外,其低廉的硬件价格和灵活的组合手段便于用来组装成各类体积小巧的系统是另外一个重要原因。采用现成的嵌入式产品来组成系统的另一好处是便于升级。

面对计算机界开发嵌入式PC的热潮,Intel公司在其原来的X86系列中专门增加了一种产品系列——386EX,这种CPU芯片上还集成了与8254兼容的定时计数器、与8259A兼容的两个外围中断控制器、与UART兼容的两个UART控制器以及与DMA控制器兼容的加强型二通道DMA控制器芯片。这不仅表明了嵌入式PC市场已引起Intel等专业大公司的重视,也预示了今后会有更多的相关产品推动嵌入式PC的发展,使PC市场有各种不同形状参数、功耗系数以及性能级别各异的廉价产品问世,推动嵌入式PC新的应用系统不断出现,如AMD、ELAN SC510等都推出了自己的嵌入式PC。

嵌入式PC的应用需要实时操作环境,有些要求具有人机交互功能和图形用户接口,因此嵌入式PC的操作系统也在发生深刻的变化。但目前仍然以使用DOS系统的各种嵌入式ROM版本居多,其原因是可以充分利用现有的大量软件,包括软件工具、操作内核和各种应用软件。

Microsoft公司的MS-DOS、Windows和File System都支持X86处理器,Microsoft AT Work也已推出专门支持386EX的操作系统。

随着嵌入式PC中X86 CPU用于高性能实时计算领域,以及386EX型产品向低档产品领域扩展,在DOS环境下如何更好地实现实时响应功能的问题更为突出。许多厂家正试图采用不同的办法来解决这一用户关心的问题,并出现了实时P SOS、QNX以及DOS的改进版本RT DOS等,其中QNX可使嵌入式PC在RT DOS和DOS两种环境下进行,并可动态地进行切换。与台式 PC 相比，嵌入式 PC 市场的技术发展方向更多地受到用户和应用需求所驱使，其板级产品的性能、带宽、功率范围、总线结构和形状系数大多按用户需求来确定，因此，目前嵌入式 PC 产品种类较多，不统一。虽然嵌入式 PC 应用领域还未形成主流格局，但是目前多种尺寸的小型化模块、夹层总线板和基于其他总线的系统也在不同的嵌入式应用中发挥着各自的作用。

### 2.3.5 泵站电气模块

液压泵站用来控制提升油缸的动作和速度。它由两套系统组成，第一套系统由各种电磁阀组成，电气模块通过控制这些电磁阀使提升油缸完成各种动作；第二套系统由比例阀组成，使提升油缸伸/缩速度控制在要求范围内。泵站电气模块功能如图 2-14 所示。

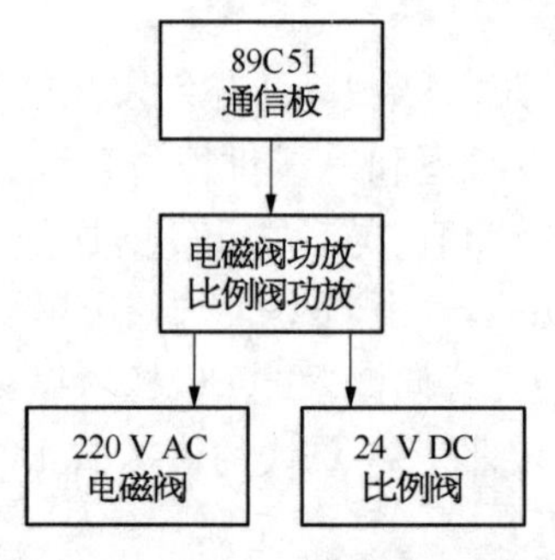


图 2-14 泵站电气模块功能图

89C51 通信板主要包括三个部分：CAN 总线通信部分、CPU 部分以及信号输出部分，如图 2-15 所示。

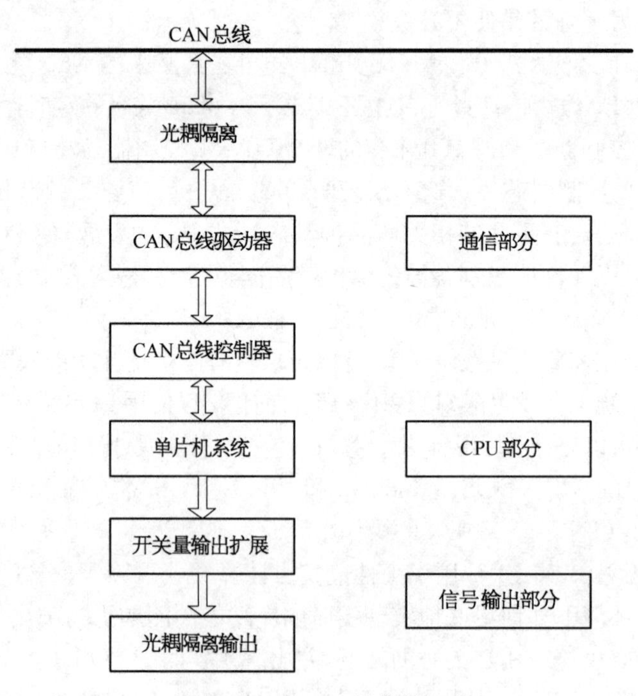


图 2-15 89C51 通信板组成

在液压同步提升系统中，从图 2－11 可以看出，系统是一主多从或多主多从结构，相对应的也就是主节点（主控计算机）和从节点（各 CAN 节点），主节点有发送以及接收功能，从节点只有接收功能。本部分属于从节点。

通信模块程序分为两部分：主节点程序以及从节点程序。主节点发送各种动作指令以及调节比例阀和截止阀的指令，从节点负责接收各种指令并控制驱动部分完成相应动作。

泵站电磁阀、比例阀功率放大板的主要功能：根据主控计算机发出的操作指令，功放电路将数字信号转换成模拟信号并将小信号转换成相应驱动信号（24 V 直流信号以及 220 V 交流信号），进而控制各种阀的动作。

泵站电磁阀、比例功率放大板放大的信号有：

（1）电磁阀驱动信号，包括伸缸、缩缸、上锚紧、上锚拔、下锚紧、下锚拔信号。

（2）截止阀驱动信号。

（3）紧急停止信号。

（4）比例阀驱动信号。

（5）油压信号。

### 2.3.6　油缸位置检测模块

为了能够在提升过程中实现位置同步，必须检测各吊点的提升油缸运行状态，进而构成一个动作控制闭环系统。在提升系统中，使用位移传感器检测各油缸的运行位置，再通过 CAN 总线现场网络将油缸运行状态信号送给主控计算机，主控计算机根据此信号调节各油缸的运行。

如图 2－16 所示，油缸位置检测模块包含以下部分：与 CAN 接口部分、CPU 部分以及与位移传感器的编码器接口部分。

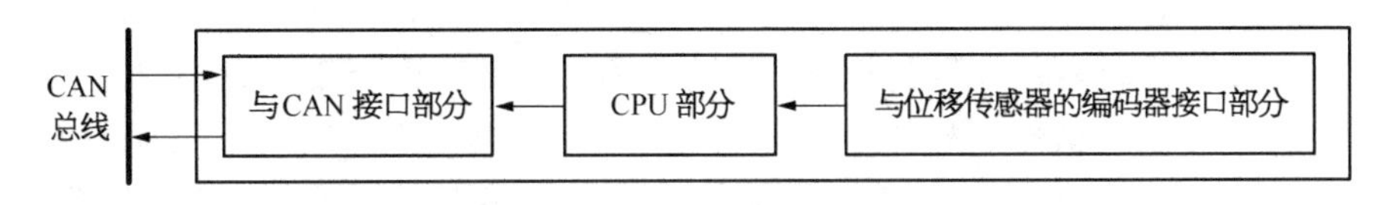


**图 2－16　油缸位置检测模块组成图**

### 2.3.7　控制系统的可靠性设计

电气控制系统除了满足系统的基本功能外，系统的可靠性是第一位的。因此，在设计系统功能的同时，必须综合考虑影响系统可靠性的因素，进行系统的可靠性设计。设计内容主要包括以下几个方面：

1）电气系统的操作闭锁　系统在手动状态下，通过系统硬件设置了“上锚松”以后，不能“下锚松”这样的误操作闭锁。在顺控和自动状态下，通过软件和硬件的设计，进行步序误操作闭锁。在联机状态下，随动吊点的步序操作只能接受主控制柜的命令。

2）计算机系统的电磁兼容性　由于施工现场条件恶劣，电磁干扰很强，电焊机和对讲机都是干扰源，工地电源质量也很差，所以计算机的电磁兼容性要求很高。为了提高系统抗干扰性能，一方面要采用净化电源和光电耦合等硬件措施，另一方面还要提高软件的抗干扰能力。

3）系统状态监测　为了更好地监测系统的工作运行状况，系统除了设置必要的显示装置供操作人员监视外，还对高差等重要参数进行冗余测量，冗余测量系统和控制系统完全独立，可以有效地监视传感器和控制系统的运行状态。

## 2.4　传感器测量系统

传感器测量系统由传感器（油缸位置传感器、锚具状态传感器、油压传感器、高差传感器）和相应的测量放大电路组成，用来测量提升油缸位置、锚具松紧状态、提升主系统油压和各吊点之间同步高差等信号。

### 2.4.1　传感器选用原则

液压同步提升系统是一个闭环控制系统，传感器测量结果是计算机控制的原始依据，因此，传感器测量的正确性至关重要。系统控制的精度、响应速度和可靠性在很大程度上取决于传感器。在选用和设计传感器时应注意以下几个方面：

1）选择合适的传感器参数　设最大的控制误差为 $\delta$，传感器的量程应为 $2\delta \sim 2.5\delta$，分辨率应为 $2\%\delta \sim 5\%\delta$，测量误差应小于 $10\%\delta \sim 20\%\delta$。如果在最大量程下，传感器的输出为直流 5 V，那么误差为 $\delta$ 时，传感器输出可达 2～2.5 V。若采用 10 位模数转换器，那么在 $2\%\delta \sim 3\%\delta$ 误差时，计算机就可以产生正确、明显的调节作用，同时也留有误差超差的余地。如果配用的控制算法合理，可以将实际误差控制在 $20\%\delta \sim 30\%\delta$。例如，东方明珠广播电视塔钢天线桅杆提升时，选用了分辨率为 0.005°、精度为 0.01°、量程为 ±6° 的垂直偏差传感器，最终控制精度达到了 0.1°～0.2°。很多提升工程需要控制吊点间的高差。例如，北京西站主站房钢桁架提升时，在 50 m 的提升高度上，吊点间高度误差不允许超过 ±10 mm。通常采用测量吊点高度后相减得到高差。在 50 m 长度上测量精度应小于 5 mm，需要采用精度为 0.01% 的长位移传感器，这是很难达到的。如果采用自整角机配用穿孔钢带直接测量高差，在 50 m 的长度上，高差测量分辨率可达 0.5 mm，测量误差小于 ±3 mm。由此可见，选择合适的传感器及其参数是十分重要的。

2）优先采用二次仪表与传感器集成或不需要二次仪表的传感器　计算机模拟量输入电压为 0～5 V，传感器的输出一般都要经过二次仪表放大才能送给计算机。如果将二次电路和传感器集成在一起，传感器的输出直接可以送给控制计算机，避免在复杂、纷乱的施工现场安装过多的二次仪表，也有利于提高信号传输的信噪比。提升系统的温度、压力、偏斜、高差、位置等传感器都属此类，给现场使用带来了很大的方便。

3）传感器信号采用大幅值、低阻抗传输　由于控制系统范围很大，传感器输出信号传送距离一般在几十米甚至上百米。施工现场有大量电焊机、对讲机、施工机械，电磁干扰对传感器信号的影响不容忽视。由于干扰源内阻较高，降低传感器输出阻抗就能削弱电磁干扰影响，如果传感器输出在 0～5 V 量级上，就能保证有较大的信噪比。对于自整角机等大输出传感器，其最大输出电压在几十伏量级上，输出阻抗仅几十欧姆，可以直接传送。对于小信号输出传感器，可以将二次仪表集成在传感器中，放大后经运算放大器缓冲输出，以保证大幅值、低阻抗传送。对于一些由限位开关组成的位置传感器，应采用大于24 V的直流电压供电，较高的电压有利于击穿由于尘埃和油雾在开关触点上形成的绝缘膜，提高动作可靠性。

4）提高传感器测量的可靠性　提升系统的传感器大部分都在施工现场露天安装，运行条件较差，与一般检测传感器相比，需要有更高的可靠性。在提升系统中使用的传感器大部分都是无触点的低漂移传感器。例如，垂直偏差传感器是非接触式磁敏传感器，高差传感器是激光测距仪，压力传感器是差动变压器式的电磁传感器，温度传感器是半导体集成传感器。只要稍加防护，这些传感器可以承受短期的日晒雨淋，保持测量精度和稳定性。此外，为预防传感器失灵酿成大祸，采用了冗余测量技术，即在系统中安装一套与控制传感器完全一样的监测传感器，安装位置和安装方法也完全一致，但在硬件上完全独立，包括供电电源。监测传感器的测量结果不参与控制，只用于显示。当控制传感器和监测传感器测量结果的差值超过规定值时，就认为传感器系统出现故障，立即自动或人工停机检查。在重大工程施工时，这样的冗余测量是必要的。

### 2.4.2　信号测量

1）油缸位置和锚具状态测量　在上、下锚具的锚片板上方分别安装一个检测锚片板位移的位置开关。当锚片板移动一定距离时，锚片从锚孔中拔出，锚片、锚孔和钢绞线三者脱开，钢绞线在锚孔中处于自由状态时，调整锚具开关的安装位置，使锚具信号出现时，相应锚具已处于松状态，即锚具拔锚到位。锚具信号消失，说明处于紧锚或拔锚未到位状态。

在主油缸外侧的四个特定位置分别安装四个限位开关，开关闭合时，输出低电平，表明油缸活塞杆当前所处的位置。四个油缸位置信号和上、下锚具信号直接接入计算机控制系统和操作显示面板，供计算机逻辑判断和操作人员随时监视。

2）高差信号测量　在液压同步提升体系中，设定某点为主令提升吊点，其他吊点均为跟随提升吊点，这些提升吊点以主令提升吊点的位置为参考来进行调节。操作人员可以根据泵站的流量分配和其他因素来设定主令提升吊点的提升速度，主令提升吊点的提升速度决定整个提升系统的提升速度。主令提升吊点速度的设定是通过调节液压系统中比例阀的开度来实现的。

由位置同步控制原理可以看出，对各提升吊点位置的精确测量是实现位置同步的关键，因此，高差传感器对位置同步控制成功与否有着极其重大的影响。位置同步控制精度取决于高差传感器的测量精度。目前常使用两种传感器：自整角电机高差传感器和激光测距仪。

具体来说，竖转施工对高差传感器的具体要求：① 测量精度高，例如，京杭运河特大桥要求竖转施工的位置同步精度在±1.5 mm以内；② 测量可靠性要好；③ 由于是露天施工，现场施工环境比较恶劣，要求高差传感器的测量结果由于环境因素影响造成的误差在允许范围以内；④ 高差传感器的安装必须方便、快捷，以适应施工的需要。

国内同类型液压同步提升系统在进行大距离测量时通常使用控制式自整角电机作为高差传感器。在液压同步提升中使用控制式自整角电机作为高差传感器有以下缺点：① 由于控制式自整角电机的穿孔卷尺存在意外滑移现象，造成其测量精度较低；② 由于控制式自整角电机的穿孔卷尺和齿轮啮合时容易发生卡死现象，其可靠性比较低；③ 控制式自整角电机体积比较大，安装、拆卸比较麻烦。

因此，常使用激光测距仪来采集高差信号。

手持式激光测距仪是利用激光对准目标的距离进行准确测定的仪器。激光测距仪在工作时向目标射出一束很细的激光，由光电元件接收目标反射的激光束，计时器测定激光束从发射到接收的时间，计算出从观测者到目标的距离。手持式激光测距仪具有以下特性：

(1) 目前，手持式激光测距仪最大测量距离可达 200 m。

(2) 在 100 m 测程以内的测量误差为±1.5 mm，在 200 m 内的测量误差为±3 mm。

(3) 测量时间为 0.5～4 s。

(4) 激光测距仪带 RS-232 接口，可以直接和 PC 机相连。

(5) 激光测距仪测量可靠性高、稳定性好。

(6) 激光测距仪体积小，重量轻，如 Leica 公司经典型 Classic5 系列的激光测距仪外形尺寸为 172 mm×73 mm×45 mm，仅重 335 g，安装、拆卸非常方便。

激光测距仪通过一个 RS-232 接口和一个测量模块可以很方便地和现场控制网络相连，如图 2-17 所示。

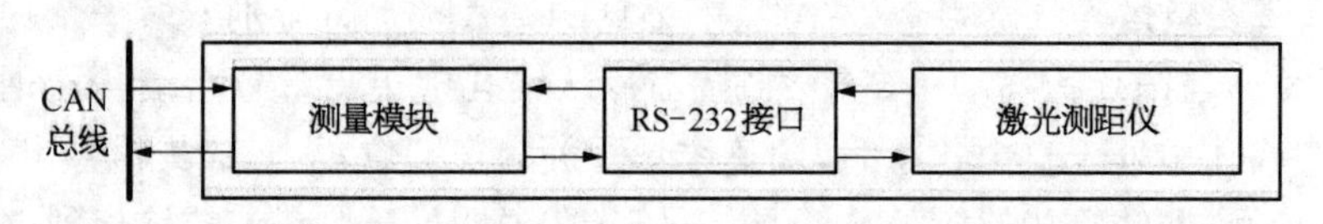


**图 2-17 激光测距仪和 CAN 现场控制网络连接示意图**

其中测量模块负责把激光测距仪测得的数据按照测量要求送到 CAN 现场总线上去。测量模块主要由以下三部分组成：与 CAN 的接口部分、MPU(单片机系统)部分以及 RS-232 电平转换部分。测量模块功能图如图 2-18 所示。

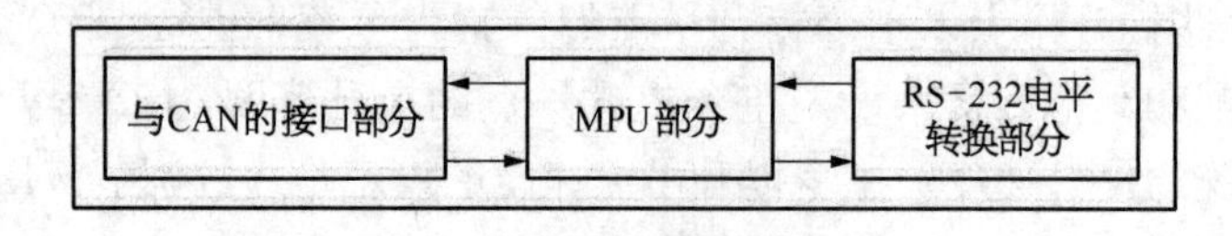


**图 2-18 测量模块功能图**

3) 油压信号测量　在提升主系统的电液比例调速阀出口和主油缸大腔相连的进油路上安装一个油压传感器，量程为 40 MPa，传感放大电路集成在传感器内。在油压为 40 MPa 时，传感器输出为 5 V。油缸上升时，油压值反映了油缸负载；油缸下降时，油压值为大腔回油压力，是小腔油压和负载共同作用的结果。传感器输出信号直接接入计算机控制系统和操作显示面板，供计算机油压超差判断和操作人员随时监视。

# 第3章 钢绞线负载均衡研究

## 3.1 钢绞线负载均衡分析与实验

### 3.1.1 多束钢绞线锚固与力均衡

在承重系统中，提升重量由若干根钢绞线来共同承受，为了确保提升安全，各钢绞线负载必须均衡，不超过其强度极限。如何确保钢绞线负载均衡是整个提升设备的关键技术问题。下面以上海东方明珠广播电视塔钢天线桅杆整体同步提升过程为例来分析钢绞线的负载均衡问题。

在钢天线桅杆整体同步提升中，提升重量大于 450 t，由 120 根钢绞线共同承受。若钢绞线受载均衡，则每根钢绞线仅承受 37.5 kN 载荷，远远小于其强度极限；若受载不均，则可能造成恶性事故。为了保证工程提升万无一失，采取了以下措施来保证钢绞线负载均衡：① 保证东西南北四侧吊点负载均衡；② 保证同侧吊点中每台提升器负载均衡；③ 保证每台提升器中每根钢绞线负载均衡。

1) *东西南北四侧吊点负载均衡*　四侧吊点负载均衡由控制系统根据特定的控制策略控制实现。假定东、西、南、北四侧吊点负载分别为 $T_E$、$T_W$、$T_S$、$T_N$，那么只要实现下列控制目标就能保证吊点负载均衡，即

$$T_E = T_W = T_S = T_N \tag{3-1}$$

(1) 控制好天线桅杆东西方向的偏斜，保证其重心处在东西两侧吊点的中央，则有

$$T_E = T_W \tag{3-2}$$

(2) 控制好天线桅杆南北方向的偏斜，保证其重心处在南北两侧吊点的中央，则有

$$T_S = T_N \tag{3-3}$$

(3) 保证东西两侧负载之和与南北两侧负载之和相等，即

$$T_E + T_W = T_S + T_N \tag{3-4}$$

这样可以推出

$$T_E = T_W = T_S = T_N$$

2) 同侧吊点中提升器负载均衡　同侧吊点中提升器按图3-1方式连接，这种连接方式无论上升还是下降，都能自动均衡提升器负载。

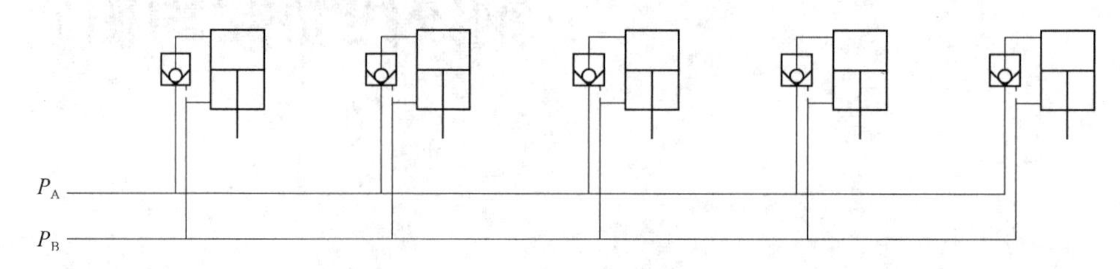


**图3-1　同侧吊点中提升器主油缸连接方式**

现假设某吊点中，第1～5台提升器上作用负载分别为$T_1$、$T_2$、$T_3$、$T_4$、$T_5$，并设

$$T_1 < T_2 = T_3 = T_4 = T_5$$

从前面的提升动作过程分析可知，当提升器作用负载由上锚具承受时，无均衡负载作用，而当执行带载伸缸或带载缩缸时，则具有均衡负载作用。

现分析上升过程，当带载伸缸时，则有：

(1) 根据液压锁单向特性可知，第1台提升器首先将液压锁开启、伸缸，对其夹持钢绞线不断拉伸加载，而其他各提升器负载将有所减小。

(2) 当满足$T_1 = T_2 = T_3 = T_4 = T_5$时，同吊点中五台提升器液压锁全部开启，油路并联。由并联特性可知，各提升器油压始终相等，从而保证提升器所受载荷均衡。

下降过程，当执行带载缩缸时，只要$P_B$大于液控单向阀开启压力(假设五台提升器的启动开关相等，与背压无关)，则五只液控单向阀全部开启，油路并联，负载大的提升器缩缸速度必定快，对其钢绞线卸载；而负载较小的提升器缩缸速度必定慢，对其钢绞线加载，这一过程一直延续到提升器负载均衡。在承载很不均衡时，还会出现承载大的油缸下降、承载小的油缸伸缸的现象，其总趋势是使并联的各油缸均载。

3) 提升器中钢绞线负载均衡　夹具与钢绞线之间的相互作用问题可以简化为弹性力学中的赫兹接触问题，经分析有如下结论：负载大的钢绞线用夹具夹持时，产生的滑移也大；而负载小的钢绞线用夹具夹持时，产生的滑移也小。

根据上述结论，结合实际的提升动作过程，可以分析得出这种自动均衡的机理：每次锚具带载切换时，随着锚片的夹紧，钢绞线在锚片中都有滑移，滑移过程使锚片和提升钢绞线下部固定点间的钢绞线长度增加，在多根钢绞线共同承载的情况下相当于滑移的钢绞线卸载。而且负载大的滑移量大，对应钢绞线卸载大；负载小的滑移量小，对应钢绞线卸载小。如此反复几次锚具带载切换即可使同一台提升器中的每一根钢绞线受载均衡，这部分内容将在本章后面的内容中详述。

### 3.1.2　载荷跟踪试验研究

为了弄清控制系统的压力跟踪情况和满足桥梁竖转施工对钢索受力变化的要求，有必要在实验室进行压力跟踪的模拟实验。

竖转施工对载荷控制提出了很高要求。一般来说，载荷控制(压力跟踪)对控制参数的敏感程度很高，也就是说，控制参数稍有变化，控制效果就有比较大的变化。为保证竖转施工载荷控制有较好的控制效果，有必要在试验台架上进行压力跟踪试验。试验的主要目的有：① 弄清控制参数对控制效果的影响程度；② 各种传感器现场适应情况；③ 控制系统现场适应情况。

压力跟踪模拟试验系统如图3-2所示。

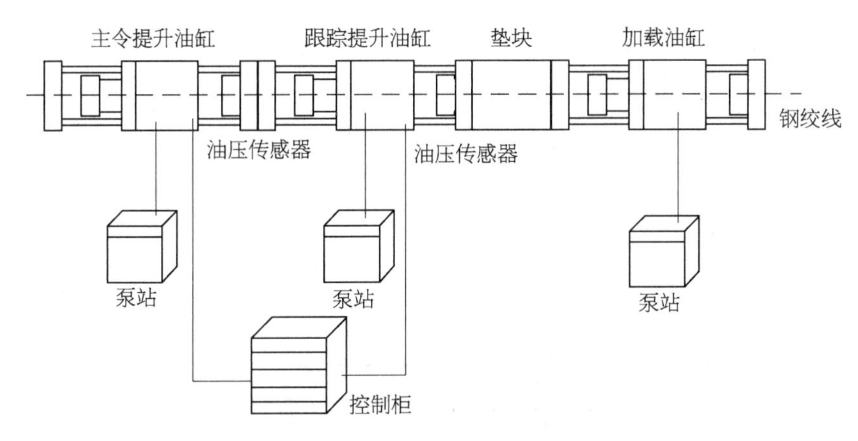


**图3-2 压力跟踪模拟试验系统**

1）系统配置 提升油缸三台，其中两台用于跟踪，一台用于加载；泵站和启动柜三套，其中两套用于跟踪，一套用于加载；控制柜一台；其他检测设备若干。

2）试验步骤

(1) 置初始加载位置，加载油缸全伸，上锚紧，下锚松；主令油缸和跟踪油缸全缩。

(2) 置跟踪状态，主令油缸和跟踪油缸主动伸缸，加载油缸被动强行缩缸。

3）试验结果 见表3-1。

**表3-1 压力跟踪试验记录表**

| 编号 | 设定比例 | 加载等级(MPa) | 第一次(MPa) | | 第二次(MPa) | | 第三次(MPa) | | 实际跟踪比例平均值 |
|---|---|---|---|---|---|---|---|---|---|
| | | | 主令油缸 | 跟踪油缸 | 主令油缸 | 跟踪油缸 | 主令油缸 | 跟踪油缸 | |
| 1 | 1∶1 | 5 | 2.8 | 2.7 | 2.8 | 2.7 | 2.8 | 2.7 | 1.034 |
| | | 8 | 4.2 | 4.1 | 4.2 | 4.0 | 4.1 | 4.0 | |
| | | 10 | 5.2 | 5.0 | 5.2 | 5.0 | 5.1 | 5.0 | |
| 2 | 1∶1.5 | 5 | 1.8 | 2.6 | 1.7 | 2.5 | 1.7 | 2.6 | 0.66 |
| | | 8 | 2.8 | 4.3 | 2.5 | 3.8 | 2.7 | 4.3 | |
| | | 10 | 3.8 | 5.8 | 3.9 | 5.8 | 3.6 | 5.5 | |
| 3 | 1∶2 | 4.5 | 1.5 | 3.0 | 1.5 | 2.9 | 1.5 | 3.0 | 0.504 |
| | | 9 | 2.6 | 5.2 | 2.6 | 5.1 | 2.6 | 5.2 | |
| | | 6 | 1.7 | 3.4 | 1.8 | 3.5 | 1.8 | 3.6 | |

（续表）

| 编号 | 设定比例 | 加载等级(MPa) | 第一次(MPa) | | 第二次(MPa) | | 第三次(MPa) | | 实际跟踪比例平均值 |
|---|---|---|---|---|---|---|---|---|---|
| | | | 主令油缸 | 跟踪油缸 | 主令油缸 | 跟踪油缸 | 主令油缸 | 跟踪油缸 | |
| 4 | 1∶2.5 | 5 | 1.2 | 3.0 | 1.2 | 3.1 | 1.2 | 3.0 | 0.398 |
| | | 8 | 1.9 | 4.9 | 2.0 | 5.0 | 1.9 | 4.8 | |
| | | 10 | 2.7 | 6.6 | 2.6 | 6.5 | 2.6 | 6.4 | |
| 5 | 1∶3 | 8 | 2.0 | 5.8 | 2.0 | 5.8 | 2.0 | 5.8 | 0.341 |
| | | 5 | 1.2 | 3.5 | 1.3 | 3.6 | 1.2 | 3.5 | |
| | | 6 | 1.3 | 3.9 | 1.4 | 4.2 | 1.4 | 5.3 | |
| 6 | 2∶1 | 8 | 4.9 | 2.5 | 5.0 | 2.5 | 5.1 | 2.5 | 1.96 |
| | | 6 | 3.8 | 2.1 | 3.8 | 2.1 | 3.8 | 2.0 | |
| | | 9 | 5.2 | 2.6 | 5.4 | 2.7 | 5.4 | 2.6 | |

设定比例值与实际跟踪比例平均值的变化如图3-3所示。

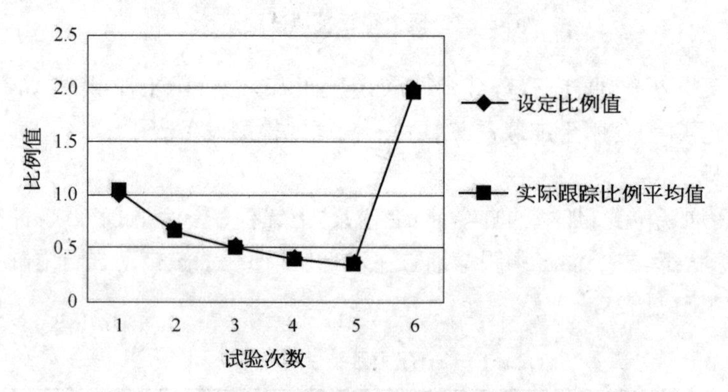


图3-3　设定比例值与实际跟踪比例平均值的变化

从试验结果可以看出，在各种载荷状态下，液压同步提升系统都表现出很好的跟踪特性。在实际应用中，可以根据工程应用的需要任意调节各提升油缸之间的载荷分配，尽可能地减小提升对被提升构件（桥梁主跨）的影响。

## 3.2　钢绞线负载自动均衡原理分析

上海东方明珠广播电视塔钢天线桅杆的提升过程中，为了避免同一油缸中六根钢绞线因负载分配不均而产生破坏性后果，特地制作了钢绞线负载均衡测试传感器，以备在钢绞线负载不均匀的情况下人为地调整其负载分配，增强提升过程中的安全性。但实际结果却大大出乎研制阶段的预料。在提升过程中，发现同一油缸的六根钢绞线中即使有一根钢绞线完全卸载，在经过一段时间的提升，上、下锚具的不断转换过程以后，完全卸载的那根钢绞线也能逐渐受载并最终与其他钢绞线的负载均衡。经过仔细观察和分析，认为同一油缸中的各钢绞线的负载能在提升过程中自动均衡。经过后来的北京西站工程和北京首都国际机场四机位工程的实践，证实了这种想法的正确性。尤其在四机位工程网架提升过程中，有的油缸中的一根钢绞线由于某种原因而在钢绞线预紧工序以后仍处于松弛状态，表明这根钢绞线未受负载。但是在提升过程中，这根钢绞线逐渐拉紧，直至最后完全处于张紧状态，与其他钢绞线的负载均衡。下面就对同一油缸中钢绞线负载自动均衡的原理和过程进行研究。

经过仔细观察和分析，认为提升时同一油缸中钢绞线负载的自动均衡是由于负载在上、下锚具的切换过程中钢绞线相对于锚孔产生的向下滑移和钢绞线受不同负载后本身的延伸也不同。

### 3.2.1　负载在上、下锚具中的转换过程

在提升过程中，油缸负重伸缸时负载从下锚具转换到上锚具；伸缸结束以后，负载从上锚具转换到下锚具，以准备下一次负重伸缸。因此负载的转换过程分负载从上锚具转换到下锚具和负载从下锚具转换到上锚具两次转换。

1) 负载从上锚具转换到下锚具　在提升过程中，因为油缸行程的限制，在每次负重伸缸动作结束以后，都必须将负载由上锚具转换到下锚具上，以便缩缸后进行下一次伸缸动作。因此，在负载由上锚具转换到下锚具前，首先进行下锚紧动作，然后进行缩缸、松上锚动作来进行从上锚具到下锚具的负载转换。

因为下锚具小油缸下锚紧动作作用力有限，在下锚紧动作完成以后，下锚片与钢绞线之间及锚片与锚孔壁之间的作用力不大，相互之间未达到完全锁紧的状态。因此，在这次负载转换过程中，缩缸时上锚具夹紧钢绞线一起向下运动。同时又因为钢绞线下端承受负载和下锚具未完全锁紧钢绞线，整个钢绞线连同负载一起向下滑移，在缩缸刚开始时，钢绞线所承受的负载仍然作用于上锚具。下锚具在经过下锚紧动作以后，下锚片齿基本上同钢绞线接触，锚片齿与钢绞线之间的接触正压力取决于下锚具小油缸作用力的大小。在钢绞线向下滑移时，正因为下锚片齿与钢绞线的接触正压力而产生一个阻止钢绞线向下滑移或向下滑移趋势的力。在这里称其为相当摩擦力 $F_{相当}$，而相当摩擦系数 $f_{相当}$ 则由钢绞线和锚片齿两者之间的正压力在钢绞线表面产生的牙痕深度决定(在啮合齿数确定的条件下)。在钢绞线表面所产生的牙痕深度又与钢绞线和锚片齿之间的接触正压力有关。因此可以认为相当摩擦系数与锚片齿和钢绞线两者之间的接触正压力有关。因此，有如下关系

$$F_{相当} = Nf_{相当}(N) = F(N) \tag{3-5}$$

式中　$N$——钢绞线和锚片齿之间的接触正压力。

(1) 首先对钢绞线进行受力分析，如图 3-4 所示。

$F_{上}(t)$为作用于上锚具的力

$F_{下}(t)$为作用于下锚具的力

$M$为作用于钢绞线上的总负载

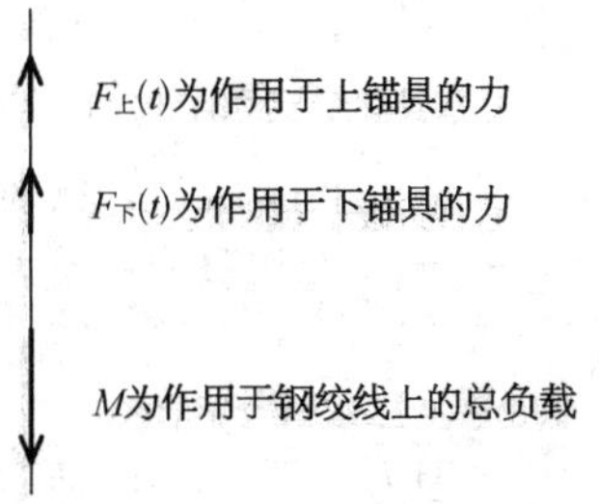

图 3-4　钢绞线的受力图

在伸缸结束还未开始进行负载转换时，钢绞线所承受的负载全部作用于油缸上锚具，即

$$\begin{cases} F_{上}(t) = M \\ F_{下}(t) = 0 \\ t = 0 \end{cases}$$

在完成负载转换后，钢绞线所承受的全部负载作用于下锚具，即

$$\begin{cases} F_{上}(t) = 0 \\ F_{下}(t) = M \\ t = \text{负载从上锚具转换到下锚具的时间} \end{cases}$$

在缩缸动作开始后进行上、下锚具负载转换过程中，因为下锚具的负载是由上锚具转换而来的，同时下锚具又是逐渐锁紧的，因此下锚具负载的增加与上锚具负载的减小在时间上有一滞后性。在负载转换过程中 $F_{上}(t)$ 和 $F_{下}(t)$ 的关系如图 3-5 所示。

$$M - F_{上}(t) \geqslant F_{下}(t)$$
$$M - F_{上}(t) - F_{下}(t) \geqslant 0$$
$$a(t) = \mathrm{d}[M - F_{上}(t) - F_{下}(t)]/\mathrm{d}t \geqslant 0 \tag{3-6}$$

因为 $a(t) \geqslant 0$，所以钢绞线相对于锚片产生向下的滑移。

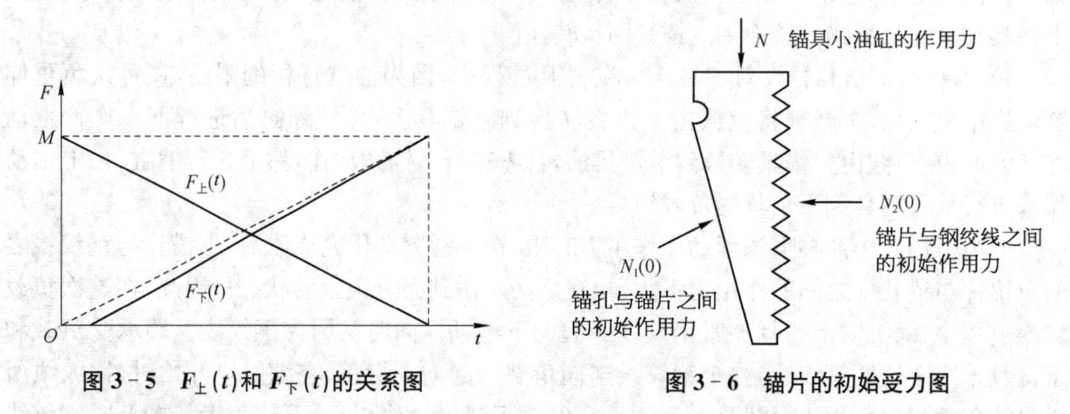


图 3-5 $F_{上}(t)$和 $F_{下}(t)$的关系图

图 3-6 锚片的初始受力图

(2) 对锚片进行受力分析。在完成下锚紧动作而又未开始缩缸动作时，即上锚具的负载还未转移到下锚具上时，锚片处于一个受力平衡的状态(其重力忽略不计)。设在负载开始转换的起始时刻 $t = 0$，此时锚片的受力如图 3-6 所示。

当开始缩缸动作以后，因为钢绞线相对于锚片齿产生滑移，在两者之间产生相当摩擦力，该力的大小与牙痕深度和咬合齿数有关。

在负载刚开始转换时，钢绞线因与锚片齿的咬合而在锚片齿上产生一个向下的力 $F'_{下}(t)$，此力与作用力 $F_{下}(t)$ 是一对反力。在锚片上原有的受力平衡被打破，所以锚片在向下的方向上产生相对于锚孔的滑移。因为锚片与锚孔这种单向自锁的特殊楔形结构，随着滑移的产生，$N_1(t)$ 和 $N_2(t)$ 大小增加，并且在锚片与锚孔之间产生斜向上的摩擦力，以平衡引起锚片滑移的力 $F'_{下}(t)$，如图 3-7 所示。

由于上锚具的负载不停地转换到下锚具上，$F'_{下}(t)$ 也逐渐增加。同时，这些力的合力相对于 $F'_{下}(t)$ 仍具有一个滞后性，其关系如图所示。

$$a'(t) = \mathrm{d}[F'_{下}(t) - F_{合}]/\mathrm{d}t \geqslant 0 \tag{3-7}$$

因为 $a'(t) \geqslant 0$，所以锚片继续相对于锚孔向下滑移。由于锚孔和锚片的这种单向自锁的楔形结构，越向下滑移，锚孔通过锚片将钢绞线锁得更紧。同时，作用于下锚具的负载就

越来越大，最终上锚具负载全部转换到下锚具上，下锚具达到一种完全锁紧以后的平衡状态。此时的锚片受力如图 3-8 所示。

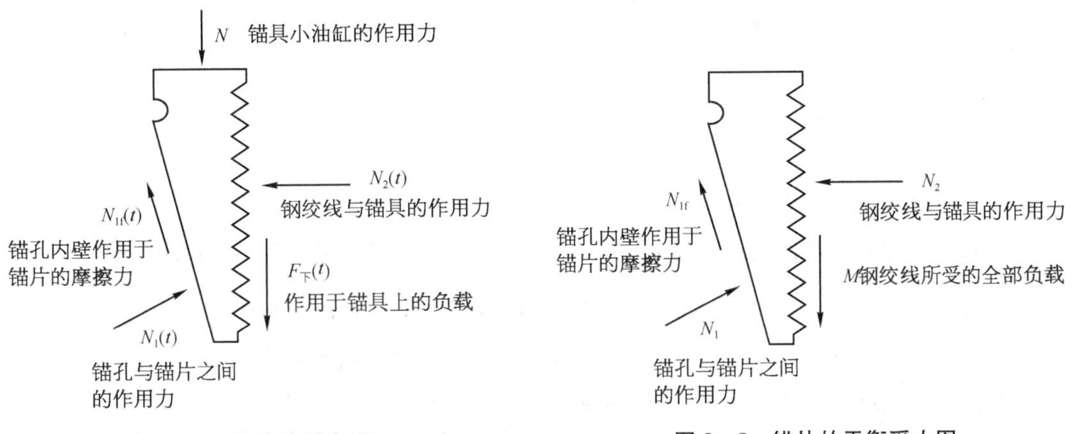


**图 3-7 锚片的受力图**

**图 3-8 锚片的平衡受力图**

2）负载从下锚具转换到上锚具　在油缸负重同步伸缸动作以前，负载全部作用于下锚具上，紧上锚、下锚停动作以后，进行负重同步伸缸。根据负载从上锚具转换到下锚具同样的原理，负重同步伸缸时钢绞线与锚片间会产生向下的相对滑移，并且带动锚片紧缩于上锚孔中。因此，作用于上锚具的负载逐渐增加，下锚具上的负载逐渐减小，最终所有的负载全部作用于上锚具上，完成负载从下锚具到上锚具的转换。

### 3.2.2 上、下锚具负载转换过程中钢绞线滑移的分析

根据上面对上、下锚具负载转换过程的分析，负载转换过程中钢绞线的滑移可以分成四部分。

1）消除预间隙的钢绞线滑移　尽管在负载转换前进行了紧锚具小油缸动作，但由于锚具小油缸作用力有限，整个锚孔、锚片和钢绞线三者之间基本接触，相互之间的作用力很小，远未达到锚具锁紧受负载的状态。因此，钢绞线和锚片、锚片和锚孔之间还有初始的预间隙存在，并且这些预间隙是不确定的，与每次锚具小油缸的动作有关。

在上、下锚具的负载转换过程中，上锚具或下锚具要锁紧钢绞线以承受由对应锚具转换而来的负载，必须首先将预间隙消除，所以钢绞线产生的第一部分滑移就是用来消除这些预间隙的。只有在这些预间隙消除以后，钢绞线才能与锚片齿咬合，一起在锚孔中锁紧。

2）锚孔变形引起的钢绞线滑移　在负载由上锚具转换至下锚具以后，下锚孔内壁的受力如图 3-9 所示。在锚孔内壁同锚片的接触部位产生相互作用的压力，方向与锚孔内壁垂直。这些法线方向的压力使锚孔内壁产生向四周扩张的变形，如图 3-9 所示。

锚孔在锚孔壁法线方向变形后，在相同的高度上锚孔直径变大，引起钢绞线和锚片成一体向下滑移。设变形量为 $\Delta s$，那么根据锚孔与锚片的几何关系，如图 3-10 所示，可以得 $\Delta h = \Delta s / \tan\alpha$。

同样，因为相同的结构，在负载从下锚具转换到上锚具后，上锚孔变形引起的钢绞线滑移同下锚孔变形引起的钢绞线滑移的分析一样，仍然为 $\Delta h = \Delta s / \tan\alpha$。

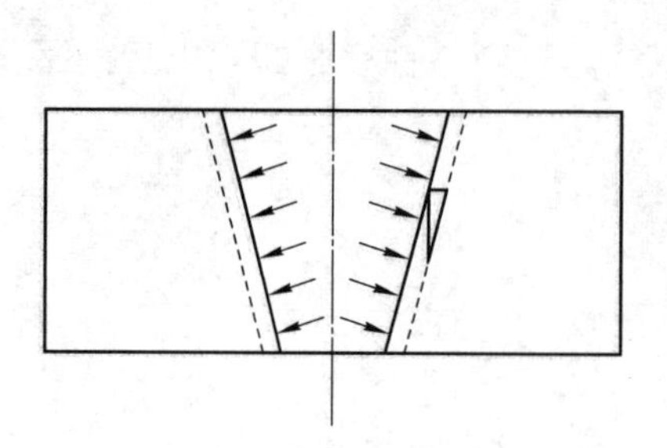

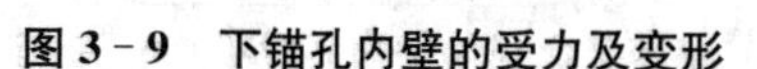


图 3-9　下锚孔内壁的受力及变形

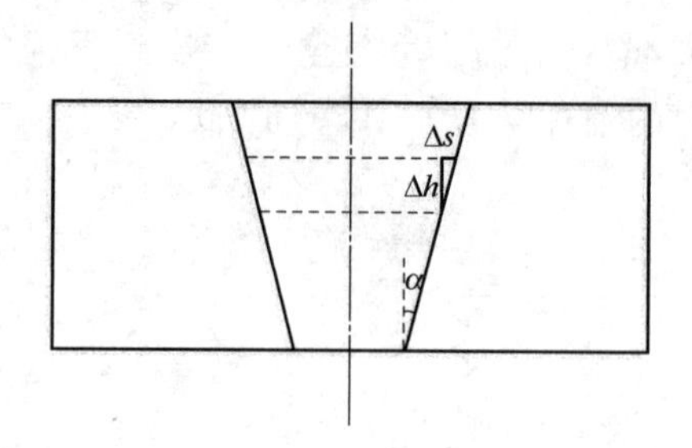


图 3-10　锚孔变形与钢绞线滑移的几何关系

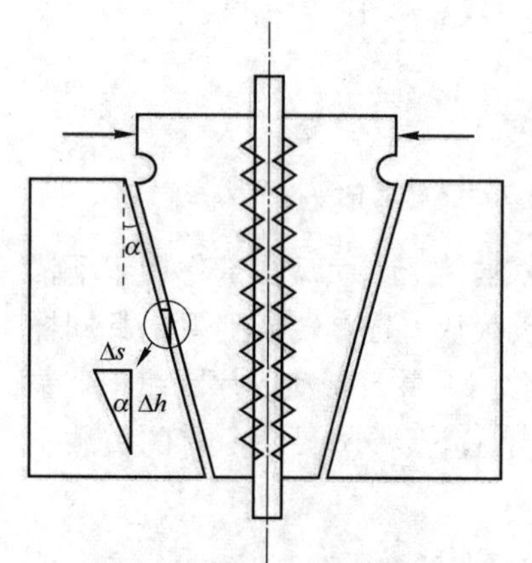


图 3-11　钢绞线牙痕引起滑移的几何关系

*3）钢绞线与锚片齿牙痕的咬合深度引起的钢绞线滑移*　在完成上、下锚具负载转换以后，工作锚具紧紧地锁紧钢绞线，锚片齿同钢绞线紧紧咬合，因为材料性质的差异，钢绞线硬度远低于锚片齿硬度，所以两者紧紧咬合时会在钢绞线表面产生牙痕，牙痕的深度与钢绞线所受的负载有关。根据锚孔和锚片的结构，锚片齿在钢绞线表面产生牙痕以后，在相同的高度上锚片同钢绞线成一体的直径变小，以引起锚片同钢绞线成一体在锚孔内产生向下的滑移，如图 3-11所示。根据其几何关系，可以得到 $\Delta h = \Delta s/\tan\alpha$。

*4）钢绞线与锚片之间的相对滑移*　在钢绞线与锚片锁紧于锚孔的过程中，首先是钢绞线相对于锚片向下滑移，带动锚片也向下滑移。随着滑移的继续，钢绞线与锚片之间越咬越紧，逐渐锁紧于锚孔之中。同时，钢绞线与锚片之间的滑移也逐渐减小，最后两者几乎成一体锁紧于锚孔之中。

### 3.2.3　滑移引起的钢绞线负载均衡

通过上面的分析，可以得到钢绞线在上、下锚具转换过程中的滑移量与钢绞线所受负载的关系。钢绞线所受的负载大，其滑移量也大；钢绞线所受负载小，其滑移量也小。随着负载在上、下锚具中的转换和转换过程中钢绞线滑移量的差异，同一油缸中各钢绞线之间的负载差异逐渐减小，最终达到平衡。下面用一例子来说明滑移引起的钢绞线负载均衡的过程。

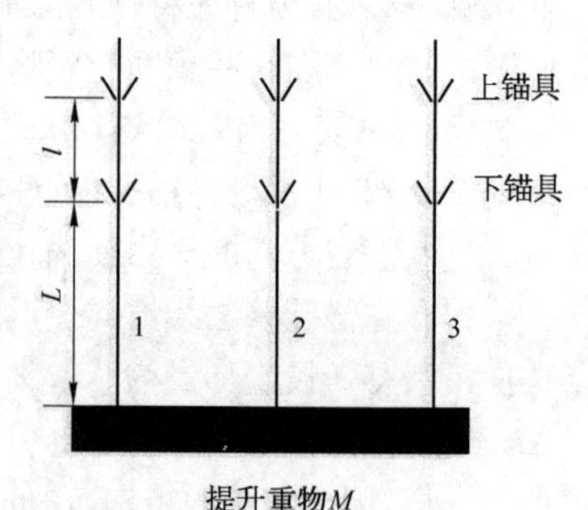


图 3-12　三根钢绞线的初始图

假设有一油缸，使用三根钢绞线提升一重物 $M$。油缸的行程为 $l$，钢绞线的长度为 $L$，钢绞线的伸长率为 $K$，钢绞线的滑移量与负载的函数关系为 $s(F)$。在初始情况下，设钢绞线 2 不受力，处于松弛状态，即 $F_2(0) = 0$；钢绞线 1 和钢绞线 3 受力，并且两者受力相等，即 $F_1(0) = F_3(0) = M/2$。如图 3-12 所示。

假设负载 $M$ 开始作用于下锚具上，下面分几步来说明钢绞线 2 逐渐受载,并最终与钢绞线 1 和钢绞线 3 受力均衡的过程。

(1) 在油缸缩到底后,开始进行下一步动作。上锚紧、下锚停,开始伸缸,将负载从下锚具转换到上锚具上。在负载转换到上锚具时,如果钢绞线不产生相对于锚片的滑移,那么下锚具下面的负重钢绞线长度为 $L-x$, $x$ 为油缸的伸出长度。而实际情况是,在负载从下锚具转换到上锚具时,钢绞线 1 和钢绞线 3 因为负载而产生相对于锚片的向下滑移,在不考虑钢绞线 2 的情况下,滑移量为 $s_1=s_3=s[F_1(0)]$,这样,滑移产生以后的钢绞线 1 和钢绞线 3 的长度为 $L-x+s_1$,如图 3-13 所示。但是,钢绞线 1、2、3 的长度要保持一致。这样,钢绞线 2 要延伸,延伸以后钢绞线 2 受载,因此同时又减小了钢绞线 1 和钢绞线 3 的负载。这时,重物 $M$ 又处于一个新的平衡位置,如图 3-13 所示。

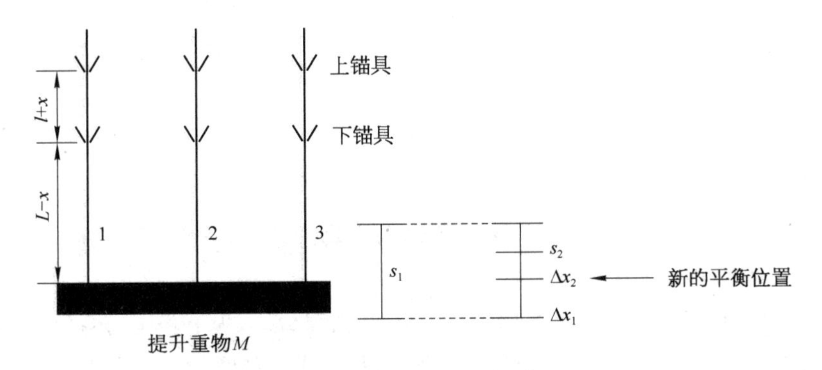


**图 3-13　钢绞线的新的平衡位置图**

根据上面的分析,有以下的推导

$$\left.\begin{aligned}L_1(x)&=L-x+s_1-\Delta x_1\\L_2(x)&=L-x+s_2+\Delta x_2\end{aligned}\right\}\tag{3-8}$$

因为 $L_1(x)=L_2(x)$,所以有 $\Delta x_2=s_1-s_2-\Delta x_1$。

那么,$F_1(1)$、$F_2(1)$ 和 $F_3(1)$ 的变化量为

$$\left.\begin{aligned}\Delta F_1(1)&=K\cdot\Delta x_1\\\Delta F_2(1)&=K\cdot\Delta x_2\\\Delta F_3(1)&=K\cdot\Delta x_3\end{aligned}\right\}\tag{3-9}$$

又因为　$\Delta F_2(1)=\Delta F_1(1)+\Delta F_3(1)$

所以　$\Delta x_2=2\Delta x_1$

$$\Delta x_2=s_1-s_2-\Delta x_1=2\Delta x_1\tag{3-10}$$

因此可以求得

$$\Delta x_1=(s_1-s_2)/3\tag{3-11}$$

根据滑移量 $s$ 同负载 $F$ 的函数关系,有

$$\left.\begin{aligned} &s_1 = s[F_1(0)] \\ &s_2 = s[F_2(0)] \\ &\Delta F_1(1) = F_1(0) - F_1(1) = \frac{s[F_1(0)] - s[F_2(0)]}{3KL} \\ &F_2(1) = M - 2F_1(1) \\ &F_3(1) = F_1(1) \end{aligned}\right\} \tag{3-12}$$

因此,根据上述推导,可以求得

$$\left.\begin{aligned} &F_1(1) = F_1(0) - \frac{s[F_1(0)] - s[F_2(0)]}{3KL} \\ &F_2(1) = M - 2F_1(1) = M - 2F_1(0) + 2 \times \frac{s[F_1(0)] - s[F_2(0)]}{3KL} \\ &F_3(1) = F_1(0) - \frac{s[F_1(0)] - s[F_2(0)]}{3KL} \end{aligned}\right\} \tag{3-13}$$

由此可见,在负载第一次从下锚具转换到上锚具后,钢绞线 2 开始受载,同时钢绞线 1 和钢绞线 3 开始卸载。

(2) 第一次负重伸缸结束,下锚紧、缩缸、松上锚,将负重从上锚具转换到下锚具上,根据上述同样的原理,钢绞线 2 的负载再一次增加,钢绞线 1 和钢绞线 3 的负载相应减小。钢绞线 1 负载的变化量为

$$\left.\begin{aligned} &\Delta F_1(2) = F_1(1) - F_1(2) = \frac{s[F_1(1)] - s[F_2(1)]}{3K(L-l)} \\ &F_2(2) = M - 2F_1(2) \\ &F_3(2) = F_1(2) \end{aligned}\right\} \tag{3-14}$$

由此可以解得

$$\left.\begin{aligned} &F_1(2) = F_1(1) - \frac{s[F_1(1)] - s[F_2(1)]}{3K(L-l)} \\ &F_2(2) = M - 2F_1(1) + 2 \times \frac{s[F_1(1)] - s[F_2(1)]}{3K(L-l)} \\ &F_3(2) = F_1(1) - \frac{s[F_1(1)] - s[F_2(1)]}{3K(L-l)} \end{aligned}\right\} \tag{3-15}$$

(3) 在第 $n$ 次负载从下锚具转换到上锚具时,钢绞线负载的重新分配可以有下面的一般计算式

$$\left.\begin{aligned} &F_1(n-1) - F_1(n) = \frac{s[F_1(n-1)] - s[F_2(n-1)]}{3K(L - nl + l)} \\ &F_2(n) = M - 2F_1(n) \\ &F_3(n) = F_1(n) \end{aligned}\right\} \tag{3-16}$$

由此可以解得

$$\left.\begin{aligned} F_1(n) &= F_1(n-1) - \frac{s[F_1(n-1)] - s[F_2(n-1)]}{3K(L-nl+l)} \\ F_2(n) &= M - 2F_1(n-1) + 2\times\frac{s[F_1(n-1)] - s[F_2(n-1)]}{3K(L-nl+l)} \\ F_3(n) &= F_1(n-1) - \frac{s[F_1(n-1)] - s[F_2(n-1)]}{3K(L-nl+l)} \end{aligned}\right\} \tag{3-17}$$

(4) 在第 $n$ 次负载从上锚具转换到下锚具时，钢绞线负载的重新分配也有下面的一般计算式

$$\left.\begin{aligned} F_1(n-1) - F_1(n) &= \frac{s[F_1(n-1)] - s[F_2(n-1)]}{3K(L-nl)} \\ F_2(n) &= M - 2F_1(n) \\ F_3(n) &= F_1(n) \end{aligned}\right\} \tag{3-18}$$

由此可以解得

$$\left.\begin{aligned} F_1(n) &= F_1(n-1) - \frac{s[F_1(n-1)] - s[F_2(n-1)]}{3K(L-nl)} \\ F_2(n) &= M - 2F_1(n-1) + 2\times\frac{s[F_1(n-1)] - s[F_2(n-1)]}{3K(L-nl)} \\ F_3(n) &= F_1(n-1) - \frac{s[F_1(n-1)] - s[F_2(n-1)]}{3K(L-nl)} \end{aligned}\right\} \tag{3-19}$$

根据上面的分析可知，随着负载在上、下锚具的不断切换，钢绞线 2 的负载逐渐增加，钢绞线 1 和钢绞线 3 的负载逐渐减小，三者逐渐趋于均衡。当 $\Delta x = s_1 - s_2 \approx 0$ 即钢绞线 1 的滑移量与钢绞线 2 的滑移量相等时，钢绞线 1、2、3 的负载就达到均衡，即

$$F_1(n) \approx F_2(n) \approx F_3(n) \approx \frac{M}{3} \tag{3-20}$$

## 3.3 四种滑移实验数据的分析

### 3.3.1 消除预间隙的钢绞线滑移

在实际工程中，尽管有锚具小油缸紧的动作，但由于锚具小油缸作用力有限，锚孔、锚片和钢绞线三者之间在小油缸紧动作完成后只是基本接触，远未达到钢绞线受载以后的锁紧状态。因此，在钢绞线向下滑移带动锚片锁紧的过程中，最开始的滑移是消除预间隙的滑移。

在实验过程中，在每次测量钢绞线滑移时，将未加载时到钢绞线加载到 1 t 时钢绞线产生的滑移确定为消除预间隙的滑移。经过 8 次实验，测得的实验数据见表 3 - 2。

表 3-2 滑移记录表

| 次　数 | 1 | 2 | 3 | 4 | 5 | 6 | 7 | 8 |
|---|---|---|---|---|---|---|---|---|
| 滑移量 $s(10^{-2}$ mm) | 188 | 210 | 337 | 269 | 233 | 200 | 173 | 249 |

$$平均滑移量 = \sum s_i/8 = 1\,859 \div 8 = 232.375$$

根据上式的计算，将每次消除锚具系统预间隙的钢绞线滑移量确定为 232.375，单位为 $10^{-2}$ mm。

## 3.3.2 钢绞线与锚片齿牙痕的咬合深度引起的钢绞线滑移

### 3.3.2.1 实验数据的测取

因为钢绞线同锚片齿紧紧地咬合在锚孔中，无法直接测得在负载作用下锚片齿咬合钢绞线表面产生的牙痕深度。为了测得牙痕深度这一数据，必须借助其他手段和方式。为此，特地设计了如图 3-14 所示实验。

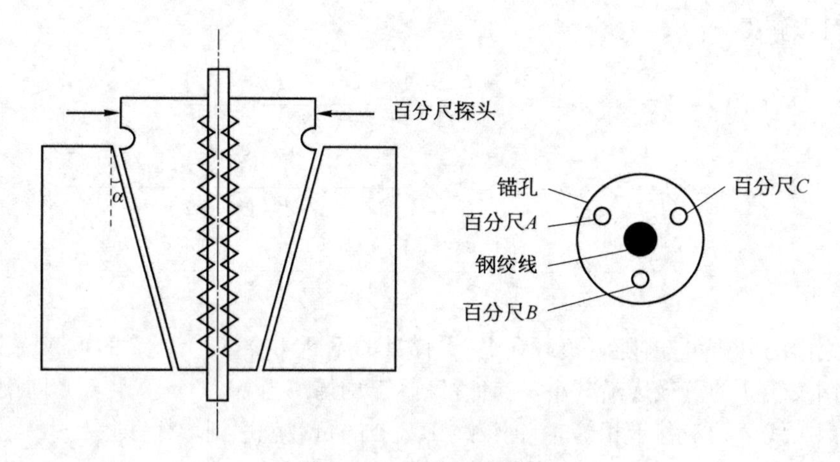


图 3-14 百分尺布置图

在整个锚具中，由三片锚片均匀地分布在钢绞线周围与钢绞线咬合在一起，然后自锁在锚孔之中。因此，在同一次加载过程中分别测取每片锚片在钢绞线径向方向的位移，以此来表示锚片咬进钢绞线所产生的牙痕深度(忽略锚片的变形)。

实验数据见表 3-3～表 3-5。

表 3-3 实验数据一 (mm)

| 负　载 | A | B | C | A | B | C |
|---|---|---|---|---|---|---|
| 1 | 3.224 | 3.210 | 3.216 | 3.198 | 3.210 | 3.211 |
| 3 | 3.196 | 3.200 | 3.200 | 3.192 | 3.196 | 3.200 |
| 5 | 3.182 | 3.190 | 3.200 | 3.180 | 3.180 | 3.194 |
| 7 | 3.180 | 3.188 | 3.196 | 3.172 | 3.178 | 3.188 |
| 9 | 3.168 | 3.176 | 3.192 | 3.168 | 3.172 | 3.178 |

(续表)

| 负 载 | $A$ | $B$ | $C$ | $A$ | $B$ | $C$ |
|---|---|---|---|---|---|---|
| 11 | 3.158 | 3.170 | 3.178 | 3.162 | 3.166 | 3.176 |
| 13 | 3.154 | 3.166 | 3.166 | 3.158 | 3.160 | 3.166 |
| 15 | 3.138 | 3.150 | 3.162 | 3.146 | 3.152 | 3.158 |
| 17 | 3.132 | 3.140 | 3.156 | 3.142 | 3.144 | 3.150 |

表3-4 实验数据二 (mm)

| 负载 | $A$ | $B$ | $C$ | $\Delta A$ | $\Delta B$ | $\Delta C$ | $\Sigma\Delta$ |
|---|---|---|---|---|---|---|---|
| 1 | 3.224 | 3.210 | 3.216 | | | | |
| 3 | 3.196 | 3.200 | 3.200 | 28 | 10 | 16 | 54 |
| 5 | 3.182 | 3.190 | 3.200 | 14 | 10 | 0 | 24 |
| 7 | 3.180 | 3.188 | 3.196 | 2 | 2 | 4 | 8 |
| 9 | 3.168 | 3.176 | 3.192 | 12 | 12 | 4 | 28 |
| 11 | 3.158 | 3.170 | 3.178 | 10 | 6 | 14 | 30 |
| 13 | 3.152 | 3.166 | 3.166 | 4 | 4 | 12 | 20 |
| 15 | 3.138 | 3.150 | 3.162 | 16 | 16 | 4 | 36 |
| 17 | 3.132 | 3.140 | 3.156 | 6 | 10 | 6 | 22 |

表3-5 实验数据三 (mm)

| 应变 | $A$ | $B$ | $C$ | $\Delta A$ | $\Delta B$ | $\Delta C$ | $\Sigma\Delta$ |
|---|---|---|---|---|---|---|---|
| 1 | 3.198 | 3.210 | 3.211 | | | | |
| 3 | 3.192 | 3.196 | 3.200 | 6 | 14 | 11 | 31 |
| 5 | 3.180 | 3.180 | 3.194 | 12 | 16 | 6 | 34 |
| 7 | 3.172 | 3.178 | 3.188 | 8 | 2 | 6 | 16 |
| 9 | 3.168 | 3.172 | 3.178 | 4 | 6 | 10 | 20 |
| 11 | 3.162 | 3.166 | 3.176 | 6 | 6 | 2 | 14 |
| 13 | 3.158 | 3.160 | 3.166 | 4 | 6 | 10 | 20 |
| 15 | 3.146 | 3.152 | 3.158 | 12 | 8 | 8 | 28 |
| 17 | 3.142 | 3.144 | 3.150 | 4 | 8 | 8 | 20 |

#### 3.3.2.2 实验数据的分析

根据上面的实验数据，可以得到离散的钢绞线所受负载与钢绞线表面牙痕深度之间的关系。为了方便后面的分析，拟通过数据分析的方法，建立钢绞线所受负载与钢绞线表面牙痕深度两者之间的数学模型。

钢绞线所受负载与牙痕深度之间的离散关系见表 3-6,根据该表,可以绘出钢绞线所受负载与牙痕深度之间的离散关系,如图 3-15 所示。

**表 3-6　钢绞线所受负载与牙痕深度之间的离散关系**

| 负载 $T$ | 1 | 3 | 5 | 7 | 9 | 11 | 13 | 15 | 17 |
|---|---|---|---|---|---|---|---|---|---|
| 第一次 | 0 | 54 | 24 | 8 | 28 | 30 | 20 | 36 | 18 |
| 第二次 | 0 | 31 | 34 | 16 | 20 | 14 | 20 | 28 | 20 |
| 之　和 | 0 | 85 | 58 | 24 | 48 | 44 | 40 | 64 | 38 |
| 累　积 | 0 | 85 | 143 | 167 | 215 | 259 | 299 | 363 | 401 |
| 平均值 | 0 | 14 | 24 | 28 | 36 | 43.5 | 50 | 61 | 67 |

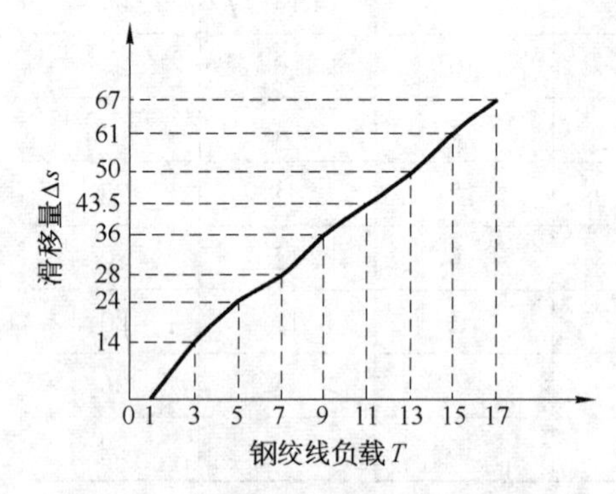


**图 3-15　钢绞线所受负载与牙痕深度之间的离散关系**

用最小二乘法,进行代数多项式曲线拟合,取 $\{\varphi_0, \varphi_1, \varphi_2, \varphi_3\} = \{1, x, x^2, x^3\}$, $\rho_i = 1$,那么相应的方程组为

$$\begin{bmatrix} \sum_{i=1}^{9}\rho_i & \sum_{i=1}^{9}x_i & \sum_{i=1}^{9}x_i^2 & \sum_{i=1}^{9}x_i^3 \\ \sum_{i=1}^{9}x_i & \sum_{i=1}^{9}x_i^2 & \sum_{i=1}^{9}x_i^3 & \sum_{i=1}^{9}x_i^4 \\ \sum_{i=1}^{9}x_i^2 & \sum_{i=1}^{9}x_i^3 & \sum_{i=1}^{9}x_i^4 & \sum_{i=1}^{9}x_i^5 \\ \sum_{i=1}^{9}x_i^3 & \sum_{i=1}^{9}x_i^4 & \sum_{i=1}^{9}x_i^5 & \sum_{i=1}^{9}x_i^6 \end{bmatrix} \begin{bmatrix} a_0 \\ a_1 \\ a_2 \\ a_3 \end{bmatrix} = \begin{bmatrix} \sum_{i=1}^{9}y_i \\ \sum_{i=1}^{9}y_i \cdot x_i \\ \sum_{i=1}^{9}y_i \cdot x_i^2 \\ \sum_{i=1}^{9}y_i \cdot x_i^3 \end{bmatrix} \tag{3-21}$$

将 $x_i$(即表 3-6 中负载 $T$)和 $y_i$(即表 3-6 中平均值)代入上面的矩阵方程式,解得

$$a_0 = -5.715$$
$$a_1 = 7.207$$
$$a_2 = -0.396$$
$$a_3 = 0.013$$

根据最小二乘法中的代数多项式拟合,可以得到钢绞线所受负载与钢绞线表面的牙痕深度两者之间的函数关系为

$$y = a_0 + a_1x + a_2x^2 + a_3x^3 = -5.715 + 7.207x - 0.396x^2 + 0.013x^3 \tag{3-22}$$

根据钢绞线本身的材料性能,其最大负载为 27 t。根据钢绞线所受负载与钢绞线表面牙痕深度之间的函数关系,计算出钢绞线受 27 t 最大负载时锚片齿在钢绞线表面的牙痕深度为 1.56 mm,小于锚片齿的高度。

因为钢绞线表面的牙痕深度与因其而产生的滑移关系为 $\Delta s = \Delta y/\tan\alpha$, 在此取 $\alpha = 15°$, 因此钢绞线表面的牙痕深度引起的滑移与钢绞线所受负载的函数关系为

$$\Delta s=\frac{\Delta y}{\tan\alpha}=\frac{-5.715+7.207x-0.396x^2+0.013x^3}{\tan 15^\circ}$$
$$=-21.329+26.897x-1.478x^2+0.049x^3 \tag{3-23}$$

滑移量 $\Delta s$ 的单位为 $10^{-2}$ mm；钢绞线所受负载 $x$ 的单位为 t。

3.3.2.3　牙痕深度的理论计算

1) 拟定常塑性流动方法的引入　因为钢绞线表面的硬度远低于锚片齿的硬度，所以在两者咬紧自锁于锚孔时，钢绞线表面发生塑性变形而产生不可恢复的牙痕。因此，下面用塑性力学中拟定常塑性流动的方法对牙痕深度进行理论计算。

在塑性力学中，塑性变形过程中塑性区和滑移线场不是固定不变的，但在变化时，它始终与某一初始状态保持不变的这类塑性变形过程称为拟定常塑性流动。图 3－16 所示为一刚性楔体压入刚塑性介质将部分材料挤出的情况。由图可以看出，随着压入深度的不同，挤出材料的区域大小也不一样(因而塑性区的大小也不相同)，但它们之间在几何上是相似的，这就是拟定常塑性流动的一个实例。下面就这个问题进行分析，并得出压入深度 $h$ 和压力 $P$ 之间的关系(在楔体角度确定的条件下)。

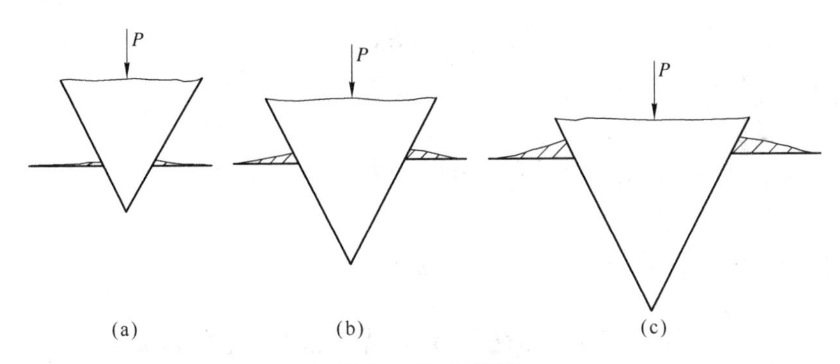


**图 3－16　三片图**

设有一刚塑性半无限平面空间，被楔角为 $2\theta_0$ 的刚性楔压入，如图 3－17 所示。设楔体表面是光滑的，接触面上没有摩擦力作用。考虑到几何相似性，在压入过程中任一时刻的变形情况可由压入深度 $h$ 来表征。图中各尺度都可以认为与 $h$ 成正比。由于受挤材料向楔体两侧流出，其超出原来水平部分的体积应等于楔体压入而占据的体积。假设挤出部分材料的自由表面为直线(如图中的 $AC$)，并假设楔体与介质接触面上的压力 $P$ 均匀分布，在这种情况下，本问题的滑移线场由均匀场 $ABD$、$AEC$ 和圆心角为 $\gamma$ 的中心扇形场 $DAE$ 组成。

为了确定滑移线场的确切位量，必须确定 $AB$ 和 $AC$ 边的长度 $a$ 和角度 $\gamma$。$AC$ 边与水平线的夹角为 $\theta_0-\gamma$，将 $AB$ 和 $AC$ 分别向 $y$ 轴上投影得到

$$a\cos\theta_0-a\sin(\theta_0-\gamma)=h$$

故

$$a=\frac{h}{\cos\theta_0-\sin(\theta_0-\gamma)} \tag{3-24}$$

再由材料的不可压缩条件，图 3－17 左右两个阴影面积应相等，即

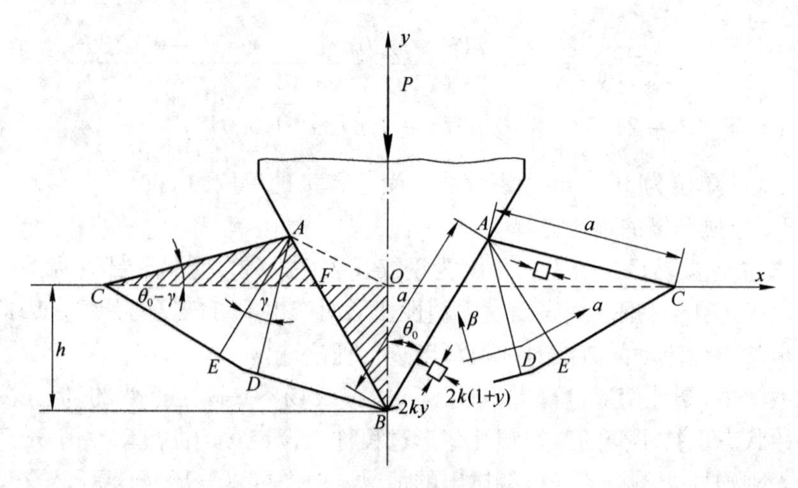


图 3-17　变形图

$$S_{\triangle ACF} = S_{\triangle FBO}$$

两边都加上 $S_{\triangle AFO}$，即

$$S_{\triangle ACO} = S_{\triangle ABO}$$

而

$$S_{\triangle ABO} = \frac{1}{2}OB(AB\sin\theta_0) = \frac{1}{2}ah\sin\theta_0 \tag{3-25}$$

$$\begin{aligned} S_{\triangle ACO} &= \frac{1}{2}CO[AC\sin(\theta_0-\gamma)] \\ &= \frac{1}{2}[AC\cos(\theta_0-\gamma)+AB\sin\theta_0][AC\sin(\theta_0-\gamma)] \\ &= \frac{1}{2}a^2[\cos(\theta_0-\gamma)+\sin\theta_0]\sin(\theta_0-\gamma) \end{aligned} \tag{3-26}$$

所以根据 $S_{\triangle ACO} = S_{\triangle ABO}$，有

$$a[\cos(\theta_0-\gamma)+\sin\theta_0]\sin(\theta_0-\gamma) = h\sin\theta_0 \tag{3-27}$$

将 $a = \dfrac{h}{\cos\theta_0 - \sin(\theta_0-\gamma)}$ 代入上式，有

$$\cos(2\theta_0-\gamma) = \tan\left(\frac{\pi}{4}-\frac{\gamma}{2}\right) \tag{3-28}$$

根据锚片齿的形状，$\theta_0 = 30°$，因此可以解得 $\gamma = 17.47°$。

再将 $\gamma$ 值代入 $a = \dfrac{h}{\cos\theta_0 - \sin(\theta_0-\gamma)}$，可以求得

$$a = 1.541h \tag{3-29}$$

因此假设 $h$ 已知，滑移线场就全部确定。在滑移线场全部确定的条件下，下面来计算压

力 $P$。

在 $ACE$ 区中，$\theta = \frac{\pi}{4} - \theta_0 + \gamma$，$\sigma = -k$。

在 $ABD$ 区中，$\theta = \frac{\pi}{4} - \theta_0$，$\sigma = -p + k$。

根据 Hencky 应力方程，设同一 $\alpha$ 线 $\sigma - 2k\theta =$ 常数，有

$$-k - 2k\left(\frac{\pi}{4} - \theta_0 + \gamma\right) = -p + k - 2k\left(\frac{\pi}{4} - \theta_0\right) \tag{3-30}$$

可以解得　　$p = 2k(1 + \gamma) \approx 2.6098\sigma$

所以　　$P = 2p \cdot \Delta S \cdot \sin\theta_0 \approx 2.6098\sigma \cdot \Delta S$

2) 钢绞线牙痕深度的计算　钢绞线与锚片齿的咬合如图 3-18 所示。

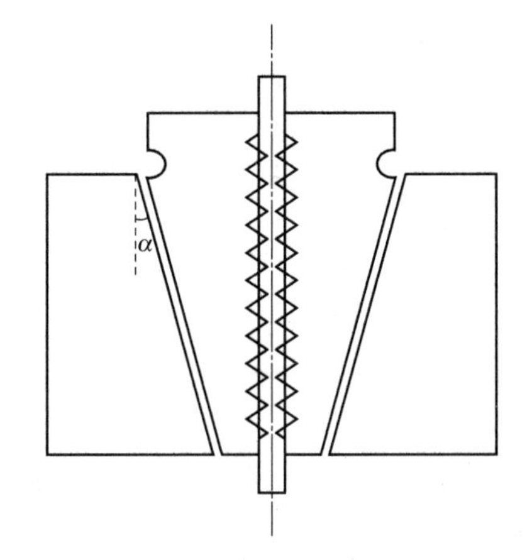


图 3-18　钢绞线与锚片齿的咬合

$N_0$ 钢绞线与锚具的作用力

$N_{1f}$

锚孔内壁作用于锚片的摩擦力

$T$此段钢绞线所受的向下负载

$N_1$

锚孔与锚片之间的作用力

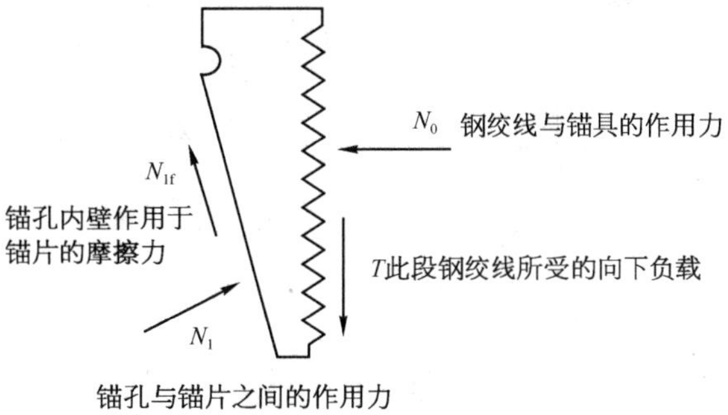

图 3-19　锚片的受力图

根据钢绞线和锚片齿咬合的情况，可以视锚片齿为刚性楔体，钢绞线为刚塑性体。钢绞线和锚片齿咬合时锚片齿在压力 $P$ 的作用下压入钢绞线，钢绞线发生塑性变形，在其表面产生牙痕。

(1) 锚片齿所受水平方向压力的计算。对咬合紧的锚片进行受力分析，其受力如图 3-19所示。

根据受力图进行受力分析，有

$$N_0 = N_1\cos\alpha - fN_1\sin\alpha \tag{3-31}$$

$$T = N_1\sin\alpha + fN_1\cos\alpha \tag{3-32}$$

从上面两式可以求得

$$N_0 = T \times \frac{\cos\alpha - f\sin\alpha}{\sin\alpha + f\cos\alpha} = 2.3T$$

式中　$f$——锚片与锚孔壁的摩擦系数，取 $f = 0.15$；

$\alpha$——锚孔的倾角，取 $\alpha = 15°$。

每根钢绞线共有七丝，任一截面上同锚片齿咬合的只有外围的六丝，假设锚片作用于每丝的压力相等。同时，每一锚片内部共有 24 齿，实际承受压力的共有 19 齿，同样假设每一齿上所受压力相等。因此，可以计算得出在钢绞线负载 $T$ 作用下锚片上每一丝上所受的压力为

$$N = \frac{N_0}{19 \times 6} = 0.0202T \tag{3-33}$$

(2) 接触面的形状分析。钢绞线每一丝的截面形状为圆形。钢绞线由七根丝组成，外围每一丝的倾角为 75°，因此，每一丝与锚片齿的交角也为 75°，其截面形状如图 3－20 所示。

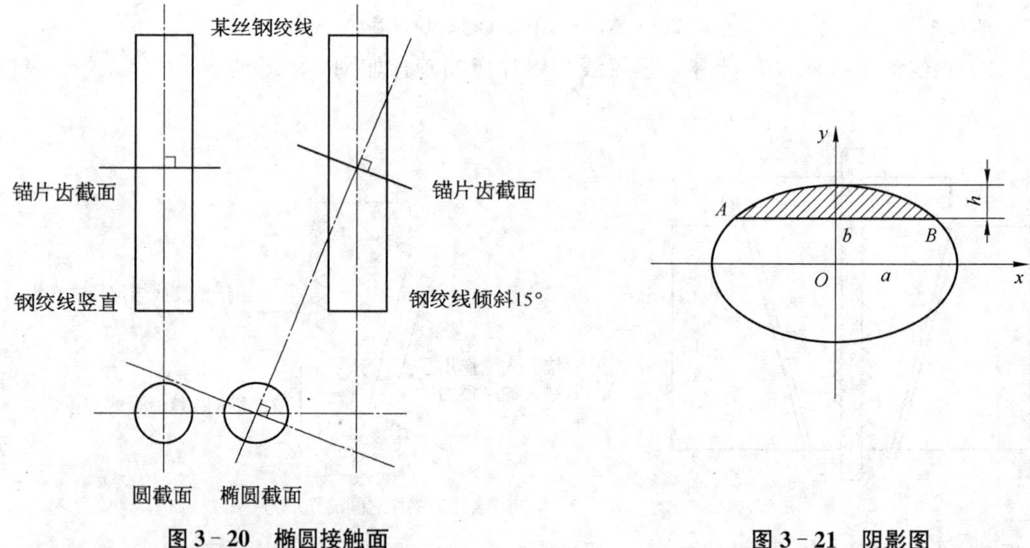


图 3－20 椭圆接触面

图 3－21 阴影图

由此可知，锚片齿与钢绞线的截面为一椭圆。

因为每丝钢绞线的直径为 5.08 mm，所以可以知道：椭圆的长轴 $a = 5.26$ mm，短轴 $b = 5.08$ mm。

假设锚片齿在钢绞线表面的牙痕深度为 $h$，那么牙痕接触面的形状如图 3－21 中阴影部分。

椭圆在 $xOy$ 坐标的方程为

$$\frac{x^2}{a^2} + \frac{y^2}{b^2} = 1 \tag{3-34}$$

那么在图 3－21 中 $A$ 点的坐标为 $\left(-\frac{a}{b}\sqrt{2bh - h^2},\ b-h\right)$，$B$ 点的坐标为 $\left(\frac{a}{b}\sqrt{2bh - h^2},\ b-h\right)$。

因此，该阴影部分的面积

$$\Delta S = 2\int_{-\frac{a}{b}\sqrt{2bh-h^2}}^{0} \left(b\sqrt{1-\frac{x^2}{a^2}} - b + h\right) \mathrm{d}x$$

$$= 2\left[\frac{b}{a}\left(\frac{x}{2}\sqrt{a^2 - x^2} + \frac{a^2}{2}\arcsin\frac{x}{a}\right) + (h-b)x\right]_{-\frac{a}{b}\sqrt{2bh-h^2}}^{0}$$

$$= \frac{a(b-h)}{b}\sqrt{2bh - h^2} + ab\arcsin\frac{\sqrt{2bh-h^2}}{b} + \frac{2a(h-b)}{b}\sqrt{2bh-h^2} \tag{3-35}$$

（3）$P$ 与 $h$ 关系的求解。根据计算的锚片齿与钢绞线在牙痕中的接触面面积 $\Delta S$，$P$ 和 $h$ 的关系为

$$P = 2.6\sigma \cdot \Delta S$$

$$= 2.6\sigma\left[\frac{a(b-h)}{b}\sqrt{2bh-h^2} + ab\arcsin\frac{\sqrt{2bh-h^2}}{b} + \frac{2a(h-b)}{b}\sqrt{2bh-h^2}\right] \tag{3-36}$$

### 3.3.3　钢绞线与锚片之间的相对滑移

在钢绞线受负载消除预间隙以后，如果钢绞线所承受的负载继续增加，钢绞线相对于锚片也将继续向下滑移，最后带动锚片将钢绞线锁紧于锚孔中。因此，根据上、下锚具负载转换的过程，可以看出在锚具锁紧过程中，钢绞线与锚片之间有相对滑移。

在实验过程中，同时测量了钢绞线和锚片在钢绞线从 1 t 以后加载过程中它们各自的滑移量。实验数据见表 3 - 7。

**表 3 - 7　实 验 数 据**　（$10^{-2}$ mm）

| 负载 $T$(t) | 锚片 $A$ | 锚片 $B$ | 锚片 $C$ | 平均值 | 钢绞线 | 相对滑移 |
|---|---|---|---|---|---|---|
| 1 | 207 | 149 | 154 | 170 | 207 | 37 |
| 2 | 39 | 33 | 35 | 35.67 | 53.33 | 17.66 |
| 3 | 29 | 26 | 28 | 27.67 | 33 | 5.33 |
| 4 | 25 | 22 | 25 | 24 | 28 | 4 |
| 5 | 23 | 21 | 22 | 22 | 24.3 | 2.3 |
| 6 | 22 | 20 | 21 | 21 | 21.3 | 0.3 |
| 7 | 23 | 19 | 21 | 21 | 20.67 | −0.33 |
| 8 | 20 | 19 | 20 | 19.67 | 20 | 0.33 |
| 9 | 20 | 18 | 20 | 19.3 | 19 | −0.3 |
| 10 | 18 | 18 | 19 | 18.3 | 18.67 | 0.37 |
| 11 | 17 | 16 | 18 | 17 | 17.33 | 0.33 |
| 12 | 17 | 17 | 17 | 17 | 17.67 | 0.67 |
| 13 | 16 | 18 | 19 | 17.67 | 18 | 0.33 |

（续表）

| 负载 $T$ | 锚片 $A$ | 锚片 $B$ | 锚片 $C$ | 平均值 | 钢绞线 | 相对滑移 |
|---|---|---|---|---|---|---|
| 14 | 17 | 16 | 17 | 16.67 | 16.33 | −0.34 |
| 15 | 17 | 19 | 18 | 18 | 18.67 | 0.67 |
| 16 | 18 | 18 | 18 | 18 | 18.67 | 0.67 |
| 17 | 20 | 18 | 19 | 19.33 | 19.67 | 0.34 |

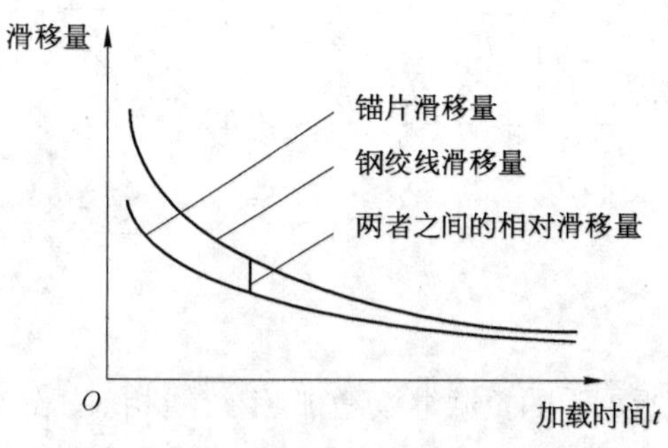

图 3-22　钢绞线和锚片的滑移量比较图

实验数据表明，钢绞线在所加负载的最初阶段，因为锚片齿与钢绞线之间的牙痕还不深，所以钢绞线与锚片齿之间产生相对滑移。但随着钢绞线所承受负载的增加，钢绞线与锚片齿之间的牙痕越咬越深，钢绞线与锚片几乎成一体，所以两者之间的滑移越来越小，如图 3-22 所示。

### 3.3.4　锚孔变形引起的钢绞线滑移

当锚孔通过锚片将钢绞线锁紧于其中时，锚板因受锚孔壁法线方向上的压力而发生弹性变形，弹性变形的大小与钢绞线所受的负载有关。下面用弹性力学的方法计算锚孔的变形。通过锚孔的变形大小，再换算成锚孔的变形引起的钢绞线滑移。

1）*对锚孔进行受力分析*　如图 3-23 所示，假设在锚孔内壁受法线方向上的均布压力 $P$ 作用和由此而产生的向下摩擦力 $F_f$ 作用。

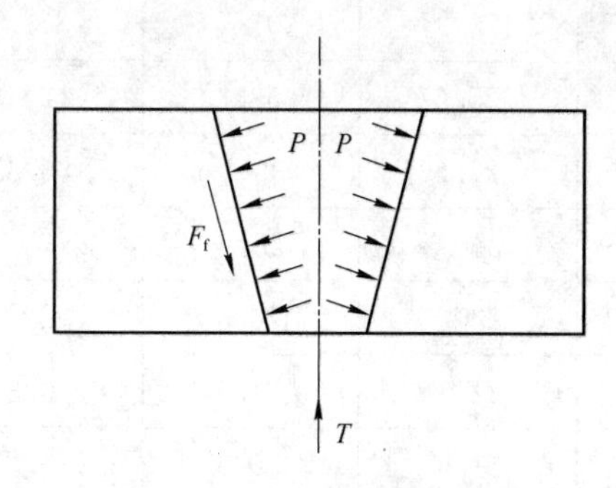

图 3-23　锚孔受力分析图

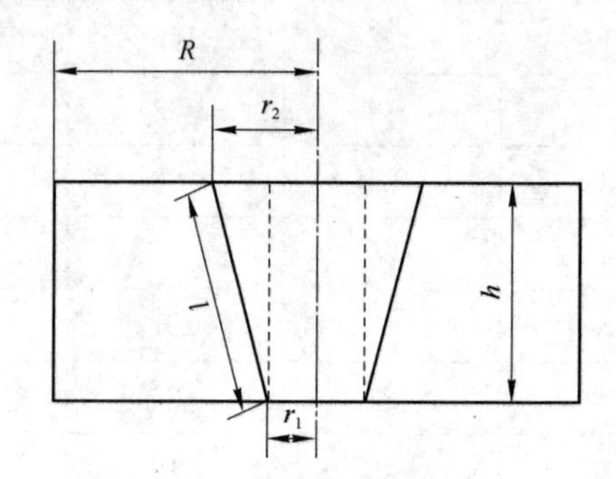

图 3-24　锚孔尺寸图

锚孔尺寸如图 3-24 所示，其中 $r_1 = 8\,\text{mm}$，$h = 40\,\text{mm}$，内壁锥面母线与中心线夹角为 15°，锚孔内壁与锚片的接触面积为

$$S = \pi(r_1 + r_2)l = \pi \times (8 + 8 + 40 \times \tan 15^\circ) \times 40/\cos 15^\circ = 3\,474(\text{mm}^2)$$

根据受力分析图，在竖直方向上有

$$PS\sin 15^\circ + PSf\cos 15^\circ = T \tag{3-37}$$

所以,可以求得均布压力

$$P=\frac{T}{S\sin 15^{\circ}+fS\cos 15^{\circ}}$$

这样,在锚孔内壁水平方向上的均布压力 $P_{压}$ 为

$$P_{压}=P\cos 15^{\circ}-Pf\sin 15^{\circ}=P(\cos 15^{\circ}-f\sin 15^{\circ}) \tag{3-38}$$

2) 锚孔内壁变形的计算　为了便于用弹性力学的方法进行计算,将锚片与锚孔内壁的接触面在垂直方向上十等分,如图 3 - 25 所示。

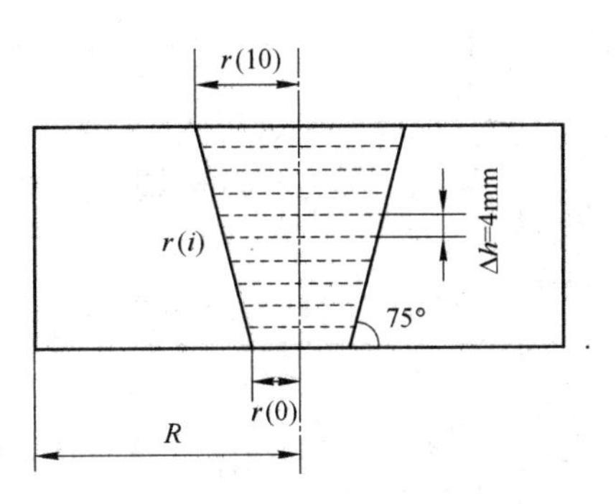


图 3 - 25　锚孔内壁十等分图

图中

$$\left.\begin{aligned} &r(0)=8\ \mathrm{mm}\\ &r(i)=r(0)+4i\tan 15^{\circ}=8+1.072i\\ &i=0\sim 10 \end{aligned}\right\} \tag{3-39}$$

取其中一段,高度为 $\Delta h$,上、下锚孔半径分别为 $r(i+1)$ 和 $r(i)$,如图 3 - 26 所示。

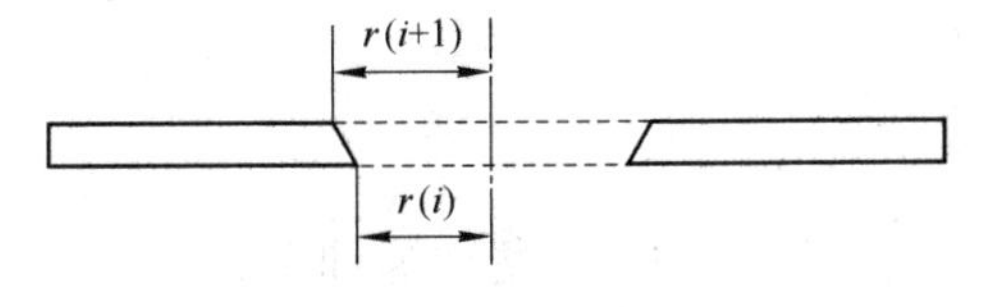


图 3 - 26　某一段图

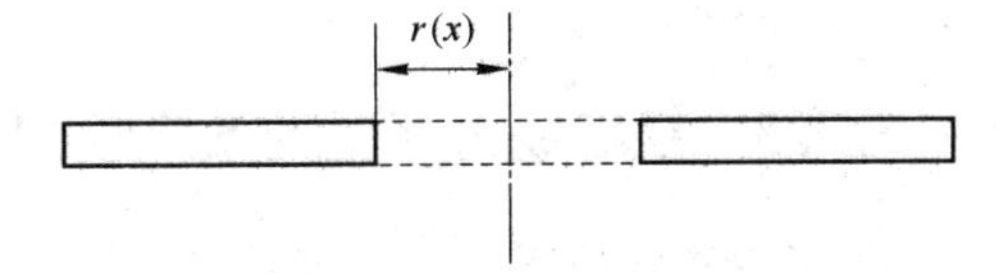


图 3 - 27　等效图

将其等效为 $r(x)=\frac{1}{2}[r(i)+r(i+1)]$,如图 3 - 27 所示。

根据弹性力学的计算方法,计算锚孔内壁的应力为

$$\left.\begin{aligned} &\sigma_{ri}=\frac{r^{2}(x)P}{R^{2}-r^{2}(x)}\left[1-\frac{b^{2}}{r^{2}(x)}\right]\\ &\sigma_{\theta i}=\frac{r^{2}(x)P}{R^{2}-r^{2}(x)}\left[1+\frac{b^{2}}{r^{2}(x)}\right]\\ &\sigma_{zi}=0 \end{aligned}\right\} \tag{3-40}$$

根据弹性力学的方法,有

$$\varepsilon_{ri}=\frac{\partial u_{ri}}{\partial ri}$$

$$\varepsilon_{\theta}=\frac{u_{ri}}{r_{i}}$$

$$\varepsilon_{z}=\frac{\partial w}{\partial z}$$

$$\sigma_{r}=\frac{E}{1+\nu}\left(\frac{\nu}{1-2\nu}\theta+\varepsilon_{r}\right)$$

$$\sigma_\theta = \frac{E}{1+\nu}\left(\frac{\nu}{1-2\nu}\theta + \varepsilon_\theta\right)$$

$$\sigma_z = \frac{E}{1+\nu}\left(\frac{\nu}{1-2\nu}\theta + \varepsilon_z\right)$$

$$\tau_{rz} = \frac{E}{2(1+\nu)}\gamma_{rz}$$

$$\theta = \varepsilon_r + \varepsilon_\theta + \varepsilon_z \quad (3-41)$$

式中 $\nu$——泊松比。

联立上述方程,可以求得

$$\varepsilon_{ri} = \frac{r^2(x)P}{E[R^2 - r^2(x)]}\left[1-\nu-\frac{b^2}{r^2(x)}-\frac{b\nu^2}{r^2(x)}\right] \quad (3-42)$$

因为 $\varepsilon_{ri} = \frac{\partial u_{ri}}{\partial ri}$,所以,在 $r(x)$ 处的径向变形为

$$u_{rx} = \varepsilon_{rx} r(x) = r(x)\frac{r^2(x)P}{E[R^2 - r^2(x)]}\left[1-\nu-\frac{b^2}{r^2(x)}-\frac{b\nu^2}{r^2(x)}\right] \quad (3-43)$$

### 3.3.5 钢绞线滑移量的数学模型的建立

1) 实验数据的获取　经过 8 次实验,钢绞线的负载从 1 t 开始,每次递加 1 t 直至 17 t。测得的钢绞线滑移量见表 3-8。

钢绞线所受负载在 0～1 t,钢绞线产生的滑移是消除预间隙的滑移,因其受外界影响的因素比较多,并且数据比较离散,因此将其作为一项定值来处理。根据实验数据,每次消除预间隙的钢绞线滑移量可以确定为 $s_1 = 232.375 \times 10^{-2}$ mm。

因此,从 1 t 至 17 t 负载期间,负载与钢绞线滑移量之间的关系见表 3-8 和表 3-9。

**表 3-8　钢绞线滑移量**　($10^{-2}$mm)

| 负载 $T$(t) | 第 1 次 | 第 2 次 | 第 3 次 | 第 4 次 | 第 5 次 | 第 6 次 | 第 7 次 | 第 8 次 | 平均值 |
|---|---|---|---|---|---|---|---|---|---|
| 1 | 188 | 210 | 337 | 269 | 233 | 200 | 173 | 249 | 232.4 |
| 2 | 50 | 46 | 47 | 46 | 45 | 48 | 64 | 48 | 49.3 |
| 3 | 36 | 42 | 35 | 34 | 34 | 36 | 27 | 36 | 35 |
| 4 | 32 | 36 | 29 | 26 | 31 | 31 | 23 | 30 | 29.8 |
| 5 | 27 | 32 | 27 | 25 | 26 | 27 | 20 | 26 | 26.3 |
| 6 | 24 | 28 | 24 | 24 | 25 | 24 | 17 | 23 | 23.6 |
| 7 | 24 | 24 | 24 | 25 | 23 | 22 | 16 | 24 | 22.8 |
| 8 | 24 | 21 | 22 | 22 | 23 | 22 | 17 | 21 | 21.5 |
| 9 | 22 | 20 | 21 | 22 | 21 | 21 | 16 | 20 | 20.4 |

（续表）

| 负载 $T$(t) | 第 1 次 | 第 2 次 | 第 3 次 | 第 4 次 | 第 5 次 | 第 6 次 | 第 7 次 | 第 8 次 | 平均值 |
|---|---|---|---|---|---|---|---|---|---|
| 10 | 23 | 20 | 21 | 22 | 21 | 21 | 16 | 20 | 20.1 |
| 11 | 22 | 18 | 19 | 18 | 18 | 18 | 16 | 18 | 18.4 |
| 12 | 23 | 16 | 18 | 20 | 21 | 19 | 16 | 18 | 18.9 |
| 13 | 24 | 16 | 19 | 20 | 14 | 19 | 18 | 17 | 18.4 |
| 14 | 22 | 17 | 21 | 16 | 19 | 18 | 15 | 16 | 18.0 |
| 15 | 25 | 15 | 19 | 22 | 17 | 19 | 19 | 18 | 19.3 |
| 16 | 24 | 15 | 21 | 23 | 19 | 20 | 19 | 17 | 19.8 |
| 17 | 25 | 18 | 22 | 21 | 19 | 24 | 21 | 19 | 21.1 |

**表 3-9　负载同钢绞线滑移量之间的关系**

| 负载 $T_i$(t) | 1 | 2 | 3 | 4 | 5 | 6 | 7 | 8 | 9 |
|---|---|---|---|---|---|---|---|---|---|
| 滑移量 $s_i$($10^{-2}$mm) | 232.4 | 281.7 | 316.7 | 346.5 | 372.8 | 396.4 | 419.2 | 440.7 | 461.1 |
| 负载 $T_i$(t) | 10 | 11 | 12 | 13 | 14 | 15 | 16 | 17 | |
| 滑移量 $s_i$($10^{-2}$mm) | 481.2 | 499.6 | 518.5 | 536.9 | 554.9 | 574.2 | 594 | 615.1 | |

2) 数学模型的建立　以上负载与钢绞线滑移量关系的实验数据，根据数值分析中最小二乘法的方法，将离散关系以函数拟合为：滑移量 $\Delta s = s(T)$，$T$ 为钢绞线的负载。

在用最小二乘法进行代数多项式拟合时，取

$$\{\varphi_0, \varphi_1, \varphi_2, \varphi_3\} = \{1, T, T^2, T^3\}, \rho_i = 1 \tag{3-44}$$

那么相应的矩阵方程为

$$\begin{bmatrix} \sum_{i=1}^{17}\rho_i & \sum_{i=1}^{17}T_i & \sum_{i=1}^{17}T_i^2 & \sum_{i=1}^{17}T_i^3 \\ \sum_{i=1}^{17}T_i & \sum_{i=1}^{17}T_i^2 & \sum_{i=1}^{17}T_i^3 & \sum_{i=1}^{17}T_i^4 \\ \sum_{i=1}^{17}T_i^2 & \sum_{i=1}^{17}T_i^3 & \sum_{i=1}^{17}T_i^4 & \sum_{i=1}^{17}T_i^5 \\ \sum_{i=1}^{17}T_i^3 & \sum_{i=1}^{17}T_i^4 & \sum_{i=1}^{17}T_i^5 & \sum_{i=1}^{17}T_i^6 \end{bmatrix} \begin{bmatrix} a_0 \\ a_1 \\ a_2 \\ a_3 \end{bmatrix} = \begin{bmatrix} \sum_{i=1}^{17}s_i \\ \sum_{i=1}^{17}T_i^1 \cdot s_i \\ \sum_{i=1}^{17}T_i^2 \cdot s_i \\ \sum_{i=1}^{17}T_i^3 \cdot s_i \end{bmatrix} \tag{3-45}$$

将负载 $T_i$ 及其相对应的滑移量 $s_i$ 代入上述矩阵方程中，可以解得

$$a_0 = 194.478$$
$$a_1 = 46.047$$
$$a_2 = -2.432$$
$$a_3 = 0.07$$

因此，根据上面的最小二乘法代数多项式拟合，得到钢绞线在上、下锚具转换过程中滑移量 $\Delta s(10^{-2}\ \mathrm{mm})$ 与钢绞线所受的负载 $T(\mathrm{t})$ 之间的函数关系为

$$\Delta s = s(T) = a_0 + a_1 T + a_2 T^2 + a_3 T^3 = 194.478 + 46.047T - 2.432T^2 + 0.07T^3 \tag{3-46}$$

## 3.4 负载均衡过程的动态模拟

### 3.4.1 钢绞线负载的数学模型的建立

在一般情况下，如果同一油缸中有一根钢绞线卸载，假设其他钢绞线的负载相等。

(1) 在第 $n$ 次负载从下锚具转换到上锚具时，钢绞线负载的重新分配可以有下面的一般计算式

$$\left.\begin{aligned} F_1(n) &= F_1(n-1) - \frac{s[F_1(n-1)] - s[F_2(n-1)]}{IK(L-nl+l)} \\ F_i(n) &= M - (I-1)F_1(n-1) + (I-1)\frac{s[F_1(n-1)] - s[F_2(n-1)]}{IK(L-nl+l)} \\ F_2(n) &= \cdots = F_{i-1}(n) = F_1(n) \end{aligned}\right\} \tag{3-47}$$

式中 $M$——油缸总负载；

$I$——钢绞线的总根数；

$F_i(0)$——卸载的那根钢绞线的初始负载；

$F_1(0) \sim F_{i-1}(0)$——其余钢绞线的初始负载；

$K$——钢绞线的伸长率；

$L$——钢绞线的初始长度；

$l$——油缸行程；

$n$——上、下锚具的转换次数；

$F_1(n) \sim F_i(n)$——钢绞线在第 $n$ 次锚具转换后的负载。

(2) 在第 $n$ 次负载从上锚具转换到下锚具时，钢绞线负载的重新分配也有下面的一般计算式

$$\left.\begin{aligned} F_1(n) &= F_1(n-1) - \frac{s[F_1(n-1)] - s[F_2(n-1)]}{IK(L-nl)} \\ F_i(n) &= M - (I-1)F_1(n-1) + (I-1)\frac{s[F_1(n-1)] - s[F_2(n-1)]}{IK(L-nl)} \\ F_2(n) &= \cdots = F_{i-1}(n) = F_1(n) \end{aligned}\right\} \tag{3-48}$$

### 3.4.2　钢绞线负载均衡过程的动态模拟

根据钢绞线负载自动均衡过程中钢绞线滑移量的数学模型，用 C 语言编写程序，动态模拟钢绞线负载的自动均衡过程。需要设定的初始参数为：钢绞线的总数量，钢绞线的初始长度 $L$，油缸负载的重量 $M$，卸载钢绞线的初始负载 $F_n(0)$，动态模拟加载比例和钢绞线的剩余长度。

设定钢绞线总数 $n = 6$，钢绞线的初始长度 $L = 40$ m，油缸的总负载 $M = 40$ t，第六根钢绞线的初始负载 $F_6(0) = 0$，钢绞线的剩余长度 $LL = 1$ m，第六根钢绞线的加载比例 $Ra = 95\%$。表 3 - 10 所列为动态模拟结果。

表 3 - 10　动态模拟结果

| 锚具转换次数 | 第 1～$n$－1 号负载(t) | 第 $n$ 号负载(t) | 加载百分比(%) |
|---|---|---|---|
| 1 | 8.000 | 0.000 | 0.000 |
| 2 | 7.950 | 0.250 | 3.755 |
| 3 | 7.907 | 0.466 | 6.984 |
| 4 | 7.869 | 0.655 | 9.827 |
| 5 | 7.836 | 0.818 | 12.269 |
| 6 | 7.808 | 0.961 | 14.416 |
| 7 | 7.783 | 1.084 | 16.259 |
| 8 | 7.760 | 1.198 | 17.966 |
| 9 | 7.738 | 1.308 | 19.617 |
| 10 | 7.717 | 1.417 | 21.250 |
| 11 | 7.696 | 1.522 | 22.829 |
| 12 | 7.675 | 1.626 | 24.392 |
| 13 | 7.655 | 1.727 | 25.904 |
| 14 | 7.635 | 1.827 | 27.402 |
| 15 | 7.615 | 1.923 | 28.851 |
| 16 | 7.596 | 2.019 | 30.286 |
| 17 | 7.578 | 2.112 | 31.675 |
| 18 | 7.559 | 2.203 | 33.052 |
| 19 | 7.542 | 2.292 | 34.384 |
| 20 | 7.524 | 2.380 | 35.706 |
| 21 | 7.507 | 2.466 | 36.984 |
| 22 | 7.490 | 2.550 | 38.253 |
| 23 | 7.474 | 2.632 | 39.481 |

（续表）

| 锚具转换次数 | 第 1～$n$—1 号负载(t) | 第 $n$ 号负载(t) | 加载百分比(%) |
|---|---|---|---|
| 24 | 7.457 | 2.713 | 40.699 |
| 25 | 7.442 | 2.792 | 41.879 |
| 26 | 7.426 | 2.870 | 43.050 |
| 27 | 7.411 | 2.946 | 44.183 |
| 28 | 7.396 | 3.021 | 45.309 |
| 29 | 7.381 | 3.093 | 46.399 |
| 30 | 7.367 | 3.165 | 47.481 |
| 31 | 7.353 | 3.235 | 48.529 |
| 32 | 7.339 | 3.305 | 49.571 |
| 33 | 7.326 | 3.372 | 50.579 |
| 34 | 7.312 | 3.439 | 51.581 |
| 35 | 7.299 | 3.503 | 52.551 |
| 36 | 7.286 | 3.568 | 53.516 |
| 37 | 7.274 | 3.630 | 54.450 |
| 38 | 7.262 | 3.692 | 55.378 |
| 39 | 7.250 | 3.752 | 56.277 |
| 40 | 7.238 | 3.811 | 57.172 |
| 41 | 7.226 | 3.869 | 58.037 |
| 42 | 7.215 | 3.927 | 58.898 |
| 43 | 7.204 | 3.982 | 59.732 |
| 44 | 7.193 | 4.037 | 60.562 |
| 45 | 7.182 | 4.091 | 61.365 |
| 46 | 7.171 | 4.144 | 62.164 |
| 47 | 7.161 | 4.196 | 62.938 |
| 48 | 7.151 | 4.247 | 63.708 |
| 49 | 7.141 | 4.297 | 64.453 |
| 50 | 7.131 | 4.346 | 65.195 |
| 51 | 7.121 | 4.394 | 65.913 |
| 52 | 7.112 | 4.442 | 66.628 |
| 53 | 7.102 | 4.488 | 67.321 |
| 54 | 7.093 | 4.534 | 68.010 |

（续表）

| 锚具转换次数 | 第 1～$n$－1 号负载(t) | 第 $n$ 号负载(t) | 加载百分比(%) |
|---|---|---|---|
| 55 | 7.084 | 4.578 | 68.676 |
| 56 | 7.075 | 4.623 | 69.341 |
| 57 | 7.067 | 4.666 | 69.983 |
| 58 | 7.058 | 4.708 | 70.623 |
| 59 | 7.050 | 4.750 | 71.243 |
| 60 | 7.042 | 4.791 | 71.859 |
| 61 | 7.034 | 4.830 | 72.456 |
| 62 | 7.026 | 4.870 | 73.051 |
| 63 | 7.018 | 4.908 | 73.626 |
| 64 | 7.011 | 4.947 | 74.199 |
| 65 | 7.003 | 4.984 | 74.753 |
| 66 | 6.996 | 5.020 | 75.305 |
| 67 | 6.989 | 5.056 | 75.839 |
| 68 | 6.982 | 5.091 | 76.371 |
| 69 | 6.975 | 5.126 | 76.885 |
| 70 | 6.968 | 5.160 | 77.398 |
| 71 | 6.961 | 5.193 | 77.893 |
| 72 | 6.955 | 5.226 | 78.387 |
| 73 | 6.948 | 5.258 | 78.864 |
| 74 | 6.942 | 5.289 | 79.340 |
| 75 | 6.936 | 5.320 | 79.800 |
| 76 | 6.930 | 5.351 | 80.258 |
| 77 | 6.924 | 5.380 | 80.701 |
| 78 | 6.918 | 5.409 | 81.142 |
| 79 | 6.912 | 5.438 | 81.568 |
| 80 | 6.907 | 5.466 | 81.993 |
| 81 | 6.901 | 5.494 | 82.404 |
| 82 | 6.896 | 5.521 | 82.813 |
| 83 | 6.891 | 5.547 | 83.208 |
| 84 | 6.885 | 5.573 | 83.602 |
| 85 | 6.880 | 5.599 | 83.982 |

（续表）

| 锚具转换次数 | 第 1～$n$－1 号负载(t) | 第 $n$ 号负载(t) | 加载百分比(%) |
|---|---|---|---|
| 86 | 6.875 | 5.624 | 84.361 |
| 87 | 6.870 | 5.648 | 84.726 |
| 88 | 6.865 | 5.673 | 85.091 |
| 89 | 6.861 | 5.696 | 85.443 |
| 90 | 6.856 | 5.720 | 85.794 |
| 91 | 6.852 | 5.742 | 86.132 |
| 92 | 6.847 | 5.765 | 86.469 |
| 93 | 6.843 | 5.786 | 86.794 |
| 94 | 6.838 | 5.808 | 87.119 |
| 95 | 6.834 | 5.829 | 87.431 |
| 96 | 6.830 | 5.850 | 87.743 |
| 97 | 6.826 | 5.870 | 88.043 |
| 98 | 6.822 | 5.890 | 88.343 |
| 99 | 6.818 | 5.909 | 88.631 |
| 100 | 6.814 | 5.928 | 88.919 |
| 101 | 6.811 | 5.946 | 89.196 |
| 102 | 6.807 | 5.965 | 89.472 |
| 103 | 6.803 | 5.983 | 89.738 |
| 104 | 6.800 | 6.000 | 90.004 |
| 105 | 6.797 | 6.017 | 90.259 |
| 106 | 6.793 | 6.034 | 90.514 |
| 107 | 6.790 | 6.051 | 90.758 |
| 108 | 6.787 | 6.067 | 91.003 |
| 109 | 6.784 | 6.082 | 91.237 |
| 110 | 6.780 | 6.098 | 91.472 |
| 111 | 6.777 | 6.113 | 91.697 |
| 112 | 6.774 | 6.128 | 91.921 |
| 113 | 6.772 | 6.142 | 92.137 |
| 114 | 6.769 | 6.157 | 92.352 |
| 115 | 6.766 | 6.171 | 92.558 |
| 116 | 6.763 | 6.184 | 92.764 |

（续表）

| 锚具转换次数 | 第1～$n$−1号负载(t) | 第$n$号负载(t) | 加载百分比(%) |
| --- | --- | --- | --- |
| 117 | 6.761 | 6.197 | 92.962 |
| 118 | 6.758 | 6.211 | 93.159 |
| 119 | 6.755 | 6.223 | 93.348 |
| 120 | 6.753 | 6.236 | 93.537 |
| 121 | 6.750 | 6.248 | 93.718 |
| 122 | 6.748 | 6.260 | 93.899 |
| 123 | 6.746 | 6.271 | 94.071 |
| 124 | 6.743 | 6.283 | 94.244 |
| 125 | 6.741 | 6.294 | 94.409 |
| 126 | 6.739 | 6.305 | 94.574 |
| 127 | 6.737 | 6.315 | 94.732 |
| 128 | 6.735 | 6.326 | 94.889 |
| 129 | 6.733 | 6.336 | 95.040 |

从上面的运算结果可以看出，经过上、下锚具总共129次的转换，完全卸载的第六根钢绞线加载到平均负载的95%。

# 第4章 液压同步提升系统比例阀技术及仿真

## 4.1 液压仿真概述

液压仿真作为系统仿真的一个分支，为液压系统的设计、优化与控制，特别是动态工作性能的提高，提供了一种有力的技术手段，已成为现代化液压系统设计体系中一个非常重要的环节。因此，液压仿真具有很广泛的实用价值，随着系统仿真技术的发展，将愈加受到人们的重视。

### 4.1.1 液压系统设计的任务

无论哪一种液压系统，在设计开发过程中一般都免不了做以下几步工作：

(1) 初期。静态估计，根据额定/最大负载和基本运动参数确定构成系统的元器件或所设计元器件的基本结构。

(2) 中期。动态性能测试，校正初步设计和各种参数。这时要考虑的因素比较多，包括开环/闭环动态响应特性、系统发热、故障工况分析等。按综合分析的结果确定系统构成并进行控制器设计。

(3) 末期。其他系统联合调试，提出改进意见。

液压系统所具有的复杂的物理属性给它的分析和设计造成了很大障碍。常用且有效的方法是在线性简化分析的基础上做实验。对于复杂且有一定要求的系统而言，要想获得精确的结果，实验工作量和时间都会大幅度增长，而且物理元件的投入必然导致开发成本迅速增长，限制了中期阶段所能做的实物试验。

在改进一个已有设计时，如果无法准确定位修改点，工作量和成本可能不会比重新设计一个系统更小。液压系统中结构上微小的修改有时会导致系统性能的剧烈变化，需要反复试验验证。

数字仿真是降低成本，提高设计质量和功效的有力手段。数字计算可以不考虑元器件非线性特性的问题，在系统的数学模型足够精确时，数字分析可以显著减少设计循环次数，提高一次设计成功率。

### 4.1.2 液压仿真研究的主要内容

所谓液压仿真，是通过建立液压系统的数学模型并在计算机上解算，可以对液压系统的动态特性进行研究的过程。液压仿真一般包括建立液压系统动态数学模型、求解数学模型及仿真结果的分析等几个步骤，近年来又发展出了对模型参数的优化，进而指导设计，对液压系统的设计发展提供了很大的支持。其中液压系统动态数学模型的建立是仿真的前提和基础，建立数学模型的过程是否简洁清晰，所建立的数学模型是否能准确、恰当地体现系统的动态特性，在很大程度上决定着仿真是否能够成功。液压仿真研究的主要内容具体包括：

（1）通过理论推导建立已有液压元件或系统的数学模型，将实验结果与仿真结果进行比较，验证数学模型的准确度，并把这个数学模型作为今后改进和设计类似元件或系统的仿真依据。

（2）通过建立数学模型和仿真实验，确定已有系统参数的调整范围，从而缩短系统的调试时间，提高效率。

（3）通过仿真实验研究测试新设计的元件各结构参数对系统动态特性的影响，确定参数的最佳匹配，提供实际设计所需的数据。

（4）通过仿真实验验证新设计方案的可行性及结构参数对系统动态性能的影响，从而确定最佳控制方案和最佳结构。

### 4.1.3　液压仿真技术发展概况

液压系统仿真技术始于 20 世纪 50 年代，当时 Hanpun 和 Nightingale 分别对液压伺服系统做了动态性能分析，当时他们运用传递函数法，仅分析系统的稳定性及频率响应特性，这是一种用于单输入单输出系统的非常简单实用的方法，如今仍在被广泛使用。

1973 年，第一个直接面向液压技术领域的专用液压仿真软件 HYDSIM 研制成功，它是由美国俄克拉何马州立大学推出的，该软件首次对液压元件进行建模，并且模型可以重复使用。1974 年，德国亚琛工业大学开始研制液压系统仿真软件包 DSH，该软件具有面向原理图建模、模型中含有非线性等优点，但存在模型库及系统描述文件需人工管理、新元件描述烦琐、系统阶次不易降低等缺点。不久英国巴斯大学也开始研制液压系统仿真软件包 HASP，它使用功率键合图的建模方法，采用数学模型 ORTRAN 子程序自动生成，该软件物理机制清楚，但不直观，对用户要求过高。与此同时，美国麦道公司率先开发出用以预测液压元件和系统工作性能的仿真软件包 AFSS，使液压设计从经验估计提高到定量分析的水平。

80 年代，欧洲国家和美国相继又推出许多实用的液压系统仿真软件，首先是德国的 DSH 和英国的 HASP 研制成功，随后美国俄克拉何马州立大学于 1984 年推出 PERSIM，芬兰坦佩雷工业大学于 1986 年推出 CAT - SIM。瑞典从 1979 年开始研制，历时八九年推出了仿真软件 HOPSAN，该软件可以对包括以非线性微分方程表达的数学模型进行动静态仿真，也能进行频率分析。美国 Hydrasoft 公司开发的动态仿真软件 HYSAN 可以预示液压系统和元件的时间响应、稳定性和其他性能，输出包括瞬态响应图、压力、流量、位移、速度和加速度等参数的表图，软件可仿真多达 500 个元素、48 种输入曲线和 2 500 个曲线点。美国还在 80 年代末开发出面向键合图的动力系统通用仿真程序 ENPORT，已在一定的范围获得应用，但该程序需在大容量、大型计算机上运行，并且对于非线性系统的解析存在若干限制，从而影响了该软件的推广。日本油空压学会于 1983—1992 年开发、研制并完善了动力系统仿真软件 BGSP，该软件可以对机、电、液动力系统的键合图做数学模型处理、数值模拟计算与仿真结果显示,尤其适用于非线性机、电、液动力系统的解析,但用户在使用时需要先将流体动力系统转换成键合图,并且在制作动力系统仿真输入程序时,需要严格遵循 BGSP 的程序书写格式。

近十年来,对于复杂系统的研究,使得仿真工作者从对于对象单一的形式化模型及数字化信息空间的定量研究发展到对于对象建立起定性和定量相结合,形式化模型与认知模型相结合,将人、信息、智能集成在一个复杂的信息空间中的定性和定量的研究。国外尤其在欧洲液压仿真技术得到了飞速发展,各款老牌的液压仿真软件纷纷推出了面目一新的版本,如英国的 BATHFP、瑞典的 HOPSAN、德国的 DSH+等。另外,一些擅长液压仿真的综合系统仿真软件在商业上也获得了很大的成功,代表性的有法国的 AMESim、波音公司的 Easy5。

我国液压系统仿真技术始于 20 世纪 70 年代末 80 年代初,当时以浙江大学、上海交通大学、大连理工大学和一些航空航天部门为主,通过引进国外仿真软件进行消化改进或自主开发,都取得了一些进展。如浙江大学通过引进德国亚琛工业大学的 DSH 液压仿真软件对其进行了消化、移植和软件的二次开发工作,推出了液压仿真专用软件 SIMUL/ZD;北京航空学院(现"北京航空航天大学")研制出通用仿真程序 FPS;上海交通大学自主研制开发的针对液压原理图的仿真软件包 HYCAD,它是液压仿真技术与图形 CAD 结合方面良好的范例;华中理工大学研制开发的复杂液压系统仿真软件 CHISP,采用了面向液压原理图的液压系统自动仿真技术;浙江大学流体传动及控制研究所与国营 183 厂合作开发的液压系统及元件仿真软件系统 DLYSIM。但这些仿真软件同国外相比,还存在很大的差距。目前,浙江大学、清华大学、大连理工大学、北京航空航天大学和华中科技大学等院校仍在进行这方面的研究,并取得了一些较大的进展。

### 4.1.4 液压仿真技术发展方向

纵观近几年液压仿真技术的发展,可以看出现代液压仿真软件具有以下特点:① 通用液压元件模型库和支持特定模型的创建;② 支持多领域建模仿真;③ 数据库技术应用和技术文档生成功能;④ 图形操作界面;⑤ 支持实时仿真及提供与通用软件的接口。

现代液压仿真软件虽然已经在工程实际中得到越来越广泛的应用,并不代表液压仿真技术已经尽善尽美,在许多方面它们仍然存在不足。

纵观液压仿真技术的最新进展,结合液压领域的发展,液压仿真技术主要有以下几个发展方向:

1) *液压系统模型和算法的进一步研究* 液压系统的工作介质是流体,而流体的建模正确与否决定了系统整体模型是否正确,因此流体的性质一直都是研究的热点。一方面,在液压系统研究中还有许多复杂的情况没有完全弄清楚,如流体在复杂阀道中的流动情况,阀口流量系数、液动力系数等软参数的正确确定等;另一方面,在实际应用中,液压仿真软件的运算平台逐渐开始转向微机,被仿真的系统规模更大也更复杂,随之带来的是运算时间几何级数的增加,这就对单机算法的改进和分布式算法提出了要求。随着新原理、新元件的出现以及对仿真精度的要求进一步提高,对模型和算法的研究将不断深入。

2) *仿真和测试的无缝集成* 液压仿真软件通过计算机接口与实际的物理系统连接,这样能更好地比较仿真和实验结果。这种方式特别适用于当某些系统的部件和现象尚无合适的模型或难以建模,或者系统本身有特殊要求时,以实际的物理部件作为仿真模型的一部分。软件实时仿真结合 HWIL(hardware in loop)仿真,从而使仿真过程更加灵活,仿真结果更具可信度。

3) *多媒体技术、虚拟现实技术、面向对象技术的应用* 当前的液压仿真软件虽然已经实现了图形化界面,但对多媒体技术的支持才刚起步。正在飞速发展的虚拟现实技术的应用也是液压仿真软件发展的一个方向,只是目前这一技术在许多方面还不成熟,实现的成本很高。在面向对象技术的应用方面,面向对象的方法在液压仿真软件的设计中已经逐步取代了模块式的方法并不断发展。面向对象的仿真具有内在的可扩充性和可重用性,因而为仿真大规模的复杂系统提供了十分方便的手段。

4) *分布式交互仿真和实时仿真技术* 分布式交互仿真技术是当前仿真技术研究的重要领域之一,其在工程技术方面有深远的应用价值。其基本任务是定义一个层次化结构,主要提供接口标准、通信结构、管理结构、置信度指标、技术规范以及将异构仿真器加入到一个统一的、无缝的综合环境中所必需的要素,可将现有的不同用途、不同技术水平以及不同生产商提供的仿真设备集成于一体并实现交互使用,这对液压系统仿真来说是很重要的。分布式交互仿真主要支持实时仿真,不支持逻辑时间仿真。实时仿真包含两层含义:一是仿真结果的表达采用动画技术;二是在计算机显示屏上能“实时”地看到系统的动作。实时仿真对数据处理速度提出较高的要求,并且通常需要一个三维实体造型器的支持。

5) *人工智能和专家系统在仿真技术中的应用* 仿真分析是一件非常困难的工作,如何将专家系统、神经网络等人工智能技术应用于仿真分析评估及决策支持,从而使设计人员能够高效、快速地获取产品满意设计,甚至产品优化设计,需要人们做进一步的深入研究。仿真软件的优化设计包括结构设计的优化、参数优化及性能价格比的优化。应用现代控制理论和人工智能专家库设计系统结构和确定系统参数,能缩短设计周期。

### 4.1.5 AMESim 软件介绍

AMESim 是工程系统高级模型仿真环境(advanced modeling and simulation environment for systems engineering)的英文缩写,Imagine 公司于 1995 年推出专门用于液压/机械系统的建模、仿真及动力学分析的优秀软件,该软件包含了 Imagine 公司的专门技术并为工程设计提供交互能力。

AMESim 为流体动力(及气体动力)、机械、热流体和控制系统等提供完善、优越的仿真环境及最灵活的解决方案。它是一个图形化的开发环境,用于工程系统的建模、仿真和动态性能分析,例如,在燃油喷射系统、制动系统、动力传动系统、机电系统和冷却系统中的应用。面向工程应用的定位使得 AMESim 成为汽车、液压技术、航天工业和航空工业研发部门的理想选择。工程设计师完全可以应用集成的一整套 AMESim 应用库来设计一个系统,所有这些来自不同物理领域的模型都是经过严格测试和实验验证的。AMESim 能够迅速达到建模仿真的最终目标:分析和优化设计,从而降低开发成本和缩短开发周期。

AMESim 使用户能够借助其友好的、面向实际应用的方案,研究任何元件或回路的动力学特性。这可以通过模型库的概念来实现,而模型库可通过客户化不断升级和改进。

AMESim在汽车液压系统、操纵系统、燃油系统、滑油系统及环控系统等方面都有很好的应用，具有功能强大、使用简单及全过程图形化等特点，并在法国雷诺、雪铁龙汽车的设计过程中有过实际应用，是目前国际上流行的汽车设计及仿真方面的理想工具。

因此，在本章节中将使用AMESim对电液比例阀进行建模与仿真。

## 4.2 电液比例阀的数学分析

本章主要研究液压同步提升系统中的电液比例阀，所要分析的电液比例阀有两种：电液比例调速阀及电液比例换向阀。这两种阀都是分别由一个或两个高速开关阀作为先导阀来进行控制的。现着重分析高速开关阀、多路换向阀及调速阀。

### 4.2.1 高速开关阀分析

1）*高速开关阀作为先导阀控制原理* 数字电液比例先导控制方向阀的结构简图如图4-1所示。其工作原理是：当输入电磁铁4一定脉宽占空比的信号后，数字高速开关阀1动作，通过控制油口$C$将有一定流量的液压油输出并进入主换向阀的左腔，并产生压力$P_{s1}$，主阀芯在$P_{s1}$及复位弹簧的作用下，产生一个积分过程，使主阀芯产生一个向右的位移，主阀$A$口就有流量输出，主阀口输出的流量大小与输入电磁铁4信号的脉宽占空比成比例；反之，当输入电磁铁3一定脉宽占空比的信号后，数字高速开关阀2动作，控制油口$D$将有一定流量的液压油输出进入主换向阀的右腔，产生压力$P_{s2}$推动主阀芯向左运动，主阀$B$口就有流量输出，其大小与输入电磁铁3信号的脉宽占空比成比例。

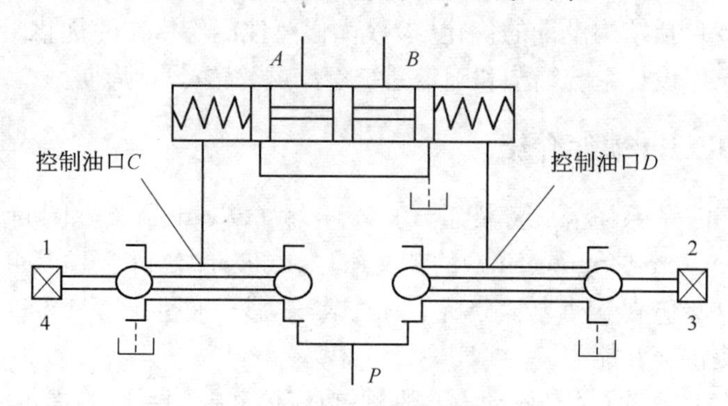


**图4-1 电液比例先导控制方向阀**

2）*高速开关阀的PWM控制* 利用高速开关阀控制液体是计算机控制液压系统的方案之一，它能用标准化且批量生产及价格低的阀，构成具有广泛用途的液压控制系统。由高速开关阀构成的液压控制系统，一般采用脉宽调制(PWM)，其工作原理如图4-2所示。

图4-2a中的$u$为计算机计算出的控制信号(由程序指令产生)，将该信号与同样由计算机产生的一系列锯齿波进行比较，若在某时刻$u$的值大于锯齿波的值，则要求阀开启；否则要求阀关闭。从而得到如图b所示的一系列控制指令，将这一系列控制指令施加到阀的线圈上，于是在每一个脉冲周期$T$内，有$t_{on}$的时间阀通路打开，有流量$Q$通过，有$t_{off}$的时间

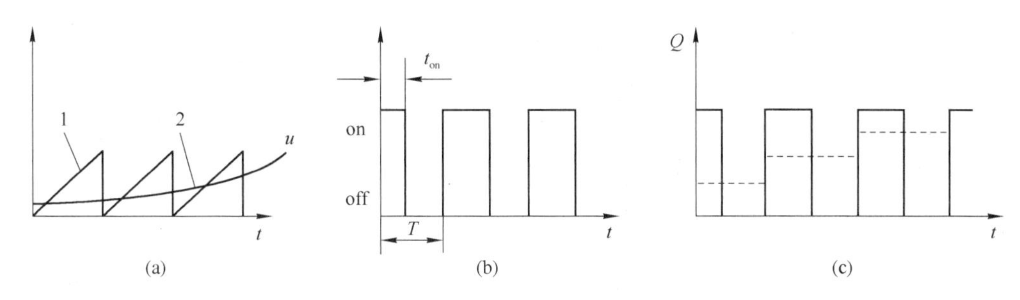


**图 4-2　液压 PWM 控制原理**

1—锯齿波；2—控制指令

阀关闭，无流量通过。其中

$$T = t_{on} + t_{off} \tag{4-1}$$

$$\tau = \frac{t_{on}}{T} \tag{4-2}$$

式中　$\tau$——占空比。

由于脉冲周期 $T$ 非常小(一般为 0.01～0.15 s)，因此可用平均流量 $Q$ 来表示这一时间阀的输出流量，于是有

$$Q = C_d A \tau \sqrt{\frac{2\Delta P}{\rho}} \tag{4-3}$$

式中　$C_d$——高速开关阀流量系数；
　　$A$——阀的最大开口面积；
　　$\Delta P$——油液的压差；
　　$\rho$——油液的密度。

式(4-3)表明，占空比 $\tau$ 越大，通过高速开关阀进入多路换向阀的平均流量 $Q$ 就越大，平均流量与占空比成正比。液压 PWM 控制模式正是通过改变占空比来控制高速开关阀的启闭，再进一步控制由高速开关阀组成的整个液压系统。这种调制信号一般由微机(包括单片机)产生，根据不同类型液压系统的工作要求，设计相应的电路，把控制程序输入计算机，就能实现计算机对液压系统的控制。

3) *高速开关阀的阀芯运动分析*　高速开关阀一般是由脉宽调制信号进行控制的。对一理想的开关阀，在一个调制周期内，电压波形与阀芯位移波形完全相同。但由于高速开关阀受电磁铁的响应能力及阀芯运动时间的影响，实际的阀芯响应不可能时时跟随脉宽信号的变化，并且其响应特性随脉冲调制周期(或频率)和占空比变化很大。图 4-3 所示为调制周期较大时，阀芯位移与占空比之间的关系曲线。图 b 表示阀芯对脉宽调制信号做出完全响应的情况，实际上阀芯在吸合和释放过程中并非匀速运动，图中表示成匀速仅为简化结果。通常用开启时间 $t_{on}$ 和关闭时间 $t_{off}$ 来描述阀的开关过程，$t_{on}$ 表示从线圈加入电压的时间开始，一直到阀全部开启并停留在最大阀位移 $x_m$ 处所需的时间，$t_{off}$ 表示从线圈断电到阀芯全闭所需的时间。由图 b 求得

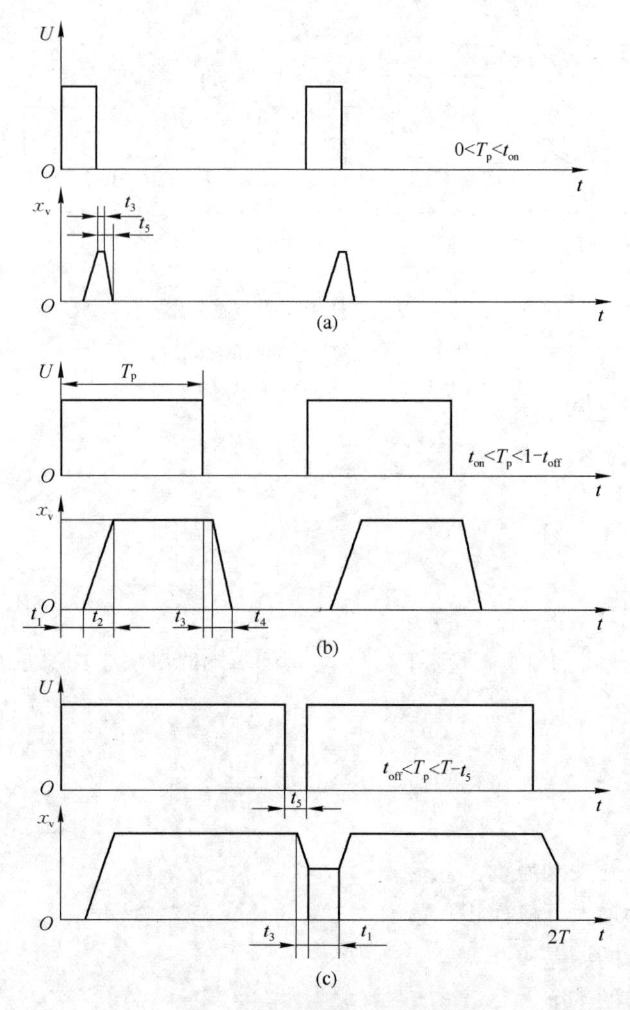


**图 4-3 开关阀的响应曲线**

(a) $T_p$ 较小时；(b) $T_p$ 适中时；(c) $T_p$ 较大时

$$\left.\begin{aligned} t_{on} &= t_1 + t_2 \\ t_{off} &= t_3 + t_4 \end{aligned}\right\} \tag{4-4}$$

式中 $t_1$ ——电磁铁电流增长滞后时间；

$t_2$ ——阀芯开启运动时间；

$t_3$ ——电磁铁电流衰减滞后时间；

$t_4$ ——阀芯关闭运动时间。

阀芯的响应波形在周期 $T$ 固定后，是脉冲宽度 $T_p$ 的函数，对图 4-3 的分析如下：

(1) $T_p \leqslant t_1$。阀芯没有运动，阀芯位移

$$x_v = 0 \tag{4-5}$$

(2) $t_1 \leqslant T_p \leqslant t_2$。这时阀芯的响应近似为三角波形，如图 4-3a 所示，设三角波的两侧斜率与图 b 梯形波两侧的斜率相同，则平顶三角波的方程为

$$x_v=\begin{cases}0 & 0\leqslant t\leqslant t_1\\ \dfrac{x_m}{t_2}(t-t_1) & t_1\leqslant t\leqslant T_p\\ \dfrac{x_m}{t_2}(T_p-t_1) & T_p\leqslant t\leqslant T_p+t_3\\ \dfrac{-x_m}{t_4}(T_p+t_5-t) & T_p+t_3\leqslant t\leqslant T_p+t_5\\ 0 & T_p+t_5\leqslant t\leqslant T\end{cases}\tag{4-6}$$

式中　$t_5$——阀芯关闭的运动时间，$t_5=t_4(T_p-t_1)/t_2$。

(3) $t_{on}\leqslant T_p\leqslant T-t_{off}$。这时阀芯的运动响应为完全响应，近似为梯形波，如图 4-3b 所示，阀芯的运动方程可表示为

$$x_v=\begin{cases}0 & 0\leqslant t\leqslant t_1\\ \dfrac{x_m}{t_2}(t-t_1) & t_1\leqslant t\leqslant t_{on}\\ x_m & t_{on}\leqslant t\leqslant T_p+t_3\\ \dfrac{-x_m}{t_4}(T_p+t_{off}-t) & T_p+t_3\leqslant t\leqslant T_p+t_{off}\\ 0 & T_p+t_{off}\leqslant t\leqslant T\end{cases}\tag{4-7}$$

(4) $T-t_{off}\leqslant T_p\leqslant T$。这时阀芯的稳态响应波形如图 4-3c 第二个周期所示，可见阀芯无法回到全关闭的位置。设各段斜率仍与图 b 中对应段相同，则稳态时方程为

$$x_v=\begin{cases}\dfrac{x_m}{t_4}(T-T_p-t_3) & 0\leqslant t\leqslant t_1\\ \dfrac{x_m}{t_4}(T-T_p-t_3)+\dfrac{x_m}{t_2}(t-t_1) & t_1\leqslant t\leqslant t_6\\ x_m & t_6\leqslant t\leqslant T_p+t_3\\ \dfrac{x_m}{t_4}(t-T_p-t_3) & T_p+t_3\leqslant t\leqslant T\end{cases}\tag{4-8}$$

式中　$t_6$——第二周期后阀芯开启运动时间，$t_6=t_2(T-T_p-t_3)/t_4$。

为了描写占空比 $\tau$ 对高速开关阀的控制特性，用阀芯的无因次平均位移 $\bar{X}_v$ 与占空比 $\tau$ 的关系式来表示，并定义

$$\tau=\frac{T_p}{T};\ \bar{X}_v=\frac{\bar{x}_v}{x_m};\ \bar{x}_v=\frac{1}{T}\int_0^T x_v\mathrm{d}t\tag{4-9}$$

根据式(4-1)～式(4-5)，可得 $\bar{X}_v$ 与 $\tau$ 的关系式为

$$\bar{X}_{v}=\begin{cases}0 & 0\leqslant\tau\leqslant\tau_{1}\\ \frac{1}{2\tau_{2}}\left(1+\frac{\tau_{4}}{\tau_{2}}\right)(\tau-\tau_{1})^{2}+\frac{\tau_{3}}{\tau_{2}}(\tau-\tau_{1}) & \tau_{1}\leqslant\tau\leqslant\tau_{on}\\ \tau+\frac{1}{2}(\tau_{4}-\tau_{2})+(\tau_{3}-\tau_{1}) & \tau_{on}\leqslant\tau\leqslant 1-\tau_{off}\\ 1-\frac{1}{2\tau_{4}}\left(1+\frac{\tau_{2}}{\tau_{4}}\right)(1-\tau-\tau_{3})-\frac{\tau_{1}}{\tau_{4}}(1-\tau-\tau_{3}) & 1-\tau_{off}\leqslant\tau\leqslant 1-\tau_{3}\\ 0 & 1-\tau_{3}\leqslant\tau\leqslant 1\end{cases}\tag{4-10}$$

其中
$$\tau_{1}=\frac{t_{1}}{T};\ \tau_{2}=\frac{t_{2}}{T};\ \tau_{3}=\frac{t_{3}}{T};\ \tau_{4}=\frac{t_{4}}{T}$$

$$\tau_{on}=\frac{t_{on}}{T};\ \tau_{off}=\frac{t_{off}}{T}$$

从式(4-6)可得,以PWM方式工作的开关阀的阀芯位移与占空比之间的静态特征曲线如图4-4所示。

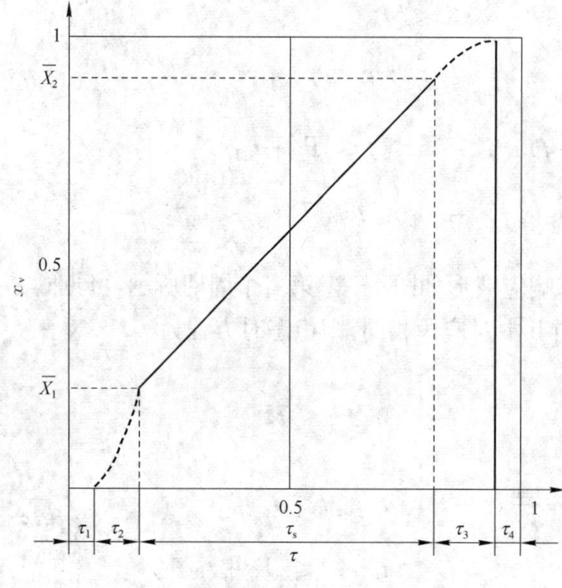


图4-4 开关阀的静态特征曲线

可以看出曲线分成五段,在占空比小于$\tau_1$时为死区,占空比大于$(1-\tau_1)$后为饱和区。中段为线性区,其范围是$\tau_1+\tau_2\leqslant\tau\leqslant1-\tau_3-\tau_4$。在该段范围内,阀芯位移的平均值与占空比成正比,且增益恒为1。线性区内阀芯平均位移的最小值和最大值分别为

$$\bar{X}_{1}=\frac{1}{2}(\tau_{2}+\tau_{4})+\tau_{4}\tag{4-11}$$

$$\bar{X}_{2}=1-\tau_{1}-\frac{1}{2}(\tau_{2}+\tau_{4})\tag{4-12}$$

由以上分析可知,开关阀的PWM控制特性是由载波频率、占空比、阀的开启和关闭时间共同决定的。在设计系统过程中,为了使高速开关阀具有指定的线性调制范围$\tau_s$,所选定的调制频率应满足

$$f_{c}\leqslant\frac{1-\tau_{s}}{t_{on}+t_{off}}$$

调制频率越小,控制的粗糙度越大。通过减少开关阀的开关时间可以增大线性控制区和提高调制频率,有利于改善脉宽调节的控制特性。上述结果是在调制频率较低的情况下得出的,通常应用上也只是利用上述频段来进行。

4）高速开关阀数学模型　由于高速开关阀的频率高，每个载波周期内的平均输出流量与占空比 $\tau$ 成正比。为简化分析，设阀每次开启时阀芯的行程最大，即阀口全部打开，则阀口流量方程为

$$Q_g = k\tau\sqrt{P_1 - P_2} \tag{4-13}$$

其中
$$k = C_d \omega x_v \sin\varphi\sqrt{\frac{2}{\rho}}$$

式中　$C_d$——高速开关阀流量系数；
$\omega$——高速开关阀阀口面积梯度；
$\varphi$——阀芯圆锥角；
$\rho$——油液密度；
$x_v$——高速开关阀阀口最大开度；
$P_1$、$P_2$——阀进口和出口压力。

将式(4-13)方程在零位工作点线性化，则

$$Q_g = k_{qo}\tau - k_{co}P_2 \tag{4-14}$$

高速开关阀流量增益 $k_{qo} = C_d \omega x_v \sin\varphi\sqrt{\frac{2}{\rho}\Delta P}$，因为是常开阀，所以在取零位时，取高速开关阀即将断电时阀开口量为零。但由于加工误差，实际流量不为零，而应为 $Q = \frac{\pi\omega C_r^2}{32\mu}(P_1 - P_2)$（其中 $C_r$ 为阀的径向间隙，$\mu$ 为液体动力黏度），流量压力系数 $k_{co} = -\frac{\partial Q}{\partial P_2} = \frac{\pi\omega C_r^2}{32\mu}$。

在多路换向阀分析中，阀芯动态力平衡方程为

$$P_2 A_h = m\frac{d^2 x_v}{dt^2} + B\frac{dx_v}{dt} + 2k_h x_h \tag{4-15}$$

阀芯流量的连续方程为

$$Q_g = A_h\frac{dx_h}{dt} \tag{4-16}$$

式中　$A_h$——换向阀阀芯端面面积($m^2$)；
$m$——主阀芯质量(kg)；
$B$——黏性阻尼系数(N·s/m)；
$k_h$——换向阀阀芯对中弹簧的弹性系数(N/m)；
$x_h$——换向阀阀芯的位移量(m)。

对式(4-14)和式(4-16)进行拉普拉斯变换，得

$$k_{qo}\tau(s) - k_{co}P_2(s) = A_h x_h(s)s \tag{4-17}$$

对式(4-15)进行拉普拉斯变换，得

$$P_2(s)=\frac{ms^2+Bs+2k_h}{A_h}x_h(s) \tag{4-18}$$

把式(4-18)代入式(4-17)，得一个周期内高速开关阀的传递函数为

$$x_h(s)=\frac{k_{q0}A_h}{k_{c0}ms^2+(k_{c0}B+A_h^2)s+2k_{c0}k_h}\tau(s) \tag{4-19}$$

若忽略换向阀主阀芯的质量，则高速开关阀的传递函数为

$$x_h(s)=\frac{k_{q0}A_h}{(k_{c0}B+A_h^2)s+2k_{c0}k_h} \tag{4-20}$$

## 4.2.2 多路换向阀分析

1) *数字式多路换向阀工作原理* 数字式多路换向阀采用高速数字开关阀作为先导级。高速数字开关阀与传统伺服阀和比例阀的连续控制方式有着本质的区别，伺服阀和比例阀是连续地输出和输入与电流成比例的流量，而高速数字开关阀输出的不是连续量，而是采用脉宽调制信号控制。电控单元输入系列脉冲电压，阀在工作过程中总是不停地开关动作，输出系列脉冲流量。如果调节脉宽占空比，输出的脉冲流量的大小可以控制，可以得到与占空比成比例的脉冲流量。该脉冲流量作为导阀的控制量，输入主阀芯的左、右控制容腔，经过控制容腔的积分过程使主阀芯产生成比例的位移，主阀出口就获得了与导阀输入占空比成比例的流量。由于脉宽调制信号可直接由计算机输出，因此，高速数字开关阀能够直接以数字的方式进行控制，不必经 D/A 转换。计算机可以根据控制要求发出脉宽调制信号，控制电-机械转换器电磁铁动作，从而带动高速开关阀开或关，以控制液压缸液流的流量大小和流向。

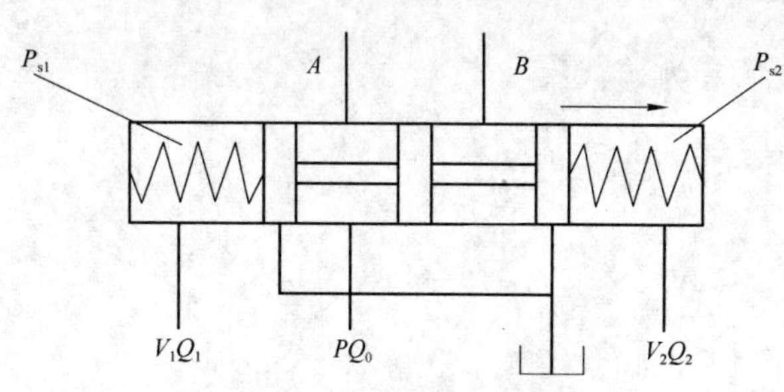


图 4-5 多路换向阀结构简图

2) *多路换向阀特性分析* 在数字电液比例先导减压阀控制换向阀的结构简图中，多路换向阀(图 4-5)是其中最重要的部件之一，在此对该阀的特性进行初步分析。

多路换向阀两油口 $A$、$B$ 接控制油缸，$P_{s1}$、$P_{s2}$ 压力控制腔分别接高速开关阀，可得描述多路换向阀动态特性的数学模型。

(1) 主阀芯动力平衡方程。

$$(P_{s1}-P_{s2})A_h=m\frac{d^2x_h}{dt^2}+B\frac{dx_h}{dt}+2k_hx_h \tag{4-21}$$

其中

$$A_h=\frac{\pi d^2}{4}$$

式中　$d$ ——主阀芯直径(m)；
$m$ ——主阀芯质量(kg)；
$B$ ——黏性阻尼系数(N·s/m)；
$k_h$ ——主阀弹簧刚度(N/m)；
$x_h$ ——多路阀阀口的开度或阀芯轴向位移量(m)。

(2) 主阀口理论流量方程。

$$Q_o = C_d A \sqrt{\frac{2(P_1 - P_2)}{\rho}} \tag{4-22}$$

其中

$$A = \omega \sqrt{x_h^2 + C_r^2} = \pi d \sqrt{x_h^2 + C_r^2}$$

因 $C_r \ll x_h$，所以 $A \approx \omega x_h$，所以

$$Q_o = C_d \omega x_h \sqrt{\frac{2(P_1 - P_2)}{\rho}} \tag{4-23}$$

在由换向阀控制的液压缸内，设回油压力为零，油缸左腔和右腔的流量方程可由方程(4-23)分别得出

$$Q_1 = c_h \omega x_h \sqrt{\frac{2}{\rho} P_{s1}} \tag{4-24}$$

$$Q_2 = c_h \omega x_h \sqrt{\frac{2}{\rho}(P_s - P_{s2})} \tag{4-25}$$

定义流量比 $\eta = Q_1/Q_2$，负载压力 $P_1 = P_{s1} - P_{s2}$，负载流量 $Q_1 = \dfrac{Q_1 + Q_2}{2}$，则

$$Q_1 = k c_h \omega x_h \sqrt{\frac{2}{\rho}(P_s - P_1)} \tag{4-26}$$

其中

$$k = \frac{1 + \eta}{\sqrt{2(1 + \eta^2)}}$$

式(4-26)是非对称油缸内活塞向有杆腔移动时的分析，活塞反方向运动的分析同样可按以上思路推出，则式(4-26)可统一表示为

$$Q_1 = k c_h \omega x_h \sqrt{\frac{2}{\rho}\left(P_s - \frac{x_h}{|x_h|} P_1\right)} \tag{4-27}$$

对式(4-27)进行线性化处理，则

$$Q_1 = k_{q1} x_h - k_{c1} x_1 \tag{4-28}$$

式中　$c_h$ ——换向阀的流量系数(无因次)；
$k_{c1}$ ——换向阀零位流量增益($m^2/s$)；

$k_{ql}$——换向阀流量压力系数$[m^5/(N\cdot s)]$；

$P_{s1}$、$P_{s2}$——控制腔压力(N)；

$Q_1$、$Q_2$——通过阀口流量。

此即主阀口流量连续方程。

(3) 控制油缸流量连续方程。控制活塞右行时的微分方程

$$Q_1 = A_c\frac{dy}{dt} + C_l P_{s1} + \frac{V_e}{\beta_e}\frac{dP_{s1}}{dt} \tag{4-29}$$

控制活塞左行时的微分方程

$$Q_2 = A_c\frac{dy}{dt} - C_l P_{s2} - \frac{V_e}{\beta_e}\frac{dP_{s2}}{dt} \tag{4-30}$$

联立式(4-29)和式(4-30)，可得油缸流量连续特性方程

$$Q_1 = A_c\frac{dy}{dt} + C_l P_1 + \frac{V_e}{4\beta_e}\frac{dP_1}{dt} \tag{4-31}$$

式中 $A_c$——油缸平均活塞面积($m^2$)；

$C_l$——总泄漏系数$[m^5/(N\cdot s)]$；

$y$——活塞位移量(m)；

$V_e$——油缸等效容积($m^3$)；

$\beta_e$——液体的有效容积弹性系数(Pa)。

对式(4-28)和式(4-31)进行拉普拉斯变换，得

$$k_{ql}x_h(s) - k_{cl}P_1(s) = A_c y(s)s + C_l P_1(s) + \frac{V_e}{4\beta_e}P(s)s \tag{4-32}$$

把高速开关阀传递函数式(4-19)代入式(4-32)，得先导阀与多路阀的传递函数为

$$P_1(s) = \frac{\dfrac{k_{ql}k_{qo}A_h\tau(s)}{(k_{co}B + A_h^2)s + 2k_{co}k_h} - A_c y(s)s}{K_{cl} + C_l + \dfrac{V_e}{4\beta_e}s} \tag{4-33}$$

### 4.2.3 调速阀分析

1) 调速阀的工作原理 调速阀由定差减压阀和节流阀两部分组成。定差减压阀可以串联在节流阀之前，也可以串联在节流阀之后。图 4-6 为调速阀的工作原理图，压力为 $P_1$ 的油液流经减压阀节流口后，压力降为 $P_2$，然后经节流阀节流口流出，其压力降为 $P_3$。进入节流阀前的压力为 $P_2$ 的油液，经通道 $e$ 和 $f$ 进入定差减压阀的 $b$ 和 $c$ 腔；而流经节流口压力为 $P_3$ 的油液，经通道 $g$ 被引入减压阀 $a$ 腔。当减压阀的阀芯在弹簧力 $F_s$、液动力 $F_Y$、液压力 $A_3P_3$ 和 $(A_1+A_2)P_2$ 的作用下处于平衡位置时，调速阀处于工作状态。此时，若调速阀出口压力 $P_3$ 因负载增大而增加时，作用在减压阀芯左端的压力增加，阀芯失去平衡向右移

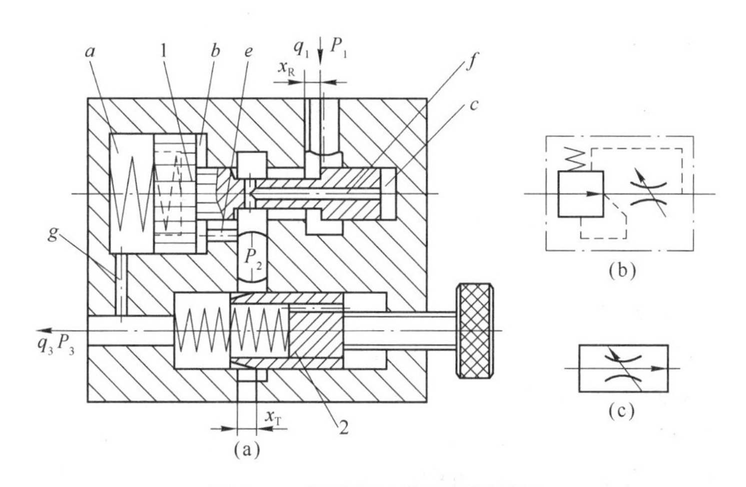


**图 4-6　调速阀工作原理及符号**

(a) 工作原理图；(b) 职能符号；(c) 简化职能符号
1—定差减压阀；2—节流阀

动，减压阀开口 $x_R$ 增大，减压作用减小，$P_2$ 增加，结果节流阀口两端压差 $\Delta P = P_2 - P_3$ 基本保持不变。同理，当 $P_3$ 减小时，减压阀芯左移，$P_2$ 也减小，节流阀节流口两端压差同样基本不变。这样，通过节流口的流量基本不会因负载的变化而改变。

2) 调速阀的特性分析　调速阀能保持流量稳定的功能，主要是由具有压力补偿作用的减压阀起作用，从而保持节流阀口前后的压差近似不变，而使流量保持近似恒定。建立静态特性方程式的主要依据是动力学方程、流量连续性方程以及相应的流量表达式。

(1) 减压阀的流量方程。

$$q_R = K_R \omega(x_R) \sqrt{\frac{2}{\rho}(P_1 - P_2)} \tag{4-34}$$

式中　$K_R$——减压阀口的流量系数；
$\omega(x_R)$——减压阀口的过流面积；
$x_R$——减压阀芯位移量(向右方向为正)；
$\rho$——油液密度；
$P_1$——调速阀的进口压力，即减压阀的进口压力；
$P_2$——减压阀的出口压力，即节流阀的进口压力。

(2) 节流阀的流量方程。

$$q_T = K_T B(x_T) \sqrt{\frac{2}{\rho}(P_2 - P_3)} \tag{4-35}$$

式中　$K_T$——节流阀口的流量系数；
$B(x_T)$——节流阀口的过流面积；
$P_3$——调速阀的出口压力，即节流阀的出口压力。

(3) 减压阀芯的受力平衡方程。

$$P_2A_b + P_2A_c + F_Y = P_3A_a + k(x_0 - x_R) \tag{4-36}$$

$$A_a = A_b + A_c$$

$$P_2 - P_3 = \frac{k(x_0 - x_R) - F_Y}{A_a} \tag{4-37}$$

式中 $A_a$ ——减压阀芯受力面积；

$F_Y$ ——稳态液动力，$F_Y = \rho q_R v_R \cos\theta$, $\theta = 69°$；

$k$ ——弹簧刚度，$F_s = k(x_0 - x_R)$；

$x_0 - x_R$ ——零时的弹簧预压缩量；

$x_R$——减压阀芯位移量(向左方向为正)。

(4) 根据流量连续性方程，不计内泄漏，则

$$q_R = q_T \tag{4-38}$$

由式(4-37)可知，$x_0$、$x_R$、$k$ 和 $A_a$ 值决定了 $P_2 - P_3$ 的值。通过理论分析和试验验证选择 $P_2 - P_3 = 0.3$ MPa 左右。

由式(4-35)可知，要保持流量稳定就要求 $P_2 - P_3$ 压差稳定。当节流阀口开度 $x_T$ 调定后，阀的进出口压力 $P_1$ 或 $P_3$ 变化时，$x_R$ 也变化，弹簧力 $F_s$ 和液动力 $F_Y$ 也会发生变化。由式(4-37)可知，弹簧力变化量 $\Delta F_s$ 与液动力变化量 $\Delta F_Y$ 的差值 $\Delta F$ 越小，$A_a$ 越大，$P_2 - P_3$ 的变化量就越小。合理设计减压阀的弹簧刚度和减压阀口的形状，就会得到较好的等流量特性。

## 4.3 电液比例阀的建模

### 4.3.1 电液比例调速阀的建模

1) 电液比例调速阀特性　主要介绍德国 HAWE 的 SEH2 型二通电液比例调速阀，其简要特点如下：

(1) SE2 和 SEH2(二通形式)以及 SE3 和 SEH3(三通形式)型比例调速阀用于对液压执行元件的工作速度进行与压力无关的无级遥控。它们能使执行元件的实际流量在调节范围内按照需求与一个电信号(控制电流)成比例地变化。涉及的范围从工作速度的手动遥控调节，实现简单的加速和减速，直到自动工作循环中预先选定的速度。

(2) 这些压力补偿型调速阀的重要功能元件是比例电磁铁、测流孔和流量控制器。由比例电磁铁调节其过流断面的测流孔产生一个流量控制器功能所需要的很小的压力降。

(3) 带先导式测流孔的 SEH 型，能够快速动态控制，需要的响应时间短，但由于先导控制回路有外泄油，需要一个最小流量。

在 HAWE 的用户手册中，给出了可供方便操作的电气数据，见表 4-1。

表 4-1　电液比例调速阀电气数据

| 型　　号 | SE2 和 SE3 | | | SEH(F,D)2 和 SEH(F,D)3 | |
|---|---|---|---|---|---|
| 额定电压 $U_N$(V DC) | 12 | 24 | 80 | 12 | 24 |
| 线圈电阻 $R_{20}\pm50\%(\Omega)$ | 4.1 | 17.6 | 200 | 6 | 24 |
| 常温电流 $I_{20}$(A) | 2.8 | 1.4 | 0.45 | 2 | 1 |
| 极限电流 $I_G$(A) | 1.9 | 0.95 | 0.29 | 1.26 | 0.63 |
| 常温功率 $P_{20}$(W) | 37 | 37 | 37 | 24 | 24 |
| 极限功率 $P_G$(W) | 24.7 | 24.7 | 24.7 | 9.5 | 9.5 |
| 相对持续通电时间 | 100%ED(标准温度=50℃) | | | | |
| 电气接线 | DIN 43650 | | | 工业标准(相近于 DIN 43650 B) | |
| 防护方式 | IP 65 按 DIN VDE 0470/EN 60529/IEC 529(按规程要求装配的插座) | | | | |
| 绝缘等级 | F | | | | |
| 需求频率(Hz) | 60～150 | | | | |
| 振幅 | (20%～40%)$I_{20}$ | | | | |

为了方便比较本章中仿真的准确性，也列出了手册中提供的 $P-Q$ 及 $Q-I$ 性能曲线，如图 4-7 和图 4-8 所示。

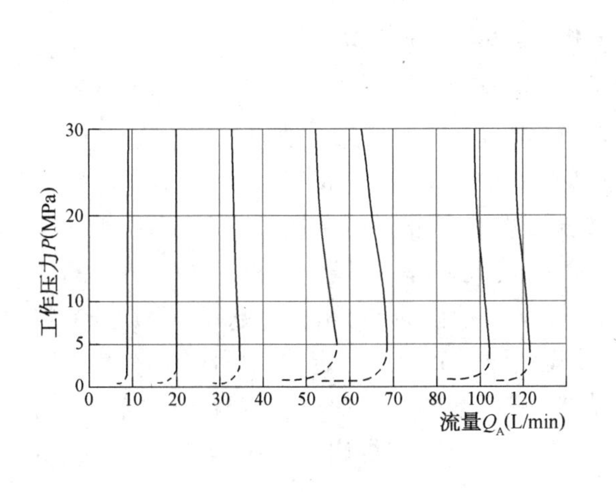


图 4-7　$P-Q$ 性能曲线

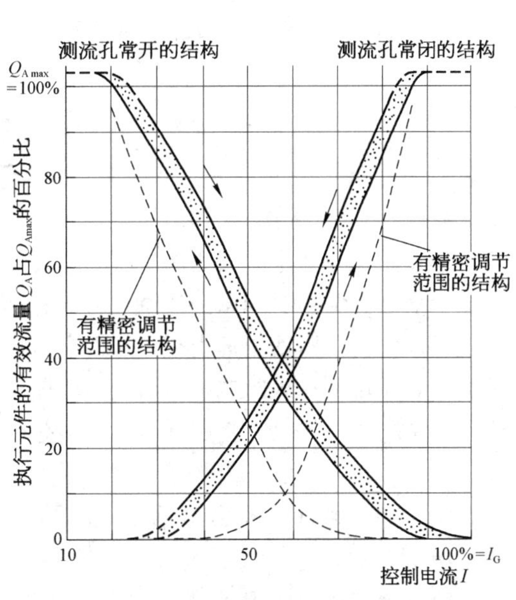


图 4-8　$Q-I$ 性能曲线(油运动黏度 50 $m^2/s$)

2）电液比例调速阀的结构分析　为了更好地建立 SEH 型电液比例调速阀的模型，拆卸 SEH2 型阀，并对其重要结构部分进行了研究，从而能够较好地理解这种电液比例调速阀的结构原理。图 4-9 所示为 SEH 型电液比例调速阀的机构原理简图。

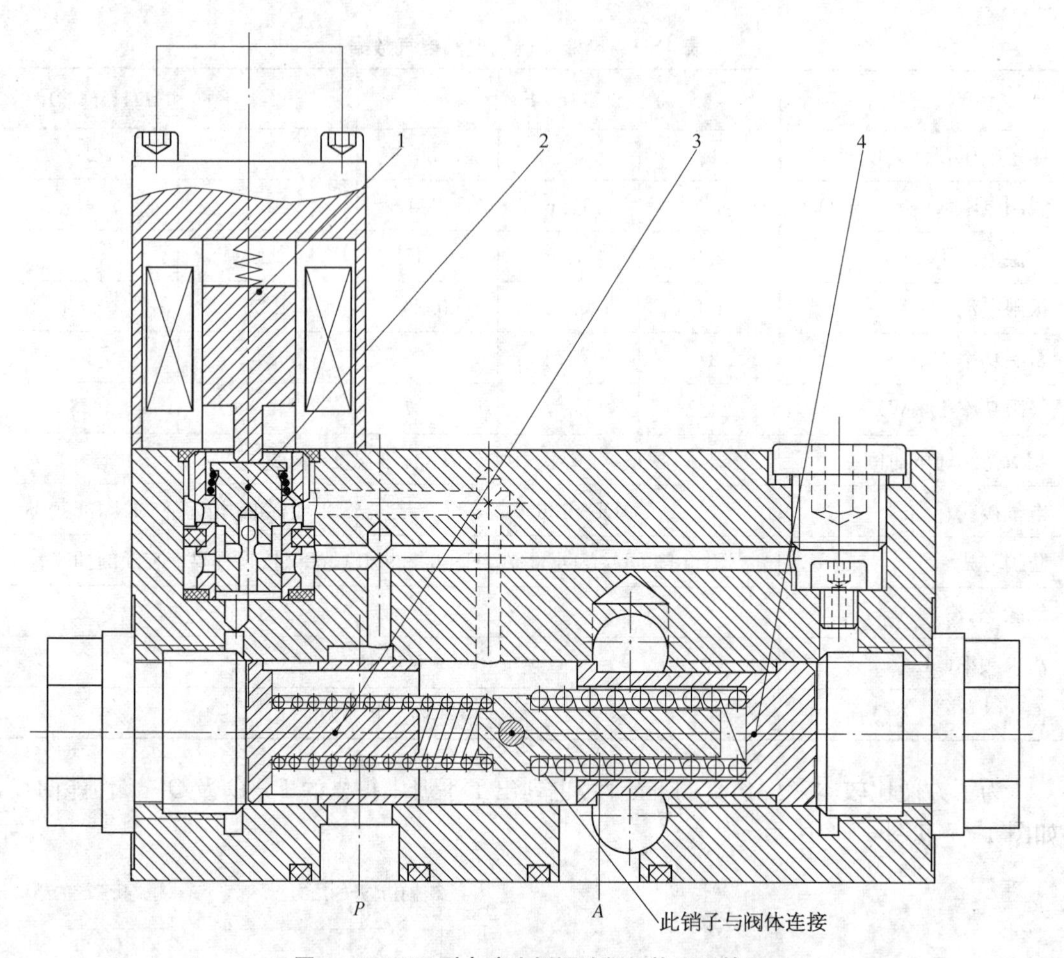


**图 4-9 SEH 型电液比例调速阀机构原理简图**

1—比例电磁铁；2—比例先导阀；3—节流阀；4—定差减压阀

从图 4-9 中可以看出，液压油先由 $P$ 口进入，通过一环腔然后一端流向先导阀，一端经过一个节流孔流向定差减压阀的后端；当电磁铁没有信号时，先导阀是不通的，给定电磁铁一定信号时，先导阀打开，液压油由左端进入节流阀芯一端，推动节流阀芯，当推到一定位置时，节流阀芯打开，液压油由 $P$ 口进入主腔；主腔里的液压油，一部分流回先导阀与进口的液压油共同作用在先导阀芯上，从而减小先导阀芯受液压油压力的影响，为更好地通过 PWM 信号控制电磁铁提供了良好的条件；主腔内的液压油同时又作用在定差减压阀芯上，与进口液压油作用在其上的压力产生一个一定的压力差，更好地调节流速；这样，液压完成上述的过程中同时也由 $A$ 口流出，当给定信号稳定、比例阀工作稳定时，比例调速阀就能提供稳定的流量。

3）电液比例调速阀所在的液压同步提升系统分析　在液压同步提升系统中，电液比例调速阀起到了至关重要的作用，是它保证了在同步提升过程中所提升构件的稳定上升，保证了工程系统的安全性及稳定性。图 4-10 所示是在工程应用的液压同步提升系统简图。

由图 4-10 可以看出，液压由定量泵流出，经过一个溢流阀限定流路压力后，经过电液比例方向阀，再由电液比例调速阀调速后流入油缸进行物件的提升。

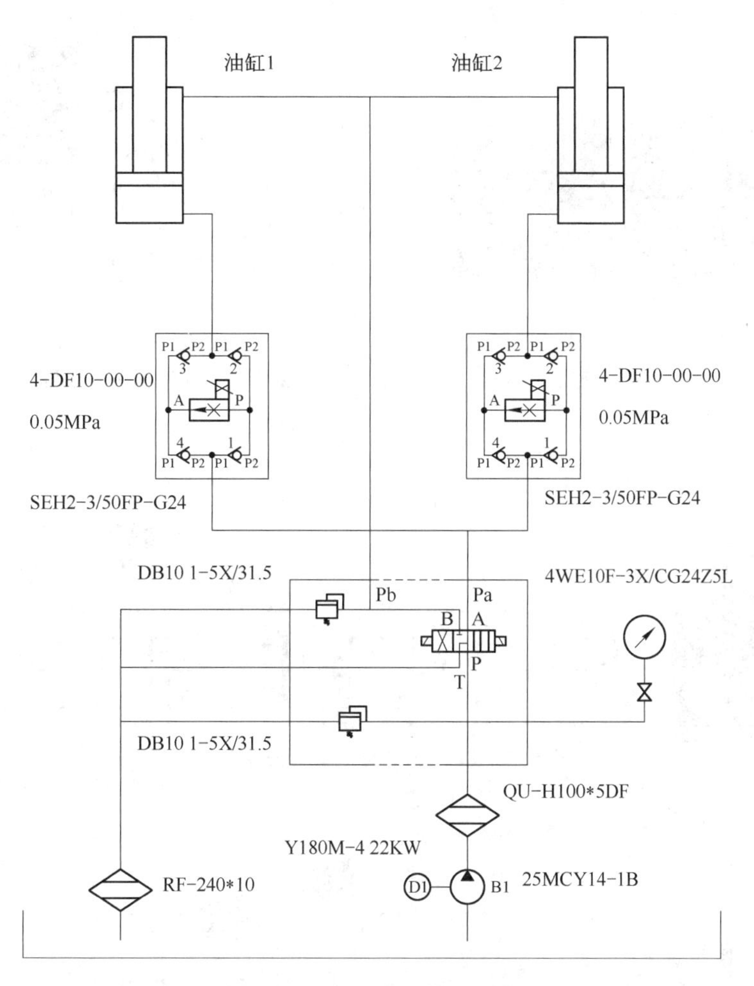


**图 4－10　液压同步提升系统简图一**

4) 电液比例调速阀在 AMESim 中的建模

(1) PWM 信号的建模。在 AMESim 中，通过三种元件的使用，构成了输入的 PWM 信号，如图 4－11 所示。

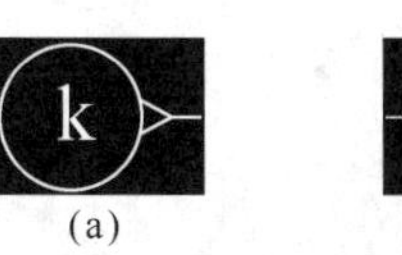


(a)

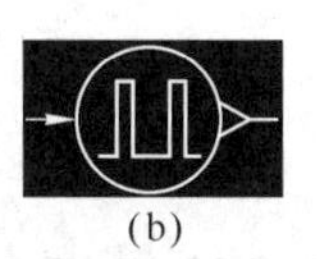

(b)

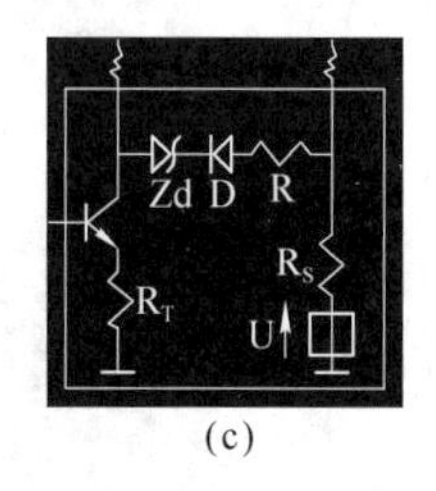


(c)

**图 4－11　PWM 信号的建模**

(a) 恒定信号源；(b) 可控 PWM 信号源；(c) 电压控制模块

(2) 比例电磁铁的建模。在 AMESim 中，比例电磁铁的元件模型主要有两种类型，如图 4－12 所示。前一种可以通过电信号控制，后一种直接通过信号源控制，试用了前一种，所建立的 PWM 信号控制电磁铁模型如图 4－13 所示。

(3) 比例先导阀模型的建立。所建立的模型如图 4－14 所示。在此模型中，应用了 HCD 中的一些元件模型，它们能够更准确地表示出实际模型的情况特征。

(4) 节流阀模型的建立，如图 4－15 所示。

(5) 定差减压阀模型的建立，如图 4－16 所示。

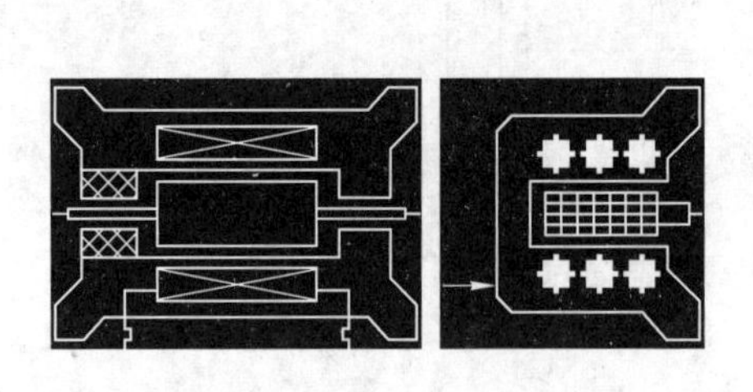

图 4-12　比例电磁铁的元件模型

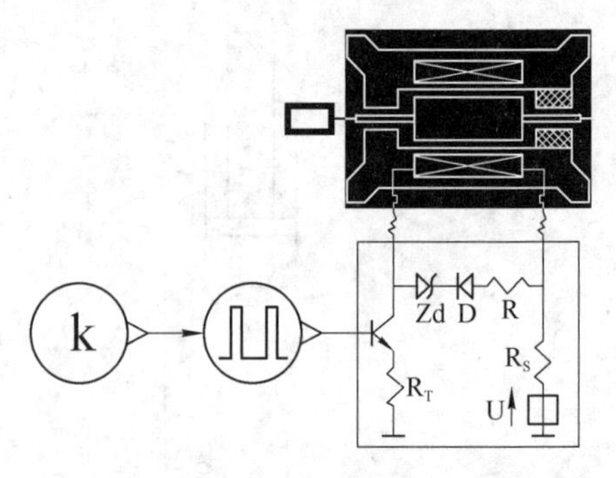


图 4-13　PWM 信号控制电磁铁模型

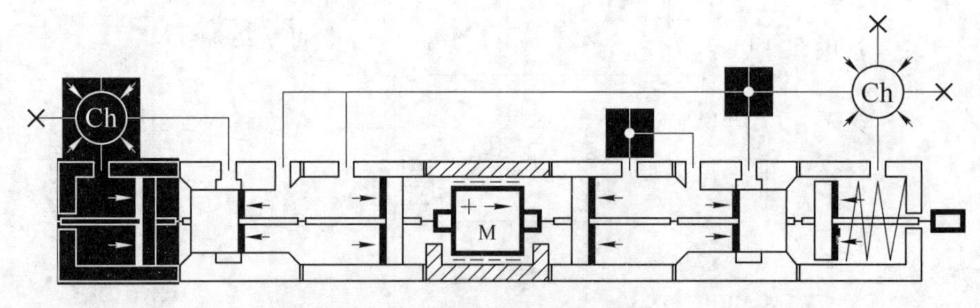


图 4-14　比例先导阀模型

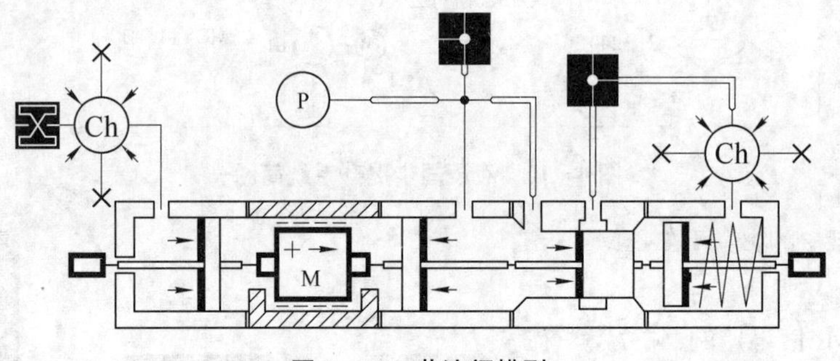


图 4-15　节流阀模型

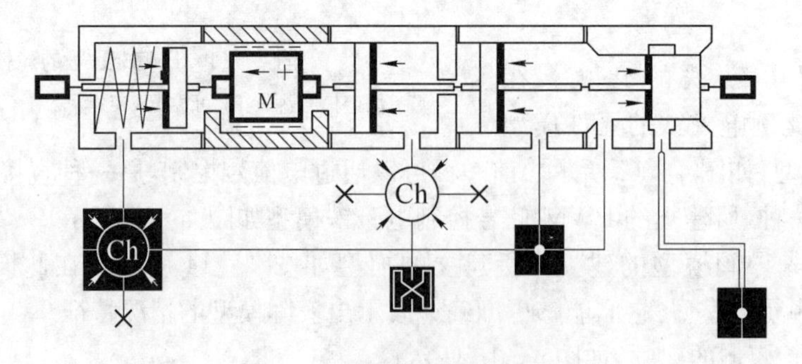


图 4-16　定差减压阀模型

(6) 电液比例调速阀模型的建立。最终建立的电液比例调速阀的模型如图 4－17 所示。

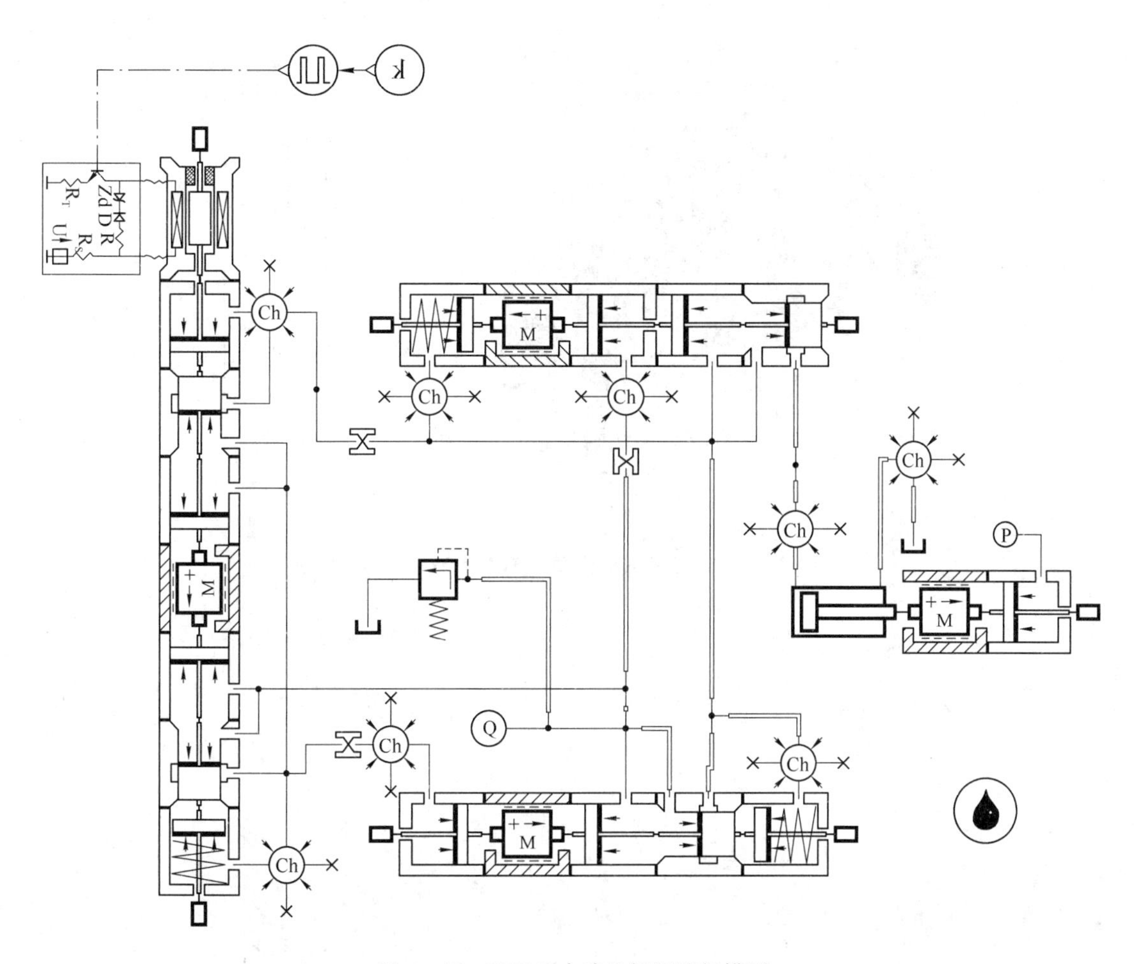


图 4－17　SEH 型电液比例调速阀模型

### 4.3.2　电液比例换向阀的建模

1) 电液比例换向阀的特性　主要介绍德国 HAWE 的 SLF3－A240/40C250/E 型，HAWE SLF 阀组及其 SLF 单滑阀液压元件如图 4－18 所示。

SLF(负载敏感型)型滑阀式换向阀组和 SLF 型单个换向阀，用于控制液压执行元件的运动方向和不受负载干扰的无级调速。用此控制形式，几个执行元件可以互不干扰地以不同的压力和速度同时运动，只要其流量的总和不超过油泵的流量。

SLF 型单个换向阀，有几个类型的选择：按滑阀的换向机能；滑阀最大开度时执行机构的最大允许流量；次级限压阀，功能切断等附加功能；阀的操纵形式。

图 4－19～图 4－22 给出了 HAWE 用户手册中一些重要的参考曲线图，以供模型仿真结果的比较分析。

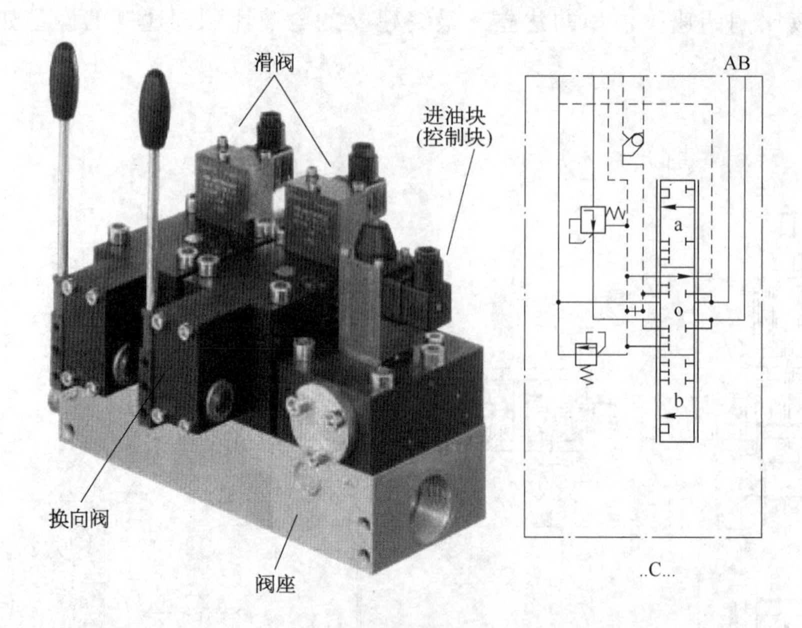


图 4-18 HAWE SLF 阀组及其 SLF 单滑阀液压元件图

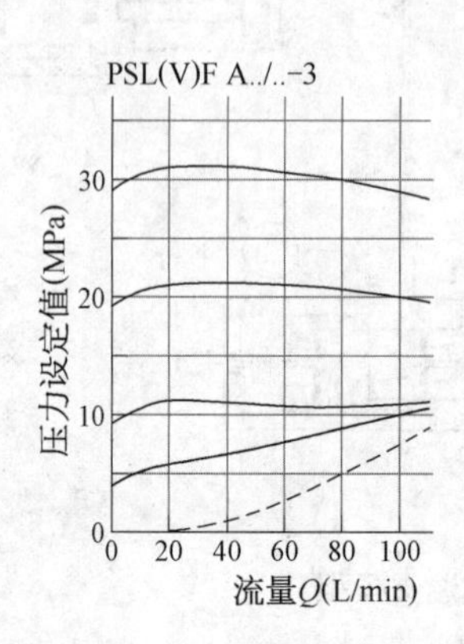


图 4-19 进油块压力设定值

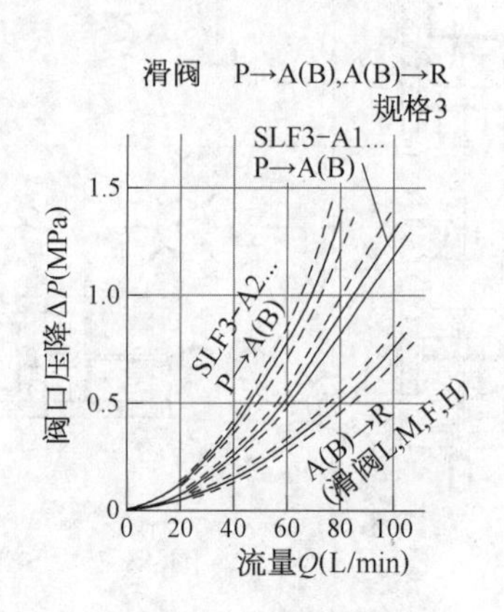


图 4-20 滑阀阀口压降

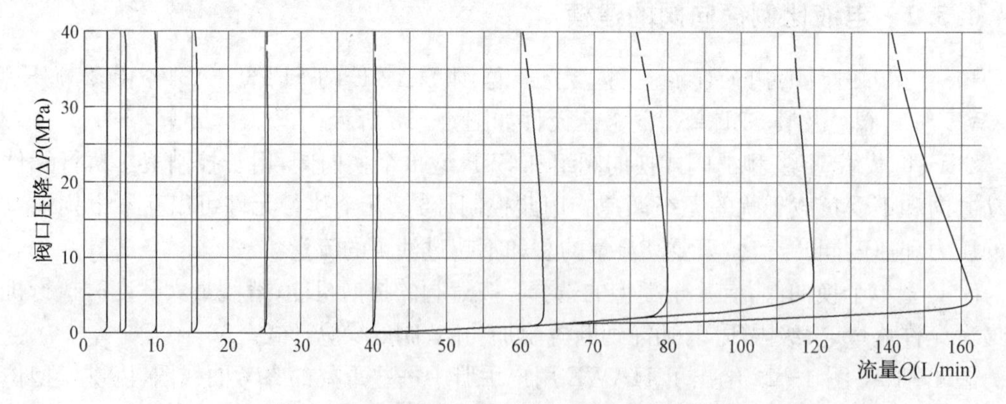


图 4-21 二通进口压力补偿阀阀口压降特性

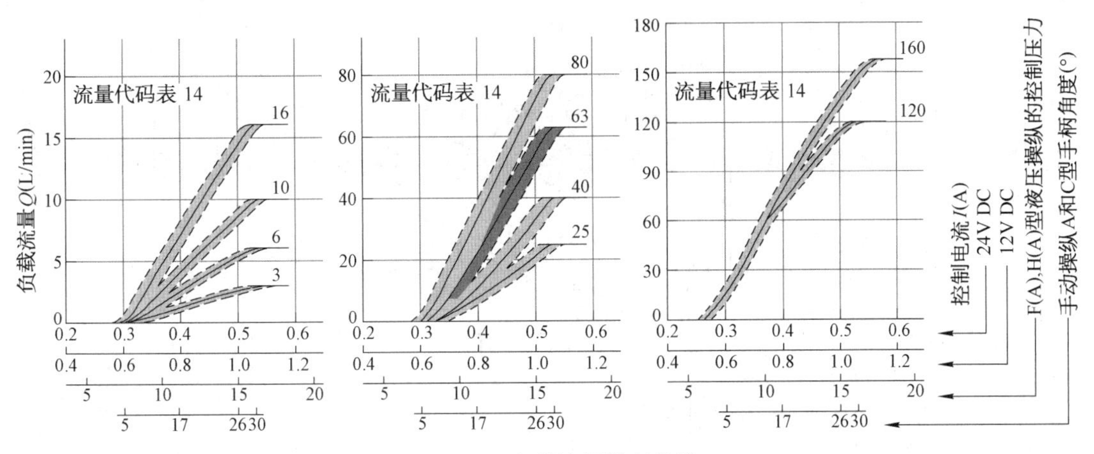


图 4-22　负载流量控制曲线

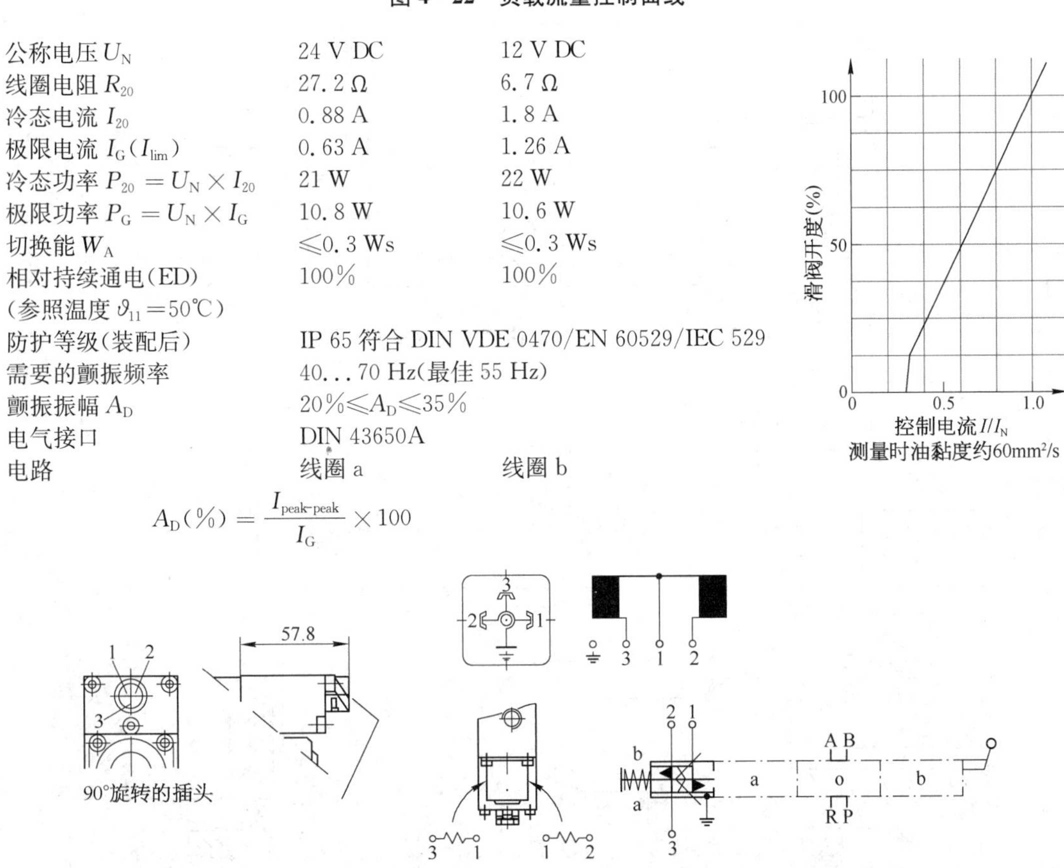

| | | |
|---|---|---|
| 公称电压 $U_N$ | 24 V DC | 12 V DC |
| 线圈电阻 $R_{20}$ | 27.2 Ω | 6.7 Ω |
| 冷态电流 $I_{20}$ | 0.88 A | 1.8 A |
| 极限电流 $I_G(I_{lim})$ | 0.63 A | 1.26 A |
| 冷态功率 $P_{20}=U_N\times I_{20}$ | 21 W | 22 W |
| 极限功率 $P_G=U_N\times I_G$ | 10.8 W | 10.6 W |
| 切换能 $W_A$ | ≤0.3 Ws | ≤0.3 Ws |
| 相对持续通电(ED)<br>(参照温度 $\vartheta_{11}=50℃$) | 100% | 100% |
| 防护等级(装配后) | IP 65 符合 DIN VDE 0470/EN 60529/IEC 529 | |
| 需要的颤振频率 | 40...70 Hz(最佳 55 Hz) | |
| 颤振振幅 $A_D$ | $20\%\leqslant A_D\leqslant 35\%$ | |
| 电气接口 | DIN 43650A | |
| 电路 | 线圈 a | 线圈 b |

$$A_D(\%)=\frac{I_{peak-peak}}{I_G}\times 100$$



图 4-23　电气数据(比例电磁铁)

在 HAWE 的用户手册中,给出了可供方面操作的电气数据,如图 4-23 所示。

2) 电液比例换向阀的结构分析　为了更好地建立 SLF 型电液比例换向阀的模型,作者拆卸了一个 SLF 型阀,并对其重要结构部分进行了研究,从而能够较好地理解这种电液比例换向阀的结构原理,图 4-24～图 4-28 为作者绘制的比例换向阀的机构原理简图。

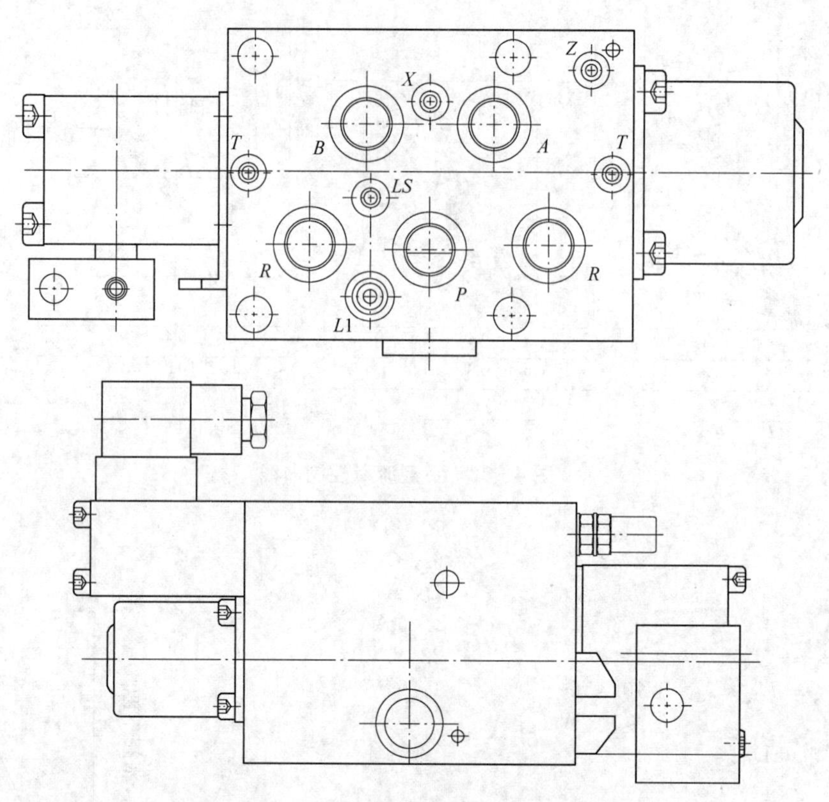


图 4－24　SLF 型电液比例换向阀外形简图

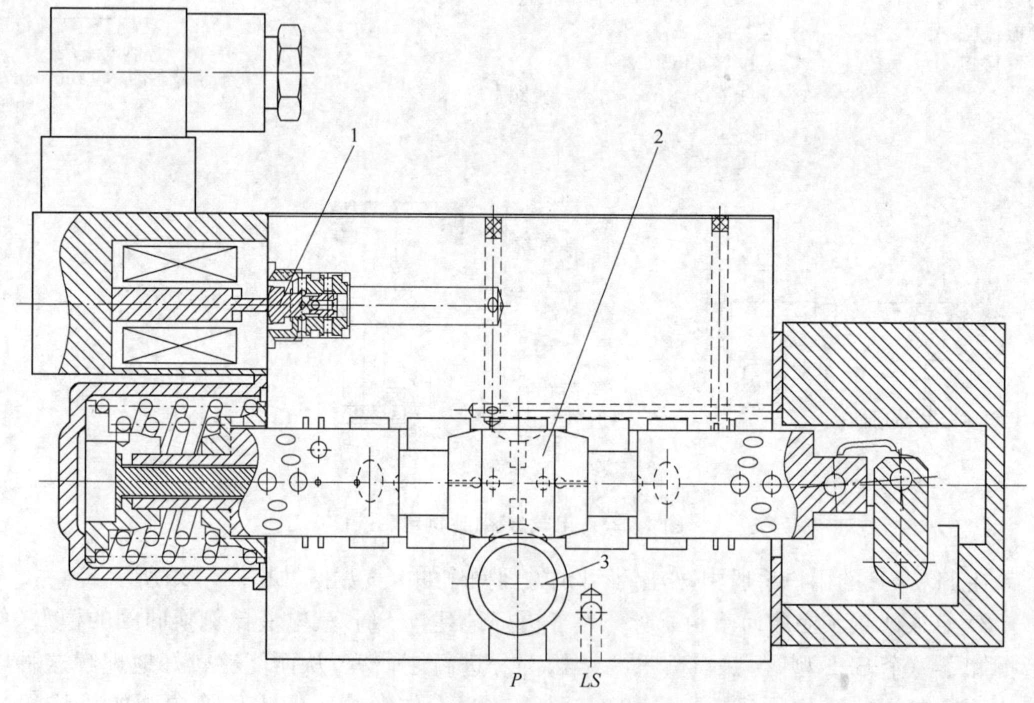


图 4－25　SLF 型电液比例换向阀结构简图一

1—先导阀 1；2—主阀芯；3—进口减压阀

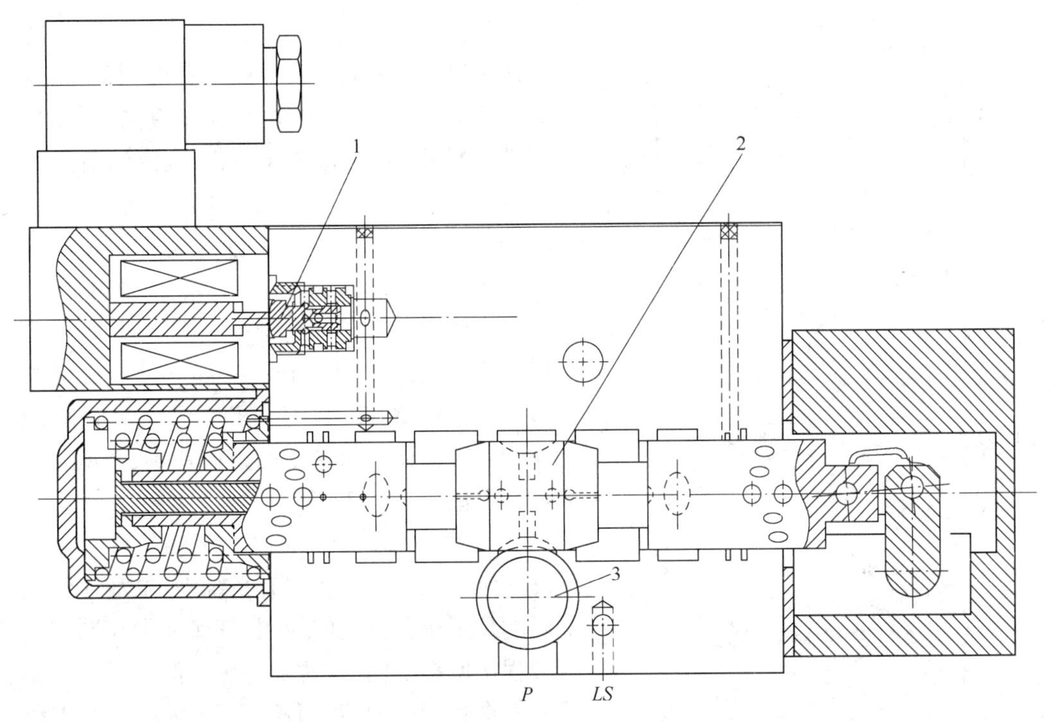


**图 4-26　SLF 型电液比例换向阀结构简图二**

1—先导阀 2；2—主阀芯；3—进口减压阀

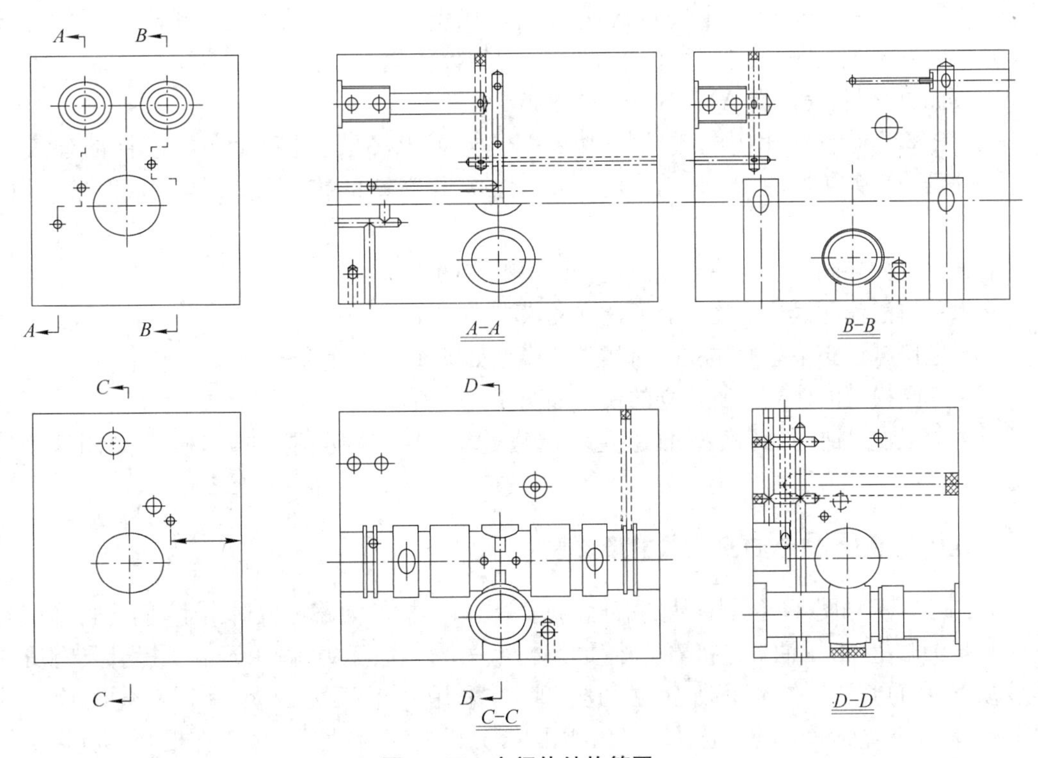


**图 4-27　主阀体结构简图一**

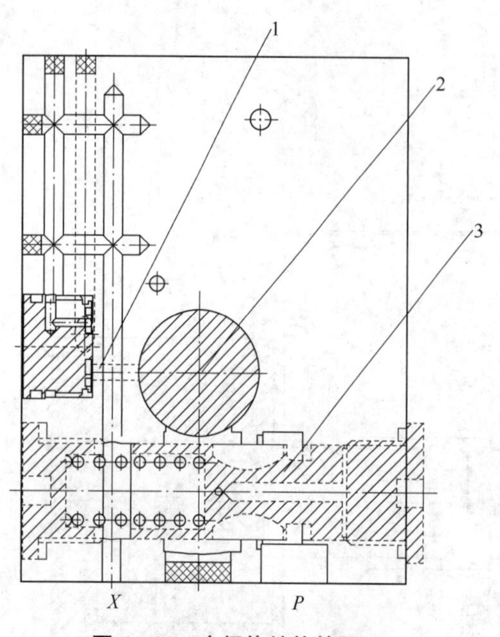

图 4-28 主阀体结构简图二
1—节流孔；2—主阀芯；3—进口减压阀

从图中可以看出，液压油从 $P$ 口进出，先通过进口减压阀；如果电磁铁没有得到信号，主阀芯是不动的，一旦电磁铁得到相应的电信号，它驱动先导阀芯，打开先导阀芯，液压油由 $Z$ 口进入，经过先导阀，流入换向阀主阀的左腔或右腔，驱动主阀芯；这时由 $P$ 口进的液压油一部分经过节流口流向 $A$ 或 $B$ 口，形成液压油的换向功能，另外，出口液压油连接一个溢流阀，保证出口压力不超过限定值；同时，一部分液压油经过一节流口流回 $X$ 口，与 $P$ 进口液压油在进口减压阀阀芯上得到一个稳定的压力差，从而从总体上控制了液压油的流速。

*3）电液比例换向阀所在的同步提升液压系统分析* 在液压同步提升系统中，电液比例换向阀起到了至关重要的作用，其保证了在同步提升过程中所提升构件的稳定上升，保证了工程系统的安全性及稳定性。图 4-29 所示是在工程应用的液压同步提升系统简图。

由图 4-29 可以看出，液压由定量泵流出，经过两个溢流阀限定流路压力及保证流路压力安全后，一路通过一个减压阀进入电液比例换向阀的 $Z$ 口，控制比例阀的先导级，主路进入电液比例换向阀后流入油缸进行物件的提升。

*4）电液比例换向阀在 AMESim 中的建模*

（1）PWM 信号和比例电磁铁的建模。在这里 PWM 信号和比例电磁铁的建模与建立电液比例调速阀的 PWM 信号元件和比例电磁铁的模型是一样的，如图 4-13 所示。

（2）比例先导阀模型的建立。所建立的模型如图 4-30 所示。

（3）出口溢流阀模型的建立。所建立的模型如图 4-31 所示。

（4）进口减压阀模型的建立。所建立的模型如图 4-32 所示。

（5）主阀模型的建立。所建立的模型如图 4-33 所示。

（6）电液比例换向阀模型的建立。最终建立的电液比例换向阀模型如图 4-34 所示。

### 4.3.3 液压提升油缸负载的建模

在图 4-17 和图 4-34 中，从电液比例阀输出口连接的油路可以看出，它们各自连接到一个液压油缸上，液压油缸连接着一个质量体及一个活塞、压力源；由于液压提升具有所提重物质量大的特点，在本书所建立的模型中，采用一个压力源及一个活塞代替负载（图 4-35），压力源可以恒定也可以变化，以配合分析的需要；另外，由于在提升中所提重物重量远大于油缸活塞重量，故液压油缸水平放置，自身活塞重量忽略不计。

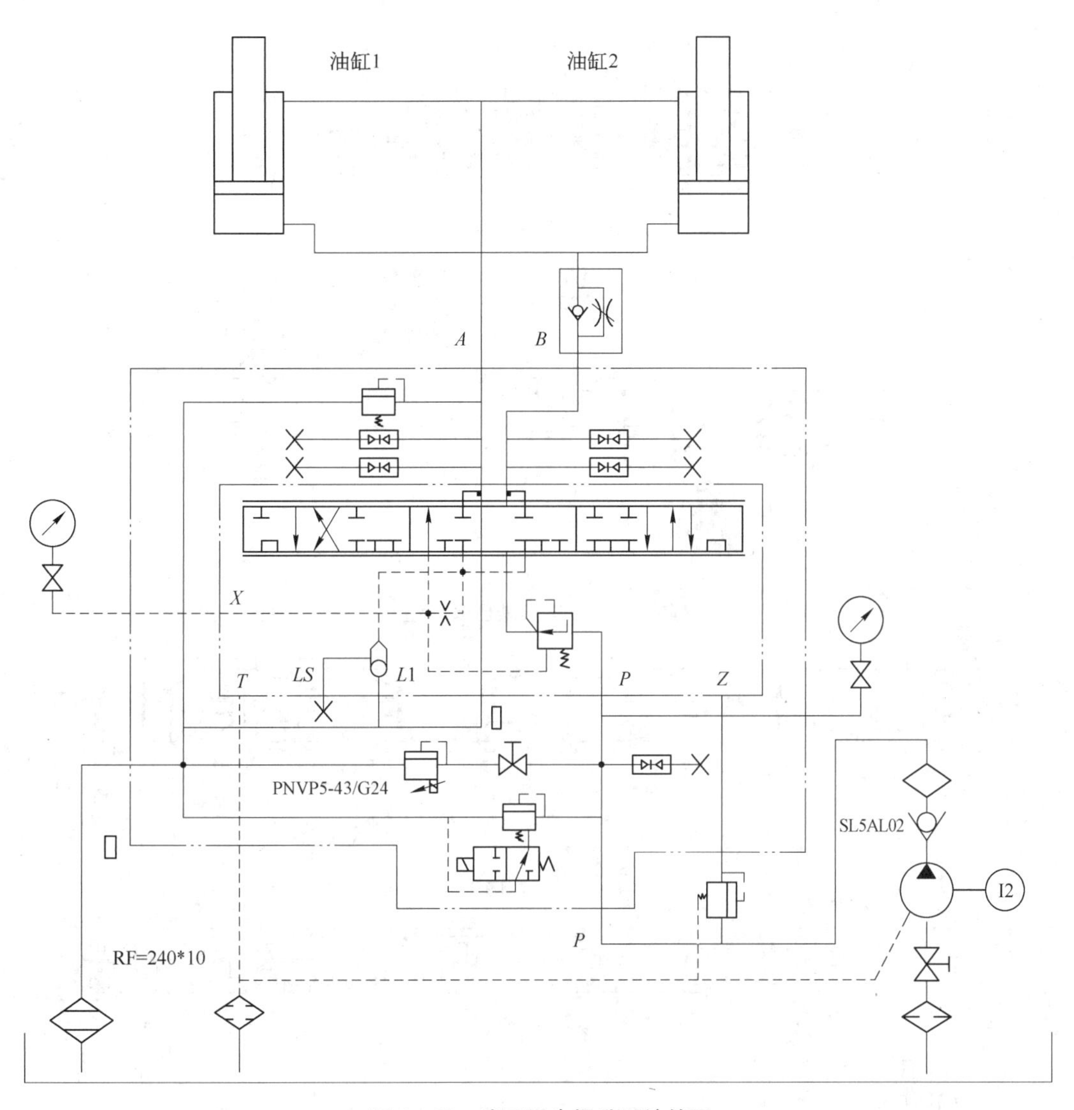


图 4－29　液压同步提升系统简图

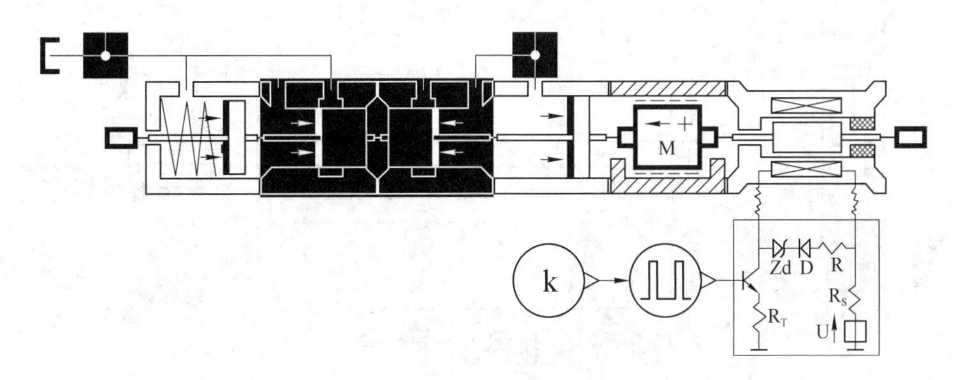


图 4－30　比例先导阀模型

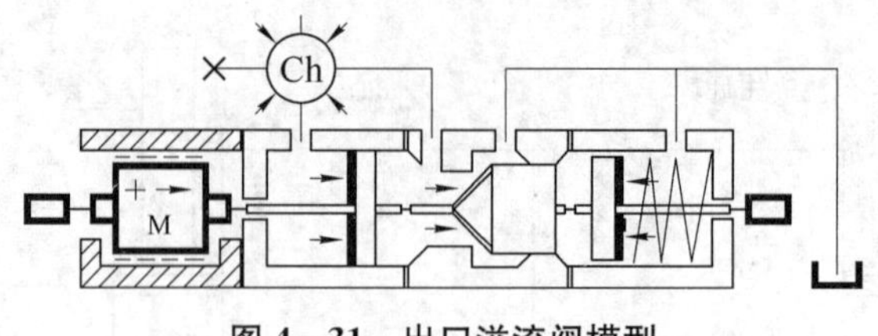


图 4-31　出口溢流阀模型

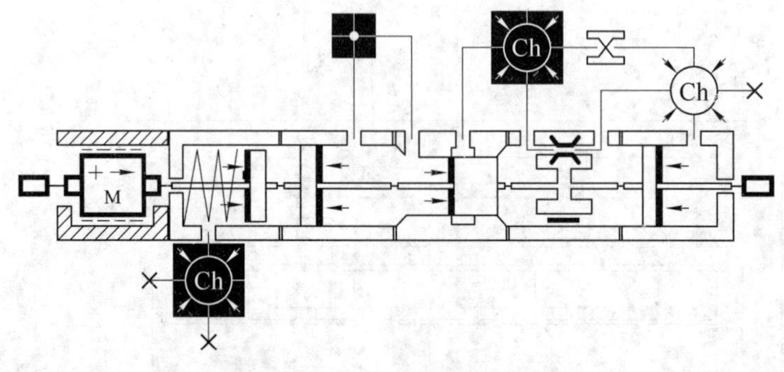


图 4-32　进口减压阀模型

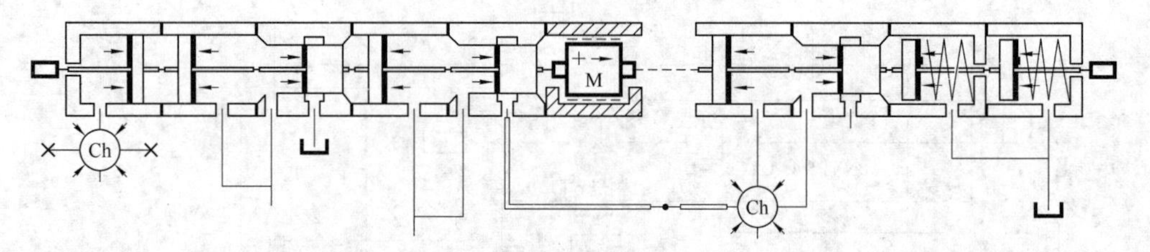


图 4-33　主阀模型

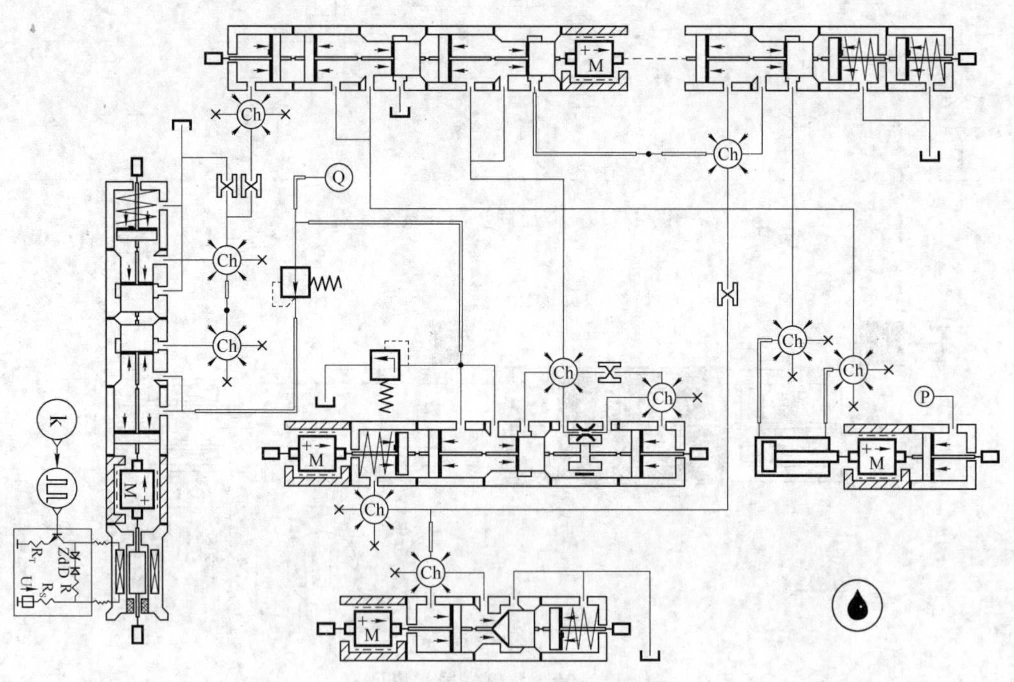


图 4-34　电液比例换向阀模型

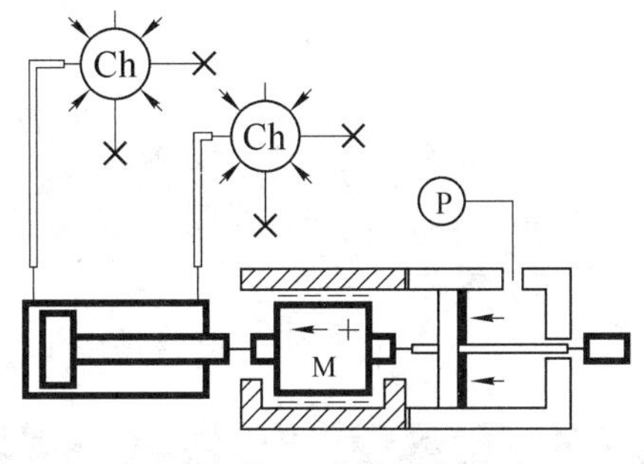


图 4-35　油缸及负载

## 4.4　电液比例阀的仿真分析

### 4.4.1　电液比例调速阀的仿真分析

在对图 4-29 的模型进行仿真的过程中，发现模型中一些元件的参数设置对仿真输出结果起到了很大的影响作用，模型中这些元件如图 4-36 所示。

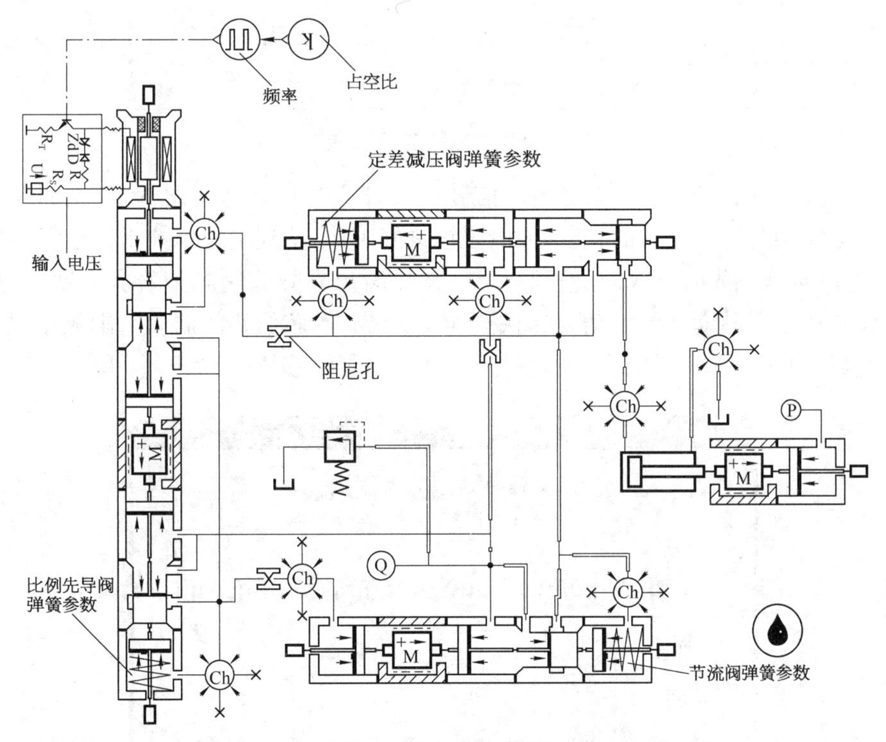


图 4-36　SEH 型电液比例调速阀模型中的关键元件

经过一系列的仿真分析，对图 4-36 中模型的关键参数设置如下：

占空比 $K$：0.35～0.8，在仿真分析中 PWM 信号的调节范围；

PWM 信号的频率：125 Hz；

输入电压调节模块：$R_s = 1\,\Omega$，$R_T = 20\,\Omega$，$R = 0.01\,\Omega$，$U_{1初始} = 24\,V$，$U_{2初始} = 24\,V$；

比例先导阀弹簧：$K = 0.25\ \mathrm{N/mm}$，$N_{初始位移力} = 1.2\ \mathrm{N}$；

阻尼孔：$\phi_{\mathrm{d}} = 1.25\ \mathrm{mm}$；

定差减压阀弹簧：$K = 30\ \mathrm{N/mm}$，$N_{初始位移力} = 35\ \mathrm{N}$；

节流阀弹簧：$K = 14.5\ \mathrm{N/mm}$，$N_{初始位移力} = 8\ \mathrm{N}$。

1）电液比例调速阀的流量调节仿真

（1）当输入的PWM信号的占空比为0.45时，电磁铁电流信号如图4－37所示。

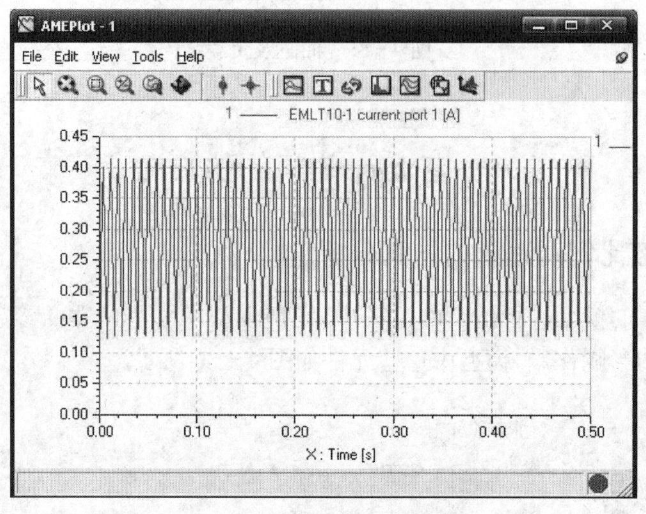


**图4－37　电磁铁电流信号(占空比0.45)**

从图4－37可以看出，电磁铁的电流信号在0.13～0.42 A范围之内，对比HAWE的电气数据，此电流值是符合要求的，能够使电磁铁良好工作，达到更好地控制先导阀的目的。

图4－38为比例先导阀阀芯的位移图，从图中看出先导阀阀芯随着电磁铁内电流的影响，它的位移也呈现周期性的波动；在图中还可以看出，阀芯位移的波动范围较小，从而更能准确地控制经过阀口的流量大小，进而得到较好的主阀阀芯位移曲线。

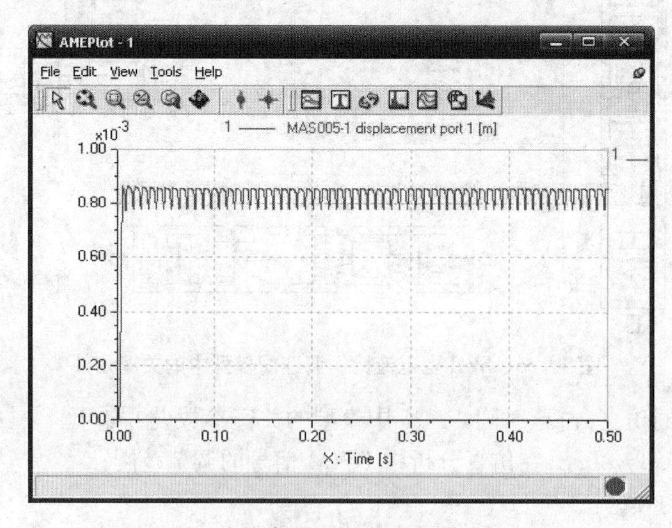


**图4－38　比例先导阀阀芯位移(占空比0.45)**

图 4 - 39 所示为节流阀阀芯的位移曲线，在图中一开始节流阀两端压差大小的变化，产生了较大的波动，但一旦阀芯移动一定位置时，节流阀正常工作，液压油从节流阀口流入，保持了节流阀两端压差变化很小，所以节流阀阀芯在 4 s 后几乎恒定不变。

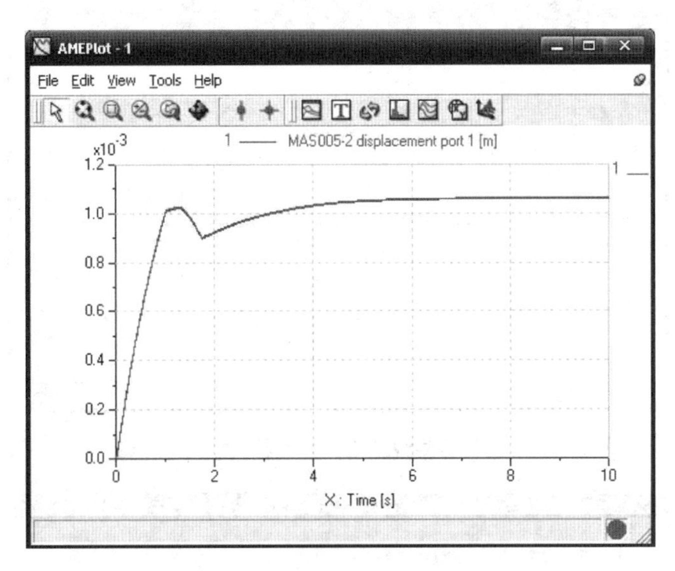


**图 4 - 39　节流阀阀芯位移(占空比 0.45)**

图 4 - 40 所示为节流阀出口液压油流速曲线，从一开始的节流阀一端受到压力后产生较大位移而产生突起流速之后，随着节流阀两端压力的保持，从节流阀流出的液压油流速也达到了稳定，而由于节流阀芯周期性的位移，所以流速也随之产生了周期性的变化，从图中可以看出，其流速在 3.62～3.84 L/min，波动比较小。

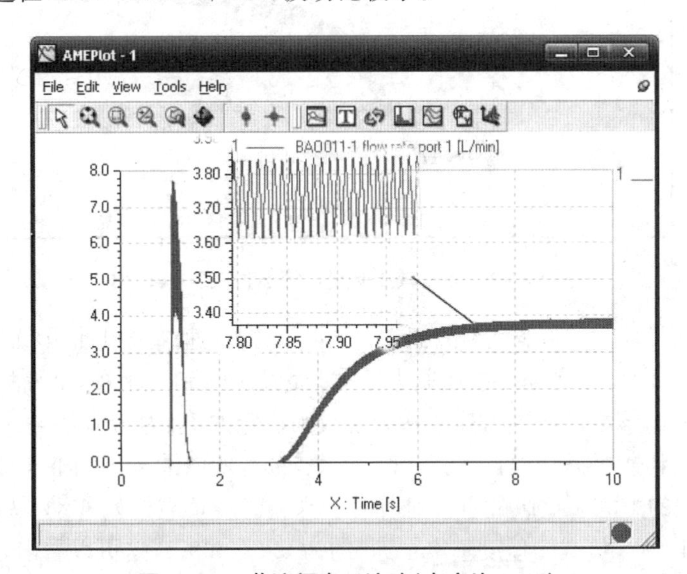


**图 4 - 40　节流阀出口流速(占空比 0.45)**

图 4 - 41 和图 4 - 42 分别表达了等差减压阀的位移及出口流速情况。一开始，等差减压阀阀芯受到比例调速阀进口油压和弹簧的作用，由于进口油压产生的力远大于弹簧产生的

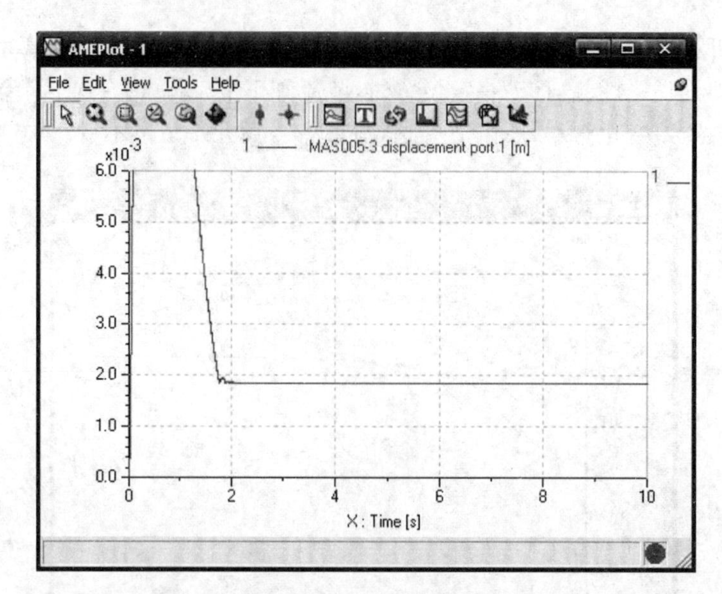


图 4-41 等差减压阀阀芯位移(占空比 0.45)

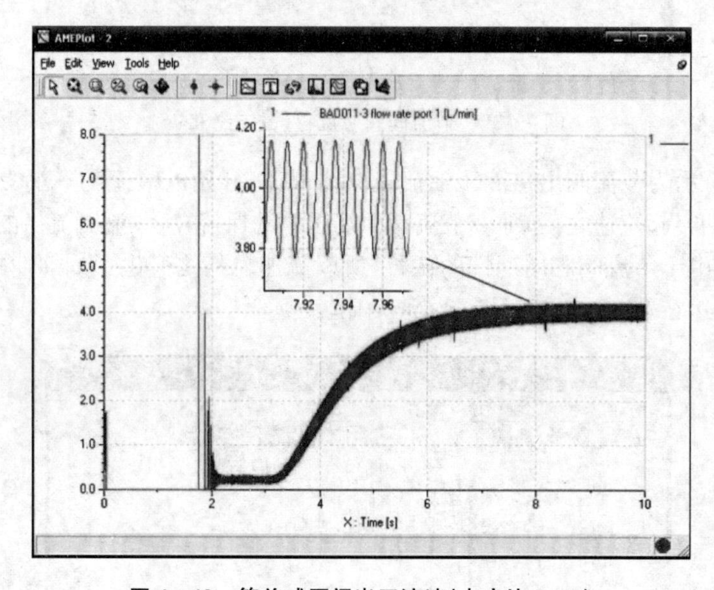


图 4-42 等差减压阀出口流速(占空比 0.45)

力,所以阀芯产生了较大的位移,待节流阀打开后,比例调速阀进口油压、节流阀出口油压及减压阀内的弹簧共同作用在等差减压阀芯上,进而逐步达到了平衡,平衡后,阀芯位移比较稳定,约为 1.8 mm,阀口液压油流速也达到了较为稳定的值,为 3.75～4.15 L/min。

最后,液压油到达了提升油缸,由于开始负载较重,所以油缸内的油压逐步升高,等接近 10 s 后,油压产生的力大于负载的重力时,油缸开始动作,负载开始移动,从图 4-43 中可以看出,再经过约 1 s 后,负载的速度基本恒速,约为 0.85 mm/s,这可以看出,此时负载的速度是很慢的,如油缸伸长一个行程约为 250 mm,那么这一过程则需要近 5 min 的时间,在负载提升过程中,若施工环境条件比较好,如无风的情况下,可以通过增大输入 PWM 控制信号的占空比来提高负载的提升速度。

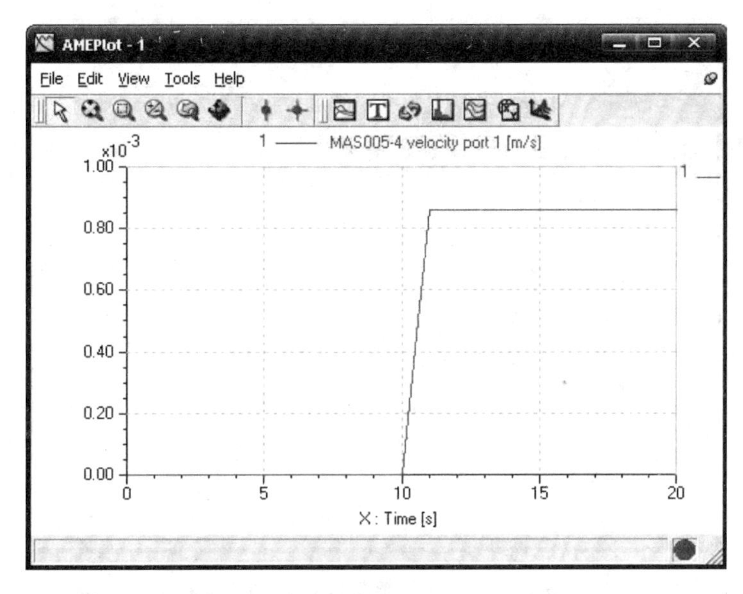


图 4-43　油缸负载速度(占空比 0.45)

(2) 当输入的 PWM 信号的占空比为 0.7 时,电磁铁电流信号如图 4-44 所示。

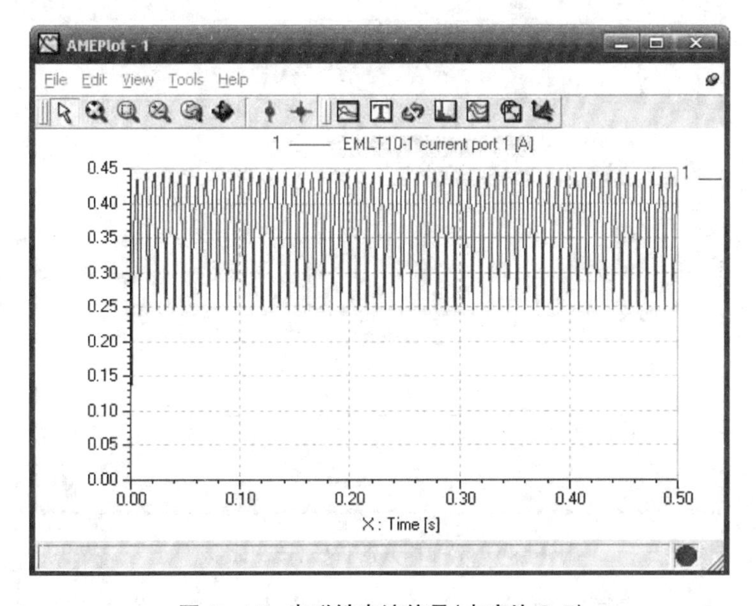


图 4-44　电磁铁电流信号(占空比 0.7)

与图 4-37 比较可知,当 PWM 控制信号占空比增大后,比例电磁铁内的电流幅值略微增大,但较为明显的是电流值的波动小了许多,在这种情况下,比例电磁铁就能够更好地工作,输出更好的力的曲线,更好地控制比例先导阀阀芯的位移,如图 4-45所示。

与 PWM 控制信号占空比为 0.5 时的比例先导阀的阀芯位移曲线相比较,可以看出,其波动的范围更小,更加稳定。

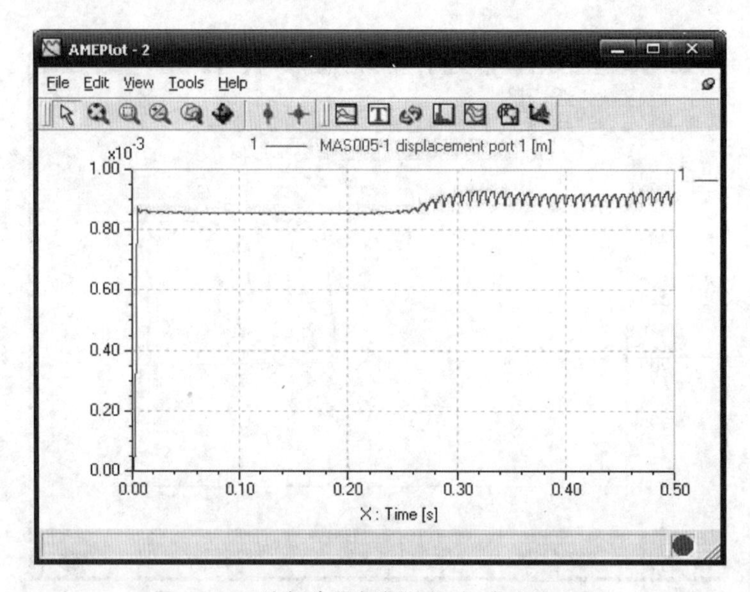


图 4-45　比例先导阀阀芯位移(占空比 0.7)

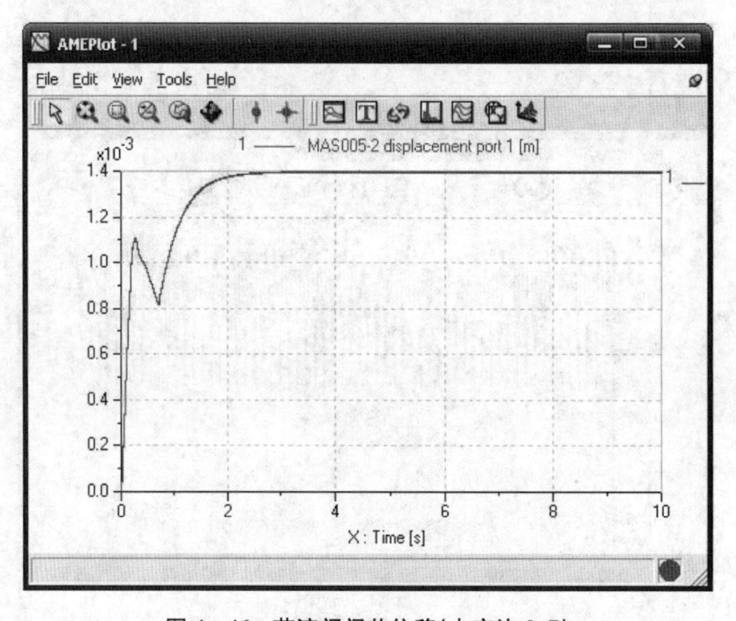


图 4-46　节流阀阀芯位移(占空比 0.7)

图 4-46 和图 4-47 所示为节流阀阀芯的位移及其出口流速图。与当输入 PWM 控制信号占空比为 0.45 时相比，其曲线更能较早地达到平衡数值，而且波动范围更小，出口流速波动在0.4 L/min范围之内。

图 4-48 和图 4-49 所示等差减压阀的性能曲线。与节流阀的性能曲线一样，当输入 PWM 控制信号占空比为 0.45 时都能较早地达到较好的曲线值，其中等差减压阀出口流速，即电液比例调速阀的出口流速为 27.48～27.54 L/min，波动较小，更好地控制了负载提升的速度。

当 PWM 控制信号占空比为 0.7 时，如图 4-50 所示，油缸负载的速度有了明显的提升，约为 5.5 mm/s，当油缸伸长一个行程为 250 mm 时，需要约 45 s。

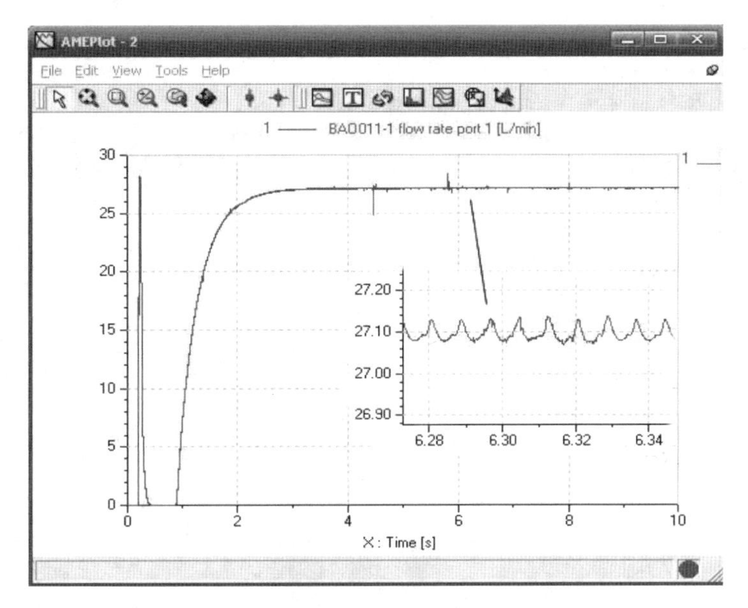


图 4-47　节流阀出口流速(占空比 0.7)

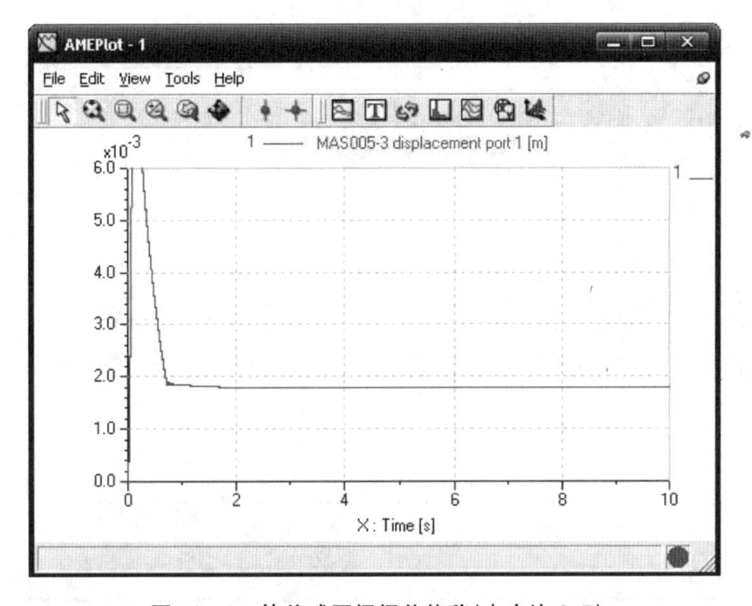


图 4-48　等差减压阀阀芯位移(占空比 0.7)

(3) 当输入的 PWM 信号的占空比为 0.85 时,电磁铁电流信号如图 4-51 所示。

与当 PWM 信号占空比为 0.45 及 0.7 比较可以看出,其波动范围更小,从而能更好地控制先导阀阀芯的位移。

图 4-52 表明等差减压阀出口也就是电液比例调速阀的出口液压油流速,从图中可以看出,其速度在经过大约 2 s 后,逐步恒定,大约在 36 L/min。

从图 4-53 可以看出,油缸负载在经过液压油 1.8 s 左右的加压后,开始运行,其速度大约为 0.007 3 m/s,而且是恒定的。当提升油缸伸长一个行程为 250 mm 时,其提升时间仅需要半分钟左右,在所提升构件能够很稳定地上升时,可以保持这个速度,而一旦提升构件发

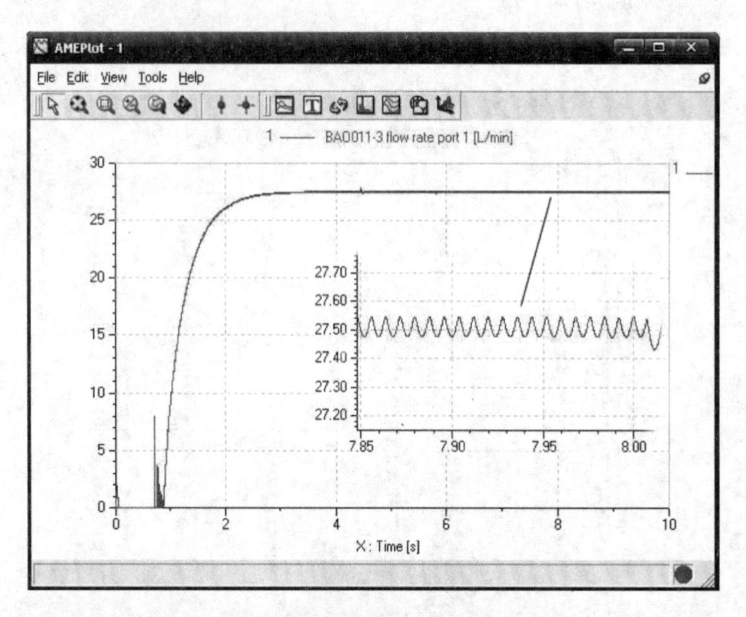


图 4-49 等差减压阀出口流速(占空比 0.7)

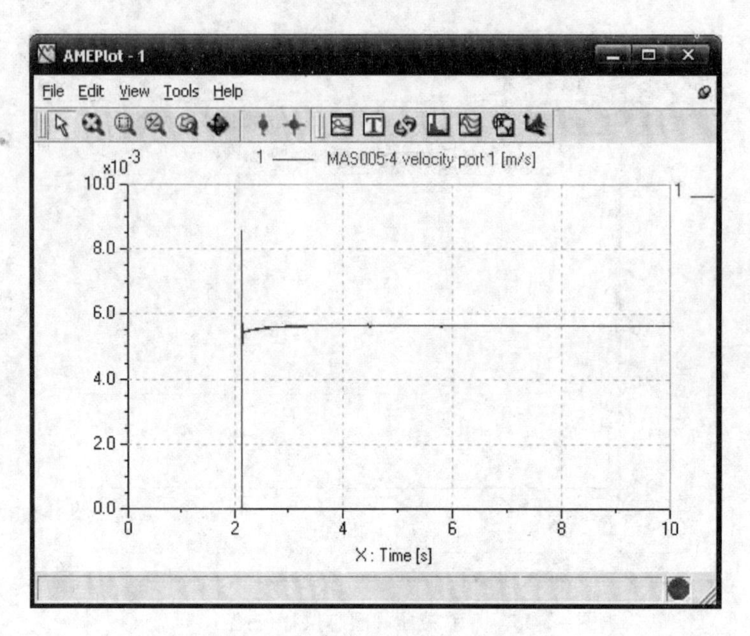


图 4-50 油缸负载速度(占空比 0.7)

生抖动,要适当降低提升速度,以保证提升过程的稳定性。

2) 负载变化时对电液比例调速阀的影响程度仿真 针对负载变化时,对于所建模型,也就是针对油缸负载压力变化的时候,比例调速阀出口流速的变化情况如下:

(1) 当输入 PWM 信号占空比 $K=0.5$ 时,负载压力 0~5 s,150 bar(1 bar=0.1 MPa)降到 130 bar;5~10 s,130 bar 升到 160 bar,如图 4-54 所示。

(2) 当输入 PWM 信号占空比 $K=0.7$ 时,负载压力 0~5 s,150 bar 降到 120 bar;5~10 s,120 bar 升到 160 bar,如图 4-55 所示。

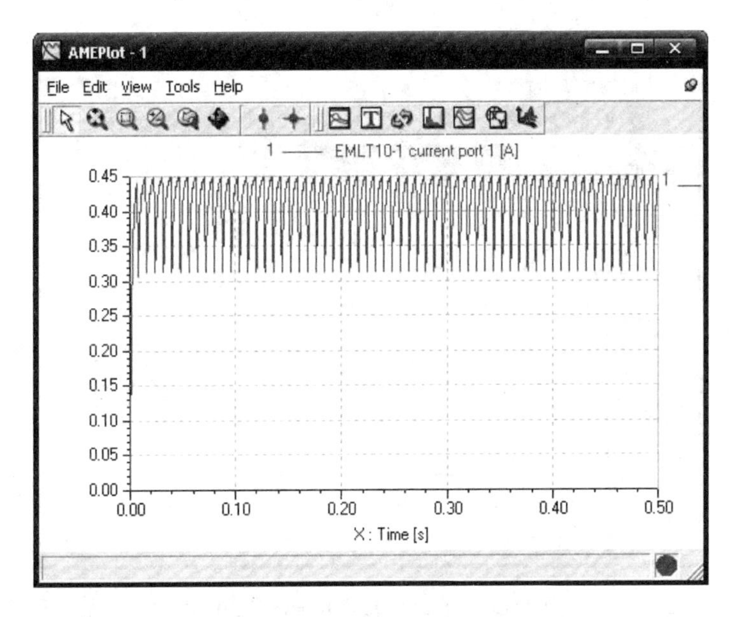


图 4-51 电磁铁电流信号(占空比 0.85)

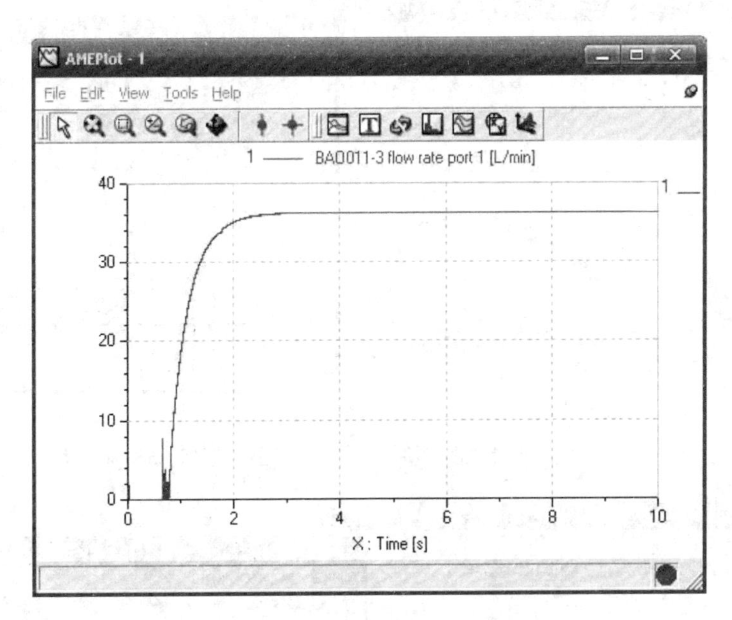


图 4-52 等差减压阀出口流速(占空比 0.85)

(3) 当输入 PWM 信号占空比 $K=0.85$ 时,负载压力 0～5 s,150 bar 降到 130 bar;5～10 s,130 bar 升到 160 bar,如图 4-56 所示。

从图 4-54～图 4-56 可以看出,针对输入 PWM 信号占空比在 0.5～0.85,负载压力变化时,电液比例调速阀的出口流速除了少许的波动外,几乎没有产生影响,这正表达了电液比例调速阀输出流速恒定不变的性能,体现了其设计目的,并在液压提升系统中起到稳定阀口输出流速的作用,使得液压提升系统在提升大型重物时,在受到一点干扰时仍然能够正常运行,保证了施工的顺利进行;同时,这也说明了所建模型能够反映电液比例调速阀真实的工作性能。

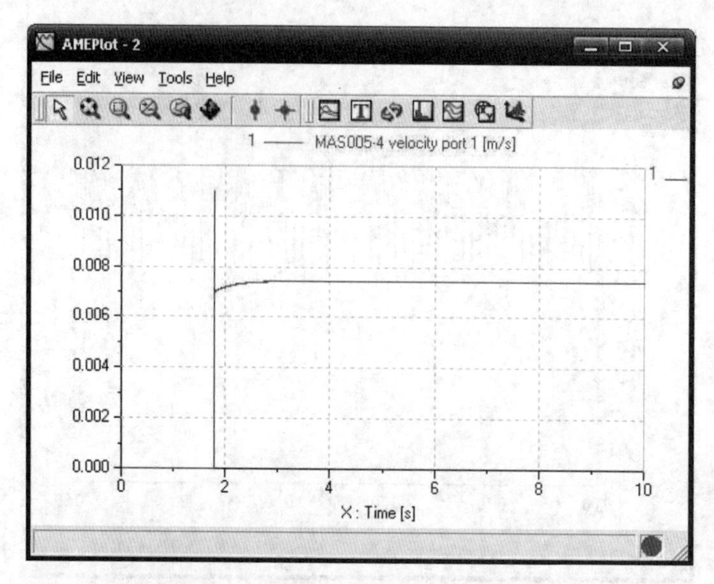


图 4-53 油缸负载速度(占空比 0.85)

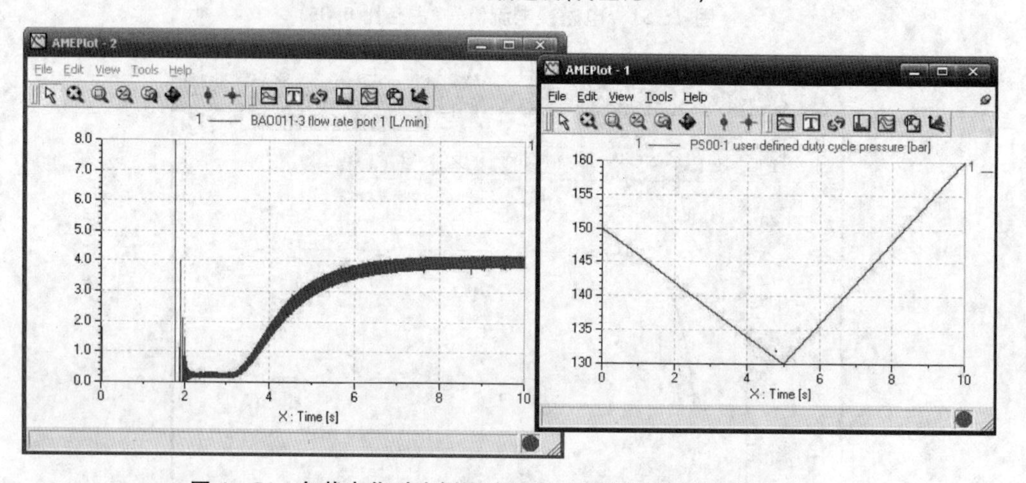


图 4-54 负载变化对比例调速阀出口流速的影响(占空比 0.5)

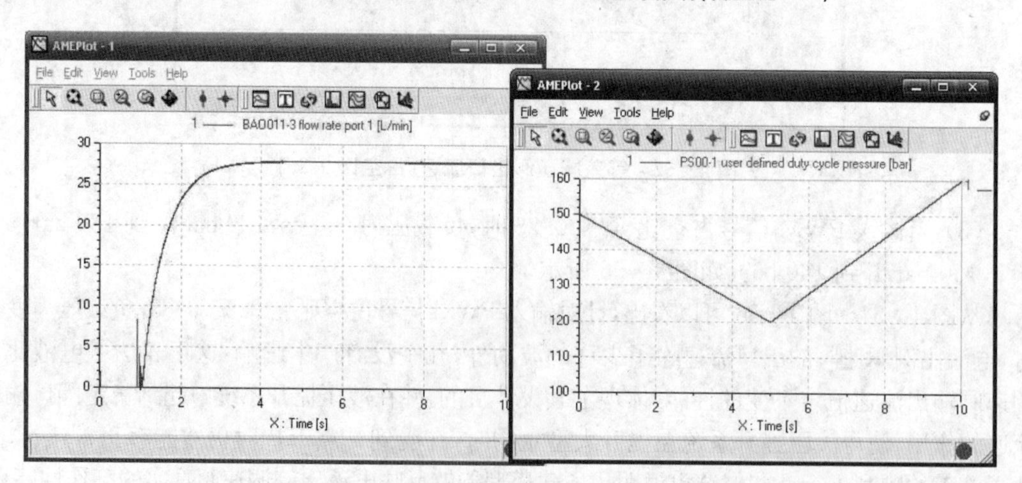


图 4-55 负载变化对比例调速阀出口流速的影响(占空比 0.7)

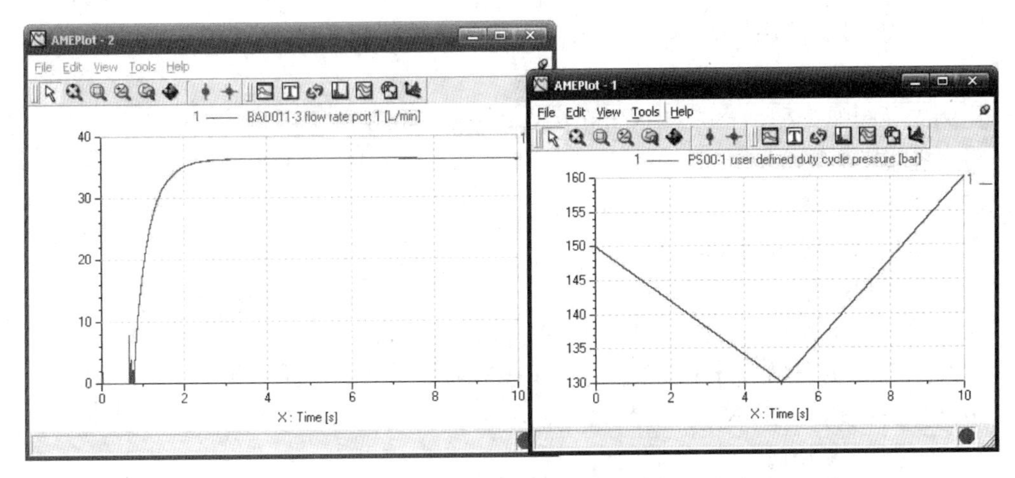


图 4 - 56　负载变化对比例调速阀出口流速的影响(占空比 0.85)

## 4.4.2　电液比例换向阀的仿真分析

在对图 4 - 34 所示模型进行仿真的过程中,作者同样发现模型中一些元件的参数设置对仿真输出结果起到了很大的影响作用,模型中这些元件如图 4 - 57 所示。

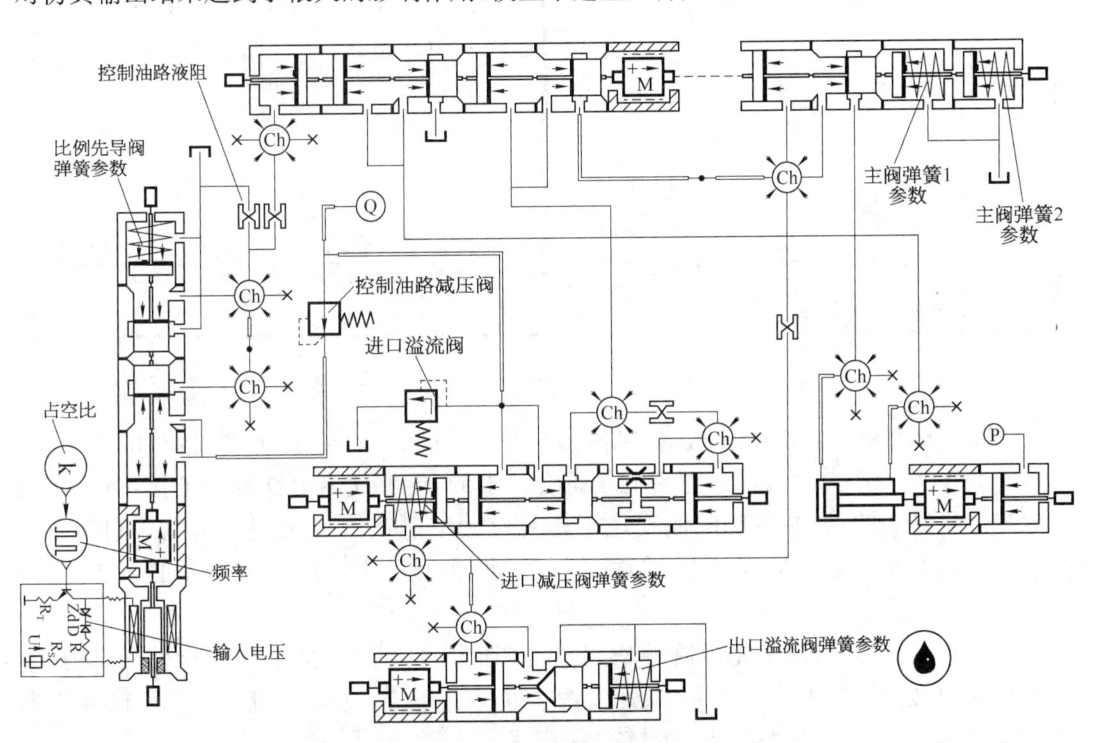


图 4 - 57　SLF 型电液比例换向阀模型中的关键元件

经过一系列的仿真分析,对图 4 - 57 中模型的关键参数设置如下:

占空比 $K$: 0.35～0.85,在仿真分析中 PWM 信号的调节范围;

PWM 信号的频率: 55 Hz;

输入电压调节模块：$R_s = 1\ \Omega$，$R_T = 45\ \Omega$，$R = 0.1\ \Omega$，$U_{1初始} = 24\ V$，$U_{2初始} = 24\ V$；

比例先导阀弹簧：$K = 0.11\ N/mm$，$N_{初始位移力} = 0.3\ N$；

阻尼孔：$\phi_d = 3\ mm$；

进口减压阀弹簧：$K = 22\ N/mm$，$N_{初始位移力} = 31\ N$；

进口油路减压阀：$P = 2.5\ MPa$；

进口溢流阀：$P = 25\ MPa$；

出口溢流阀弹簧：$K = 23.5\ N/mm$，$N_{初始位移力} = 78.5\ N$；

主阀弹簧1：$K = 4\ N/mm$，$N_{初始位移力} = 35\ N$；

主阀弹簧2：$K = 20\ N/mm$，$N_{初始位移力} = 0$。

1）电液比例换向阀的流量调节仿真

(1) 当输入的PWM信号的占空比为0.45时，电磁铁电流及先导阀阀芯位移曲线如图4-58所示。

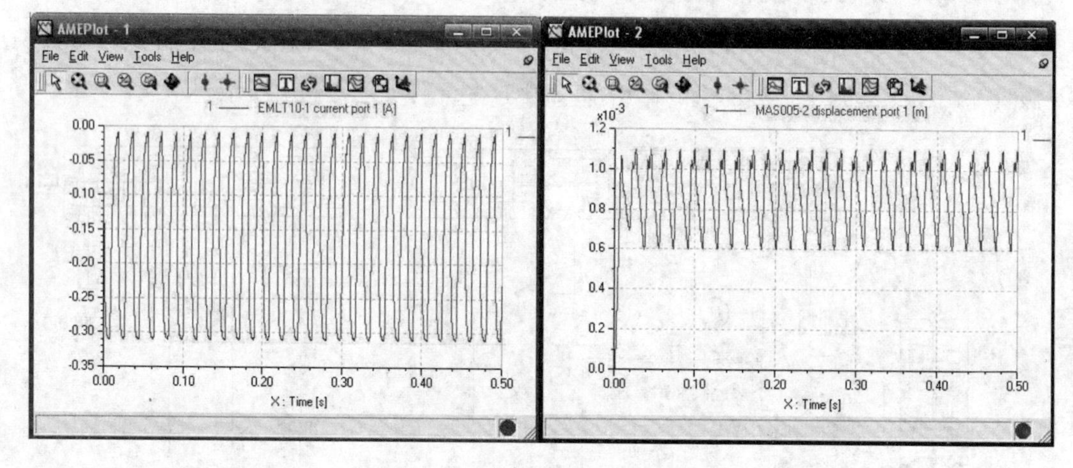


**图4-58　电磁铁电流及先导阀阀芯位移曲线(占空比0.45)**

从图4-58可以看出，电磁铁的电流信号在0.01～0.31 A范围之内，对比图4-23所示的HAWE的电气数据，此电流值是符合要求的，能够使电磁铁良好工作，以达到更好地控制先导阀的目的；右侧的曲线也正是对应于电磁铁的力而使比例先导阀产生的位移曲线，它随着受力的大小波动而上下波动，但在一定的范围内，如图中所示在0.6～1.1 mm。

如图4-59所示，由于先导阀的作用，控制油流入主阀一侧腔内时产生的压力，它不停地周期波动着，从右侧的局部放大图中可以看出其波动的范围，以大致确定其数值。

图4-60所示为控制油推动主阀，主阀阀芯所产生的位移，从图中可以看出，其波动范围较大(0～0.5 mm)，但总体来说比较稳定。

主阀阀口输出流量曲线如图4-61所示，由于主阀阀芯波动范围较大，实际有效位移比较小，所以阀口输出流量随之较小，波动在0～10 L/min，速度比较慢。

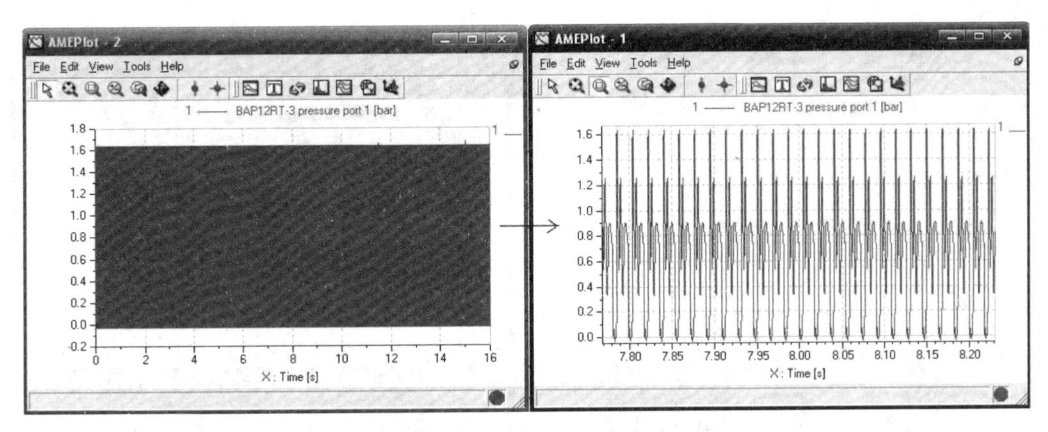


图 4-59　主阀芯一侧控制油产生压力(占空比 0.45)

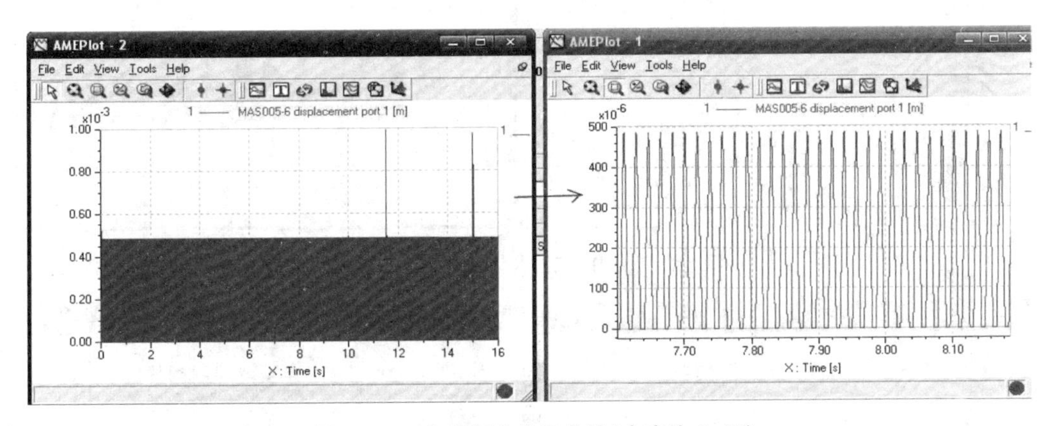


图 4-60　主阀阀芯位移曲线(占空比 0.45)

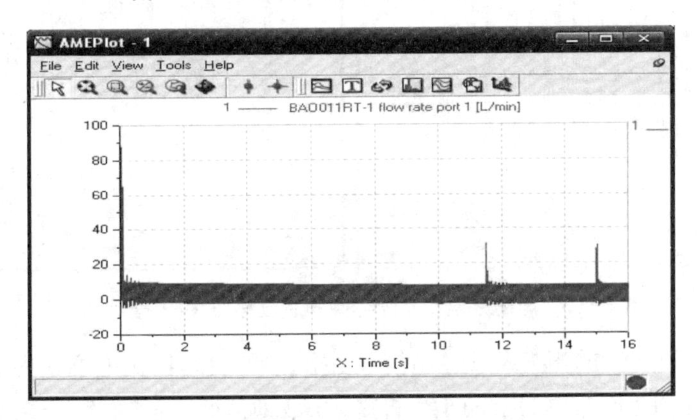


图 4-61　主阀阀口输出流量曲线(占空比 0.45)

在液压油不断输入过程中,油缸活塞底部的压力不断上升,如图 4-62 所示,经过了大约 13 s 的等速加压后,活塞所受压力大于负载的重力,活塞开始提升重物运动,这时其运动速度不是恒定不变的,而是波动的,这样很容易引起所提升构件的晃动,但同时因为其波动频率较大,从位移图线看出,其位移也是近似等速运动的。

(2) 当 PWM 控制信号的占空比为 0.7 时,电磁铁电流及先导阀阀芯位移曲线如图 4-63所示。

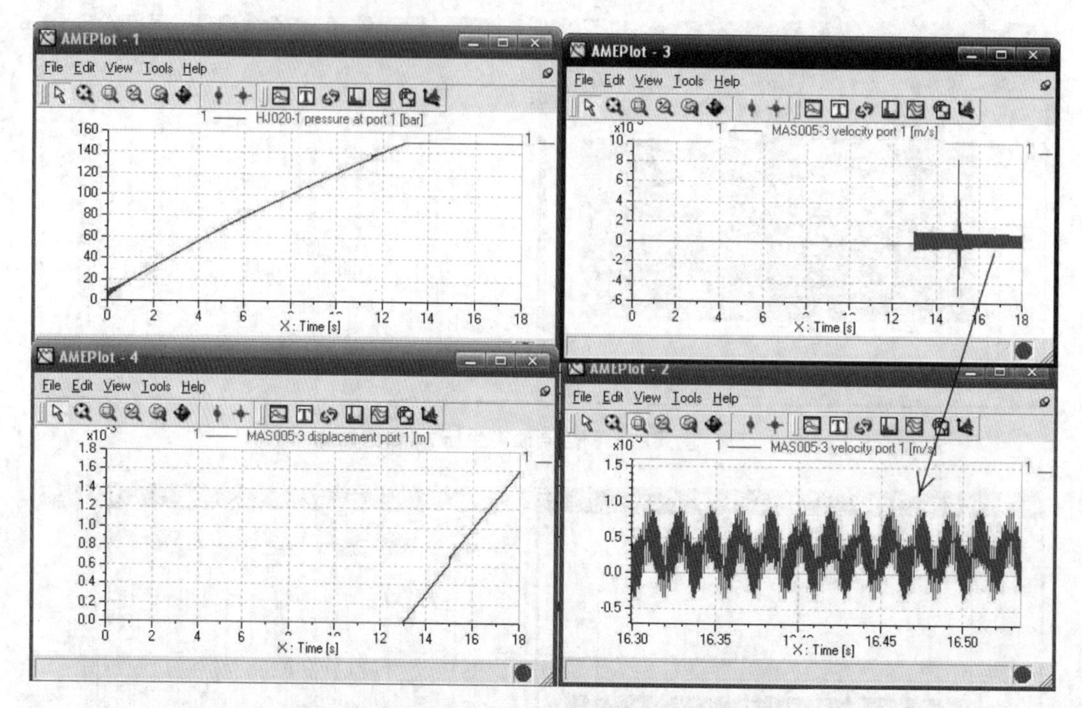


图 4-62　油缸压力、位移及速度曲线(占空比 0.45)

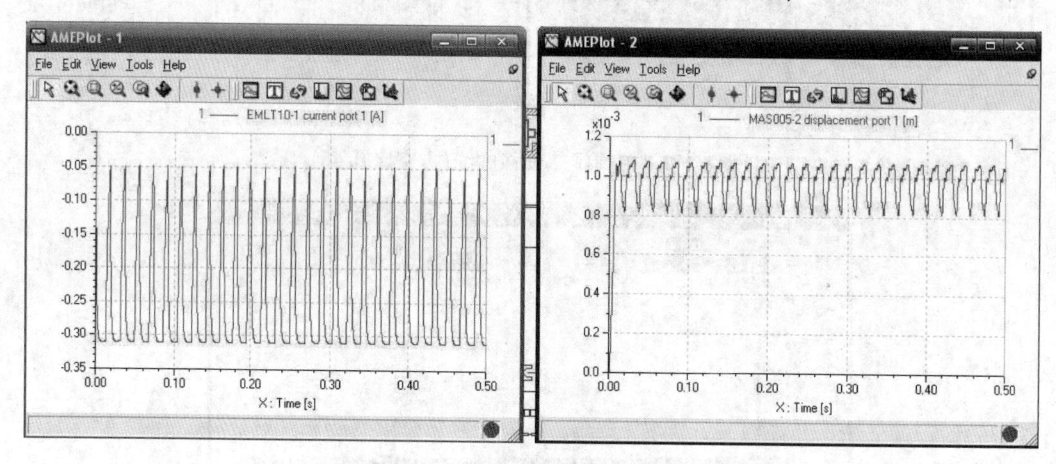


图 4-63　电磁铁电流及先导阀阀芯位移曲线(占空比 0.7)

与图 4-58 比较可知,当 PWM 控制信号占空比增大后,比例电磁铁内的电流幅值略微增大,但较为明显的是电流值的波动小了许多,在这种情况下,比例电磁铁就能够更好地工作,输出更好的力的曲线,更好地控制比例先导阀阀芯的位移。

图 4-64 所示为主阀阀芯一侧控制油产生的压力曲线图,其与图 4-59 相比,其压力值明显增大,能够推动主阀阀芯以产生更大的位移,增大阀口开量,增大输出流速,主阀芯位移及输出流量如图 4-65 和图 4-66 所示。

当 PWM 控制信号占空比为 0.7 时,油缸压力增加速度明显提高,如图 4-67 所示,经过大约 2 s,油缸压力大于负载重力,油缸开始带动负载移动,平衡值大约为 2 mm/s。这时油缸速度总体来说是比较慢的,以 200 t 液压提升油缸为例,一个提升行程为 250 mm,则需要 2 min 左右的时间。

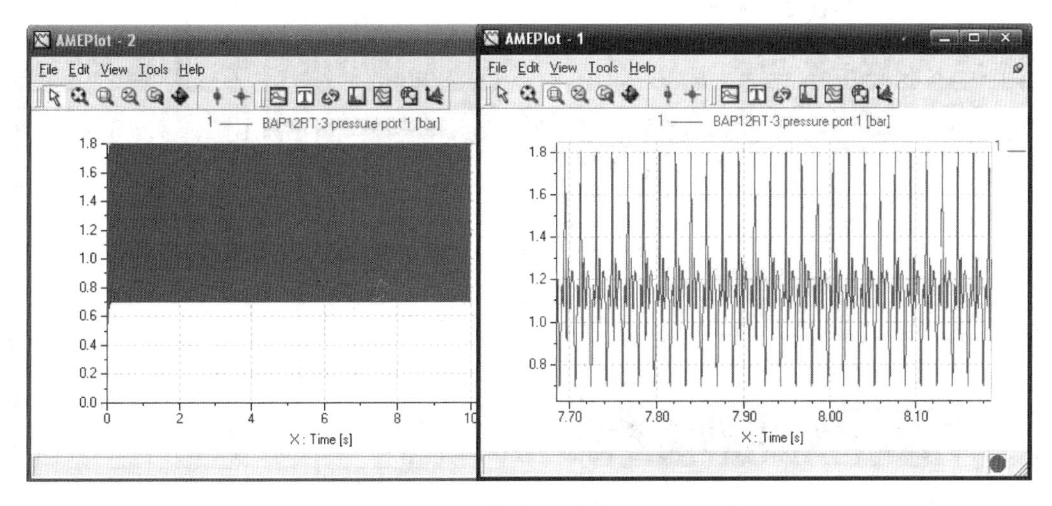


图 4-64　主阀芯一侧控制油产生压力(占空比 0.7)

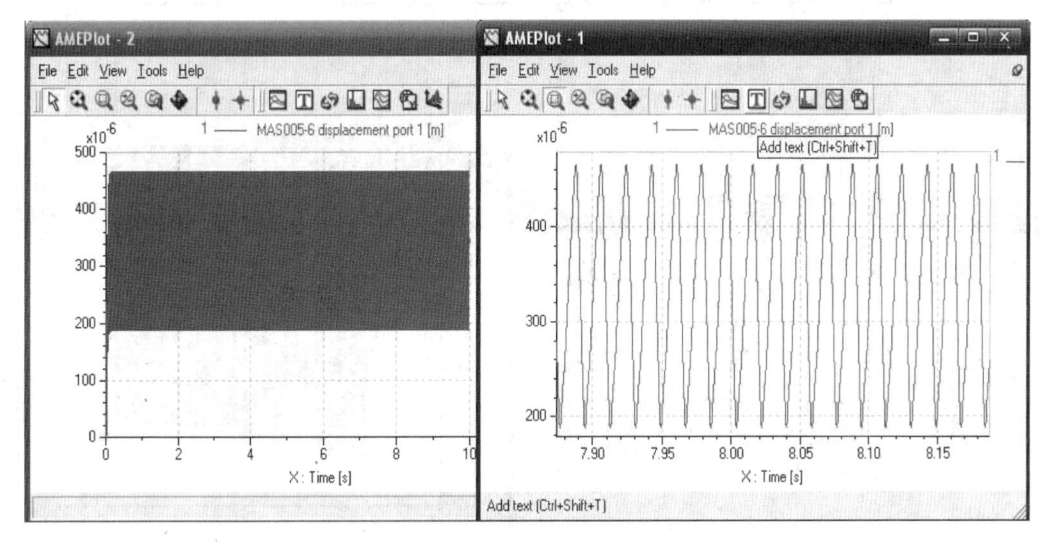


图 4-65　主阀阀芯位移曲线(占空比 0.7)

(3) 当 PWM 控制信号占空比为 0.85 时，电磁铁电流及先导阀阀芯位移曲线如图4-68所示。

与当 PWM 信号占空比为 0.45 及 0.7 比较可以看出，其波动范围更小，从而能更好地控制先导阀阀芯的位移，其位移波动在 0.9～1.05 mm，进一步控制好先导阀阀口流量。

图 4-69 示为主阀阀芯一侧控制油产生的压力曲线图，其与图 4-59 和图 4-64 相比，其压力值明显增大，波动更小，能够推动主阀阀芯以产生更大的位移，增大阀口开量，增大及控制好输出流速，主阀阀芯位移曲线及输出流量曲线如图 4-70 和图 4-71 所示。

从图 4-70 和图 4-71 可以看出，当 PWM 控制信号占空比为 0.85 时，主阀阀芯的位移是比较大的，其阀口开度已经接近最大值，从而通过阀口的流量比当 PWM 控制信号占空比为 0.45 和 0.7 时的流量要大许多，波动在 17～27 L/min，平衡值在 22 L/min 左右，此时通过电液比例换向阀的液压油更快地进入提升油缸的底部，更快地增压，更快地提升所提重物。

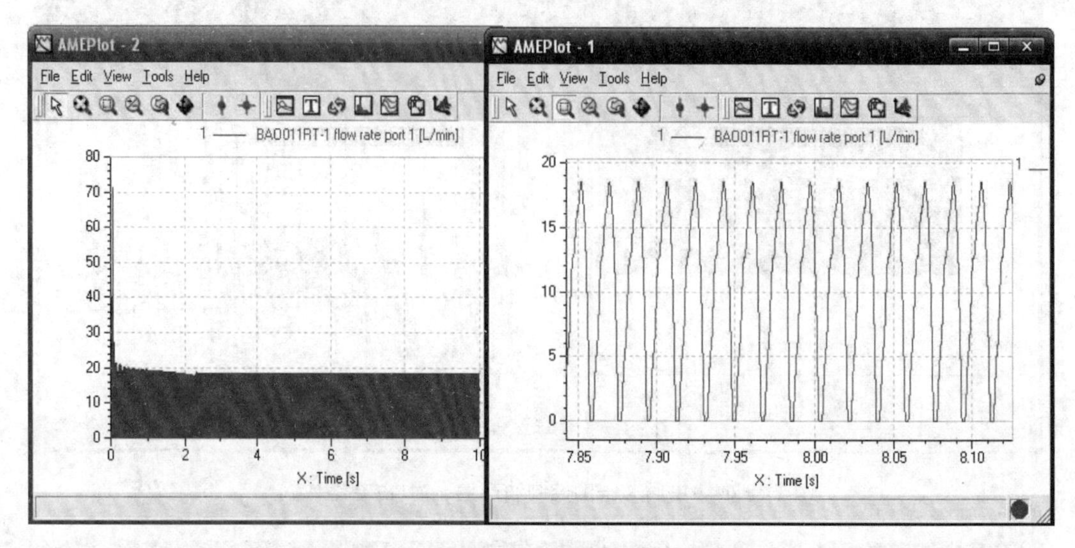


图 4-66 主阀阀口输出流量曲线(占空比 0.7)

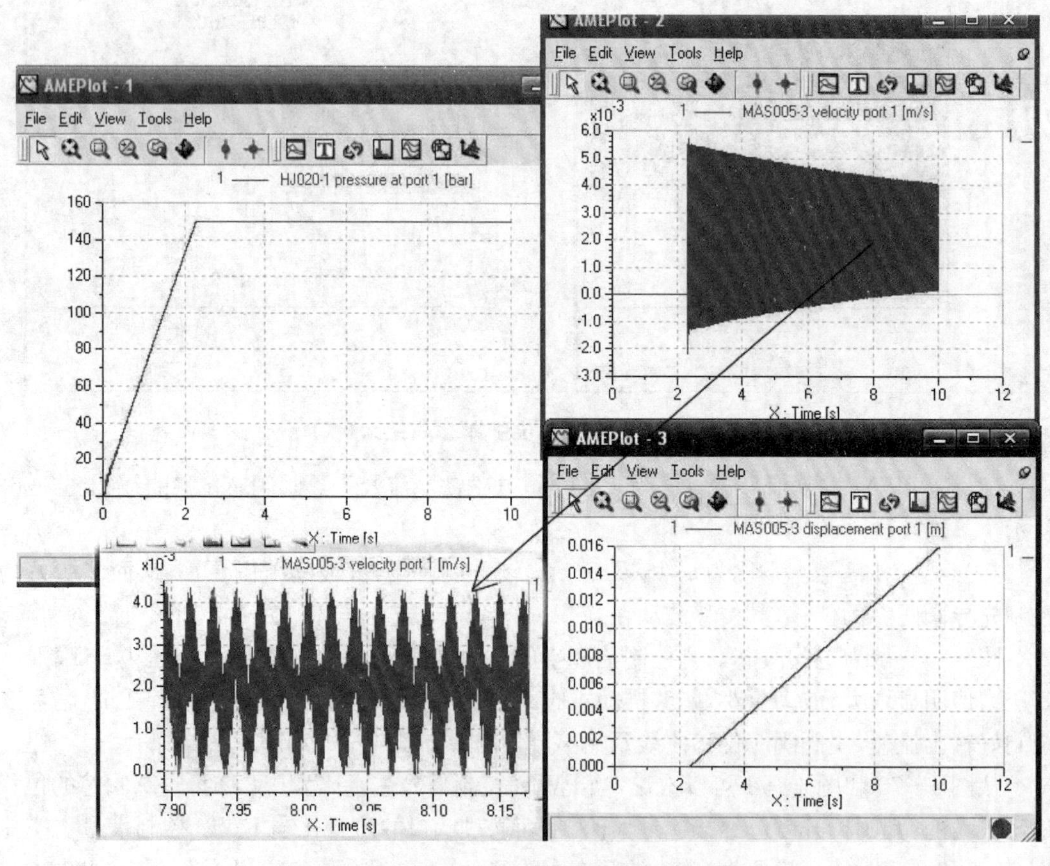


图 4-67 油缸压力、位移及速度曲线(占空比 0.7)

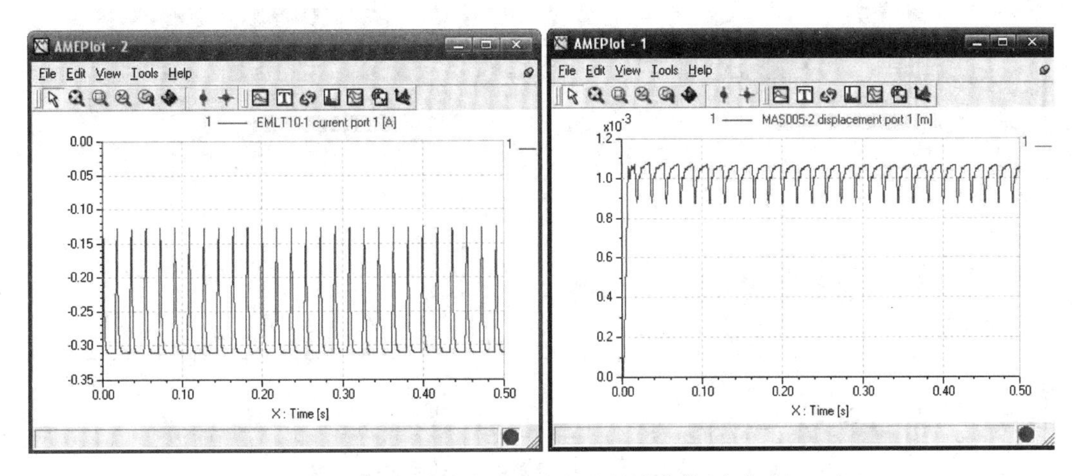


**图 4－68　电磁铁电流及先导阀阀芯位移曲线(占空比 0.85)**

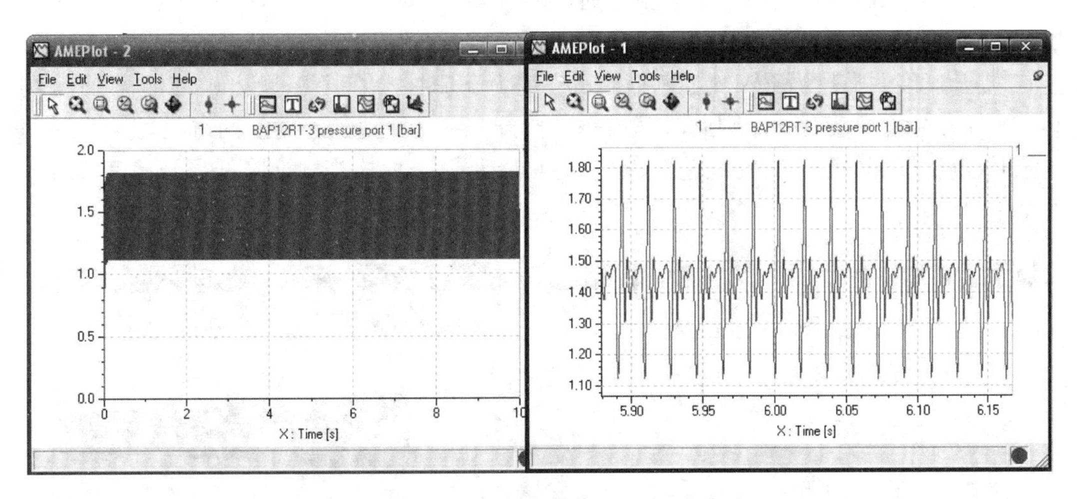


**图 4－69　主阀芯一侧控制油产生压力(占空比 0.85)**

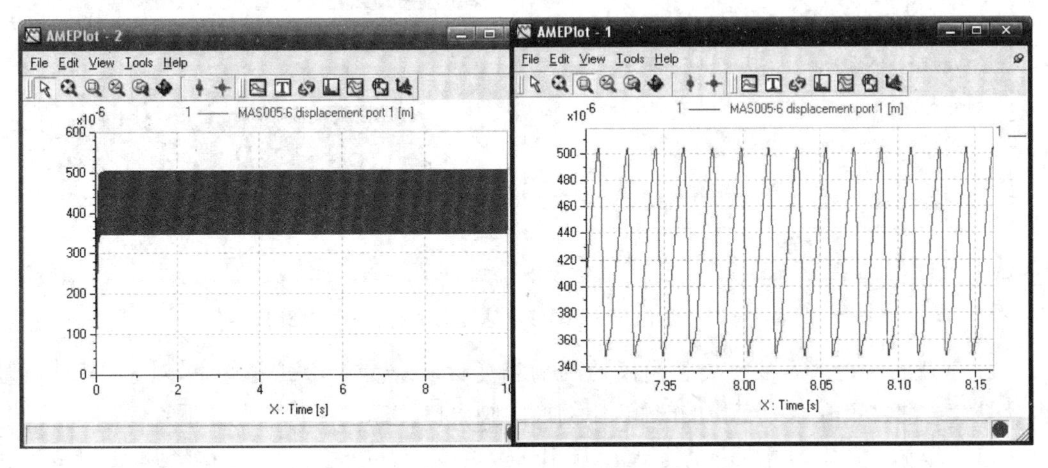


**图 4－70　主阀阀芯位移曲线(占空比 0.85)**

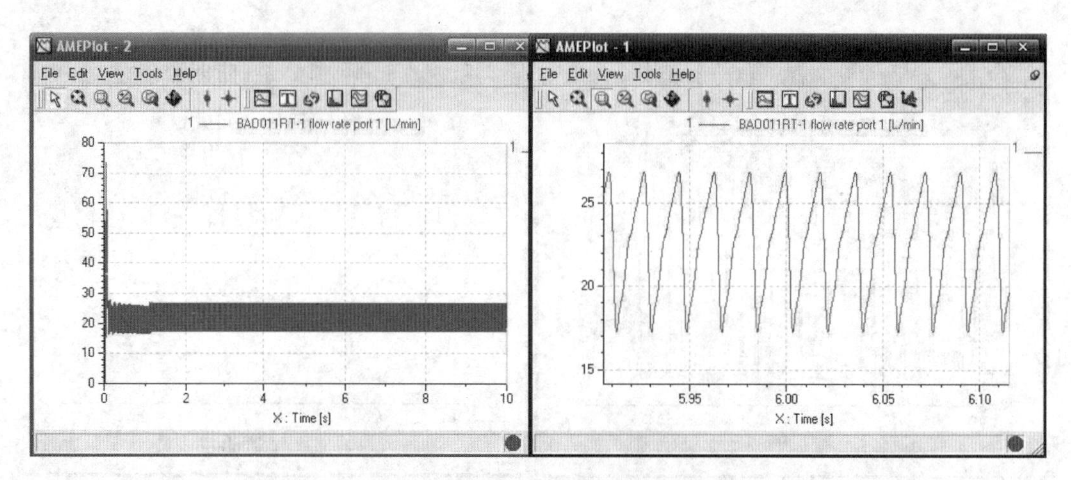


图 4－71　主阀阀口输出流量曲线(占空比 0.85)

由于电液比例换向阀阀口输出流速的增加,提升油缸活塞底部所受压力如图 4－72 所示,经过大约 1 s 后,其压力大于负载重力,提升油缸开始提升重物,提升速度为 4.5 mm/s 左右,提升速度明显比当 PWM 控制信号占空比为 0.7 时大了很多;以 200 t 提升油缸为例,其一个提升行程为 250 mm,则此时完成一个提升需要不到 1 min 的时间;但提升速度提高的同时,也要保证提升重物的稳定性,如果发生振动或晃动,应当立即降低提升速度,以保证安全施工。

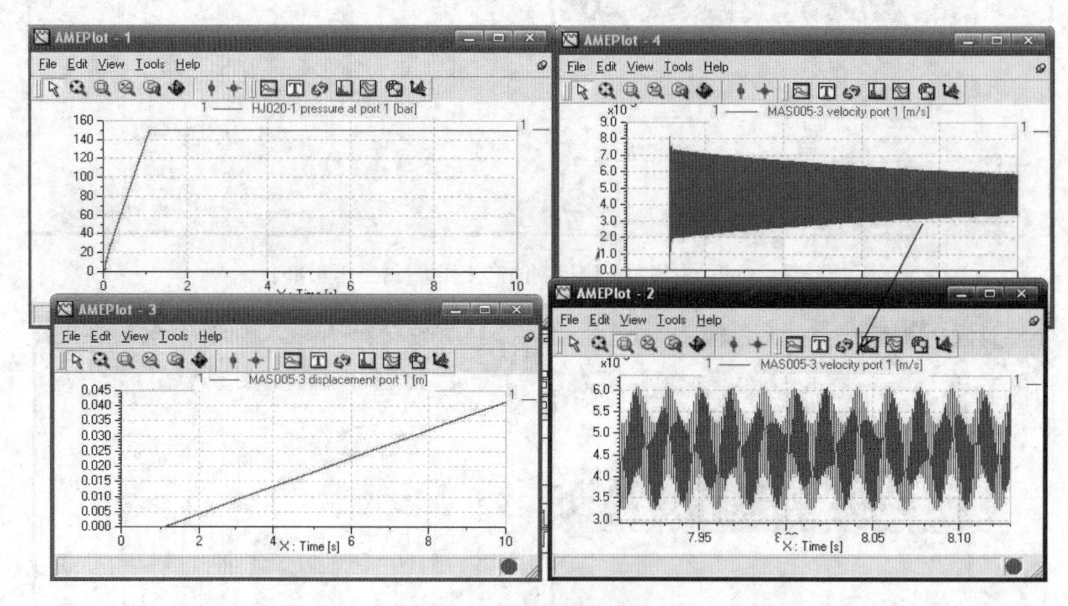


图 4－72　油缸压力、位移及速度曲线(占空比 0.85)

2) *负载变化时对电液比例换向阀的影响程度仿真*　针对负载变化时,对于所建模型,也就是针对油缸负载压力变化的时候,比例换向阀出口流速的变化情况如下:

(1) 当输入 PWM 信号占空比 $K = 0.45$ 时,负载压力 0～5 s,150 bar 降到 130 bar;5～10 s,130 bar 升到 160 bar;10～15 s,160 bar 降到 130 bar;15～20 s,130 bar 升到 160 bar,如图 4－73 所示。

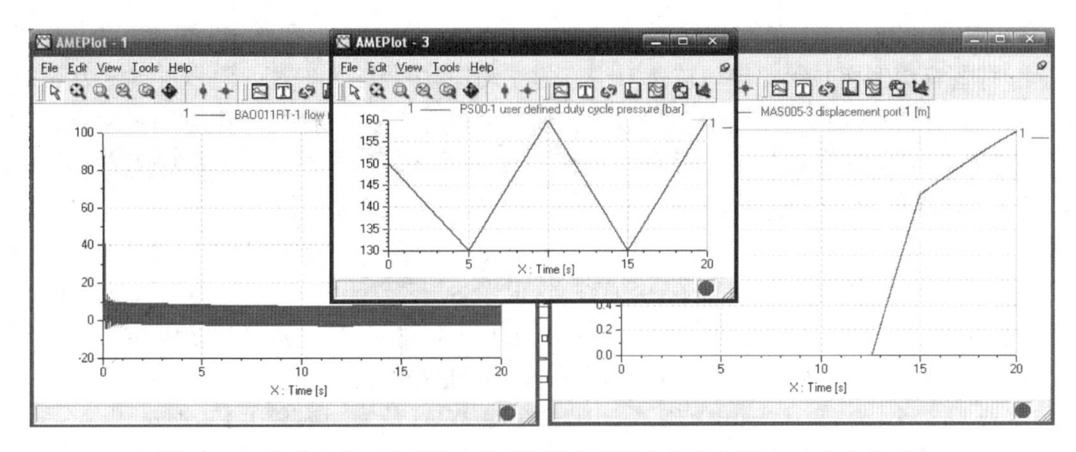


图 4－73　负载变化对比例换向阀出口流速及油缸位移的影响(占空比 0.45)

(2) 当输入 PWM 信号占空比 $K=0.7$ 时,负载压力 0～5 s,150 bar 降到 130 bar;5～10 s,130 bar 升到 160 bar,如图 4－74 所示。

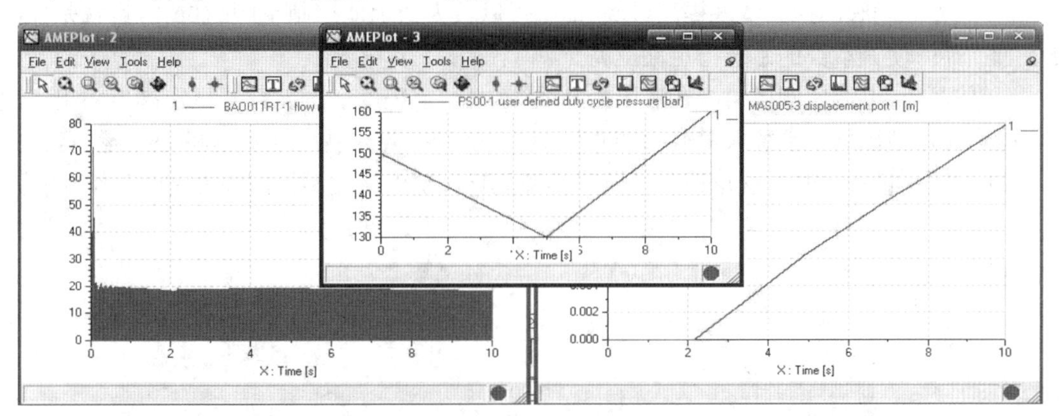


图 4－74　负载变化对比例换向阀出口流速及油缸位移的影响(占空比 0.7)

(3) 当输入 PWM 信号占空比 $K=0.85$ 时,负载压力 0～5 s,150 bar 降到 130 bar;5～10 s,130 bar 升到 160 bar,如图 4－75 所示。

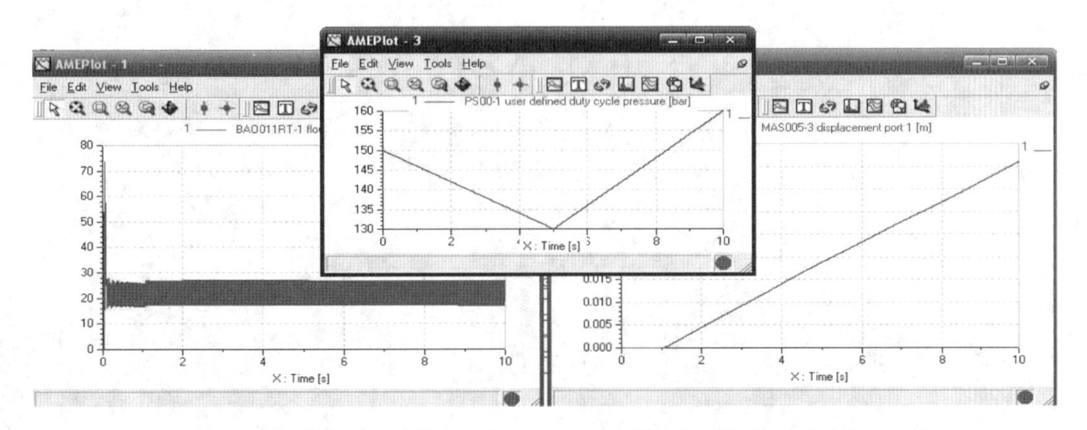


图 4－75　负载变化对比例换向阀出口流速及油缸位移的影响(占空比 0.85)

从图 4 - 73～图 4 - 75 可以看出，针对输入 PWM 信号占空比在 0.45～0.85，负载压力变化时，电液比例换向阀的出口流速有少许的波动，其中当输入 PWM 信号占空比为 0.45 时，阀口输出流速有了较明显的波动，表现在油缸负载的位移上，看出在第 15 s 时，明显出现了一道折线，表明负载力增大时，系统流速变小，系统受到了一定的影响，但影响程度较小；当输入 PWM 信号占空比为 0.7 时，阀口输出流速的波动变得不明显，表现在油缸负载的位移曲线上，几乎是一条直线；当输入 PWM 信号占空比为 0.85 时，阀口输出流速几乎没有波动，表现在油缸负载的位移曲线为一条直线，这也表达了其输出流速能够保持不变的性能。

与图 4 - 54～图 4 - 56 所示电液比例调速阀同样性能的比较，电液比例换向阀的受负载力变化的影响比较大，究其原因，主要体现在先导阀的控制精度上：

(1) 频率小，为 55 Hz，而电液比例调速阀输入 PWM 信号频率高达 150 Hz。

(2) 先导阀阀芯受力波动较大，先导阀阀芯一端为电磁铁产生的力，而另外一端为弹簧和阀芯底部液压油压力，这里的压力本身就是由于阀口大小的变化而波动的，所以一端单纯靠电磁铁产生的力是难以达到一个较为稳定的高精度的阀芯位移输出的。

一旦先导阀阀芯控制精度提高，控制油就可以较为精确地控制主阀的位移，也就是控制阀口的开度，使其本身的系统稳定性提高。

总体而言，电液比例换向阀在液压提升系统中，一定程度上也起到了稳定阀口输出流速的作用，使得液压提升系统在提升大型重物时，在受到一点干扰时仍然能够正常运行，保证了施工的顺利进行；同时，这也说明了所建模型能够反映电液比例换向阀真实的工作性能。

# 第5章 系统控制策略与参数研究

## 5.1 结构刚度对整体系统的影响

### 5.1.1 大系统理论

为了找到适合大型结构整体提升的控制策略，对此进行理论研究并建立数学模型。从提升系统的描述中可以看出，整个提升工程实际上是一个综合了力学系统、液压系统、电控系统以及控制理论的大系统。综合来看，这个系统高度复杂，维数大，而且随机性比较多。因此需要用大系统理论去研究和分析。

#### 5.1.1.1 概述

对大系统控制的研究是目前国内外控制理论研究的热点之一，这是因为小到工业生产和项目规划，大到人类社会和自然环境，都可以归结到大系统这个范畴中来。然而目前并没有公认的对大系统的定义。一种观点认为，如果一个系统可以解耦，即可以分解为许多关联的子系统，那么这个系统就可以称为大系统(Ho, Mitter, 1976)；另一种观点则认为，所谓大系统就是这样一种系统，它的维数非常大，以至于常规的建模、分析、控制、设计和计算方法，都无法通过合理的计算步骤得到合理的结果，换句话说，如果一个系统需要一个以上的控制器，这个系统就可以认为是大系统(Mahmoud, 1977)。

自从20世纪50年代初经典控制理论建立以来，工程师们就提出了运用经典控制理论和现代控制理论几种不同的方法来分析和设计一个给定的系统，这些方法主要有以下几种：

(1) 建模方法，包括微分方程、输入输出传递函数和状态空间方程。

(2) 系统品质方法，即可控性、可观测性和稳定性的验证，应用劳斯-赫尔维茨准则(Routh-Hurwitz method)、奈奎斯特准则(Nyquist theorem)和李亚普诺夫第二方法(Liapunov's second method)等方法研究系统的稳定性。

(3) 控制方法，如串联补偿、极点配置、最优控制等。

这两种观点实际是从两个方面描述了大系统的特征。对大系统内部而言，它必然由许多耦合在一起的小系统组成，它们之间有着各种形式的信息交流。在对大系统的控制上，它又必然无法用传统理论和单一控制器来完成，必须在控制理论上有所创新。在经典控制理论中，比如建模理论、系统品质理论以及控制方法上都是基于一个基本的假定——集中性(Sandell et al, 1978)，即所有的计算都是根据系统信息(通过系统本身的设定以及过程的传感器信息)，而系统本身又集中在给定的中心，通常是集中在一个地理位置上。

但对于大多数大系统而言，系统由于缺乏集中计算能力或缺乏集中信息，因此其本身是缺乏这种集中性的。以国家图书馆提升工程为例，其需要控制的部件分散在 110 m×110 m 的空间上，不可能用单一的控制器和控制方法实现如此巨大工程系统的控制。处理这类系统不仅需要像集中系统那样考虑经济费用，而且要考虑一系列的重要问题，如通信联系的可靠性、信息的价值等。在对大系统的控制上，一般而言有两个方向：递阶控制和分散控制。在解决国家图书馆的控制问题中，也用到了这两种控制思路。

5.1.1.2　递阶结构

对于大系统控制方法的一个最直接的尝试，就是把大系统“分解”成许多子系统，以提高计算效率和简化设计，这个过程就是解耦。Dantzing 和 Wolfe(1960)首先用数学规划方法从理论上研究了“分解”这个概念，他们研究了具有特殊结构的大线性规划问题。这样的大线性规划系统的系数矩阵通常非零元素较少，即系数矩阵是稀疏矩阵。研究这类问题有两种基本方法：耦合方法和解耦方法。前者是使问题的结构保持原封不动，便于利用结构来进行有效计算，普遍地用到紧基三角形化法和广义上界法(Ho, Mitter, 1976)。这种方法适合较为简单的稀疏线性系统，并不适合提升系统的应用。

另一种方法就是解耦，其过程就是把原系统分解成许多含有一定参数值的子系统，每个子系统都可以独立求解，得到一个所谓解耦参数的固定值，然后用一个协调器适当地调整这个解耦参数的值，这样各子系统分别解决自己的问题，原系统的解也就得到了。各子系统有特定的功能，可共享资源，并受到关联目标的约束和支配(Mahmoud, 1977)。

美国西点军事学院的 Mesarovic 所在研究组是研究解耦方法公理化方面最活跃的小组，他们把这种方法命名为多级或递阶方法。如图 5-1 所示是一个简单的二级递阶系统。在第一级上，图示出原大系统的 $n$ 个子系统的局部解 $s_i(i=1, 2, \cdots, n)$，然后给出一组新的相互作用参数 $a_i(i=1, 2, \cdots, n)$。协调器的目标是协调各子系统的活动，提供整体系统的可行解。关于递阶系统的性质，目前并没有唯一或是公认的看法，但其关键性质有：递阶系统是由排列成金字塔式的决策单元构成的(在多级递阶系统中尤为明显)；递阶系统有一个总目标，各单元的目标可与这个目标一致，也可以不一致；在递阶系统中各级之间可以反复交换信息(通常在垂直方向上)；等等。

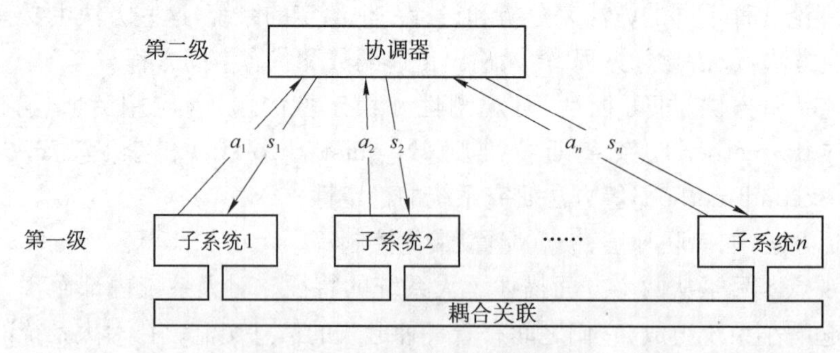


**图 5-1　二级递阶系统原理图**

Mesarovic 于 1970 年总结了利用多级递阶结构来分析大系统问题的五个优点：

(1) 系统分解成若干级，在一个级上采用固定设计，在另一个级上采取协调，常常是唯一可行的有效方法。

(2) 系统常常只在分级的基础上才能进行描述。

(3) 可用决策单元的能力有限,因此只有把问题表达成多级递阶的子问题。

(4) 采用这种结构可以使整个系统资源得到较好的利用。

(5) 可以增加系统的可靠性和灵活性。

其中第一点协调器应用实际上是解决所有大系统问题的关键。递阶结构的协调实际上有两种方法:模型协调法和目标协调法。模型协调法实际上是在数学模型中加入一个约束,使某些内部相互作用固定下来,这些约束按照中间变量值运行达到次级性能。这种方法适合于模型较为简单和固定的大系统,而不适合提升系统模型。

大多数大系统的解决都依赖于目标协调法。在目标协调法中,首先切断子系统之间的一切联系方法,即先孤立各个子系统,分离它们的目标函数,得到单系统的解。但这个解并不是原系统的解,为了满足相互作用平衡原理,从数学上讲,需要引入一个加权参数 $\alpha$ 来对子系统解进行协调,建立多级表达式,当相互作用不平衡时,加权参数 $\alpha$ 可以补偿系统性能(Mesarovic et al, 1969; Schoeffler, 1971)。

以图 5-1 所示的二级子系统为例,设在大系统 $J$ 中,根据最优化问题求(Schoeffler, 1971)

$$\min J(x, u, y, z, \alpha) \tag{5-1}$$

满足条件

$$f(x, u, y, z, \alpha) = 0 \tag{5-2}$$

式中 $x$——状态向量;

$u$——控制向量;

$y$——子系统之间的相互作用向量;

$z$——输入变量;

$\alpha$——加权函数。

在目标协调法中,有

$$J(x, u, y, z, \alpha) = J_1(x^1, u^1, y^1) + J_2(x^2, u^2, y^2) + \alpha^T(y - z) \tag{5-3}$$

$\alpha$ 加权变量(正或负)存在的目的就是使任何相互作用不平衡的$(y-z)$都影响目标函数。对第二级的协调器而言,其目标就是控制协调变量 $\alpha$ 使相互作用的子系统误差 $e$ 为 0。

$$\min e = \min(y - z) \tag{5-4}$$

这一方法实际上是解决递阶结构大系统问题的关键。

#### 5.1.1.3 分散控制

为了解决大系统在空间上缺乏集中性的问题,还必须采取分散控制结构,这是因为大系统的集中控制会导致物理结构过于复杂、维数过大,这在经济上是行不通的,也是不必要的。所谓分散控制,就是把系统输入分配给一组给定的局部控制器,局部控制器只检测系统的局部输出。换句话讲,这种所谓分散控制的方法,是在试图回避数据采集、储存,计算机程序调试以及系统元件在空间上分布的困难。

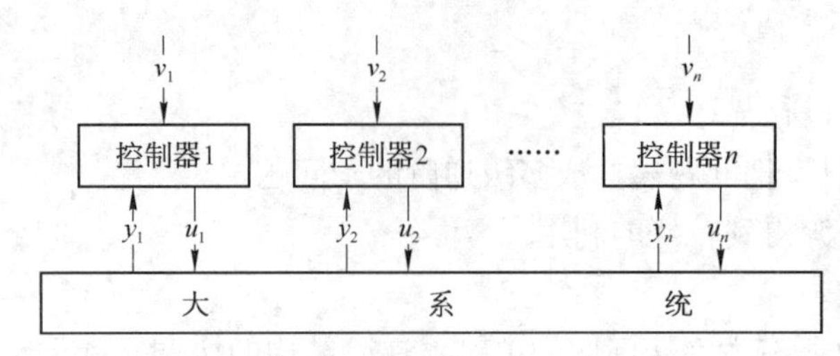


图 5-2　多控制器的分散系统

图 5-2 所示就是一个普遍的分散控制系统，其特征是：信息从一组传感器（或执行器）传输到另一组传感器（或执行器）是受到一定限制的。比如，图中所示系统只有通过输出 $y_1$ 和内部输入 $v_1$ 才能得到控制信号 $u_1$，同样只有通过输出 $y_2$ 和内部输入 $v_2$ 才能得到控制信号 $u_2$。这种分别根据输出信号 $y_i(i=1, 2, \cdots, n)$ 来分别确定控制信号 $u_i(i=1, 2, \cdots, n)$ 的方法，就只是 $n$ 个独立的输出反馈问题，这样就可以用到许多经典的控制理论。因此分散控制实际上成为解决大系统，特别是空间跨度较大的大系统时不可回避的方法。

目前，对于大系统的分散控制结构也没有普遍定义，但一般公认分散大系统具有以下特征（Ho, Mitter, 1976）：

（1）大系统常常由一个以上控制器或决策者进行控制，含有分散计算功能。

（2）各控制器在不同的时间可能用到不同相关信息。

（3）大系统的递阶结构中，在一个级别上由局部控制器进行控制，而局部控制器的控制作用则在另一个级别上由协调器进行协调。

（4）大系统通常可用不精确的"集结"模型表示。

（5）控制器可以成批操作，比如单目标的控制模型。

（6）大系统可以用次级控制或拟最优控制方法达到令人满意的最优化，或称满意控制。

其中第三点局部控制是大系统的递阶控制与分散控制的结合点，也是解决提升大系统问题的关键。

5.1.1.4　综合控制方法

实际上人们可以看到，对大系统的两种理解思路就衍生了这两种解决方法。在实际解决大系统问题的过程中，两种方法通常都会用到，这是因为大系统（比如整体提升系统）通常都由许多子系统耦合而成，且在空间上缺乏集中性。

具体而言，首先是从分散控制点解耦子系统，这样一来，每个分散控制器实际上就对应了一个子系统。然后在控制器层面上再进行一次递阶，让分散的控制器上层有一个总协调器来协调所有控制器的工作，如图 5-3 所示。

由此可见，复杂的大系统被分解成 $n$ 个子系统，它们之间通过某种耦合关系相互关联，并受到对应控制器的控制信号 $u_i(i=1, 2, \cdots, n)$ 控制；对控制器而言，它们各自对应相对简单的子系统，根据输入的子系统参数 $y_i(i=1, 2, \cdots, n)$ 和来自协调器的参数 $s_i(i=1, 2, \cdots, n)$ 进行计算，得到关于对应子系统的局部解 $a_i(i=1, 2, \cdots, n)$ 并传给总协调器。总协调器根据这些信号进行计算和协调，得到整个大系统的可行解。

### 5.1.2　大系统理论在液压同步整体提升上的具体运用

在液压同步整体提升技术中，正是用到了上述的阶梯分散的控制结构。首先需要分割子系统，通过分析液压同步整体提升的过程可以看出，这个复杂的提升系统有很多输入输出

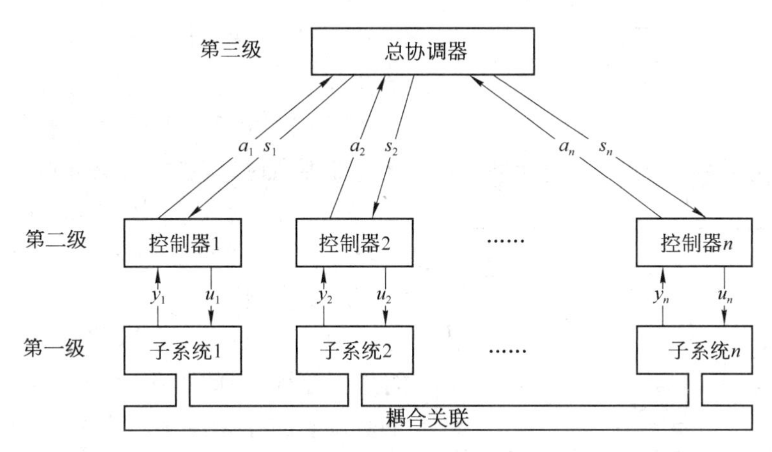


**图 5－3　大系统递阶的分散控制结构**

参数，而这些参数在吊点处得到汇集。具体而言，钢结构的提升力是在提升吊点处施加的，这里就涉及提升速度、高度等参数；同时提升油缸也安装在吊点处，这又涉及油压和油缸行程等重要参数，因此把提升吊点作为子系统无疑是最适合的。仔细分析这个子系统，实际上是一个相对简单的双闭环控制，如图 5－4 所示。

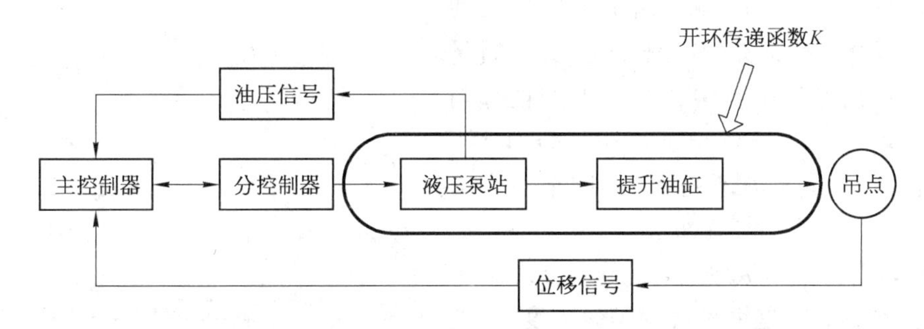


**图 5－4　吊点处的闭环控制**

其中：

主控制器↔从控制器：这是双向的电子通信关系，具体来说是 CAN 现场总线通信，根据 CAN 总线的特点，各个分控制器实际上也在同一条总线上，会导致一定程度的网络延时，因此各个分控制器之间是有耦合关系的。

分控制器→液压泵站：通过导线实现电信号连接，各个泵站之间相互独立。

液压泵站→提升油缸：通过油管实现液压连接，各个油缸之间相互独立。

提升油缸→吊点：通过钢绞线实现机械连接，吊点之间由钢结构屋顶本身耦合。

油压信号和位移信号通过电信号传到主控制器，相互独立。

由此可见，从分控制器发出的控制信号，经过液压泵站到提升油缸到吊点这一条控制路线在每个吊点处都是独立的，不存在耦合关系。因此将其中的关系独立出来，可以用一个简单的开环传递函数 $K$ 来代替。

根据之前的理论准备，可知解决大系统的关键在于分析耦合量，上层的协调器通过调整协调参数来协调耦合量产生的矛盾。在液压同步提升这个大系统中，上层的协调器显然就是控制系统，具体来说是用控制策略和控制算法来协调。耦合量有两个：一个是因为采用

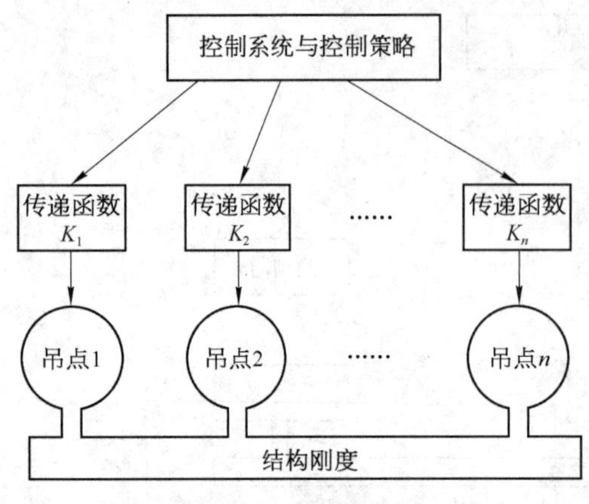


图 5-5 控制模型图

了基于事件触发的 CAN 总线作为通信介质，导致在分控制器与主控制器之间，以及分控制器之间因为总线延时而产生的耦合，这个耦合量在此处不做讨论，在之后的分析中也将其忽略；另一个是在吊点处因为结构力而产生的机械耦合，这是本节要重点讨论的，因此可以得到图5-5所示模型。

为了验证这一理论，将建立一个模型并进行仿真验证，因此图 5-5 实际上就是模型建立的基础。对于对应各子系统的开环传递函数 $K_i(i=1, 2, \cdots, n)$ 相互独立，根据实际情况就可以求得。接下来要解决的问题是要找到这个耦合量，同时找到协调耦合量的方法。

### 5.1.3 力学模型

在钢结构提升过程中，需要注意两个量：一个是吊点处的载荷；另一个是各个吊点的位移。下面建立一个简单的四吊点模型来找到在结构耦合中关键性的耦合量，实际上就是分析钢结构在提升过程中各个吊点的位移与载荷的关系。图 5-6 给出了被提升结构处于初始状态(处于同一水平位置)的四个吊点力学模型。

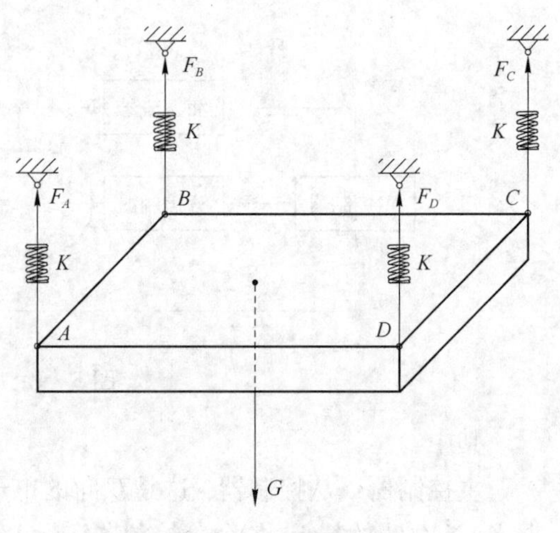


图 5-6 四吊点模型

图中，$F_A$、$F_B$、$F_C$、$F_D$ 分别是吊点 $A$、$B$、$C$ 和 $D$ 处的载荷；$K$ 是钢绞线的等效刚度(并非各点之间的相对刚度)；$G$ 是构件的重力载荷。

在理想的提升过程中，四个吊点 $A$、$B$、$C$、$D$ 的提升速度完全一样，那这四个吊点之间也不存在相对位移，因此也不存在因为相对位移而产生的应力。

在实际的提升过程中，四个吊点的提升速度不可能做到完全一样，那就会有相对位移存在。在这个四吊点模型中，由于三点确定一个平面，因此假设 $B$、$C$、$D$ 点确定平面，它们之间没有相对位移，而 $A$ 点相对于这三点有一个 $\Delta_A$ 的微小相对位移，如图 5-7 所示。需要说明的是，这里所提到的位移是指相对结构自身变形的位移，且该变形在结构线性变形范围内。它是一个相对概念，不是对地面的绝对概念。钢丝绳的等效刚度已经考虑在内。

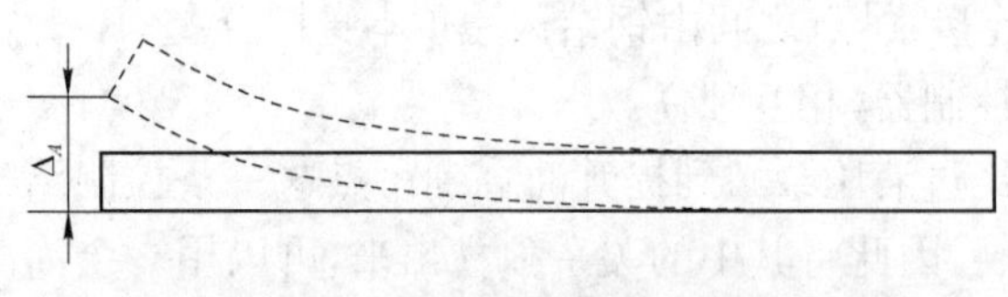


图 5-7 在平面中的小位移

此时，可以检测出吊点 $A$ 处导致 $\Delta_A$ 的载荷 $F_{AA}$，同时也可以检测出 $B$、$C$ 和 $D$ 处由于吊点 $A$ 的位移 $\Delta_A$ 引起的载荷，分别为 $F_{AB}$、$F_{AC}$ 和 $F_{AD}$。

令

$$\frac{F_{AA}}{\Delta_A}=K_{AA}, \frac{F_{AB}}{\Delta_A}=K_{AB}, \frac{F_{AC}}{\Delta_A}=K_{AC}, \frac{F_{AD}}{\Delta_A}=K_{AD} \tag{5-5}$$

则可知 $K_{ij}$ 的物理含义是吊点 $i$ 处的单位位移引起的吊点 $j$ 处的载荷,即吊点 $i$ 对吊点 $j$ 的相对刚度。

同理,在只有吊点 $B$ 有位移 $\Delta_B$、吊点 $C$ 有位移 $\Delta_C$、吊点 $D$ 有位移 $\Delta_D$ 的情况下,可得

$$\frac{F_{BA}}{\Delta_B}=K_{BA}, \frac{F_{BB}}{\Delta_B}=K_{BB}, \frac{F_{BC}}{\Delta_B}=K_{BC}, \frac{F_{BD}}{\Delta_B}=K_{BD} \tag{5-6}$$

$$\frac{F_{CA}}{\Delta_C}=K_{CA}, \frac{F_{CB}}{\Delta_C}=K_{CB}, \frac{F_{CC}}{\Delta_C}=K_{CC}, \frac{F_{CD}}{\Delta_C}=K_{CD} \tag{5-7}$$

$$\frac{F_{DA}}{\Delta_D}=K_{DA}, \frac{F_{DB}}{\Delta_D}=K_{DB}, \frac{F_{DC}}{\Delta_D}=K_{DC}, \frac{F_{DD}}{\Delta_D}=K_{DD} \tag{5-8}$$

根据线性叠加原理,可知

$$F_A=F_{AA}+F_{BA}+F_{CA}+F_{DA} \tag{5-9}$$

$$F_B=F_{AB}+F_{BB}+F_{CB}+F_{DB} \tag{5-10}$$

$$F_C=F_{AC}+F_{BC}+F_{CC}+F_{DC} \tag{5-11}$$

$$F_D=F_{AD}+F_{BD}+F_{CD}+F_{DD} \tag{5-12}$$

联立方程式(5-5)~式(5-12),可得

$$\begin{pmatrix} F_A \\ F_B \\ F_C \\ F_D \end{pmatrix}=\begin{pmatrix} K_{AA} & K_{BA} & K_{CA} & K_{DA} \\ K_{AB} & K_{BB} & K_{CB} & K_{DB} \\ K_{AC} & K_{BC} & K_{CC} & K_{DC} \\ K_{AD} & K_{BD} & K_{CD} & K_{DD} \end{pmatrix}\begin{pmatrix} \Delta_A \\ \Delta_B \\ \Delta_C \\ \Delta_D \end{pmatrix} \tag{5-13}$$

令

$$\boldsymbol{F}=\begin{pmatrix} F_A \\ F_B \\ F_C \\ F_D \end{pmatrix}, \boldsymbol{K}=\begin{pmatrix} K_{AA} & K_{BA} & K_{CA} & K_{DA} \\ K_{AB} & K_{BB} & K_{CB} & K_{DB} \\ K_{AC} & K_{BC} & K_{CC} & K_{DC} \\ K_{AD} & K_{BD} & K_{CD} & K_{DD} \end{pmatrix}, \boldsymbol{\Delta}=\begin{pmatrix} \Delta_A \\ \Delta_B \\ \Delta_C \\ \Delta_D \end{pmatrix}$$

得

$$\boldsymbol{F}=\boldsymbol{K}\cdot\boldsymbol{\Delta} \tag{5-14}$$

式中　$\boldsymbol{F}$——吊点载荷矩阵;

$\boldsymbol{K}$——吊点相对刚度矩阵;

$\boldsymbol{\Delta}$——吊点位移矩阵。

此时可以发现各吊点之间的相对位移 $\boldsymbol{\Delta}$ 引起的载荷 $\boldsymbol{F}$ 在很大程度上与吊点之间的相对

刚度 $\boldsymbol{K}$ 相关，$\boldsymbol{K}$ 就是要找的关键耦合量。

综上所述，若 $\boldsymbol{K}^{*}=\begin{pmatrix} K_{AA} & 0 & 0 & 0 \\ 0 & K_{BB} & 0 & 0 \\ 0 & 0 & K_{CC} & 0 \\ 0 & 0 & 0 & K_{DD} \end{pmatrix}$，则各个吊点之间没有任何耦合关系，吊点自身位移只对自身载荷有影响，对其他吊点没有任何作用。显然这不符合现实中的连续提升构件，只适合在各个吊点离散地提升构件。

而若 $\boldsymbol{K}=\begin{pmatrix} K_{AA} & K_{BA} & K_{CA} & K_{DA} \\ K_{AB} & K_{BB} & K_{CB} & K_{DB} \\ K_{AC} & K_{BC} & K_{CC} & K_{DC} \\ K_{AD} & K_{BD} & K_{CD} & K_{DD} \end{pmatrix}$，则除了自身位移外，其他吊点位移也会引起该吊点载荷的变化，而载荷的变化大小完全取决于相对刚度。

以此类推，若有 $n$ 个吊点，即存在吊点矩阵 $\boldsymbol{F}=\begin{pmatrix} F_1 \\ F_2 \\ \vdots \\ F_n \end{pmatrix}$ 和吊点位移 $\boldsymbol{\Delta}=\begin{pmatrix} \Delta_1 \\ \Delta_2 \\ \vdots \\ \Delta_n \end{pmatrix}$，则相应的会有 $n$ 阶刚度矩阵 $\boldsymbol{K}=\begin{pmatrix} K_{11} & K_{12} & \cdots & K_{1n} \\ K_{21} & K_{22} & \cdots & K_{2n} \\ \vdots & \vdots & \ddots & \vdots \\ K_{n1} & K_{n2} & \cdots & K_{nn} \end{pmatrix}$，同样可得 $\boldsymbol{F}=\begin{pmatrix} F_1 \\ F_2 \\ \vdots \\ F_n \end{pmatrix}=\begin{pmatrix} K_{11} & K_{12} & \cdots & K_{1n} \\ K_{21} & K_{22} & \cdots & K_{2n} \\ \vdots & \vdots & \ddots & \vdots \\ K_{n1} & K_{n2} & \cdots & K_{nn} \end{pmatrix}\cdot\begin{pmatrix} \Delta_1 \\ \Delta_2 \\ \vdots \\ \Delta_n \end{pmatrix}=\boldsymbol{K}\cdot\boldsymbol{\Delta}$，即式(5-14)具有一般性。因此可以得出结论，各吊点之间的相对刚度是关键耦合量。

### 5.1.4 控制策略理论

找到了关键的耦合量之后，下一步就是看如何协调，具体来说，就是在不同相对刚度的情况下应当采取何种控制策略。

如前文所述，评价整体提升技术性能有两个最重要的指标：一是在提升过程中吊点不会因为结构变形力而破坏；二是在提升过程中应该尽量使各个吊点的提升位移相同。

分析 $n$ 个吊点提升系统中，由式(5-14)可得第 $i$ 个吊点的载荷为

$$F_i=K_{i1}\Delta_1+\cdots+K_{ii}\Delta_i+\cdots+K_{ij}\Delta_j+\cdots+K_{in}\Delta_n \tag{5-15}$$

对式(5-15)取偏微分，可得

$$\frac{\partial F_i}{\partial \Delta_m}=K_{im},\ m=1,\ 2,\ \cdots,\ n \tag{5-16}$$

若吊点 $i$ 和 $j$ 之间的刚度较大，即 $\frac{\partial F_i}{\partial \Delta_j} = K_{ij}$ 较大，其物理含义是吊点 $j$ 在微小位移下引起吊点 $i$ 的载荷发生显著变化。这就要求在提升过程中，吊点 $i$ 和 $j$ 之间的相对位移差的控制精度要求很高，而实际很难做到，所以可采取在吊点 $i$ 与 $j$ 之间载荷分配的策略。

若吊点 $i$ 和 $j$ 之间的刚度较小，即 $\frac{\partial F_i}{\partial \Delta_j} = K_{ij}$ 较小，其物理含义是即使吊点 $i$ 和 $j$ 之间位移有较大差异，只要在结构允许的范围内，吊点 $j$ 对吊点 $i$ 的载荷影响甚微。此时采用位置同步是个较好的控制策略。

事实上，较大和较小是一个模糊的概念，需要根据工程实际加以确定，关系到提升结构的材料、吊点距离以及特殊要求等，不能一概而论。在实际的国家图书馆提升工程中，所希望的是各个吊点处的结构力要控制在 $5\times10^4$ N 之内，而各吊点间的位移差要在 10 mm 之内。要达到这一目的，只有通过分析各个吊点之间相对刚度的大小，决定各个吊点之间采取何种提升控制策略。在刚度相对较大的情况下，采用载荷同步控制策略；在刚度相对较小的情况下，采用位置同步控制策略。

根据理论分析，结合国家图书馆提升工程的情况，建立仿真模型。

对 $A$、$B$、$C$、$D$ 四个吊点而言，需要选择一个同步标准。在实际的工程中，总是会选择其中一个吊点作为主令吊点，其他三个吊点跟随主令吊点进行同步(不论是位置同步还是载荷同步)。如果依照 $A$ 吊点作为主令吊点，关键性的因素实质上就只是 $B$、$C$、$D$ 吊点各自相对于 $A$ 吊点的相对刚度，而 $B$、$C$、$D$ 点内部的相对刚度则不予考虑。因此，在实际工程中，选取主令吊点必须十分慎重，如果没选好，则会影响整个控制的效果。然而在仿真中则没有这个顾虑，为了研究方便选取 $A$ 点作为主令吊点。在系统内主令吊点 $A$ 采用开环控制，即 $A$ 吊点的状态不随 $B$、$C$、$D$ 吊点状态的改变而改变。

四吊点仿真模型实际上可以分为四个部分：开环传递函数模型，结构力学模型，PID 控制模型，控制策略模型，均采用 MATLAB 软件的 Simulink 模块建模。

### 5.1.5　开环传递函数模型建立

在整体提升系统中，所要求的开环传递函数实际上就是子系统信息传输过程中没有与其他子系统互相耦合的，各自独立的那部分传递函数。具体来说，就是信息以控制信号的形式从分控制器出来，一直到以力的形式作用到吊点上最后反映为提升位移，如图 5-8 所示。

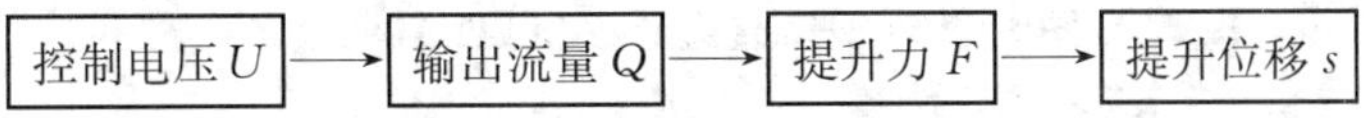

控制电压 $U$ ⟶ 输出流量 $Q$ ⟶ 提升力 $F$ ⟶ 提升位移 $s$

**图 5-8　开环传递函数控制信号流**

从控制电压 $U$ 到输出流量 $Q$ 这一段信息传递是在泵站中完成的。采用目前流行的负载敏感控制系统，由负载敏感泵和带负载敏感测压的比例换向阀以及油缸系统组成。其特点是泵的输出流量大小由比例阀开口大小而定，系统的流量决定于泵的出口压力和负载敏感测压口 $LS$ 压力之差，当负载不工作时，由于 $LS$ 口无压力，变量头处于较小位置，其输出流量为系统维持工作的最小流量。这样既能节约能源，又能减少系统的发热。

油缸的行程及方向操作由比例换向阀控制。通过比例阀换向线圈和输入电流的大小来决定油缸的伸缩方向以及油缸运动的速度。由于选用了流量性的换向阀，所以其流量的大小与负载无关。考虑到在下降过程中大腔的压力过大会造成小腔的压力升高，因此装有溢流阀以限制其最高压力。

为了研究方便，可以将液压泵站简化成一个简单的用三位二通电磁阀带一个比例电磁阀的简单液压系统。其中三位二通电磁阀只起开关作用，而比例电磁阀是控制的核心。

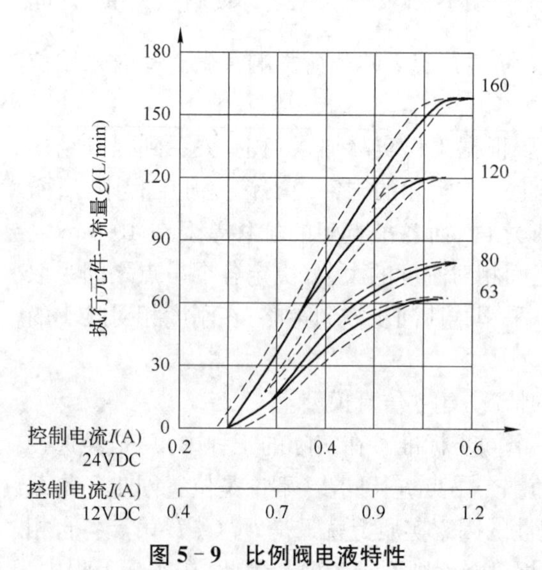


图 5-9　比例阀电液特性

对比例电磁阀的控制电压采用的是流行的 PWM 信号输出，在液压驱动中（如比例阀、伺服阀）代替传统的 D/A 输出，具有接口方便、驱动单元形式简单、功耗较低、有颤振信号等优点，已经得到广泛的应用，它实际上起到模拟控制的作用。在实际的提升系统中，它是一个受控制的标准 PWM 信号。

在实际的工程运用中，比例阀电液特性曲线如图 5-9 所示。

实际工况中，工作范围基本都在近似直线段范围内，选择额定流量为 80 L/min 的特性曲线，可建立如下一阶线性方程

$$Q = 260.5I - 65.1$$

根据电液特性图得到的传递函数是流量与控制电流的关系，然而在实际工程中所控制的是电压，因此需要对电流用安培定律进行处理，电磁阀的电阻一般为 30 Ω。并且在控制中，由于该电磁阀的额定最高电压是 24 V，因此还需要有一个上限额。

根据实际工况，泵站的额定流量是 80 L/min，也就是 1.33 L/s。这个流量与阀芯的移动位移在普遍运用的范围内也可看作线性关系。流量通过液压油缸转化成速度，根据实际使用的 200 t 液压提升油缸的面积约为 260 $mm^2$，可以由此得到提升速度。然后对速度积分，就可以得到所要调整的目标量——位移。综合以上的讨论，可在 MATLAB 中建立如图5-10所示模型。

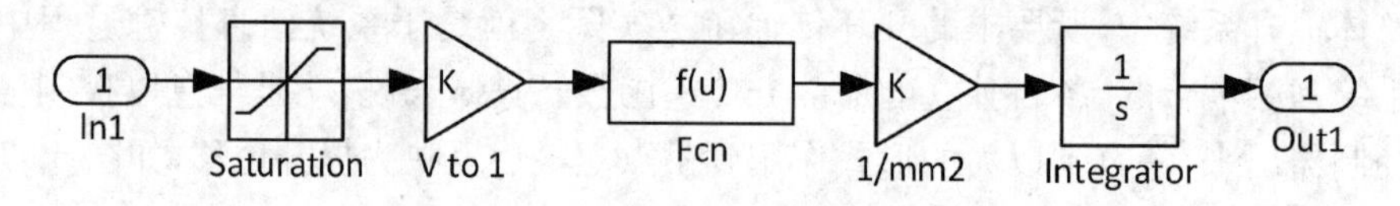


图 5-10　开环传递函数 MATLAB 模型

其中：Saturation 的范围是 0～24 V；V to I 参数为 1/30；$F(u) = 260.5u - 65.1$；面积系数为 1/260；然后积分得到提升高度值。

### 5.1.6　结构模型建立

结构的耦合实际上是表现在对节点力的叠加上。具体来说，就是瞬时加载在某个吊点上的力，实际上一方面是克服重力而匀速上升的提升力，另一方面就是结构刚度耦合产生的结构力；吊点的提升力实际上是这两者共同决定的，共同反映在液压泵站的提升压力上。但实际上在提升工况中需要考虑的只有刚度耦合产生的变形力，需要用到刚度耦合理论。

由结构力式(5-14),有

$$F_{A\Delta}=K_A\cdot\Delta_A \tag{5-17}$$

$$F_{A\Delta}=(K_{AA},K_{AB},K_{AC},K_{AD})\cdot\begin{pmatrix}\Delta_{AA}\\\Delta_{AB}\\\Delta_{AC}\\\Delta_{AD}\end{pmatrix} \tag{5-18}$$

$$F_{A\Delta}=K_{AA}\cdot\Delta_{AA}+K_{AB}\cdot\Delta_{AB}+K_{AC}\cdot\Delta_{AC}+K_{AD}\cdot\Delta_{AD} \tag{5-19}$$

在 MATLAB 中,根据如上公式可得如图 5-11 所示模型。

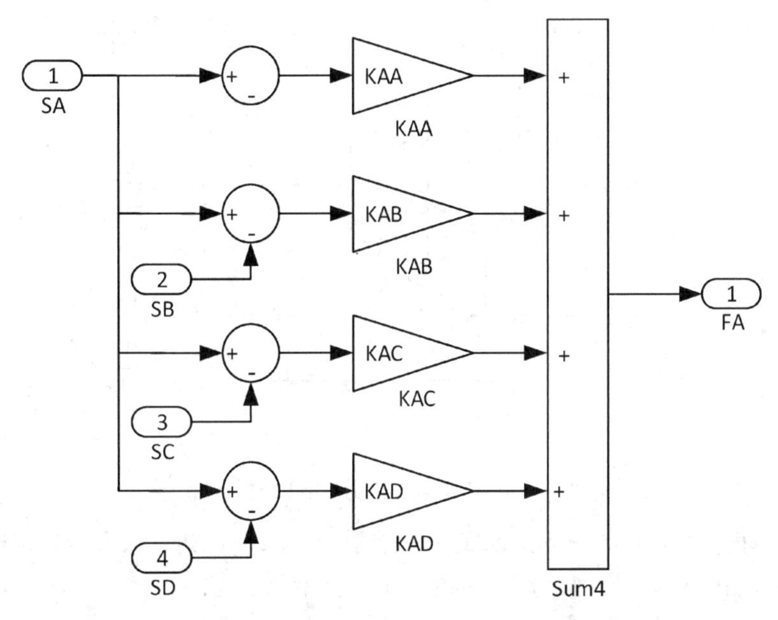


**图 5-11　*A* 吊点结构力 MATLAB 建模**

其中：SA、SB、SC、SD 分别是各个节点当前的位移量,经过差运算即得到相对高度,由此经过刚度矩阵的运算可得到结构力。再叠加需要克服的重力,便得到了最终的提升力。

对于其他吊点,由于都只是相对于 $A$ 点而言的变形,如 $B$ 点结构力的 MATLAB 模型如图 5-12 所示。

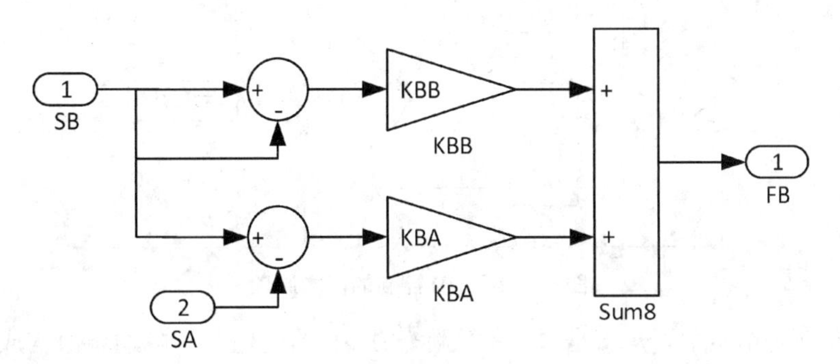


**图 5-12　*B* 点结构力 MATLAB 建模**

在四吊点的模型下,建立如图 5-13 所示模型。

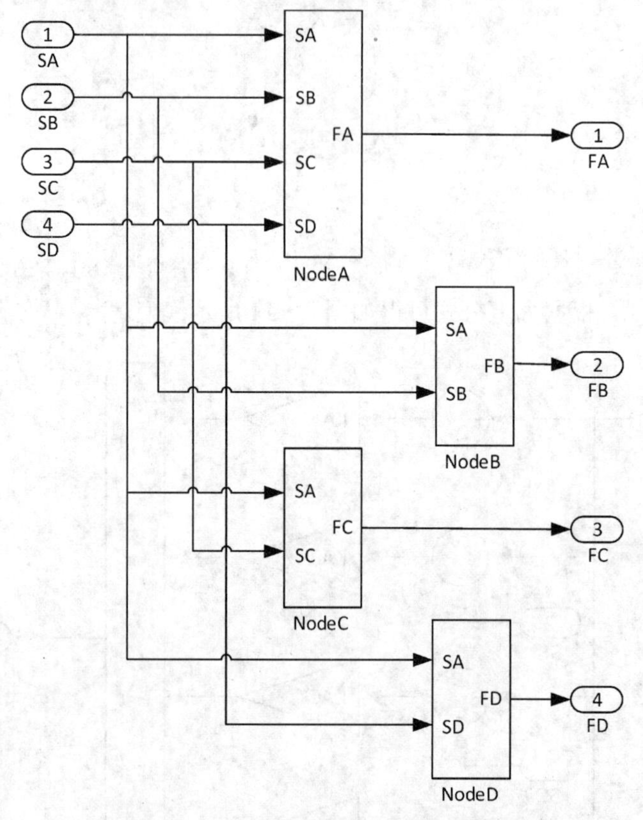


图 5-13 四吊点结构力 MATLAB 建模

其中每个子系统中都有一个类似单吊点的结构模型,通过建立这个模型,就可以得到在任何状态下任意吊点的结构力,为载荷控制创造了条件。

### 5.1.7 控制策略和 PID 控制方法

控制的核心在于控制算法,在国家图书馆提升工程中控制算法是基于 PID 调节的。

#### 5.1.7.1 PID 控制算法

PID 控制是模拟控制中最常用的控制规律,其基本控制原理如图 5-14 所示。

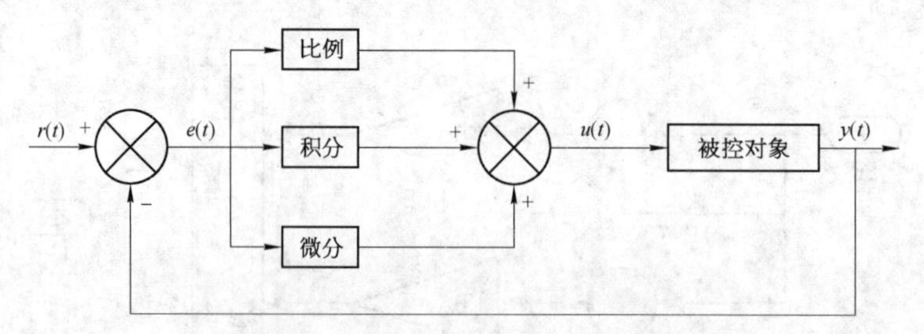


图 5-14 PID 控制的基本原理

图中,$r(t)$ 是给定值,$y(t)$ 是系统的实际输出值,给定值与实际输出值构成了控制偏差 $e(t)$,即

$$e(t)=r(t)-y(t) \tag{5-20}$$

$e(t)$ 作为 PID 控制器的输入，$u(t)$ 作为 PID 控制器的输出和被控对象的输入。所以模拟 PID 控制器可控制规律为

$$u(t)=K_{\mathrm{P}}\left[e(t)+\frac{1}{T_{\mathrm{I}}}\int_{0}^{t}e(t)\mathrm{d}t+T_{\mathrm{D}}\frac{\mathrm{d}e(t)}{\mathrm{d}t}\right]+u_{0} \tag{5-21}$$

式中　$K_{\mathrm{P}}$——比例系数；

$T_{\mathrm{I}}$——积分系数；

$T_{\mathrm{D}}$——微分系数；

$u_0$——控制常量。

在模拟 PID 控制器中，比例环节的作用是对偏差瞬间做出快速反应。偏差一旦产生，控制器立即产生控制作用，使控制量向减小偏差的方向变化。控制作用的强弱取决于比例系数 $K_{\mathrm{P}}$，$K_{\mathrm{P}}$ 越大，控制越强，但过大的 $K_{\mathrm{P}}$ 会导致系统振荡，破坏系统的稳定性。

由式(5-21)可见，只有当偏差存在时，第一项才有控制量输出。所以，对大部分被控制对象，要加上适当的与转速和机械负载有关的控制量 $u_0$，否则，比例环节将会产生静态误差。

积分环节的作用是把偏差的积累作为输出。在控制过程中，只要有偏差存在，积分环节的输出就会不断增大。直到偏差 $e(t)=0$，输出的 $u(t)$ 才可能维持在某一常量，使系统在给定值 $r(t)$ 不变的条件下趋于稳态。因此，即使不加控制常量 $u_0$，也能消除系统输出的静态误差。

积分环节的调节作用虽然会消除静态误差，但也会降低系统的响应速度，增加系统的超调量。积分常数 $T_{\mathrm{I}}$ 越大，积分的积累作用越弱。增大积分常数 $T_{\mathrm{I}}$ 会减慢静态误差的消除过程，但可以减小超调量，提高系统的稳定性。所以，必须根据实际控制的具体要求来确定 $T_{\mathrm{I}}$。

实际的控制系统除了希望消除静态误差外，还要求加快调节过程。在偏差出现的瞬间，或在偏差变化的瞬间，不但要对偏差量做出立即响应(比例环节)，而且要根据偏差的变化趋势预先给出适当的纠正。为了实现这一作用，可在 PI 控制器的基础上加入微分环节，形成 PID 控制器。

微分环节的作用是阻止偏差的变化，它是根据偏差的变化趋势(变化速度)进行控制的。偏差变化的越快，微分控制器的输出就越大，并能在偏差变大之前进行修正。微分作用的引入，将有助于减小超调量，克服振荡，使系统趋于稳定，特别对高阶系统非常有利，它加快了系统的跟踪速度。但微分的作用对输入信号的噪声很敏感，对那些噪声较大的系统一般不用微分，或在微分起作用前先对输入信号进行滤波。

数字 PID 算法可分为位置式 PID 算法和增量式 PID 算法。

位置式 PID 算法是一种采样控制，它只能根据采样时刻的偏差计算控制量，而不能像模拟控制那样连续输出控制量，进行连续控制。由于这一特点，式中的积分项和微分项不能直接使用，必须进行离散化处理。离散化处理的方法为：以 $T$ 作为采样周期，$k$ 作为采样序号，则离散采样时间 $kT$ 对应着连续时间 $t$，用求和的形式代替积分，用增量的形式代替微分，可做如下近似变换

$$\left.\begin{aligned}&t\approx kT\ (k=0,\ 1,\ 2,\ \cdots)\\&\int_{0}^{t}e(t)\mathrm{d}t\approx T\sum_{j=0}^{k}e(jT)=T\sum_{j=0}^{k}e_{j}\\&\frac{\mathrm{d}e(t)}{\mathrm{d}t}\approx\frac{e(kT)-e[(k-1)T]}{T}=\frac{e_{k}-e_{k-1}}{T}\end{aligned}\right\} \tag{5-22}$$

上式中,为了表示方便,将类似于 $e(kT)$ 简化成 $e_k$ 等。

将式(5-22)代入式(5-21),就可得到离散的 PID 表达式为

$$u_k = K_P\left[e_k + \frac{T}{T_I}\sum_{j=0}^{k}e_j + \frac{T_D}{T}(e_k - e_{k-1})\right] + u_0 \tag{5-23}$$

或

$$u_k = K_P e_k + K_I\sum_{j=0}^{k}e_j + K_D(e_k - e_{k-1}) + u_0 \tag{5-24}$$

式中 $k$——采样序号;

$u_k$——第 $k$ 次采样时刻的计算机输出值;

$e_k$——第 $k$ 次采样时刻输入的偏差值;

$e_{k-1}$——第 $k-1$ 次采样时刻输入的偏差值;

$K_I$——积分系数, $K_I = K_P T/T_I$;

$K_D$——微分系数, $K_D = K_P T_D/T$;

$u_0$——开始进行 PID 控制时的原始初值。

如果采样周期取的足够小,则式(5-23)或式(5-24)的近似计算可获得足够精确的结果,离散控制的过程与连续控制的过程十分接近。

式(5-23)和式(5-24)表示的控制算法是直接按式(5-21)所给出的 PID 控制规律定义进行计算的,所以它给出了全部控制量的大小,因此被称为全量式或位置式 PID 算法。

这种算法的缺点是:由于全量输出,所以每次输出均与过去的状态有关,计算时要对 $e_k$ 进行累加,工作量大;并且,因为计算机输出的 $u_k$ 对应的是执行机构的实际位置,如果计算机出现故障,输出的 $u_k$ 将大幅变化,会引起执行机构的大幅度变化,有可能因此造成严重的生产事故,这在生产实际中是不允许的。

增量式 PID 是指数字控制器的输出值是控制器的增量 $u_k$。当执行机构需要输入增量式控制信号(例如步进电机的驱动),而不是位置式的绝对数值时,可以使用增量式 PID 控制算法进行控制。

增量式 PID 控制表达式可通过式(5-23)推导出,由式(5-23)可得控制器在第 $k-1$ 次采样时刻的输出值为

$$u_{k-1} = K_P\left[e_{k-1} + \frac{T}{T_I}\sum_{j=0}^{k-1}e_j + \frac{T_D}{T}(e_{k-1} - e_{k-2})\right] + u_0 \tag{5-25}$$

将式(5-23)与式(5-25)相减并整理,就可以得到增量式 PID 控制算法的公式为

$$\begin{aligned}\Delta u_k = u_k - u_{k-1} &= K_P\left[e_k - e_{k-1} + \frac{T}{T_I}e_k + \frac{T_D}{T}(e_k - 2e_{k-1} + e_{k-2})\right] \\ &= K_P\left(1 + \frac{T}{T_I} + \frac{T_D}{T}\right)e_k - K_P\left(1 + \frac{2T_D}{T}\right)e_{k-1} + K_P\frac{T_D}{T}e_{k-2} \\ &= Ae_k + Be_{k-1} + Ce_{k-2}\end{aligned} \tag{5-26}$$

其中

$$A = K_P\left(1 + \frac{T}{T_I} + \frac{T_D}{T}\right)$$

$$B = -K_P\left(1 + 2\frac{T_D}{T}\right)$$

$$C = K_P\frac{T_D}{T}$$

上式中的 $\Delta u_k$ 还可以写成下面的形式

$$\Delta u_k = K_P\left(\Delta e_k + \frac{T}{T_I} + \frac{T_D}{T}\Delta^2 e_k\right) = K_P(\Delta e_k + Ie_k + D\Delta^2 e_k)$$

其中

$$\Delta e_k = e_k - e_{k-1}$$

$$\Delta^2 e_k = e_k - 2e_{k-1} + e_{k-2} = \Delta e_k - \Delta e_{k-1}$$

$$I = T/T_I$$

$$D = T_D/T$$

由式(5－26)可以看出，如果计算机控制系统采用恒定的采样周期 $T$，一旦确定了 $A$、$B$、$C$，只要使用前后三次测量的偏差，就可以由式(5－26)求出控制增量。

增量式 PID 控制算法与位置式算法式(5－23)相比，计算量少了很多，因此在实际中得到广泛的应用。

位置式 PID 控制算法也可通过增量式控制算法推出递推计算公式

$$u_k = u_{k-1} + \Delta u_k \tag{5-27}$$

5.1.7.2　优化的吊点 PID 控制

实际工程中，必须使普通的 PID 控制算法根据工程和技术的实际情况加以改进，使其更好地满足控制要求并有更好的经济性。在国家图书馆提升工程中，在普通 PID 控制算法的基础上采用了两种思路：一是带死区的 PID 控制思路；二是积分分离的 PID 调节。

在实际工程中，目标是将误差控制在一个范围内，而不是完全等于零，因此就需要设置一个死区，误差在这个死区之内就认为达到了控制目的。带死区的 PID 控制的基本思路是一个非线性的调节系统，人为设定一个较小的阈值 $\delta > 0$，在 $\Delta > \delta$ 时，PID 调节起作用，有输出；而在 $\Delta \leqslant \delta$ 时，认为系统已经达到预期，PID 调节不起作用，输出为 0。这是为了消除频繁动作所引起的振荡，其控制算式为

$$\Delta = \begin{cases} 0, & \Delta \leqslant \delta \\ \Delta, & \Delta > \delta \end{cases} \tag{5-28}$$

在实际工程中，由于液压延时等原因，系统刚刚启动时或是系统调整时，可能会存在较大的误差，在积分调节下，可能会产生较大的超调，影响整个系统的稳定性。积分分离的 PID 调节算法就是为了解决这个问题而产生的，其基本思路是当被控量与设定值偏差较大时，取消积分作用，以免由于积分作用使系统稳定性降低；而当被控量接近设定值时，引入积分控制，以便消除静差，提高系统控制精度。也就是人为设定一个较大的阈值 $\varepsilon > 0$，在差值 $\Delta > \varepsilon$ 时候放弃积分环节，只用 PD 调节；而在差值 $\Delta \leqslant \varepsilon$ 时重新引入积分环节，使用 PID 调节。这是为了消除在输入量大幅变化时积分积累所产生的超调，其控制算式为

$$u(k)=K_{\mathrm{P}}\Delta(k)+\beta K_{\mathrm{I}}\sum_{j=0}^{k}\Delta(j)T+K_{\mathrm{D}}[\Delta(k)-\Delta(k-1)]/T \tag{5-29}$$

其中,在积分系数 $K_{\mathrm{I}}$ 前多了一项系数 $\beta$, $\beta$ 满足

$$\beta=\begin{cases}1, & \Delta\leqslant\varepsilon\\0, & \Delta>\varepsilon\end{cases} \tag{5-30}$$

综合起来,在实际的工程中采用图 5-15 所示的控制流程,两种先进控制思路都得到了运用。为了达到理想的控制效果,需要根据情况适当调节 PID 参数,即比例环节 $K_{\mathrm{P}}$、积分环节 $K_{\mathrm{I}}$、微分环节 $K_{\mathrm{D}}$ 以及死区参数 $\delta$ 和积分分离参数 $\beta$。在测试过程中,也要根据实际效果来调整这些参数。

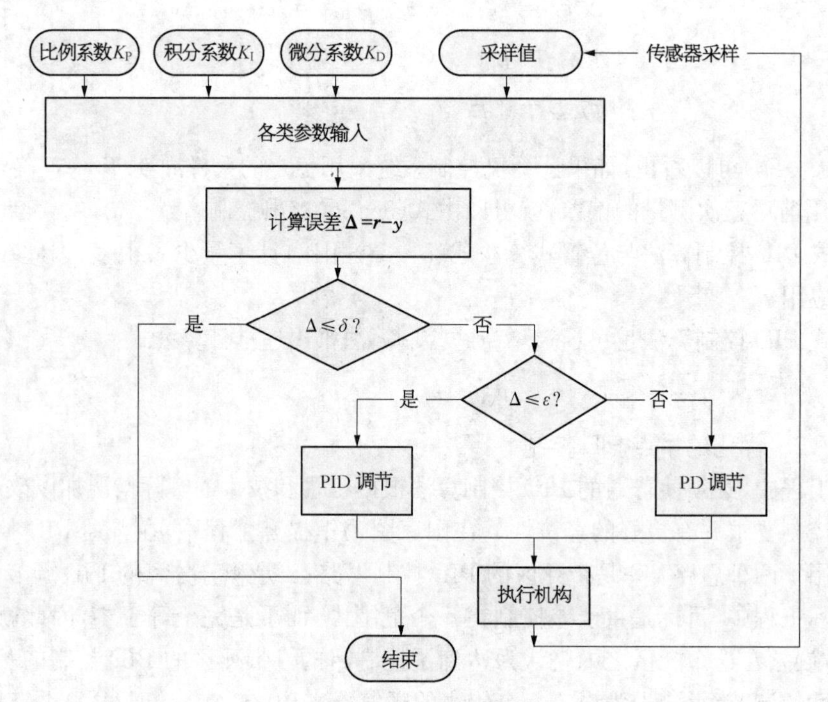


图 5-15 控制流程

在 MATLAB 中可建立如图 5-16 所示模型。

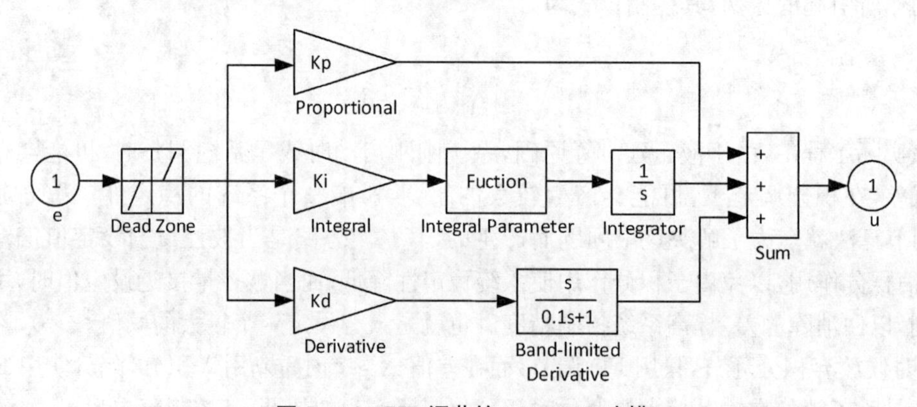


图 5-16 PID 调节的 MATLAB 建模

其中：e 是根据控制策略得到的误差值；Dead Zone 模块是根据实际需要的死区；Kp、Ki、Kd 分别是比例、积分和微分系数；Integral Parameter 的函数模块是为了实现积分分离参数，能够满足积分分离的要求，即 $\beta=\begin{cases}1, & \Delta\leqslant\varepsilon\\0, & \Delta>\varepsilon\end{cases}$；最终得到控制电压 u，传给后续的传递函数。

单独谈一个点的控制策略是没有意义的，必须根据四吊点模型，四个相互联系的子系统，把四个模型联系起来讨论。

首先分析单个吊点。对于单个吊点而言，把开环传递函数模型、结构力学模型以及 PID 调节算法模型综合起来，得到如图 5－17 所示的综合模型。

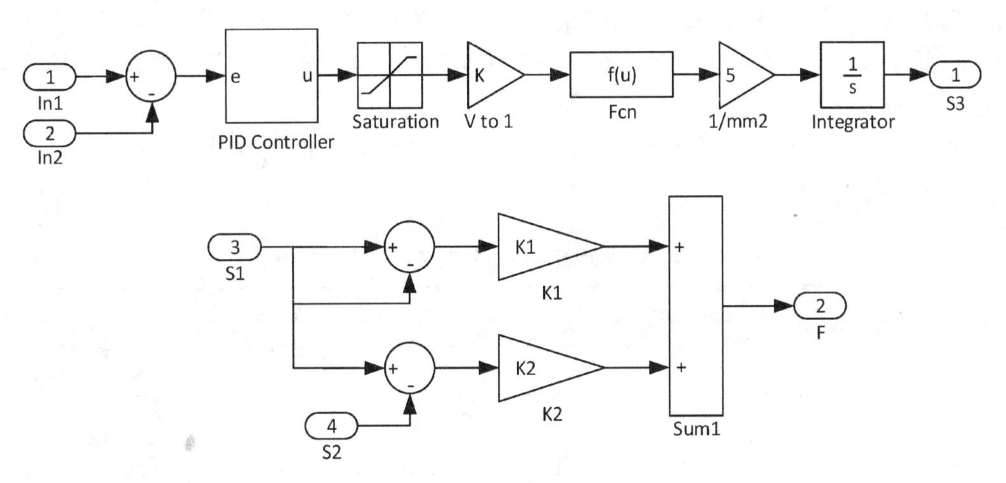


**图 5－17　单吊点仿真模型一**

封装起来，得到如图 5－18 所示模型。

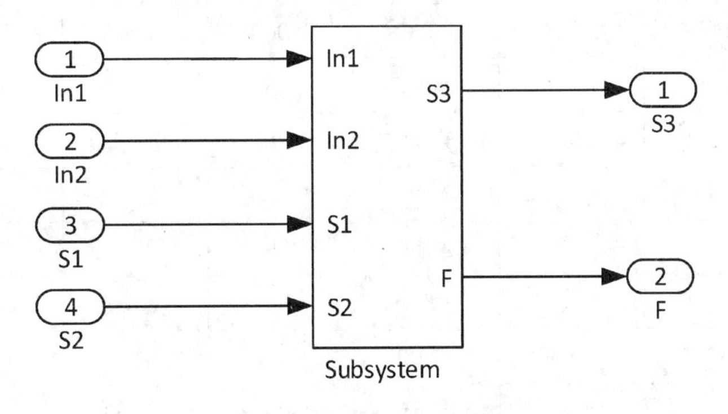


**图 5－18　单吊点仿真模型二**

其中：In 1、In 2 是控制输入量，根据不同的控制策略会有不同的输入；S1、S2 是输入量，其中有一个必定是 A 点的位移，而另一个点则根据情况而定；PID Controller 是封装的 PID 调节模块，在不同的控制策略下参数不同；S3 是输出当前提升高度值；F 是输出当前吊点结构力。

这里所说的同步，都是以吊点 A 作为基准的，也就是说，在整体提升过程中，其他吊点要

么在载荷上与吊点 $A$ 保持同步,要么在位移上与吊点 $A$ 保持同步。其区别就在于 In 1、In 2 两个输入量的不同,以及 PID Controller 模块中的参数不同。

### 5.1.8 仿真参数确定

要让仿真达到能够反映实际工程情况的目的,就必须选择适当的参数进行仿真,而其中的关键是选择适当的刚度参数。为了更好地反映国家图书馆提升工程的实际情况,可以使用实际工程中的数据,选取其中具有代表意义的点分配给各个吊点,最后再与实际工况相比较。

为了保证国家图书馆提升工程的安全性,根据理论计算与实际情况,在提升过程中会根据对结构的关键部位(包括吊耳及桁架结构)进行应力测试,即以发生位移的支座点的位移为横坐标轴,以该位移下相应支座点的支座反力为纵坐标轴,作位移-荷载曲线,再根据这个曲线计算相对刚度。

以第一核心筒的 $A_1$ 提升点为例。在静止状态下测得当 $A_1$ 提升点发生位移时,其他提升点的受力情况见表 5-1。

**表 5-1 $A_1$ 提升点发生位移时各提升点受力情况** (kN)

| 位移(mm) | −6.92 | −5 | 0 | 5 | 8 | 8.67 | 15 |
|---|---|---|---|---|---|---|---|
| $A_1$ | 0.32 | 1 576 | 5 678 | 9 781 | 12 243 | 12 793 | 13 910 |
| $B_1$ | 5 615 | 5 038 | 3 534 | 2 031 | 1 129 | 928 | −2.5 |
| $C_1$ | 1 587 | 1 750 | 2 175 | 2 599 | 2 854 | 2 911 | 2 515 |
| $D_1$ | 11 140 | 9 769 | 6 197 | 2 626 | 482 | 4 | 0 |
| $G_1$ | 2 300 | 2 240 | 2 083 | 1 925 | 1 831 | 1 810 | 1 727 |
| $G_2$ | 2 076 | 2 064 | 2 032 | 2 000 | 1 981 | 1 977 | 1 965 |
| $F_1$ | 1 200 | 1 213 | 1 247 | 1 281 | 1 302 | 1 307 | 1 345 |
| $F_2$ | 1 220 | 1 230 | 1 259 | 1 287 | 1 303 | 1 307 | 1 325 |
| $E_1$ | 2 184 | 2 211 | 2 281 | 2 350 | 2 392 | 2 401 | 2 533 |
| $E_2$ | 2 276 | 2 277 | 2 280 | 2 283 | 2 285 | 2 285 | 2 286 |
| $B_3$ | 3 580 | 3 585 | 3 598 | 3 611 | 3 619 | 3 621 | 3 625 |
| $A_3$ | 5 359 | 5 454 | 5 702 | 5 950 | 6 099 | 6 132 | 6 283 |
| $C_3$ | 2 145 | 2 137 | 2 115 | 2 094 | 2 081 | 2 078 | 2 070 |
| $D_3$ | 6 212 | 6 185 | 6 115 | 6 045 | 6 003 | 5 993 | 5 978 |
| $D_4$ | 5 506 | 5 695 | 6 187 | 6 680 | 6 975 | 7 041 | 6 837 |
| $C_4$ | 1 890 | 1 968 | 2 171 | 2 374 | 2 496 | 2 523 | 2 508 |
| $A_4$ | 5 897 | 5 841 | 5 695 | 5 549 | 5 461 | 5 441 | 5 609 |
| $B_4$ | 3 652 | 3 620 | 3 535 | 3 450 | 3 400 | 3 388 | 3 431 |

（续表）

| 位移(mm) | −6.92 | −5 | 0 | 5 | 8 | 8.67 | 15 |
|---|---|---|---|---|---|---|---|
| $E_3$ | 2 277 | 2 277 | 2 278 | 2 279 | 2 280 | 2 280 | 2 285 |
| $E_4$ | 2 274 | 2 275 | 2 274 | 2 275 | 2 275 | 2 275 | 2 275 |
| $F_3$ | 1 247 | 1 247 | 1 249 | 1 250 | 1 251 | 1 251 | 1 252 |
| $F_4$ | 1 255 | 1 256 | 1 257 | 1 258 | 1 258 | 1 258 | 1 258 |
| $G_3$ | 2 100 | 2 096 | 2 083 | 2 070 | 2 062 | 2 060 | 2 064 |
| $G_4$ | 2 027 | 2 026 | 2 023 | 2 020 | 2 018 | 2 017 | 2 019 |
| $C_6$ | 2 169 | 2 165 | 2 154 | 2 144 | 2 137 | 2 136 | 2 126 |
| $D_6$ | 6 256 | 6 245 | 6 220 | 6 194 | 6 178 | 6 175 | 6 175 |
| $B_6$ | 3 564 | 3 565 | 3 570 | 3 575 | 3 578 | 3 578 | 3 581 |
| $A_6$ | 5 561 | 5 565 | 5 578 | 5 590 | 5 597 | 5 598 | 5 593 |

选取典型点作为四点模型的测量点。确定 $A_1$ 点为主令吊点；选取同一核心筒内吊点 $C_1$、相邻核心筒内吊点 $F_1$、不相邻核心筒内吊点 $B_3$。

事实上该表的物理意义就是在其他各点与 $A_1$ 有相对位移的时候，该点所产生的结构力。根据公式 $F = K\Delta$，故 $K = F/\Delta$，是一个简单的线性方程。

根据上表绘制 $A_1C_1$、$A_1F_1$ 和 $A_1B_3$ 的相对位移-受力曲线，如图 5-19～图 5-21 所示。

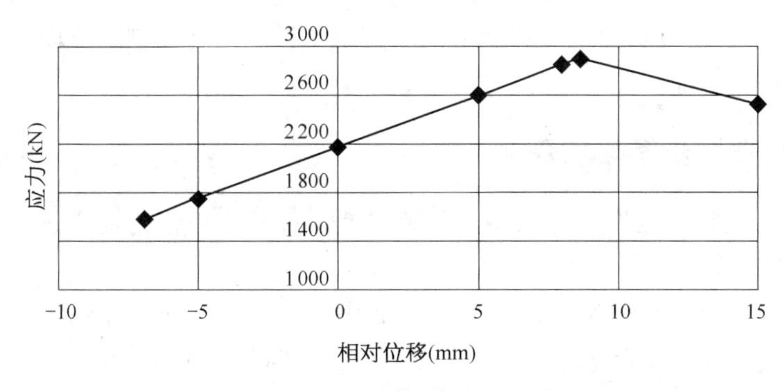


图 5-19　$A_1C_1$ 相对位移-受力曲线

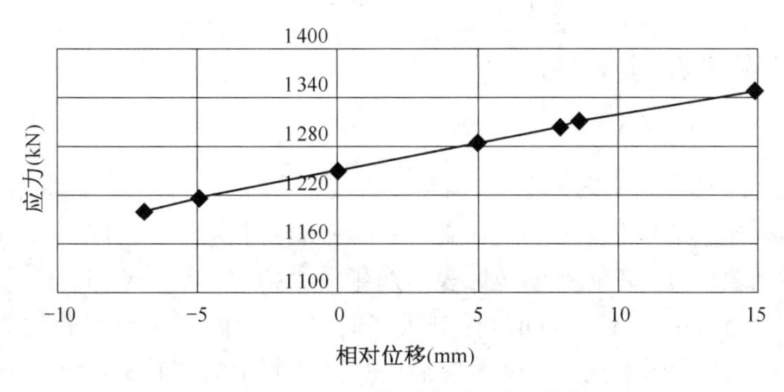


图 5-20　$A_1F_1$ 相对位移-受力曲线

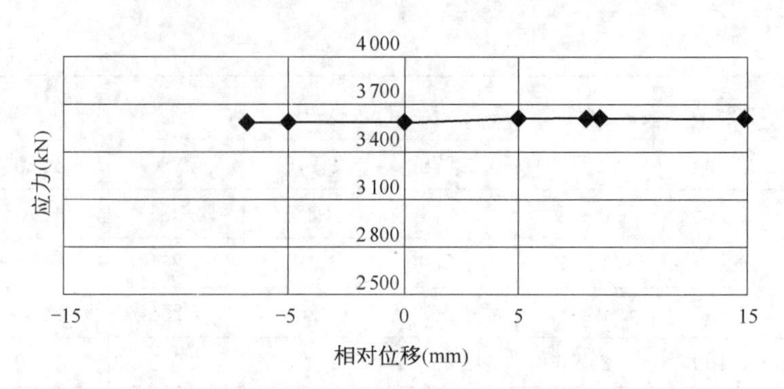


**图 5-21 $A_1B_3$相对位移-受力曲线**

显然，相对刚度就是曲线的斜率。选取线性度较好的直线段计算可得

$$K_{AB} = K_{A_1C_1} = 86.7 \times 10^6 \text{ N/m}$$

$$K_{AC} = K_{A_1F_1} = 6.8 \times 10^6 \text{ N/m}$$

$$K_{AD} = K_{A_1B_3} = 2.3 \times 10^6 \text{ N/m}$$

这个数据就是在仿真中将要带入模型的相对刚度参数。

如前所述，评价提升过程的安全性实际上是两个标准：一是各个节点之间的提升位移保持同步，因此评价参数是相对位移 $s_\Delta$，事实上只关心最大相对位移；二是保证各个节点由于结构变形所产生的结构力在某个范围内，因此评价参数就是结构力 $F$，事实上只关心所产生的最大结构力。由于在仿真过程中是一直以 $A$ 节点的情况作为目标值，且对 $A$ 实行开环控制，在提升过程中 $A$ 节点的位移和受力情况完全是根据开环控制电压而定的，因此在这里并不关心 $A$ 节点的情况。

### 5.1.9 位置同步策略仿真

在采用位置同步时，是以各节点与 $A$ 节点的提升高度误差作为输入量，在位置同步下的四吊点仿真模型如图 5-22 所示。

其中：Node A、Node B、Node C、Node D 分别是各个节点的计算函数；Node A Voltage 是给节点 $A$ 上的标准电压；SA 是 $A$ 节点的提升高度；Delta AB、Delta AC、Delta AD 分别是其他各节点与 $A$ 节点的相对位移；FA Cal、FB Cal、FC Cal、FD Cal 分别是计算各个节点的拉力的函数；FA、FB、FC、FD 是各节点力。

根据实际工况设定 PID 控制参数为

$$K_\text{P} = 500,\ K_\text{I} = 50\,000,\ K_\text{D} = 1\,000$$

带入仿真模型，选取仿真时间为 10 s，得到如图 5-23～图 5-28 所示结果。其中时间-相对位移曲线，横坐标表示仿真时间，单位 s；纵坐标表示相对位移，单位 m。时间-结构力曲线，横坐标表示仿真时间，单位 s；纵坐标表示产生的结构力，单位 N。

从图中可以看到，在实行位置同步控制策略时，是以消除各个节点的相对位移为控制目标，在仿真中不论是响应时间还是控制效果都较好。最大相对位移只有 1.8 mm 左右。但在结构力上却大相径庭，与 $A$ 吊点相对刚度较大的 $B$ 吊点处最大结构力达到了 $1.6 \times 10^5$ N，

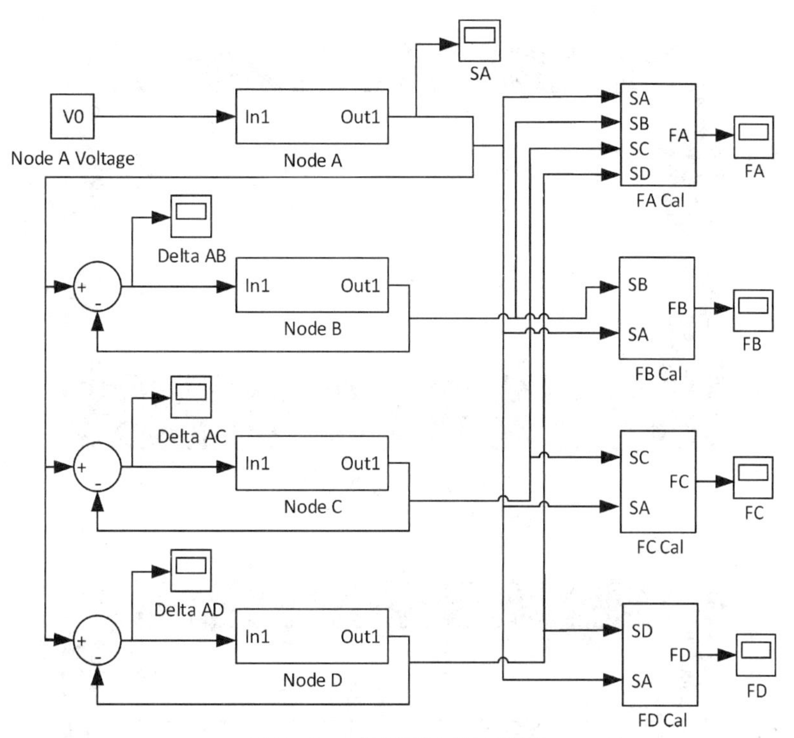


图 5-22　位置同步仿真模型

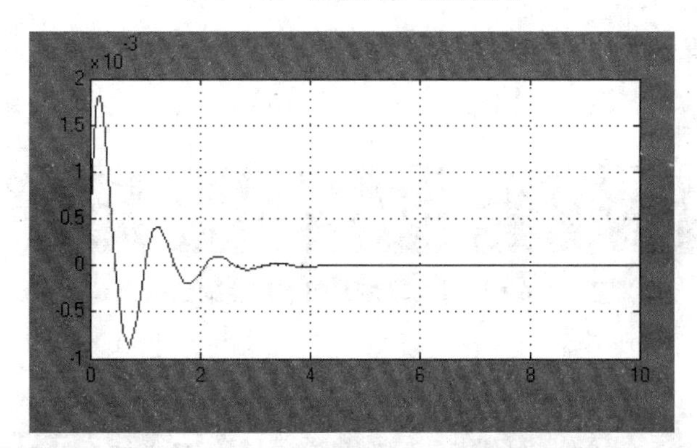

图 5-23　*AB* 吊点相对位移 $S_{\Delta AB}$

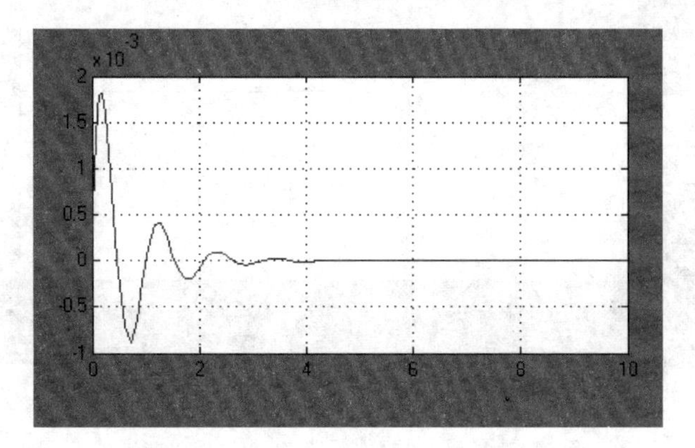

图 5-24　*AC* 吊点相对位移 $S_{\Delta AC}$

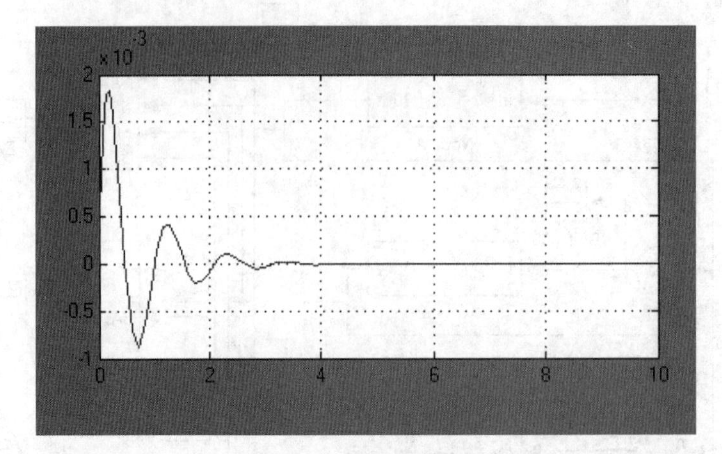


图 5-25　*AD* 吊点相对位移 $S_{\Delta AD}$

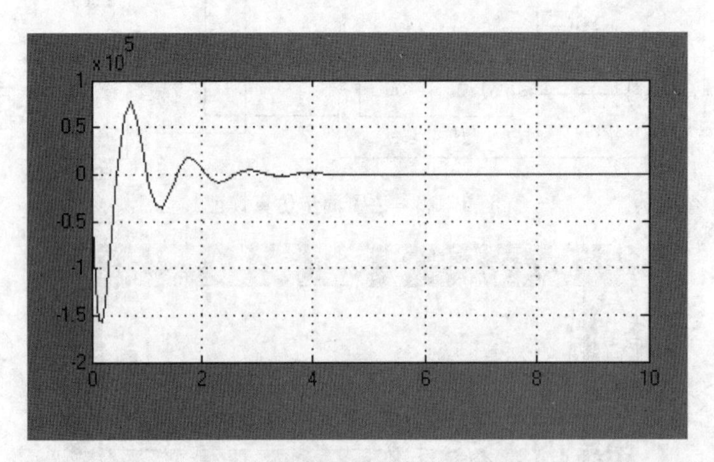


图 5-26　相对位移在 *B* 吊点产生的结构力 $F_B$

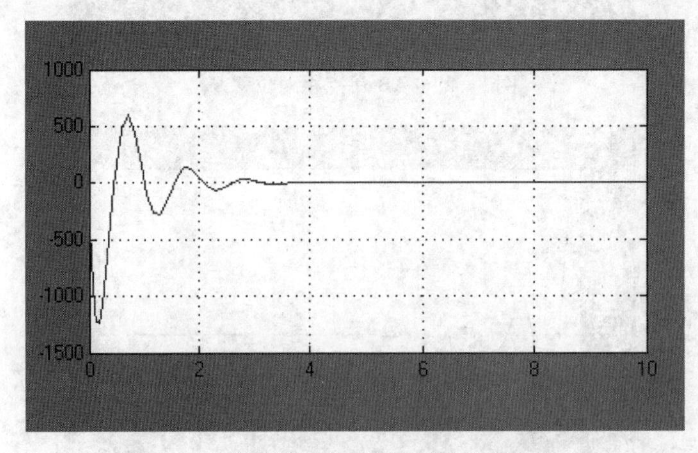


图 5-27　相对位移在 *C* 吊点产生的结构力 $F_C$

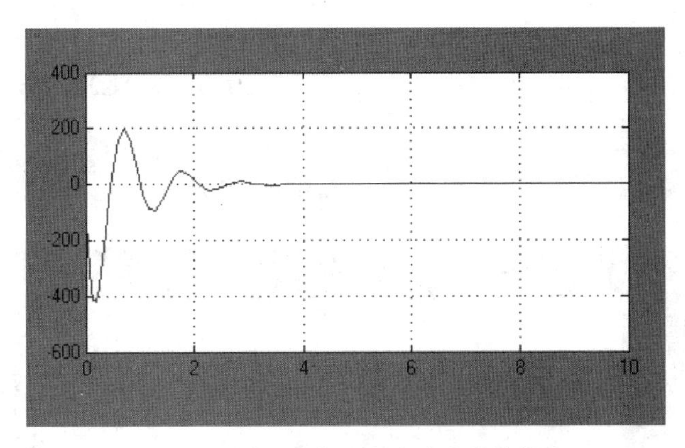


图5-28 相对位移在 $D$ 吊点产生的结构力 $F_D$

对结构已有可能产生危害；而相对刚度较小的 $C$ 吊点处最大结构力只有 1 200 N，而更小的 $D$ 吊点处最大结构力只有 410 N，对结构而言几乎可以忽略不计。由此可见，如果仅仅采用单目标的位置同步控制策略，对于相对刚度较小的吊点是可行的，但对于相对刚度较大的吊点则会导致结构力过大而产生危险。

需要说明的是，在实际工况中，即使实行位移相对位置同步控制策略，其对位移的控制也不可能如仿真这样好，这是因为在仿真中忽略了网络延时的因素。因此在实际工况中，其相对位移可能会更大，产生的结构力更大，对结构的损害更大。因此在相对刚度较大的情况下，仅采用位置同步是相当危险的。

### 5.1.10 载荷同步策略仿真

在采用载荷同步时，是以各点与 $A$ 节点的载荷误差作为输入量，在载荷同步下的四吊点仿真模型如图5-29所示。

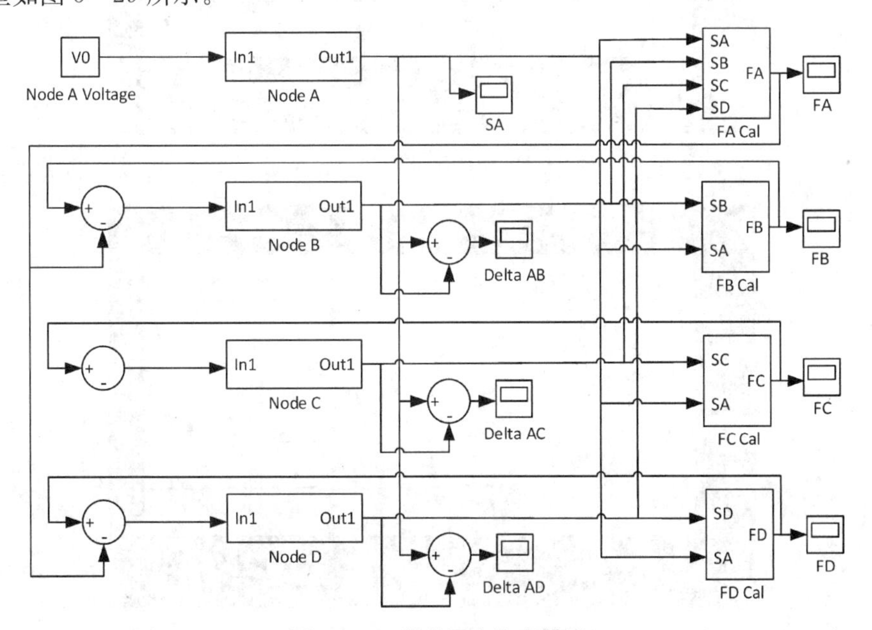


图5-29 载荷同步仿真模型

各个参数的定义同位置同步仿真模型。但和位置同步不同的是，载荷同步的控制目的实际上力图使由于与 $A$ 节点产生相对位移而产生的结构力等于零。根据实际工况设置 PID 参数为

$$K_{\mathrm{P}}=-5\times10^{-4},\ K_{\mathrm{I}}=-1\times10^{-3},\ K_{\mathrm{D}}=-5\times10^{-7}$$

带入仿真模型，选取仿真时间为 10 s，得到如图 5－30～图 5－35 所示结果。其中时间-

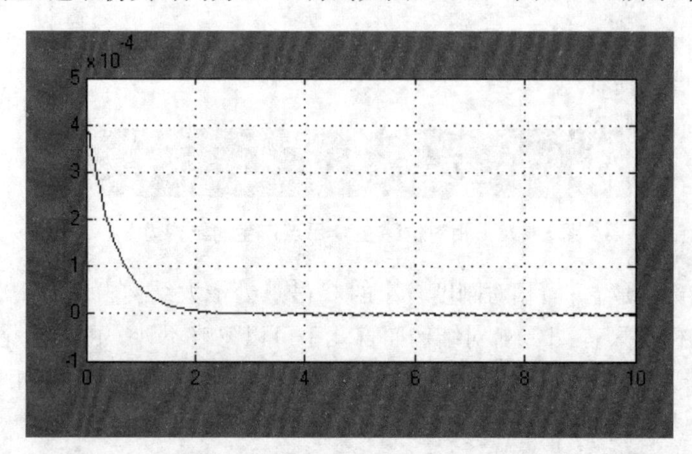


图 5－30　***AB*** 吊点相对位移 $S_{\Delta AB}$

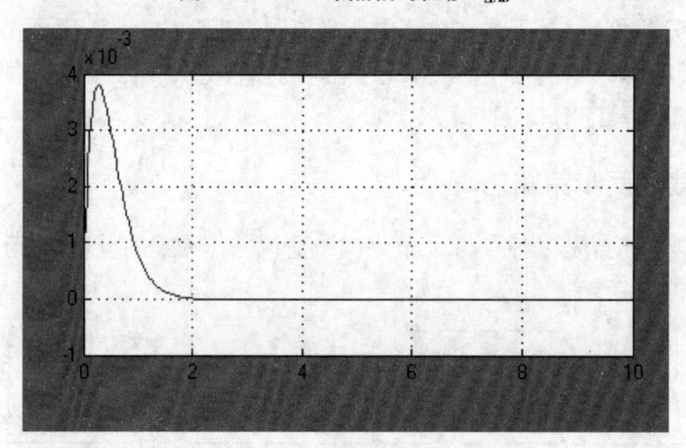


图 5－31　***AC*** 吊点相对位移 $S_{\Delta AC}$

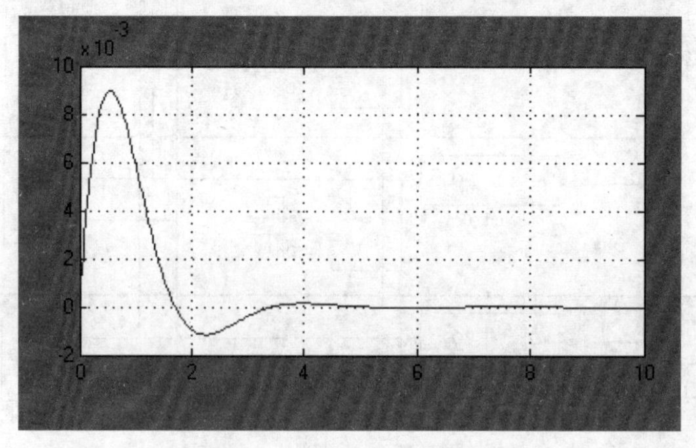


图 5－32　***AD*** 吊点相对位移 $S_{\Delta AD}$

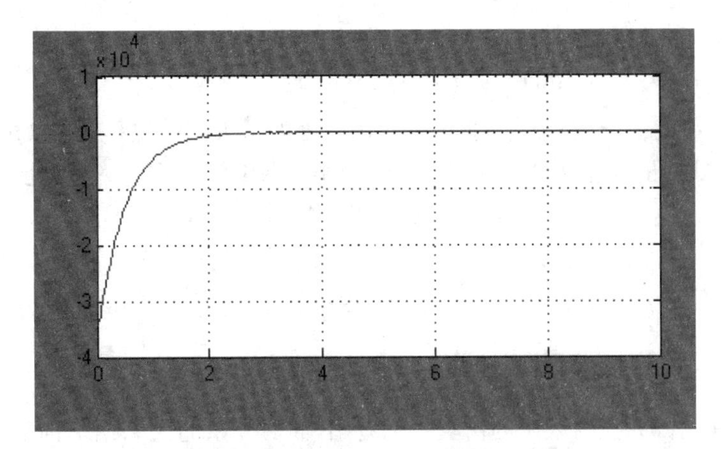


图 5－33　相对位移在 $B$ 吊点产生的结构力 $F_B$

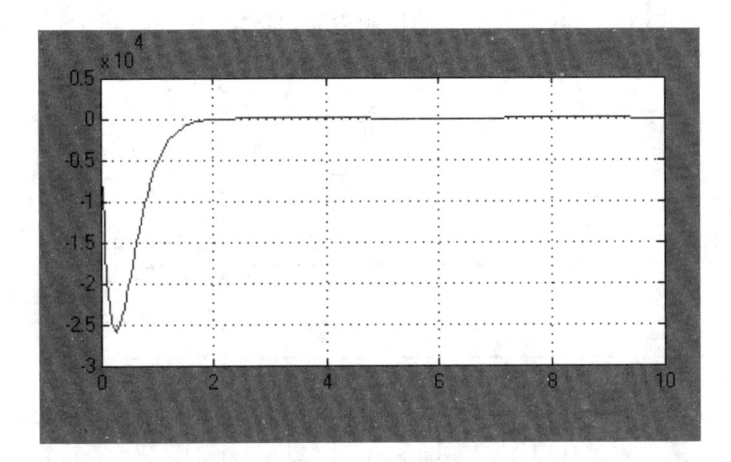


图 5－34　相对位移在 $C$ 吊点产生的结构力 $F_C$

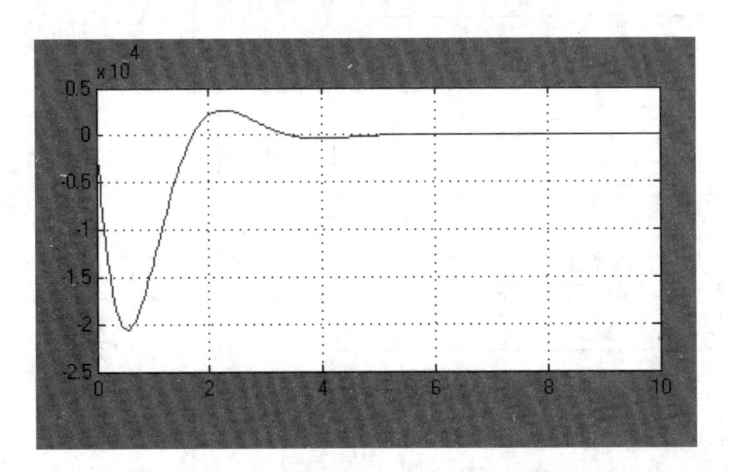


图 5－35　相对位移在 $D$ 吊点产生的结构力 $F_D$

相对位移曲线，横坐标表示仿真时间，单位 s；纵坐标表示相对位移，单位 m。时间-结构力曲线，横坐标表示仿真时间，单位 s；纵坐标表示产生的结构力，单位 N。

从图中可以看出，在采用载荷同步控制策略时，对因为相对位移而产生节点结构力的控制比较好。具体来说，最大结构力发生在 $B$ 吊点处，也不超过 $3.5\times10^4$ N，属于安全范围，而在 $C$、$D$ 吊点处的结构力更是可以忽略不计。

然而相对位移的情况则有所区别。在 $B$ 吊点处的最大相对位移为 0.4 mm，可以忽略不计；而在 $C$ 吊点处的最大相对位移接近 4 mm；在相对刚度最小的 $D$ 吊点处的最大相对位移更是达到了 9 mm，这个相对位移会影响整体提升过程的安全性。同样，这个结果是在忽略网络延时的基础上得出的，在实际工况中，由于网络延时的影响，如果只采用载荷同步控制策略，在相对刚度较小的吊点会产生更大的相对位移，严重影响提升结构的安全性。

### 5.1.11 双目标同步策略仿真

从以上两种单目标控制策略的仿真可以看出，面对复杂的大型钢结构，各个吊点相对于主令吊点的相对刚度相差很大的时候，不论是位置同步还是载荷同步都不能很好地满足。因此考虑根据不同的相对刚度采取不同的控制策略，具体来说，就是对 $B$ 吊点采取载荷同步控制策略，而对 $C$、$D$ 吊点采取位置同步控制策略，得到仿真模型如图 5-36 所示。

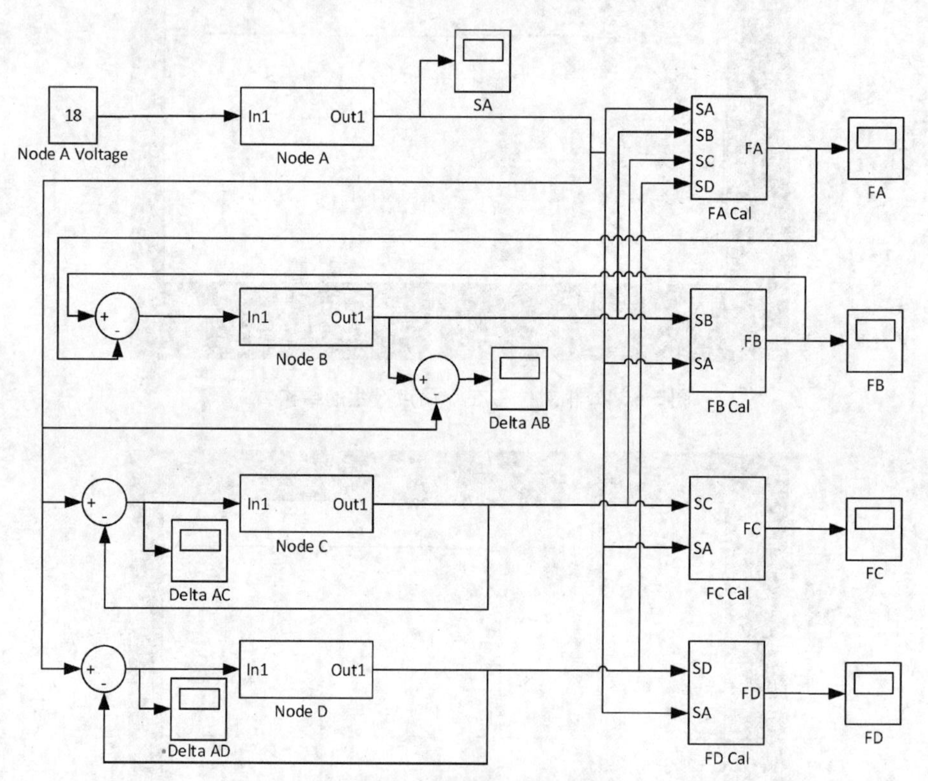


图 5-36 双目标控制策略模型

各个元件的定义与其他两种控制模型保持一致，这里就不再赘述。

在 Node B 中采取载荷同步的 PID 参数

$$K_P=-5\times10^{-4},\ K_I=-1\times10^{-3},\ K_D=-5\times10^{-7}$$

在 Node C 和 Node D 中采取位置同步的 PID 参数

$$K_P=500,\ K_I=50\,000,\ K_D=1\,000$$

带入仿真模型，选取仿真时间为10 s，得到如图5-37～图5-42所示结果。其中时间-相对位移曲线，横坐标表示仿真时间，单位s；纵坐标表示相对位移，单位m。时间-结构力曲线，横坐标表示仿真时间，单位s；纵坐标表示产生的结构力，单位N。

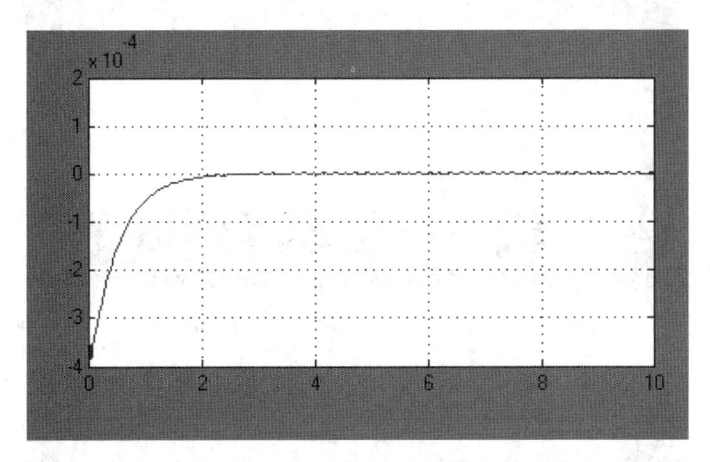


图5-37 ***AB*** 吊点相对位移 $S_{\Delta AB}$

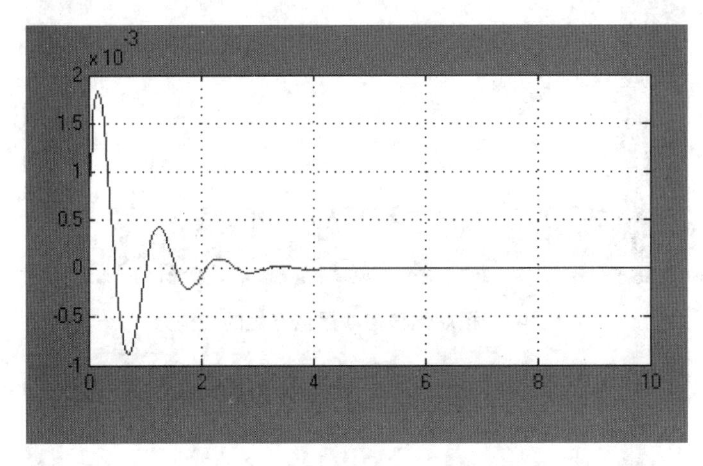


图5-38 ***AC*** 吊点相对位移 $S_{\Delta AC}$

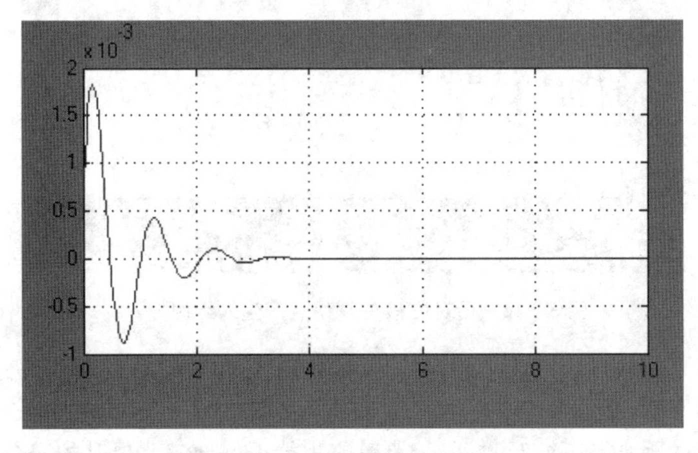


图5-39 ***AD*** 吊点相对位移 $S_{\Delta AD}$

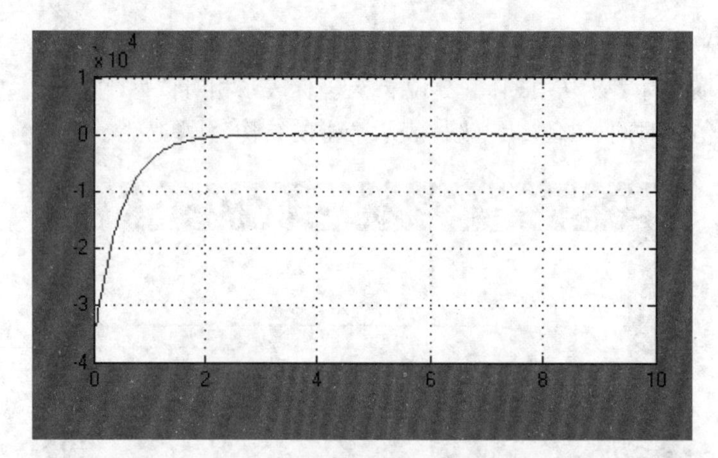


图 5-40　相对位移在 $B$ 吊点产生的结构力 $F_B$

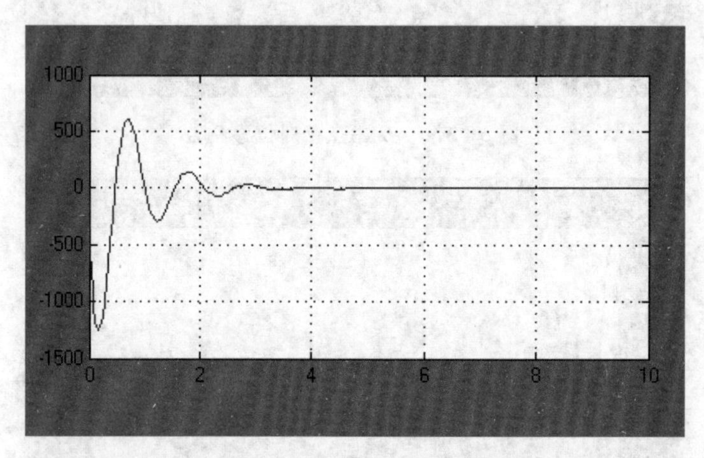


图 5-41　相对位移在 $C$ 吊点产生的结构力 $F_C$

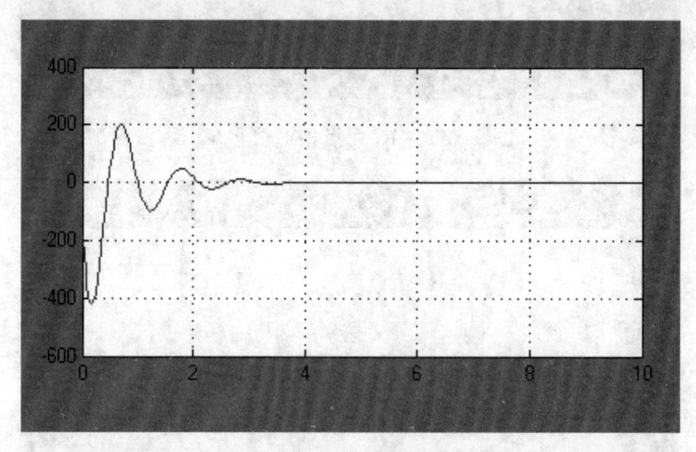


图 5-42　相对位移在 $D$ 吊点产生的结构力 $F_D$

这样的结果是比较理想的。从相对位移来看，最大的在 $D$ 吊点处也只有 2 mm 左右，而从产生的结构力来看，最大的在 $B$ 吊点处也只有不到 $3.5\times10^4$ N，均处在安全范围之内。即使考虑网络延时的因素，这种双目标的控制策略也能很好地满足提升的安全需求。

通过以上的仿真结果，验证了之前的观点：那就是相对刚度较大的部分适合采用载荷同步的控制策略；而相对刚度较小的部分适合采用位置同步的控制策略。如果提升结构比较简单，相对刚度大，可采用单一的载荷同步控制策略，如东方明珠广播电视塔天线的提升过程；或是整体结构较软，可采用位置同步控制策略，如苏通大桥桥面提升过程。但在情况复杂的大型钢结构整体提升工程中，则必须采用双目标的控制才能保证提升的安全性。

## 5.2　液压同步提升系统稳定性研究——以三峡高架门机自升过程为例

### 5.2.1　系统稳定性问题的提出

在液压同步提升技术中，刚性支架和柔性索具的均载以及提升结构件在空中的运动姿态控制是液压提升的关键技术。结构件整体提升不同于结构件一般吊装，通常还有许多特殊的要求。如液压提升器在提升过程中，或者是在刚性支架上一步一步爬升，或者是沿着柔性索具一步一步向上攀升。对于柔性索具钢绞线而言，一个吊点的载荷需要几根甚至几十根钢绞线分担，这就要求钢绞线均衡承载。如果不考虑提升过程中钢绞线的自动均载，就会发生钢绞线破断，承载钢绞线数量的减少和破断产生的冲击更会加剧钢绞线的不合理承载等恶劣现象，甚至导致恶性循环。另外，提升过程中结构件在空中的运动姿态控制也是关键技术之一。如东方明珠广播电视塔钢天线桅杆长118 m、重450 t，在长达350 m的提升过程中，天线桅杆垂直偏斜不允许超过0.2°～0.3°，又如钢内筒烟囱长240 m、重600 t，在36 m高度上提升平面的支点高差不能超过1 mm。这样的高精度位置控制用人工控制是难以实现的，只有依靠计算机反馈控制才能做到。实际的结构件提升分为低重心结构件提升（如上海大剧院工程和北京西站工程）和高重心结构件提升（如东方明珠广播电视塔工程）。对于低重心结构件，由于侧向风力的作用或者是由于控制算法本身不合理而引起结构件离开平衡位置时，系统本身会产生指向平衡位置的力矩使之恢复到平衡位置，因此，系统不会产生倾覆力矩。但是，对于高重心结构件来说，由于侧向风力的作用或者是由于控制算法不合理使构件偏离平衡位置或产生偏摆振动，如果重心很高，就有可能使结构件倾覆。因此，对于高重心结构件来说，控制系统不稳定或者风力的影响是极其危险的。在实际的工程应用中，发生了一系列严重影响提升过程的事情，下面是一些实际的例子：

（1）石洞口电厂两台发电机组的排烟系统采用钢筋混凝土外筒、双钢内筒结构，外筒高231 m，底径251 m，钢内筒高240 m，直径65 m，重600 t，重心高出顶升支承面120 m。钢内筒烟囱的安装采用了液压顶升倒装法施工新工艺，图5-43是其液压顶升示意图。在顶升过程中，混凝土外筒可作为钢内筒的横向支承。由于是在混凝土外筒内顶升，故风载荷较小。由于控制系统品质不好，造成液压缸受力严重不均匀，使得其中一个液压缸由于受载过大而在提升圈梁产生了很深的印痕。

（2）东方明珠广播电视塔钢天线桅杆长118 m、重450 t，重心高于支承面38 m，支承面4 m×4 m，支承面上部8 m处有横向支承，由于同步提升高度达350 m，故风载荷很大。在提升试验阶段，由于控制算法和控制策略不完善，提升液压缸产生了严重的爬行现象，导致被提升物产生严重的偏摆。

(3) 三峡工程高架门机重心在支承面以上 40 m 高处，支撑面为 8 m×8 m，上面无横向支承。在自升过程中也出现了明显的偏摆，在有风力作用时，偏摆显得更为明显，不得不暂停提升，使被提升构件摆动衰减后再开始提升。

对高重心结构件在顶升或自升过程中发生的摇摆或摆动现象的分析，实际上可以归结为一个欠阻尼的临界稳定系统的分析，其结构可以简化为如图 5-44 所示。它和国外的倒立摆研究类似，只是在倒立摆的研究中，通过小车不断的水平运动来使倒立摆处于平衡状态。而高重心结构件顶升或自升过程的平衡是通过液压缸的位置同步和压力均衡来实现的。

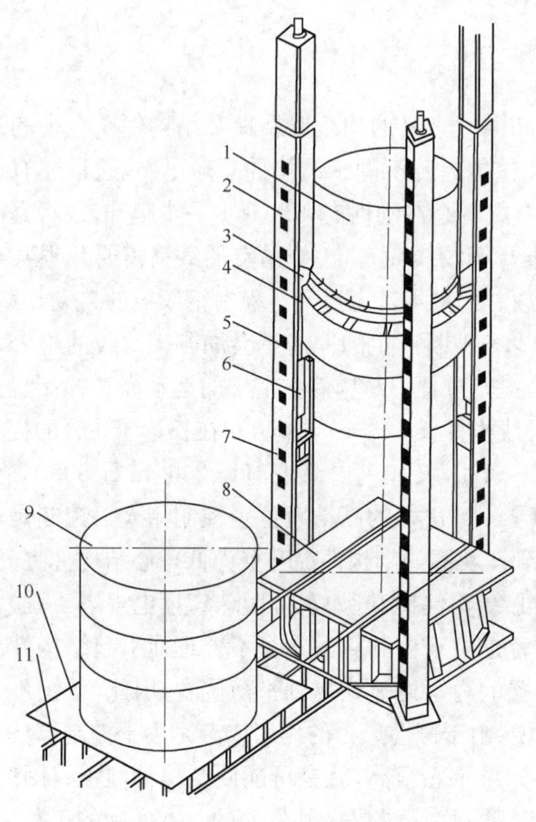


图 5-43　钢内筒烟囱顶升示意图

1—钢筒；2—导向立柱；3—倒牛腿；4—活动支托；5—上插销；6—主液压缸；7—下插销；8—工作台；9—待接钢筒；10—台车；11—轨道

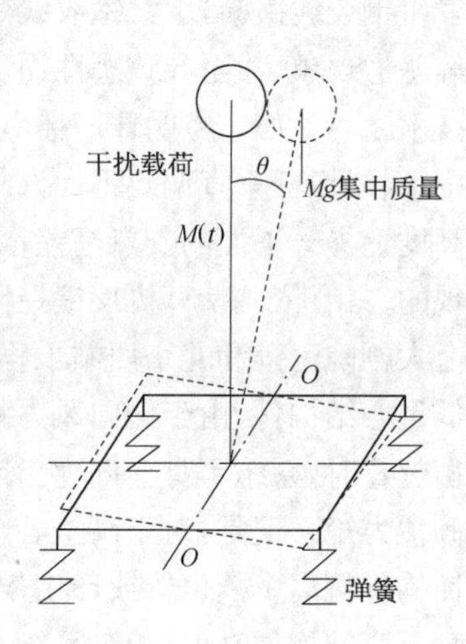


图 5-44　结构简化

为了使液压同步提升技术更好更完善更可靠地应用到工程施工中，科学技术部把液压同步提升技术的研究列为国家攻关项目，进行科研攻关。高重心构件液压同步提升的可靠性研究是攻关的关键技术之一。高重心构件的提升，在液压同步提升工程中占有较大的比重，一般难度也较高。通过对高重心提升系统的稳定性分析和控制算法研究，提高控制系统的品质，使其在无风力作用时，尽可能减小被提升构件的偏摆振幅；在有风力作用时，提高系统的抗振性能。

本节选择一个实际的研究对象，首先建立系统的数学模型，通过数字仿真再现实际过程中发生的系统振荡现象，分析产生振荡的可能原因，研究合适的控制算法和控制策略，再通过仿真检验控制算法和控制策略的效果，最后在大型构件液压同步提升试验台上通过试验来验证其可行性。整体研究过程可以用图 5-45 来表示。

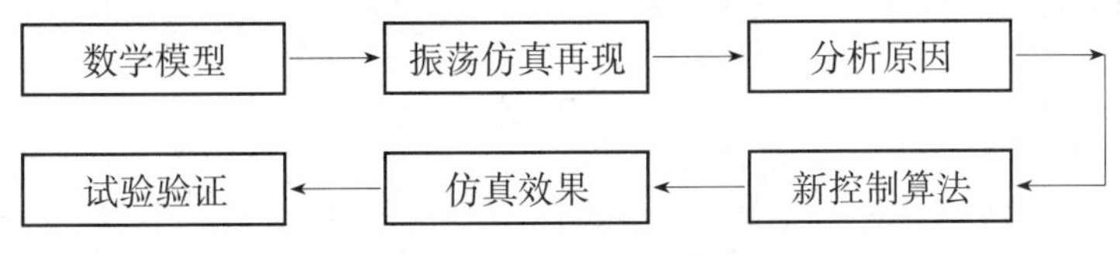


**图 5-45　研究方法框图**

本节中高重心结构件顶升的抗振研究以三峡工程高架门机 MQ2000 的自升过程为研究对象。在顶升过程中，其被提升的塔身的摇摆最为明显，由于是非一次性工程，因此有可能在工程实践中验证控制算法的改进效果。

## 5.2.2　三峡高架门机自升过程的振荡再现

以三峡高架门机自升过程控制为研究对象，建立了自升控制系统的数学模型和高架门机结构的有限元分析模型，如图 5-46 和图 5-47 所示。利用仿真的方法对数学模型仿真以实现三峡高架门机自升过程的振荡再现，分析产生现象的可能原因，然后再提出一些控制算法及控制策略的改进措施，以期达到减少或消除振荡发生的可能性，及进一步提高控制系统的稳定性和抗振性能的目的。

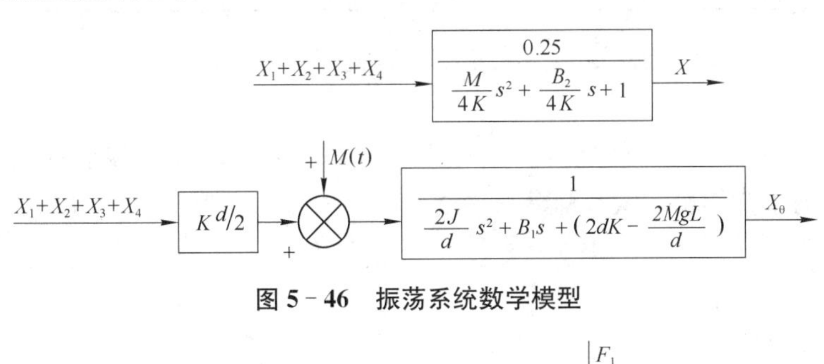


**图 5-46　振荡系统数学模型**

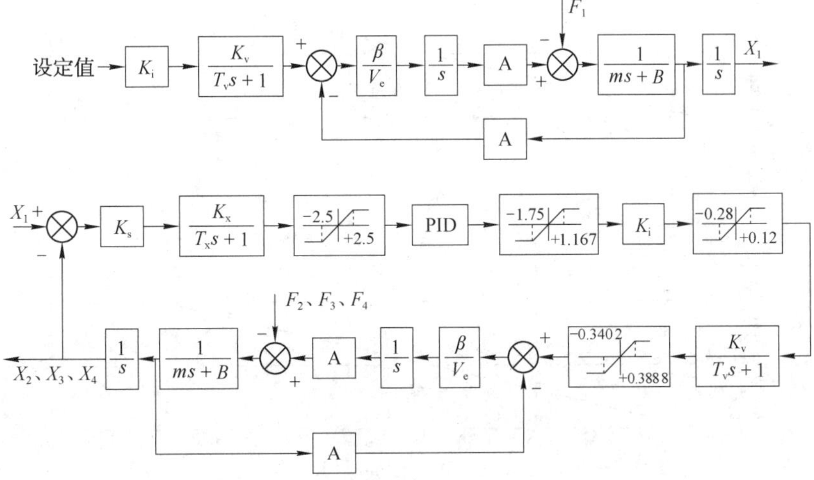


**图 5-47　液压同步提升控制系统框图**

在仿真中,系统参数见表 5-2。各油缸初值以阶跃指令输入,风载荷为持续一段时间的干扰脉冲,结构简化模型摆角 $x_{th}$(即图 5-46 中的 $X_\theta$)为输出,由于微机采样周期为 10 ms,时间极短,系统按连续 PID 控制器和按数字 PID 控制器仿真结果基本一致。在仿真中按连续 PID 控制器考虑。

**表 5-2 系 统 参 数**

| 序 号 | 参 数 名 称 | 符 号 | 大 小 | 单 位 |
|---|---|---|---|---|
| 1 | 油缸缸径 | $D$ | 380 | mm |
| 2 | 油缸杆径 | $d$ | 280 | mm |
| 3 | 油缸行程 | | 900 | mm |
| 4 | 油缸缸体质量 | $m$ | 3 000 | kg |
| 5 | 油液体积弹性模量 | $\beta$ | 700 | MPa |
| 6 | 黏性摩擦系数 | $B$ | 50 000 | N·s/m |
| 7 | 结构件质量 | $M$ | 900 000 | kg |
| 8 | 空气、机械摩擦阻尼系数 | $B_1$ | 0.016 | |
| 9 | 结构件重心位置 | $L$ | 45 | m |
| 10 | 结构弹簧刚度 | $K$ | 90 | kN/mm |

取 $K_P = 0.2$、$K_I = 0$、$K_D = 0.15$,仿真得到的各参数变化曲线如图 5-48~图 5-52 所示。

从图 5-48~图 5-52 可以看出,当 PID 控制器比例系数 $K_P$ 较小时,系统是稳定的。各参数在风载荷干扰作用下做减幅衰减振荡。

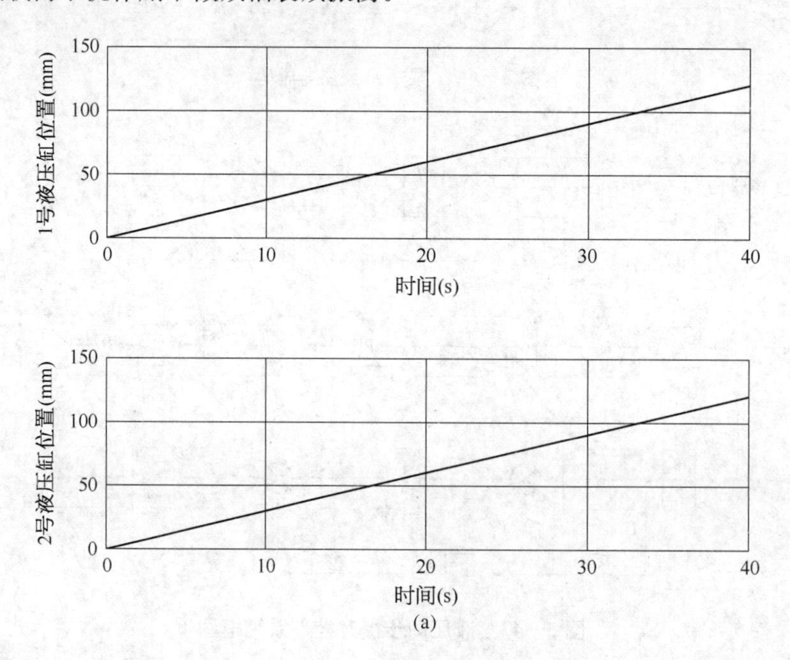

(a)

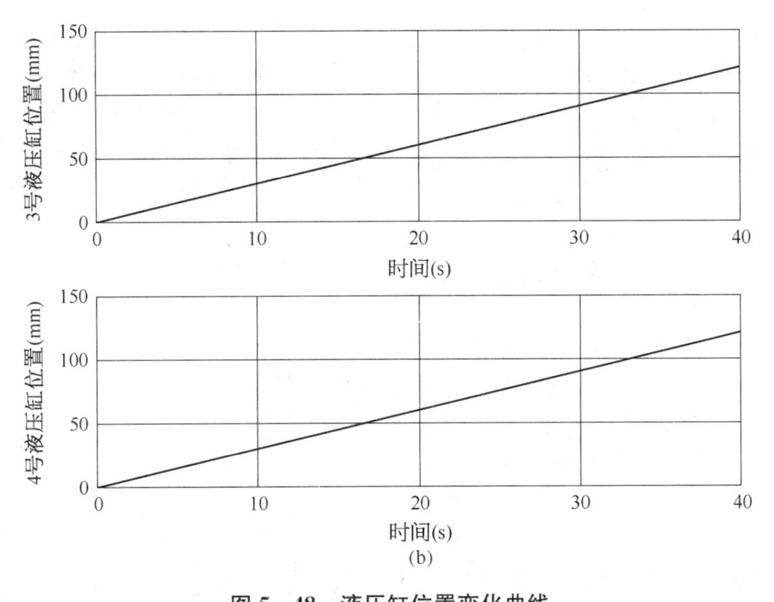


**图5-48　液压缸位置变化曲线**

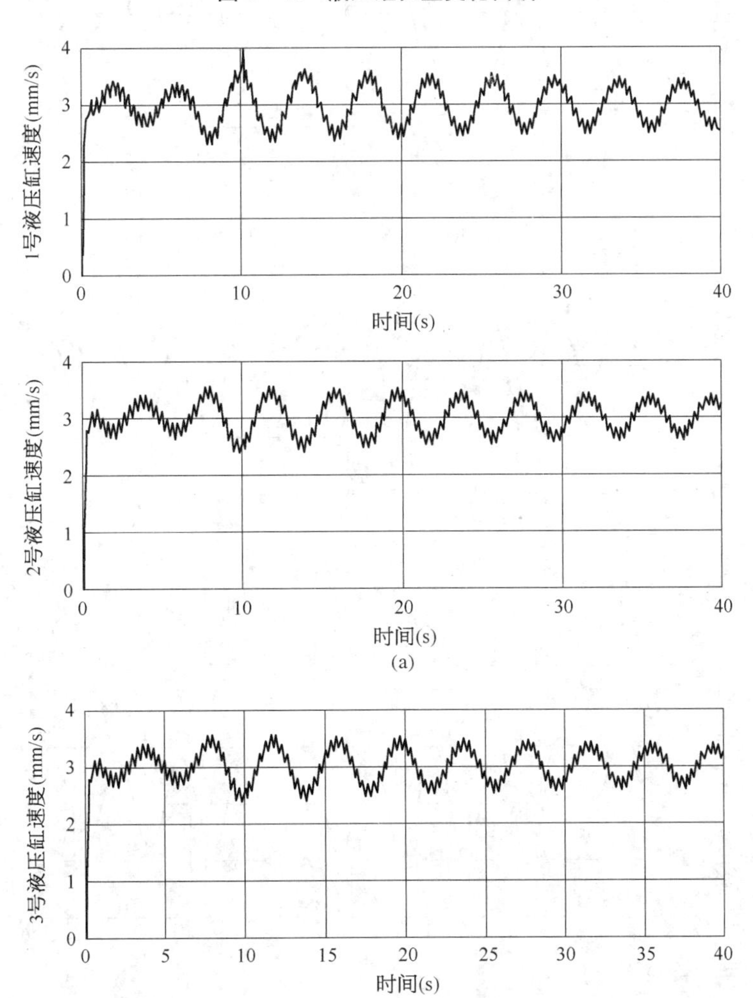

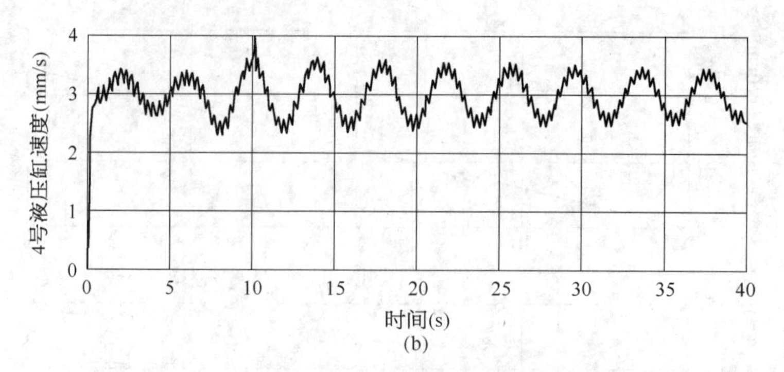


(b)

图 5-49 液压缸速度变化曲线

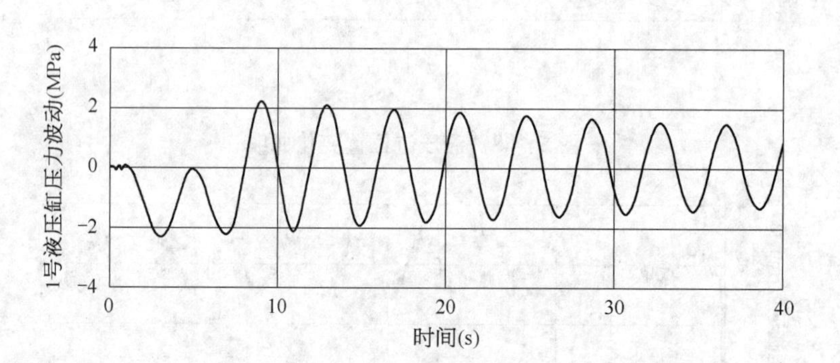


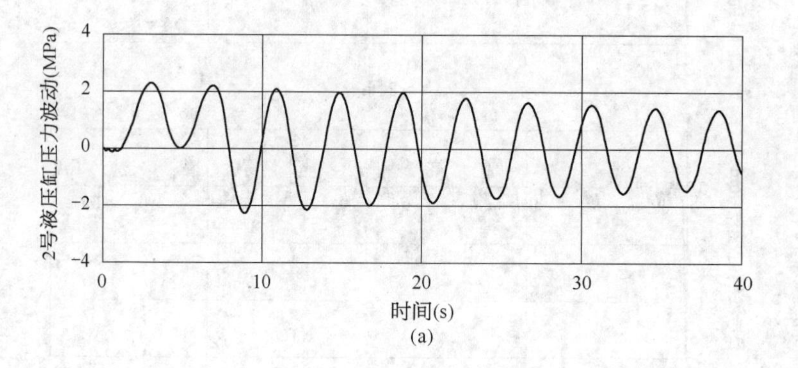


(a)

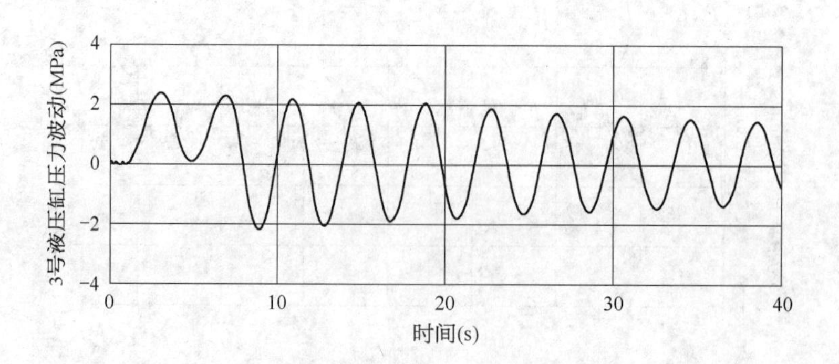

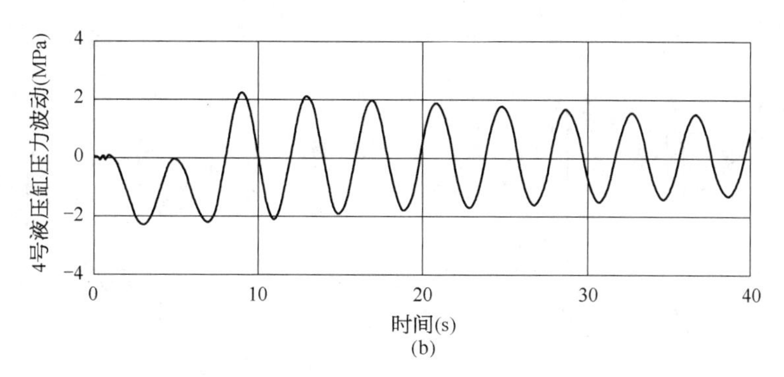

(b)

**图 5－50　液压缸压力波动曲线**

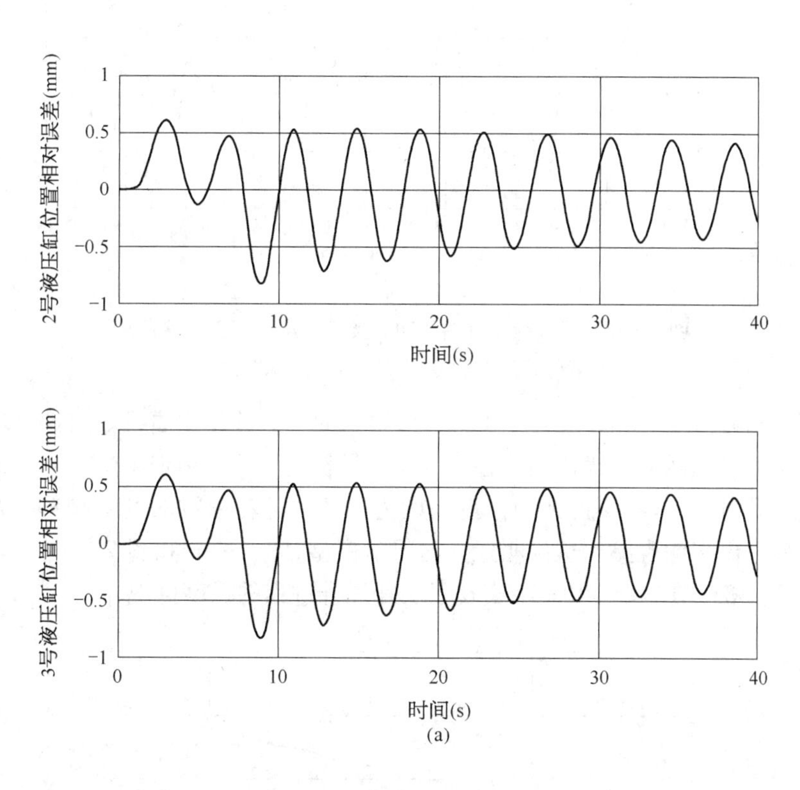

(a)

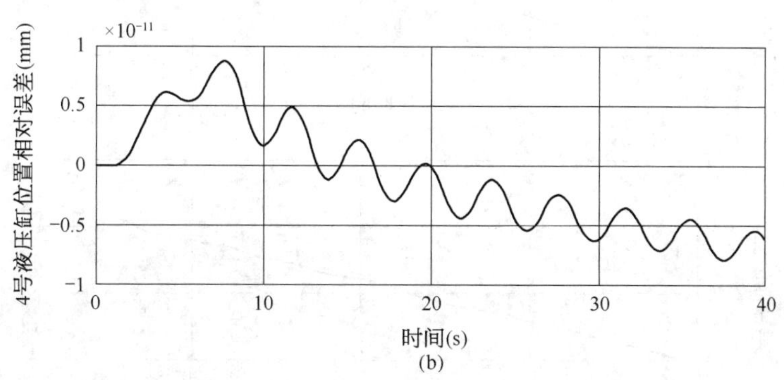

(b)

**图 5－51　液压缸位置相对误差曲线**

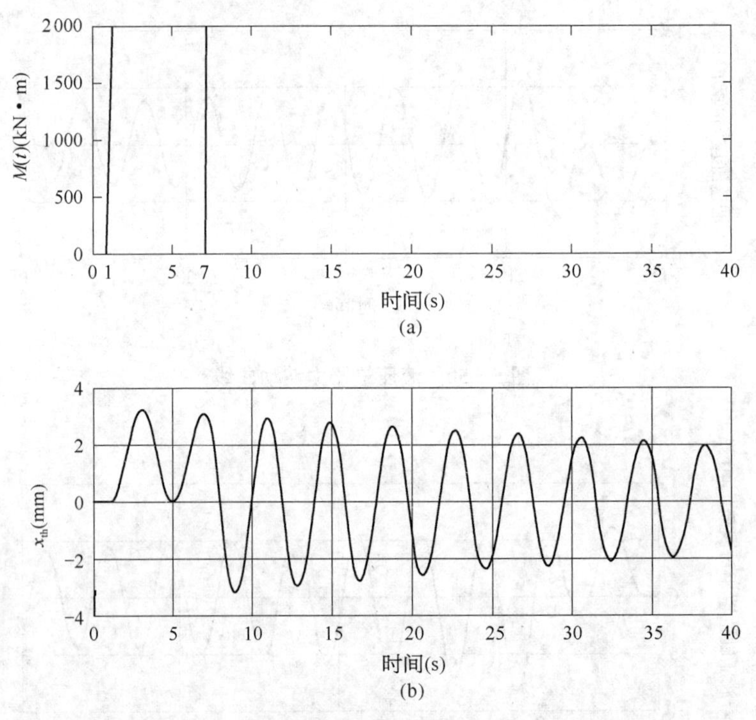


**图 5-52　风载荷干扰曲线和高架门机结构振荡位移曲线**

(a) 风载荷干扰曲线；(b) 高架门机结构振荡位移曲线

再取 $K_P = 0.5, K_I = 0, K_D = 0.15$ 仿真，得到的各参数变化曲线如图 5-53～图 5-57 所示。这时系统在风载荷干扰作用下各参数呈发散振荡，且振荡周期约 3.8 s。在实际的三峡高架门机自升过程中，实测得到的振荡周期为 3.7 s，且各参数的发散趋势基本上反映了实际提升过程中出现的现象。这说明建立的数学模型(图 5-46 和图 5-47)基本上是正确的。因而图 5-53～图 5-57 基本上实现了实际提升过程的振荡再现。

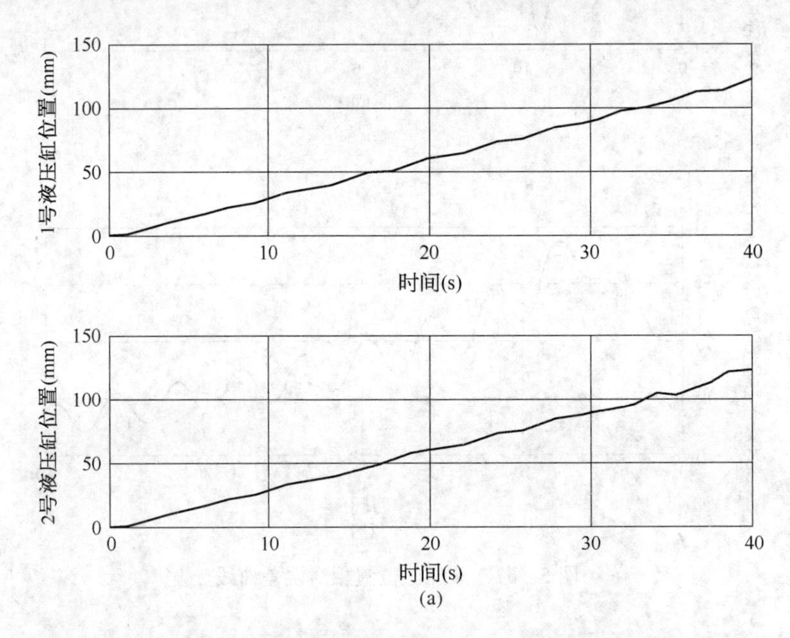

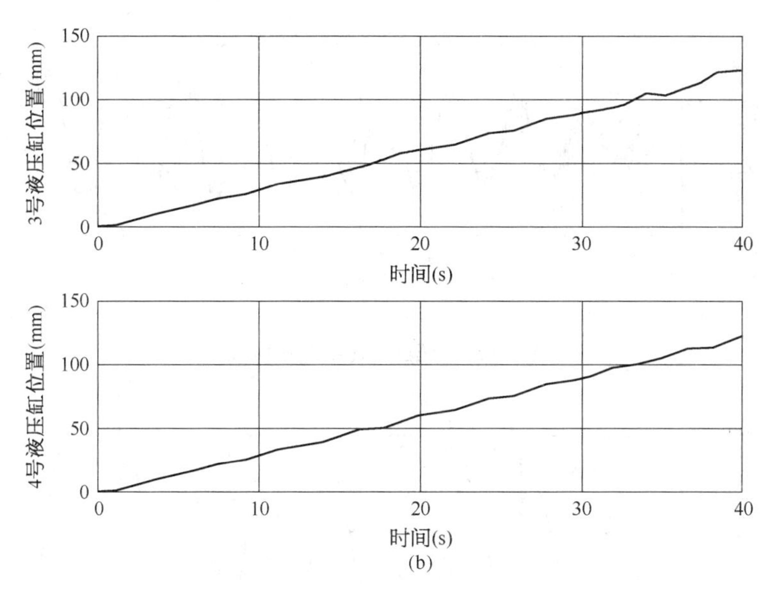

(b)

**图 5-53　液压缸位置变化曲线**

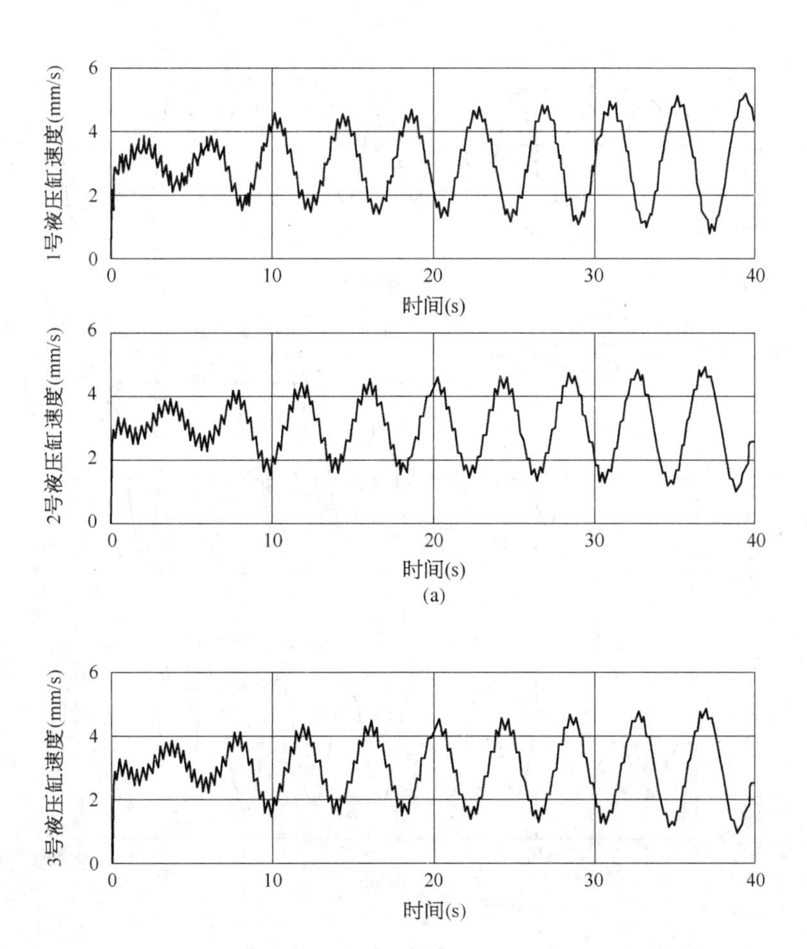

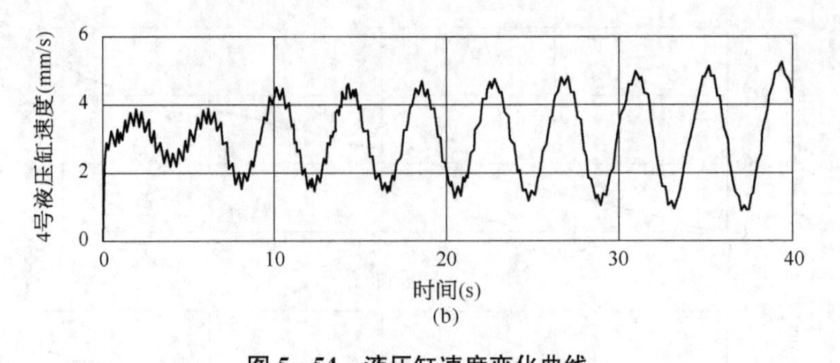


图 5-54 液压缸速度变化曲线

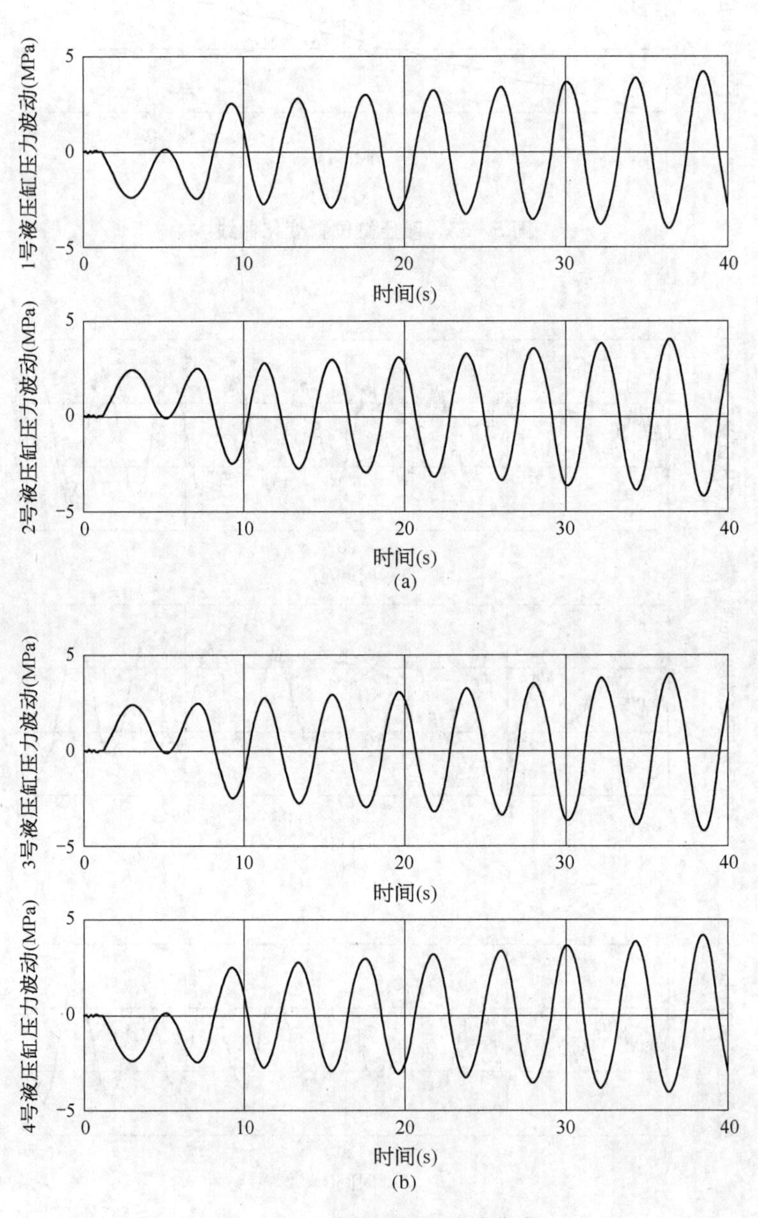


图 5-55 液压缸压力波动曲线

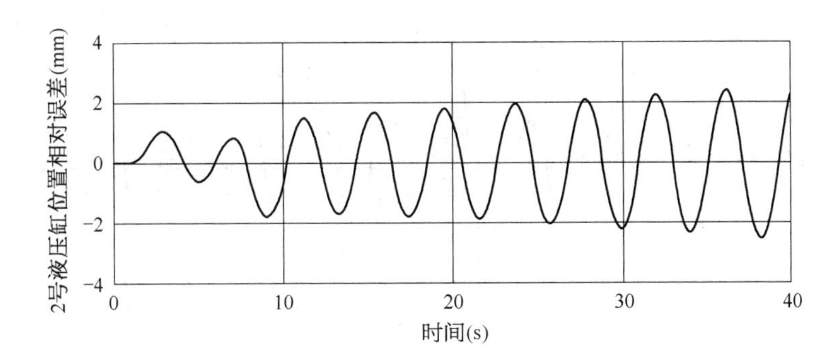


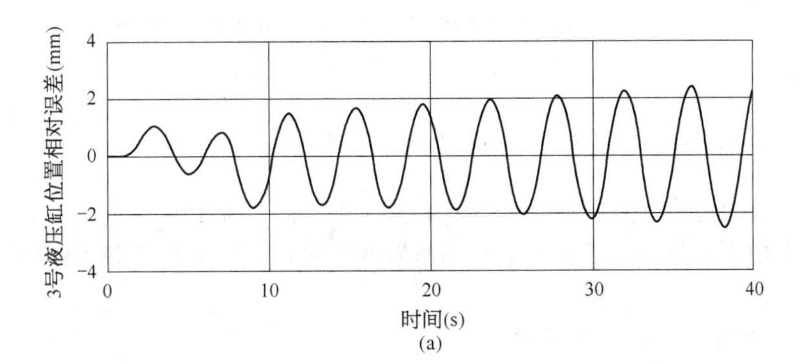


(a)

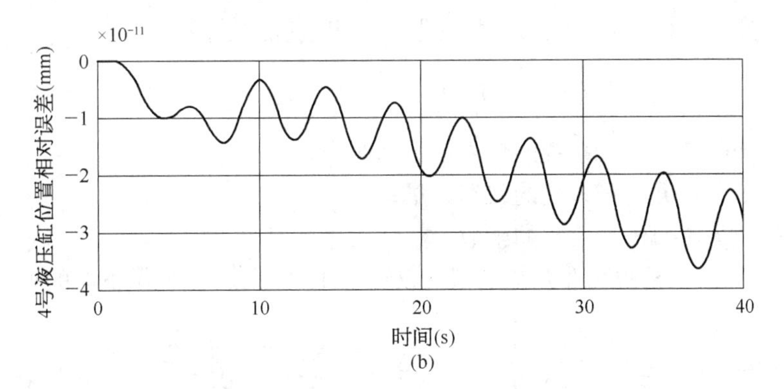


(b)

**图 5 - 56 液压缸位置相对误差曲线**

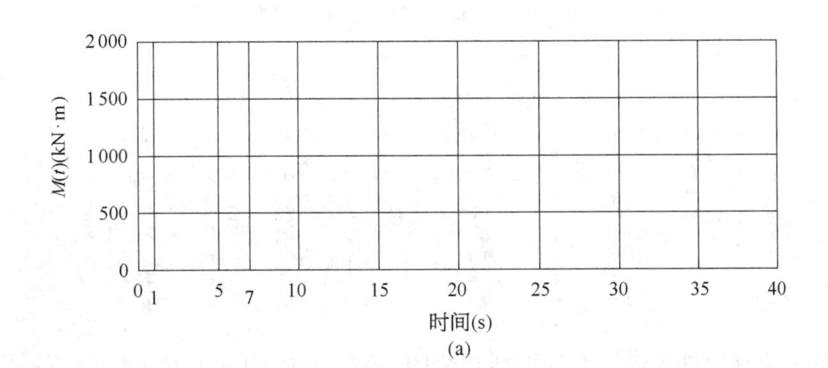


(a)

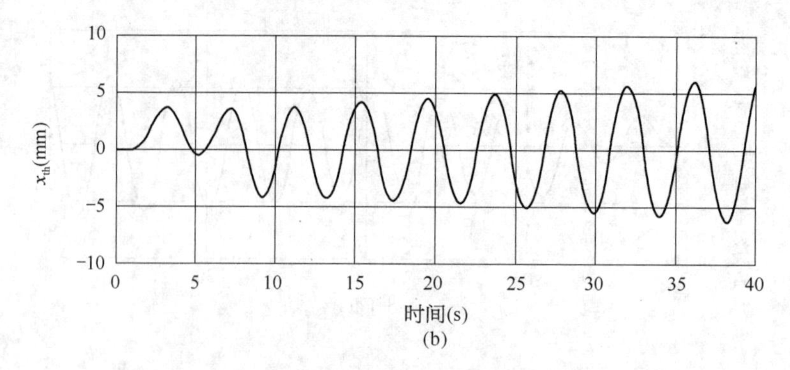


**图 5-57　风载荷干扰曲线和高架门机结构振荡位移曲线**

(a) 风载荷干扰曲线；(b) 高架门机结构振荡位移曲线

## 5.2.3　三峡高架门机自升过程的振荡原因分析

在 5.2.2 节通过仿真分析已经实现了高架门机自升过程的振荡再现，但是，影响控制系统稳定性的参数不只是 PID 控制器的比例系数 $K_P$，本节将继续探讨影响控制系统稳定性的其他因素。

### 5.2.3.1　模型线性化方法及控制软件实现

系统的线性化实际上是求取非线性系统在某工作点处近似的线性系统模型的过程。若可以由一阶微分方程组(亦即状态方程)的形式写出系统的模型

$$\dot{x}_l(t) = f_i(x_1,\ x_2,\ \cdots,\ x_n,\ u,\ t) \tag{5-31}$$

式中　$u(t)$和 $t$——系统的输入信号和时间；

$x_i(t),\ i = 1,\ 2,\ \cdots,\ n$——系统的状态变量；

$f_i(\cdot)$——给定的函数。

则式(5-31)给出的非线性系统模型可以在工作点$(x_0,\ u_0)$处做下面的近似

$$\Delta\dot{x}_l = \sum_{j=1}^{n} \frac{\partial f_i(x,\ u)}{\partial x_j}\bigg|_{x_0,\ u_0} \Delta x_j + \sum_{j=1}^{p} \frac{\partial f_i(x,\ u)}{\partial u_j}\bigg|_{x_0,\ u_0} \Delta u_j \tag{5-32}$$

这样构造新的系统状态变量，则可以得出下面的线性化模型

$$\Delta\dot{x}(t) = \boldsymbol{A}_l \Delta x(t) + \boldsymbol{B}_l \Delta u(t) \tag{5-33}$$

其中

$$\boldsymbol{A}_l = \begin{bmatrix} \dfrac{\partial f_1}{\partial x_1} & \cdots & \dfrac{\partial f_1}{\partial x_n} \\ \vdots & \ddots & \vdots \\ \dfrac{\partial f_n}{\partial x_1} & \cdots & \dfrac{\partial f_n}{\partial x_n} \end{bmatrix},\ \boldsymbol{B}_l = \begin{bmatrix} \dfrac{\partial f_1}{\partial u_1} & \cdots & \dfrac{\partial f_1}{\partial u_p} \\ \vdots & \ddots & \vdots \\ \dfrac{\partial f_n}{\partial u_1} & \cdots & \dfrac{\partial f_n}{\partial u_p} \end{bmatrix} \tag{5-34}$$

控制系统仿真软件提供了对模型线性化的函数 linmod2(　)，该函数的调用格式为

[A, B, C, D]=linmod2(mod eln ame, x, u)

这里 x 和 u 分别为平衡点处的状态向量和输入向量，通过该函数的调用将得到线性化模型的状态方程参数(A, B, C, D)。然后使用系统最小实现的函数 minreal(　)获得最小系统(A′, B′, C′, D′)，再使用仿真软件提供的函数 ss2zp(　)，可以把状态空间的变量(A′, B′, C′, D′)转换为零点和极点的表示形式，从而求出模型的零点和极点。根据极点的位置就可以判断系统的稳定性。

5.2.3.2　PID 控制器控制参数的影响

PID 调节器参数对控制系统的影响已在第 3 章做了叙述。这里主要讨论比例系数对稳定性的影响。取比例系数为不同的值，按控制系统框图 5-47 仿真。以风载荷干扰作为输入，振荡位移 $x_{th}$ 作为输出，使用上述控制系统仿真软件提供的函数 linmod2(　)、minreal(　)和 ss2zp(　)求出系统的传递函数近似为一二阶振荡系统。

$$\frac{x_{th}(s)}{M(s)}=\frac{k_1}{(s-p_0)(s-p_1)} \tag{5-35}$$

式中　$k_1$——增益；

$p_0$、$p_1$——一对共轭极点。

表 5-3 给出了极点和比例系数 $K_P$ 的关系。从表中可以看出，与一般 PID 控制器一样，当比例系数不断增大时，稳定性变差，极点不断向右移动，系统由稳定系统变为不稳定系统。

**表 5-3　极点与比例系数关系**

| 比例系数 $K_P$ | 极点 $p_0$，$p_1$ | |
|---|---|---|
| | 实　部 | 虚　部 |
| 0.1 | −0.016 982 596 40 | ±1.485 642 334 12 |
| 0.15 | −0.012 055 392 46 | ±1.485 256 013 16 |
| 0.25 | −0.002 119 199 32 | ±1.485 304 082 41 |
| 0.28 | +0.000 858 882 52 | ±1.485 533 262 45 |
| 0.32 | +0.004 811 471 95 | ±1.485 991 503 73 |
| 0.38 | +0.010 675 871 30 | ±1.486 999 504 02 |

5.2.3.3　液压油缸位置的影响

在整个液压同步提升过程中，液压油缸的位置不断变化。油缸从开始提升时的全缩位置到提升结束时的全伸位置，油缸压力腔的体积发生很大的变化。因此，在控制系统框图 5-47中，参数 $V$ 是变化的。在其他参数不变的情况下，令 $V$ 分别取不同的值，使用上述同样的方法对系统仿真。可以得到当 $V$ 小于某一值时，系统是稳定的，并且 $V$ 越小，系统越稳定；而当 $V$ 大于某一值时，系统是不稳定的，并且 $V$ 越大，系统越不稳定。

表 5-4 给出了极点和液压缸位置的关系。

**表 5-4 极点与液压缸位置关系**

| 液压缸位置 $l/l_0$ | 极点 $p_0, p_1$ | |
|---|---|---|
| | 实 部 | 虚 部 |
| 0.062 5 | −0.020 904 548 14 | ±1.630 849 899 66 |
| 0.125 | −0.015 820 175 54 | ±1.578 078 992 31 |
| 0.25 | −0.007 092 386 26 | ±1.485 142 302 24 |
| 0.331 25 | −0.002 234 834 557 | ±1.432 119 765 695 |
| 0.374 3 | 0.000 126 990 405 | ±1.406 008 715 906 |
| 0.5 | 0.006 330 072 308 | ±1.336 441 761 923 |
| 0.625 | 0.011 663 856 698 | ±1.275 569 190 677 |
| 0.75 | 0.016 360 084 663 | ±1.221 295 414 165 |
| 1.0 | 0.024 281 939 098 | ±1.128 804 873 122 |

以油缸位置为横坐标，一对共轭极点的实部为纵坐标，得出它们之间的关系曲线，如图5-58所示。从图中可以看出，液压同步顶升控制系统是一个临界稳定的系统。系统的一对共轭极点位于 $s$ 平面左侧靠近虚轴的地方。在一个顶升行程过程中，计算机调节参数不变，油缸位置发生变化，油缸压力腔容积 $V$ 不断增大，液压油的压缩性对控制系统的影响越来越大，使控制系统的一对共轭极点不断向右移动，以致最后进入 $s$ 平面右半部分，控制系统由稳定系统变为不稳定系统，从而引起系统发散振荡。在三峡高架门机实际提升过程中，振荡现象都发生在油缸行程的后半部分，这也从一个侧面说明了这个问题。

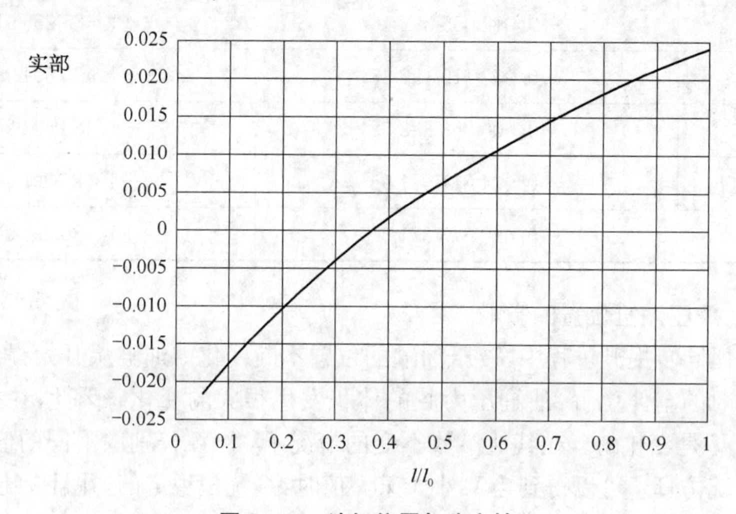


**图 5-58 油缸位置与稳定性**

#### 5.2.3.4　高架门机结构重心高度的影响

在控制系统框图 5-47 中，在其他参数不变的情况下，令高架门机结构重心高度 $L$ 分别取不同的值，对系统仿真。采用上述同样的方法得到结构重心高度和极点的关系，见表 5-5。

表 5-5　极点与结构重心高度关系

| 重心高度 $L$(m) | 极点 $p_0, p_1$ | |
|---|---|---|
| | 实　部 | 虚　部 |
| 10 | −0.529 844 449 87 | ±6.905 022 778 68 |
| 20 | −0.118 687 717 23 | ±3.423 964 062 05 |
| 25 | −0.068 888 401 08 | ±2.726 203 731 61 |
| 35 | −0.025 250 421 35 | ±1.928 389 344 79 |
| 40 | −0.014 505 830 37 | ±1.679 050 568 10 |
| 45 | −0.007 092 386 26 | ±1.485 142 302 24 |
| 50 | −0.001 750 077 74 | ±1.330 026 936 53 |
| 55 | +0.002 235 534 98 | ±1.203 138 880 78 |
| 60 | +0.005 294 945 50 | ±1.097 416 975 17 |

以结构重心高度 $L$ 为横坐标、一对共轭极点的实部为纵坐标，得出它们之间的关系，如图 5-59 所示。从图中可以看出，结构重心高度越大，控制系统越不稳定。

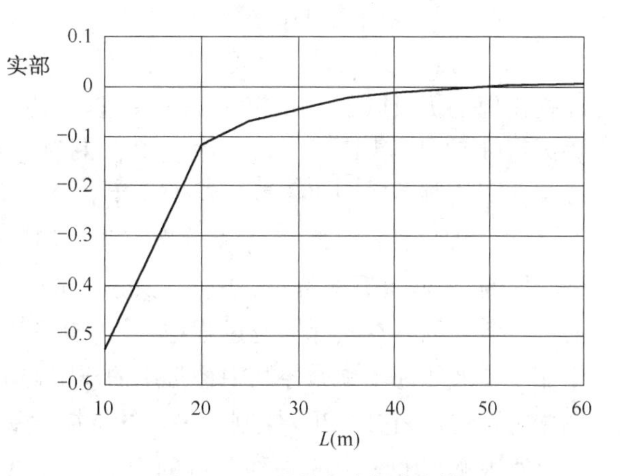


图 5-59　顶升高度与稳定性

#### 5.2.3.5　风载荷干扰的影响

在控制系统框图 5-47 中，在其他参数不变的情况下，干扰输入风载荷扰动 $M(t)$ 的大小取不同值，对系统仿真。可以看出，风载荷扰动不影响控制系统的稳定性，但风载荷越大，振荡振幅越大。在高架门机实际提升过程中，有时在没有风载荷扰动的情况下顶升控制系统也出现发散振荡现象，而在有风载荷扰动的情况下发散振荡现象更加剧烈。

分别取 $M(t) = 2\,000\ \text{kN}\cdot\text{m}$ 和 $M(t) = 3\,000\ \text{kN}\cdot\text{m}$，仿真得到的振荡曲线如图 5-60 所示。

根据以上的分析，可以认为 PID 控制器的比例系数 $K_P$、液压油缸位置以及门机结构重心高度是影响控制系统稳定性的主要因素，也是造成控制系统发散振荡的主要原因。

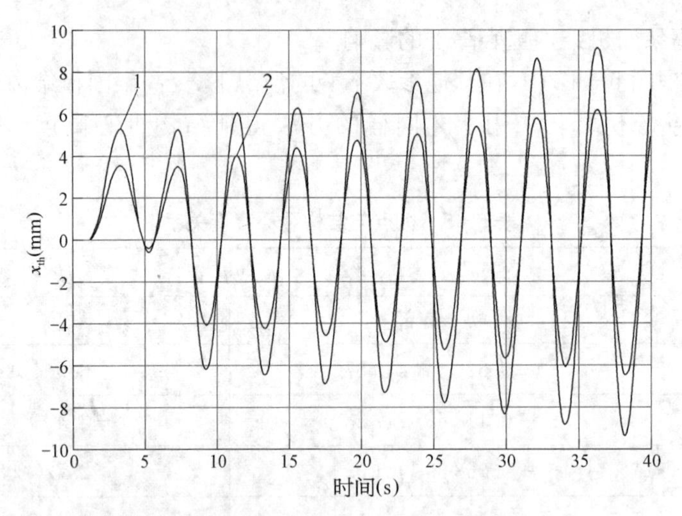


**图 5-60 风载荷大小的影响($K_P=0.5, K_I=0, K_D=0.15$)**

1—$M(t)=3\,000$ kN·m; 2—$M(t)=2\,000$ kN·m

## 5.2.4 三峡高架门机控制算法的改进及其仿真分析

由 5.2.3 节的研究可知,控制系统稳定工作时,在有风载荷的情况下,角位移的衰减速度很慢。因此,在本节中研究各种控制算法和控制策略,以增加系统的稳定性,提高系统的抗风载荷干扰的能力。

5.2.4.1 双限幅 PID 控制

PID 调节是连续系统理论中技术成熟且应用广泛的一种控制方法。近代控制理论和智能控制理论仍吸取了 PID 控制的一些基本思想。PID 控制基于系统误差的现实因素(P)、过去因素(I)和未来因素(D)进行线性组合来确定控制量,具有结构简单、易于实现等特点,至今在液压控制系统中仍有着广泛的应用。

在 5.2.3 节的仿真中,模拟实际三峡高架门机提升过程的 PID 算法,使用了 PD 控制算法。因为,实际提升过程中,在加入积分调节后,由于系统中饱和环节的作用,控制系统立即变为发散。而且在实际提升过程中,允许有一定的静差,所以去掉了积分环节。在本节中,采用了在液压同步顶升控制中最常用的双限幅 PID 算法仿真,仿真结果如图 5-61 所示,从图中可以看出,它比 PID 控制有更好的抗振性能。

双限幅 PID 控制是一种改进的 PID 增量式算法。它的基本思想是:由于调节过程极快,如果每次计算机发出的 PWM 变化过大,将造成比例阀超调。因此在调节过程中既要限制每次调节的步长,又要限制调节的极值。实践表明这是一种有效的算法。

5.2.4.2 角位移直接反馈控制

双限幅 PID 控制虽然有比 PID 控制更好的抗振性能,但未从根本上提高系统的稳定性。在前面的控制方式中,只考虑了从吊点对主令吊点的油缸位移跟踪,高架门机结构的角位移信号只是间接地通过各个油缸的位移信号反馈进入计算机调节器调节。如果对前面的控制策略做一定的修正,使高架门机角位移信号直接反馈到计算机调节器,则修正后的控制系统框图如图 5-62 所示(图中只示出了油缸 2 和 3 的调节器输入误差信号)。

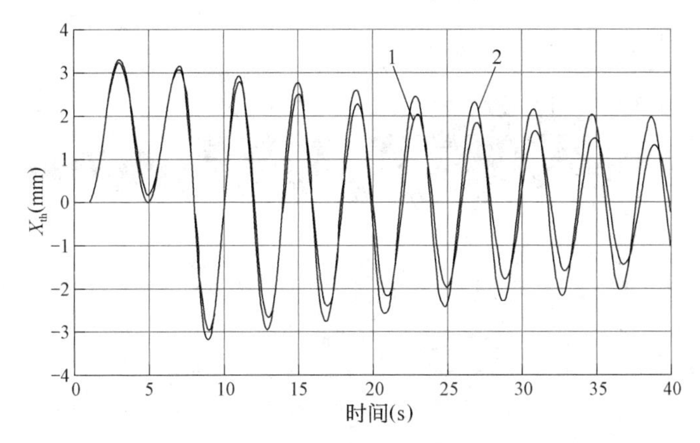


**图 5-61　控制算法控制效果对比**

1—双限幅 PID；2—PID 控制

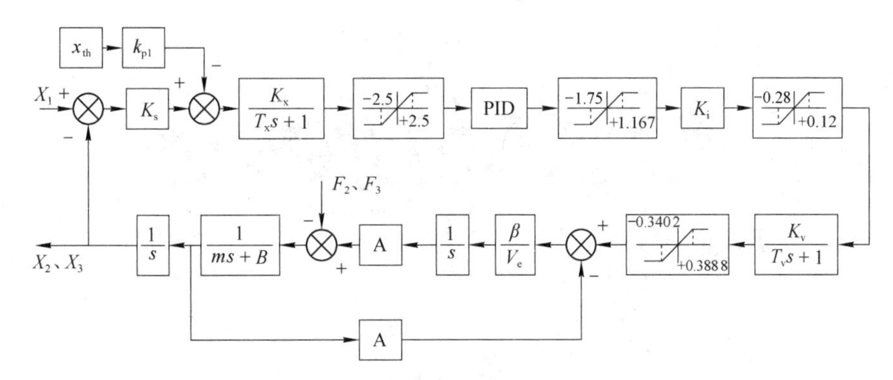


**图 5-62　角位移直接反馈控制框图**

从图 5-62 可以看出，油缸 2 和 3 除油缸位移跟踪主令油缸 1 的位移外，角位移 $x_{th}$（即 $X_\theta$）直接反馈也送计算机进行调节，$k_{p1}$ 为反馈系数。但油缸 4 仍只跟踪主令油缸位移。根据这样的控制方案进行仿真，得到的仿真结果如图 5-63～图 5-67 所示。

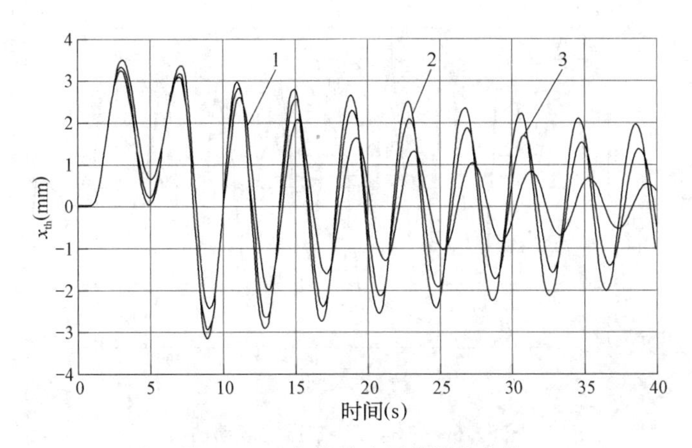


**图 5-63　各种算法振荡位移曲线**

1—角位移直接反馈；2—PID 控制；3—双限幅 PID 控制

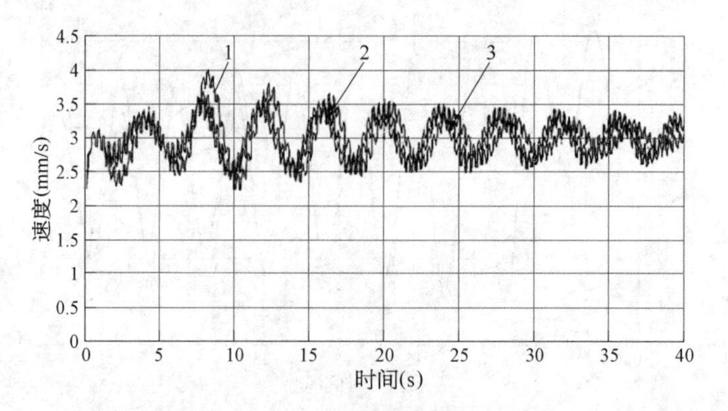


**图 5-64　2 号液压缸速度变化曲线**

1—角位移直接反馈；2—PID 控制；3—双限幅 PID 控制

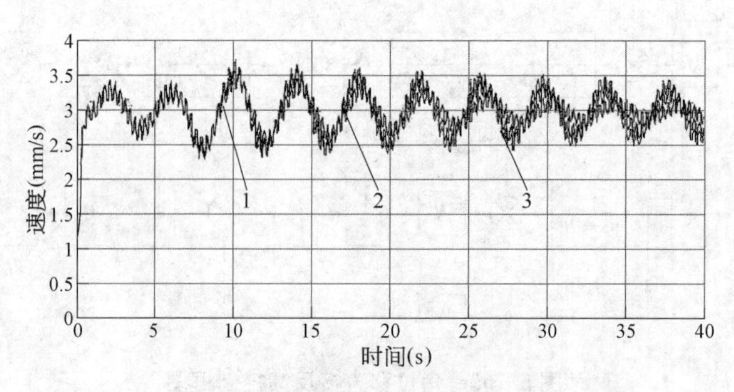


**图 5-65　1 号液压缸速度变化曲线**

1—角位移直接反馈；2—PID 控制；3—双限幅 PID 控制

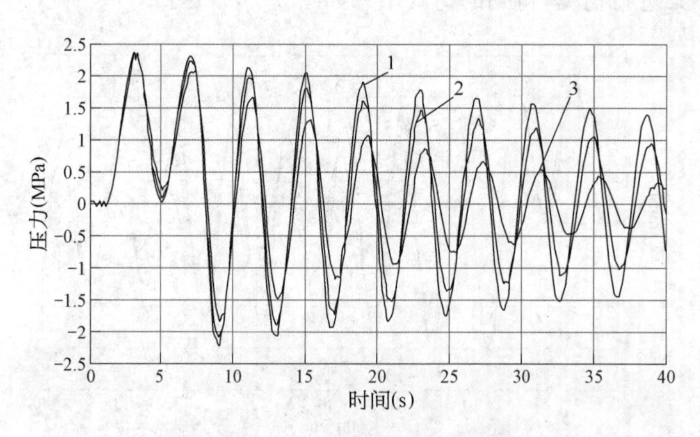


**图 5-66　2 号液压缸压力波动曲线**

1—角位移直接反馈；2—PID 控制；3—双限幅 PID 控制

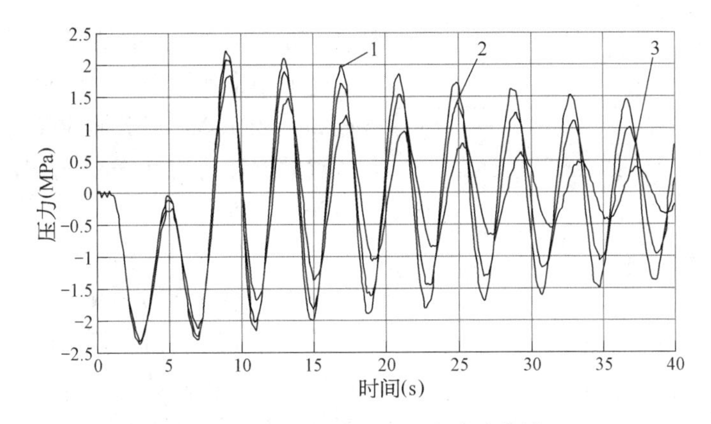


**图 5-67　1 号液压缸压力波动曲线**

1—角位移直接反馈；2—PID 控制；3—双限幅 PID 控制

再以 $M(t)$ 为输入，$x_{\text{th}}$ 为输出，利用函数 linmod2(　)、minreal(　)及 ss2zp(　)求出控制系统的极点为一对共轭极点：

$$-0.05482552435 \pm 1.583113461142i$$

与以前没有采用角位移反馈的 PID 控制求出的极点：

$$0.00709238626 \pm 1.48514230224i$$

相比其实部增加了近 10 倍，所以系统稳定性大大增加。再从图 5-63～图 5-67 也可以看出，采用了角位移直接反馈控制方案的系统，其抗风载荷干扰的能力大大高于 PID 控制和双限幅 PID 控制的系统，且油缸压力波动也明显减小，这说明系统的稳定性大大增强。但油缸速度波动要剧烈些。

5.2.4.3　油压与高差联合控制

采用角位移直接反馈控制方案的系统，其抗风载荷干扰的能力大大增加，是提高控制系统稳定性的一种有效措施。但是，这需要一个精度很高的角位置传感器才能做到，而且即使有这样的传感器，由于门机结构重心很高，其安装也十分困难。所以需要找到一种既检测方便又能反映门机结构角位移特性变化的物理量。

因为油缸压力是一种易于测量的物理量，如果它的波动量能够反映门机结构角位移的变化，那么就可以用油压传感器对油压信号的检测来取代角位移传感器对角位移的检测。为此，根据图 5-68 所示的高架门机结构的有限元模型来分析油缸油压波动与门机结构角位移的关系。

从图 5-68 看到，高架门机结构的重心位于单元节

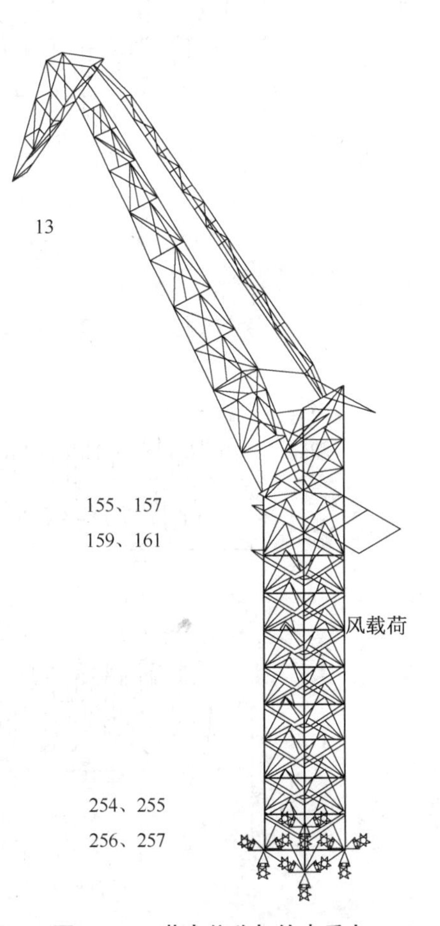


**图 5-68　节点位移与约束反力**

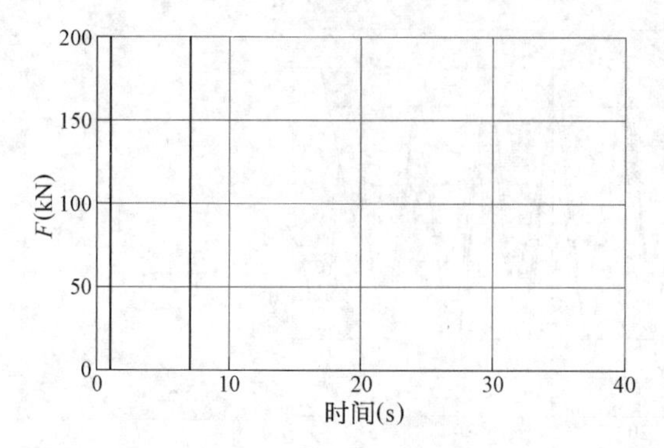


图 5－69　风载荷力

点 155、157、159、161 附近。假设在这些节点上施加一个如图 5－69 所示的风载荷力，在节点 254、255、256、257 加约束的情况下，求出各节点的位移及约束节点处的反力如图 5－70～图 5－73 所示。

根据图 5－70～图 5－73 的结果，对各曲线做频谱分析，得到如图 5－74～图 5－77 所示的功率谱密度曲线。节点 155、157、159、161 处的位移以及节点 254、255、256、257 处的反力都有一个相同的基频，结构象鼻梁节点

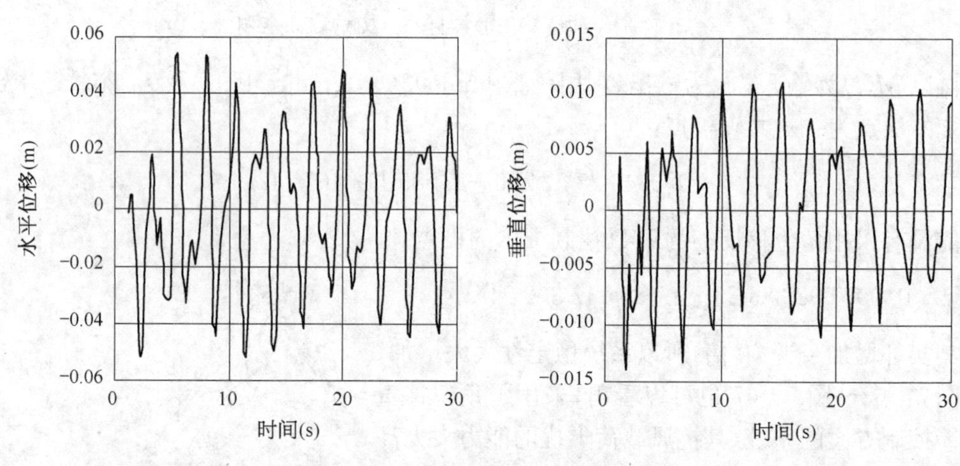


图 5－70　象鼻梁节点 13 处的位移

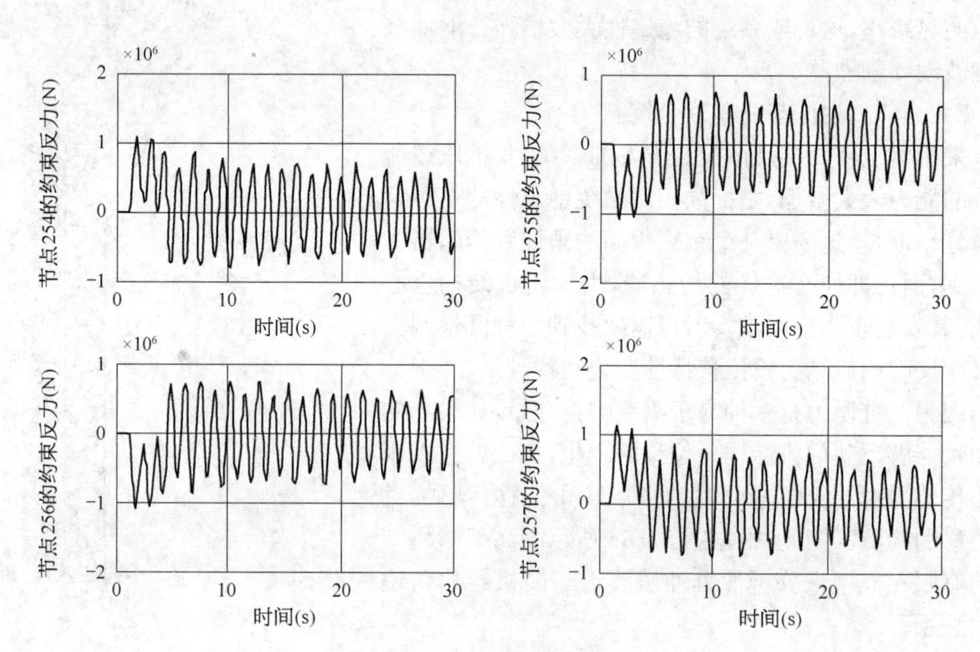


图 5－71　节点的约束反力

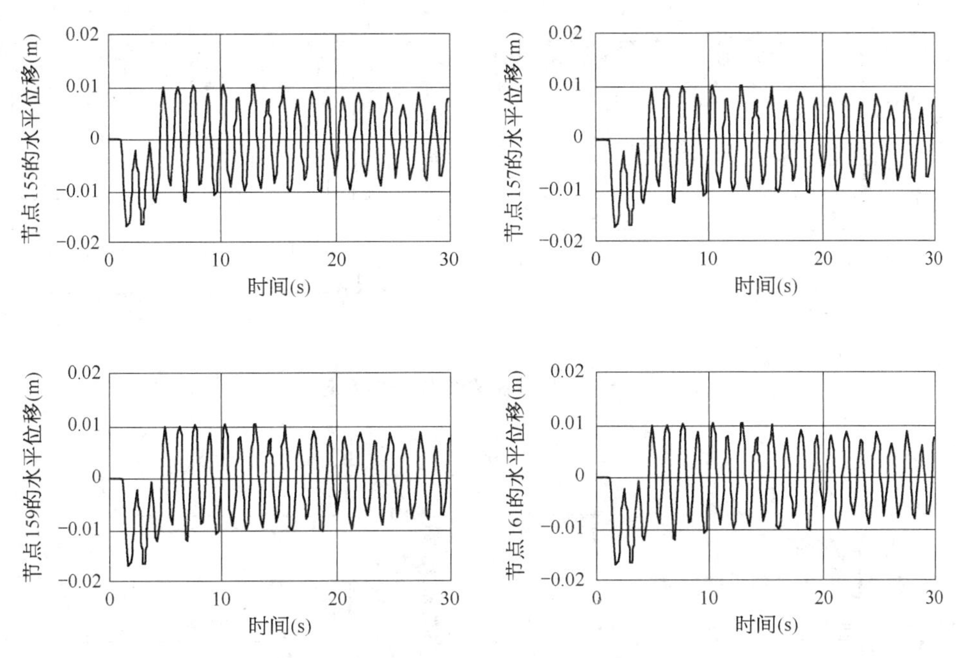


**图 5 - 72　结构重心附近节点的水平位移**

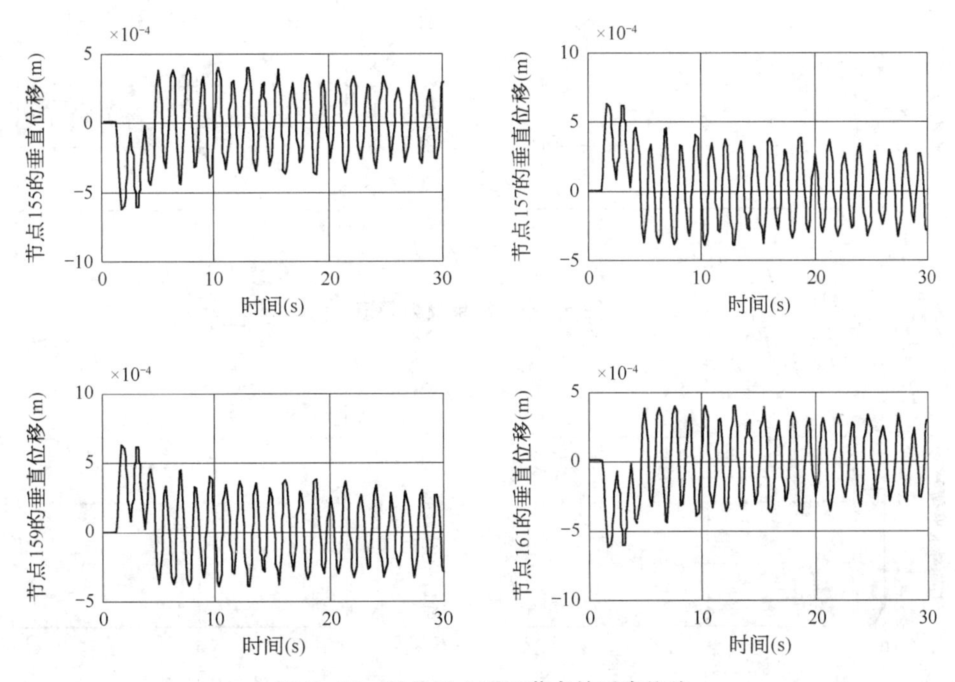


**图 5 - 73　结构重心附近节点的垂直位移**

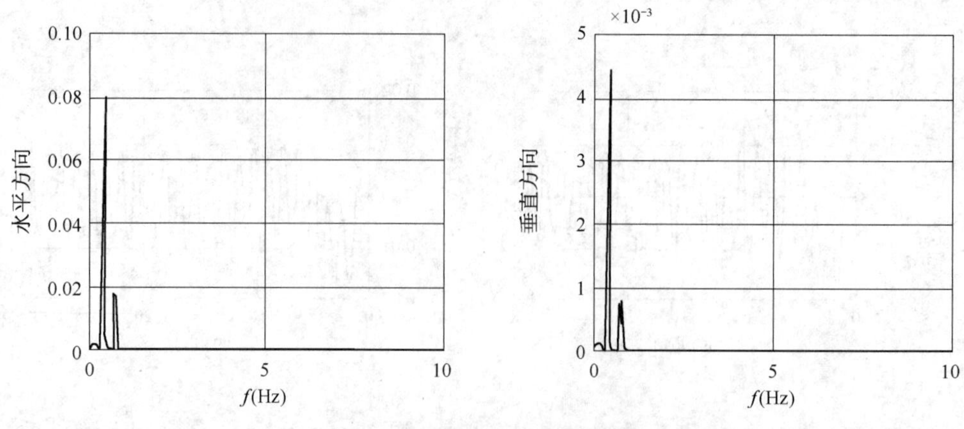


图 5-74　象鼻梁节点 13 的频谱

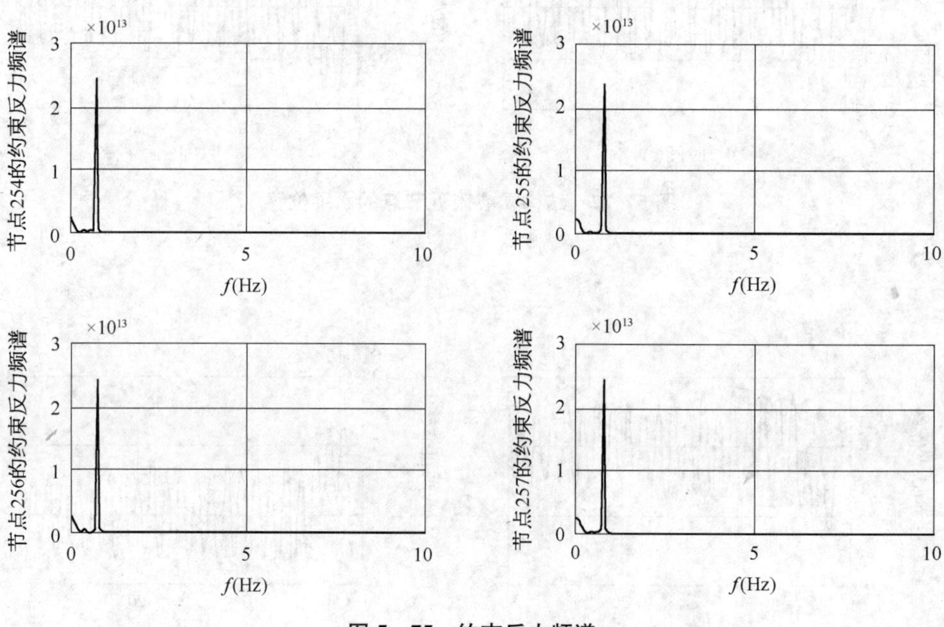


图 5-75　约束反力频谱

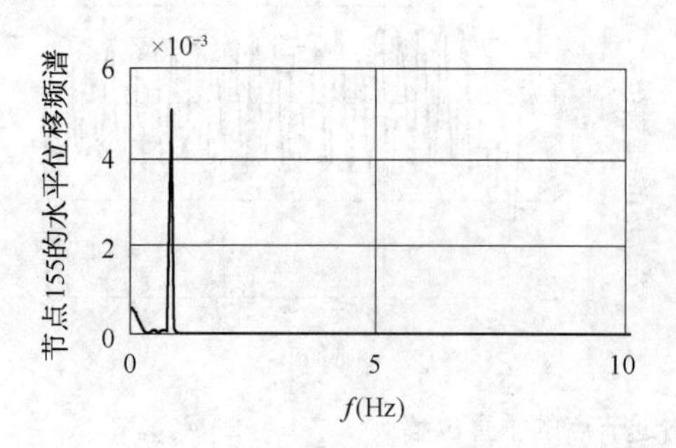


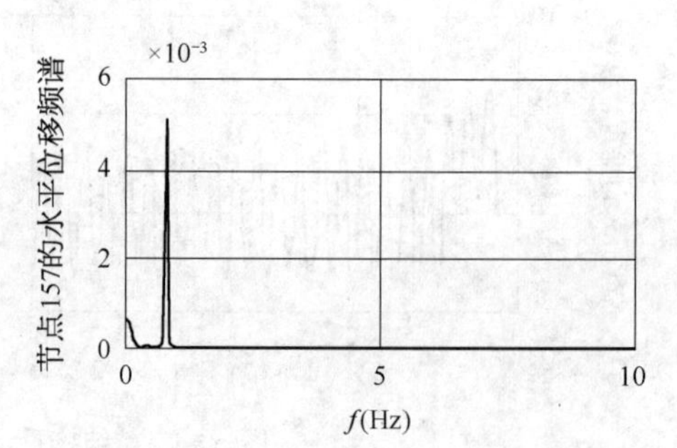

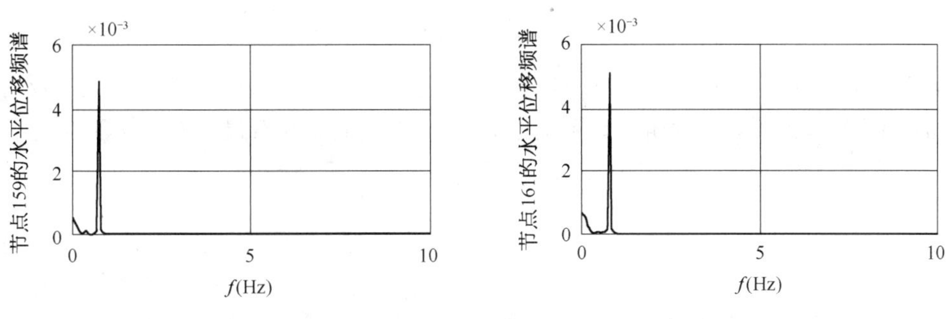


**图 5-76　结构重心附近节点的水平位移频谱**

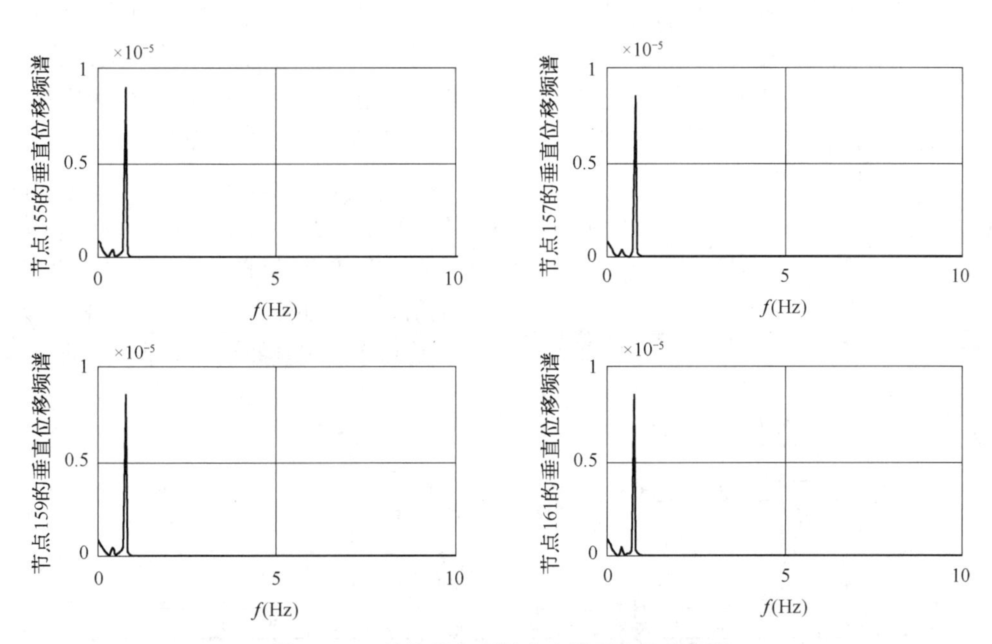


**图 5-77　结构重心附近节点的垂直位移频谱**

13 处的位移有两个基频，其中一个与上面节点的频率相同，这就是结构在风载荷力作用下的振荡频率。节点 13 的另一个频率为它绕某一点的自振频率。因为在研究控制系统时已经把门机结构简化为一个重心高度为 $L$ 的质量 $M$，所以只研究重心附近各节点 155、157、159、161 处的位移与约束反力之间的关系。因此，需要对这些曲线做相关分析。所谓相关，简单地讲就是讨论两个或几个数据信号之间的波形相似性。描述相关的主要参数有相关系数 $\rho_{xy}$、自相关函数 $R_x(\tau)$、互相关函数 $R_{xy}(\tau)$。相关系数 $\rho_{xy}$ 定义为

$$\hat{\rho}_{xy}=\frac{\sum_{i=1}^{N}(x_i-\bar{x})(y_i-\bar{y})}{\sqrt{\sum_{i=1}^{N}(x_i-\bar{x})^2\sum_{i=1}^{N}(y_i-\bar{y})^2}} \tag{5-36}$$

互相关函数 $R_{xy}(\tau)$ 则研究两个信号 $x(i)$、$y(i+\tau)(i=1,2,\cdots,N)$ 之间的相关程度。它定义为

$$R_{xy}(r)=\lim_{N\to\infty}\frac{1}{N}\sum_{i=1}^{N}x_i y_{i+r} \tag{5-37}$$

$$r = 0,\ 1,\ 2,\ \cdots,\ m,\ m < N$$

利用上式求出节点 155、157、159、161 处的位移信号与节点 254、255、256、257 处的反力信号之间的相关程度，如图 5－78 所示。可知当 $r = 0$ 时，它们之间有最大的相关度

$$R_{xy}(0) = 0.998\ 3 \tag{5-38}$$

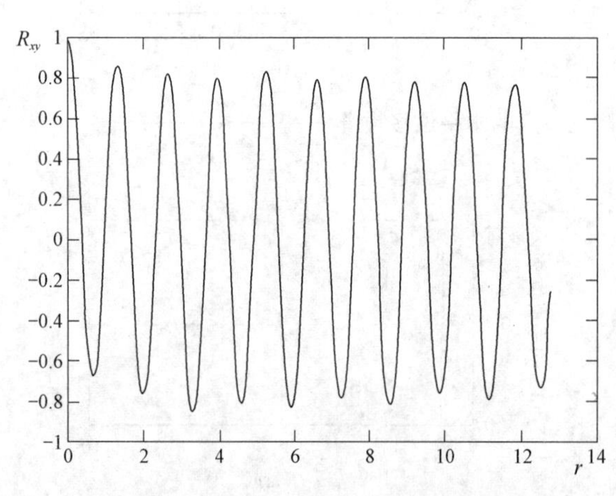


图 5－78　节点位移与约束反力相关系数曲线

因此它们之间在 $\tau = 0$ 处有最大的相关度。这样，油压波动信号就能充分反映门机结构角位移的变化。

因为油压传感器测量到的信号为油压的绝对值，所以用油缸 2 和 3 的油压之和与油缸 1 和 4 的油压之和相减作为反馈，参与油缸 2 的调节器调节，油缸 3 高差跟踪油缸 2，油缸 4 高差跟踪油缸 1，控制框图如图 5－79所示，其中 $k_2$ 为反馈系数。仿真后得到的参数变化曲线与采用角位移直接反馈的仿真曲线如图 5－80～图 5－84 所示，从图中可以看出其曲线几乎是一致的。

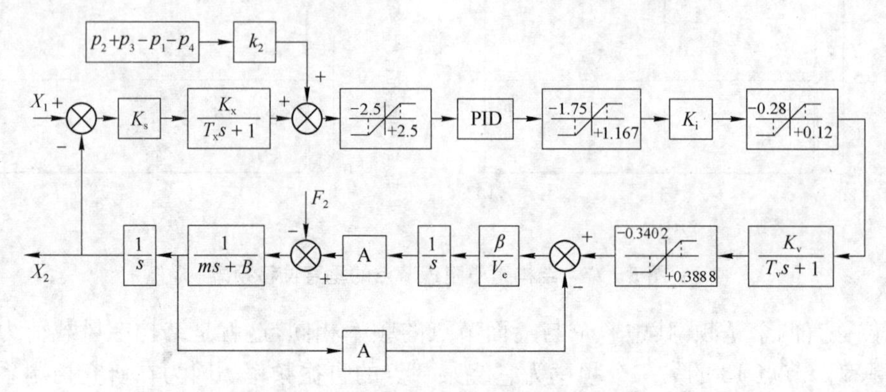


图 5－79　高差与压力反馈控制框图

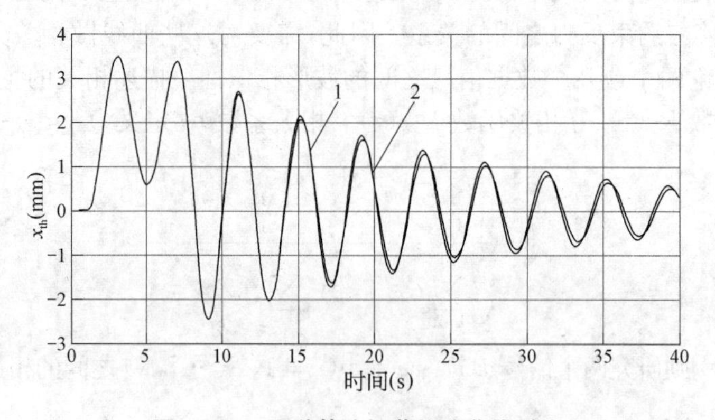


图 5－80　两种算法振荡位移曲线对比

1—角位移直接反馈；2—高差与压力反馈控制

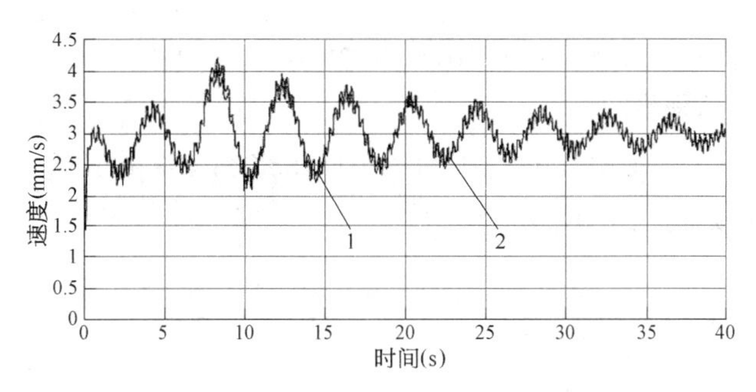


**图5-81 2号液压缸速度曲线对比**

1—角位移直接反馈；2—高差与压力反馈控制

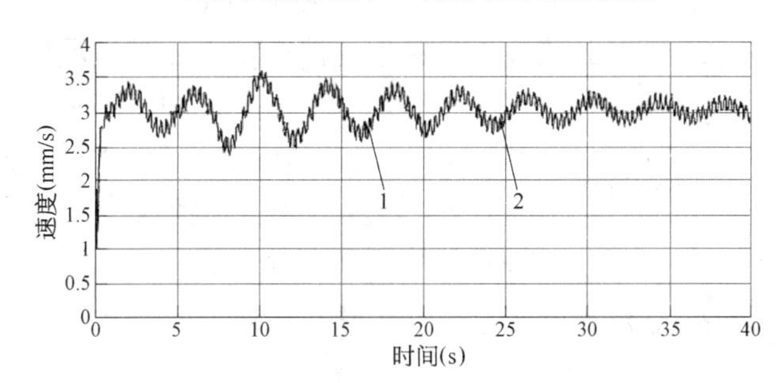


**图5-82 1号液压缸速度曲线对比**

1—角位移直接反馈；2—高差与压力反馈控制

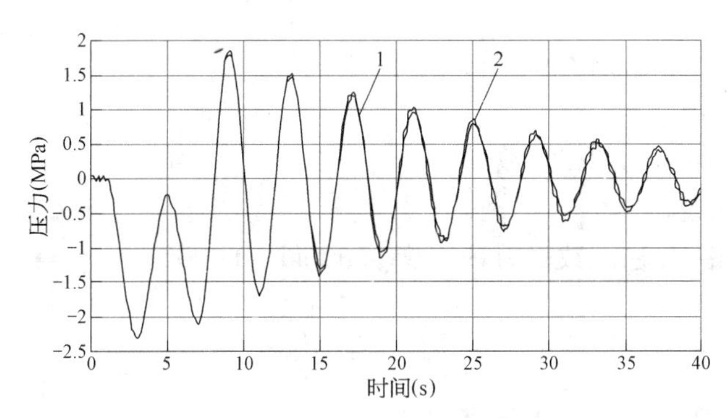


**图5-83 1号液压缸压力波动曲线对比**

1—角位移直接反馈；2—高差与压力反馈控制

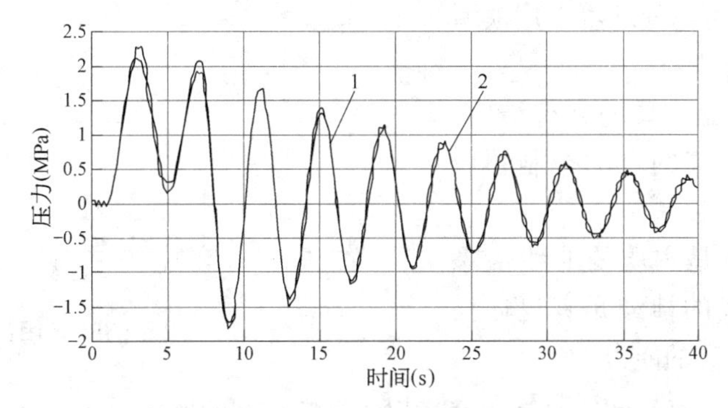


**图5-84 2号液压缸压力波动曲线对比**

1—角位移直接反馈；2—高差与压力反馈控制

再以 $M(t)$ 为输入，$x_{th}$ 为输出，利用函数 linmod2( )、minreal( )及 ss2zp( )求出控制系统的极点为一对共轭极点：

$$-0.047\,181\,115\,990 \pm 1.583\,954\,483\,606\mathrm{i}$$

与采用角位移直接反馈控制求出的极点：

$$-0.054\,825\,524\,35 \pm 1.583\,113\,461\,142\mathrm{i}$$

相比相差很小。

5.2.4.4 神经网络自适应控制

1) 神经网络控制发展概述 神经网络是指由大量与生物神经系统的神经细胞相类似的人工神经元互连而组成的网络；或由大量像生物神经元的处理单元并联互连而成的网络。图 5-85 是一个基本的 M-P 神经元结构模型，它是由 McCulloch 和 Pitts 提出的。设模型输入量 $X=[x_1, x_2, \cdots, x_n]$，若不考虑输入输出之间滞后，则输入输出关系可用下列方程表示

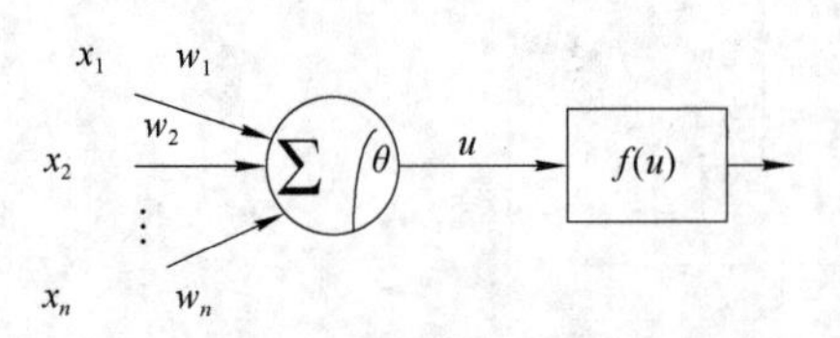


图 5-85 一个简单神经元结构

$$\begin{cases} u = \sum_{j=1}^{n} w_j x_j(t) - \theta \\ y = f(u) \end{cases} \tag{5-39}$$

式中 $\theta$——神经元阈值；

$x_j(t)$——该模型第 $j$ 个输入在时刻 $t$ 的状态；

$w$——加权系数，$w=[w_1, w_2, \cdots, w_j, \cdots, w_n]$；

$w_j$——第 $j$ 个输入的加权系数；

$f(u)$——传递函数。

在大多数网络中，传递函数采用 S 函数(sigmoid function)

$$f(u) = \frac{1}{1+\mathrm{e}^{-u}} \tag{5-40}$$

其函数曲线为 S 形，如图 5-86 所示。

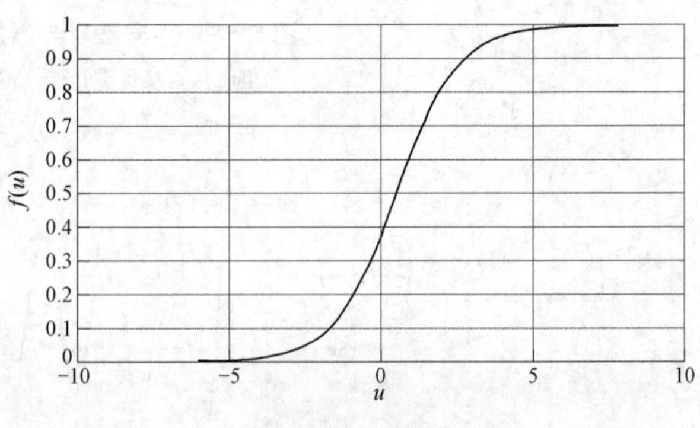


图 5-86 S 函数

神经网络具有以下特点：

(1) 神经网络可以处理难以用模型或规则描述的系统。

(2) 神经网络是本质的并行结构，在处理实时性要求高的自动控制领域显示出极大的优越性。

(3) 神经网络是本质的非线性系统。具有 S 形曲线的神经元有逼近任意函数甚至各阶导数的能力。

这就为智能控制系统解决复杂生产过程的自动控制问题提供了一条有效的途径。所以从 20 世纪 60 年代开始，Widrow 和 Hoff 就开始研究神经网络在控制中的应用。Kilmer 和

McCulloch 等根据脊椎动物网状结构神经系统的工作原理,提出了 KMB 模型,并应用到"阿波罗"登月计划中。1964 年,Widrow 与 Smith 采用 Adaline 及 Madaline 网络结构以及 Widrow-Hoff 的最小方均误差(least mean square, LMS)算法,进行"砰-砰"型控制,复现一个已知的开关曲面,完成了小车-倒摆系统的线性化动力学控制。这不仅是神经网络在控制中应用的最早例子,也是神经网络在所有领域中应用的最早的一个例子。当时,现代控制理论也才刚刚起步,人们同时采用了现代控制理论的方法,把模型线性化,研制出小车-倒摆装置,至今已成为现代控制理论的一个范例。1969 年,Minsky 和 Papert 的《Perceptron》出版,对多层神经网络进行了"盖棺论定"式的评价,使神经网络控制随着神经网络研究的消沉而消沉了。直到 1982 年,美国物理学家 Hopfield 采用全互连型神经网络模型,利用所定义的计算能量函数,成功地求解了计算复杂的著名的"旅行商最优路径(travelling salesman problem, TSP)"问题,从而使人们对神经网络的潜力有了新的认识。接着,1986 年,Rumelhart 和 McClelland 提出了多层网络的逆推(backpropagation)学习算法(简称 BP 算法),该算法从后向前修正各层之间的连接权,并有很强的运算能力,否定了 Minsky 等的错误结论,成为当前应用最广泛的神经网络之一,推动了神经网络的进一步发展。

2) *单神经元自适应智能控制* 尽管神经网络具有自学习、自组织、联想记忆和并行计算等特点,但由于目前尚缺乏相应的神经网络计算机硬件支持,利用串行算法模拟神经网络并行机制来进行过程控制,存在实时性较差的困难。受到工程上应用广泛且结构简单的常规 PID 调节器的启发,利用具有自学习和自适应能力的单神经元来构成单神经元自适应智能控制器,不但结构简单,且能适应环境变化,有较强的鲁棒性。

(1) 神经网络学习规则。学习是神经网络的主要特征。学习规则是修正神经元间的连接强度或权系数的算法,使获得的知识结构适应周围环境的变化,学习过程由学习期和工作期两个阶段组成,在学习期,执行学习规则,修正权系数。在工作期,连接权值固定,计算神经元输出。学习算法可分为两类:有监督学习和无监督学习。有监督学习就是通过外部示教者进行学习,即要求同时给出输入和正确的期望输出模式对,当实际输出结果与期望输出结果有偏差时,网络将通过自动调节机制调节相应的连接强度,使之向减小偏差的方向改变,经过多次重复训练,最后与正确的结果相符合;无监督学习则不需要教师信号,因此不能确切知道正确的反响是什么,学习表现为自适应于输入空间的检测规则。其学习过程为:给系统提供动态输入信号,以使各个单元以某种方式竞争,获胜的神经元本身或其邻域得到增强,其他神经元进一步抑制,从而将信号空间划分为有用的多个区域。常用的神经网络学习规则有:

① 无监督的 Hebb 学习规则。Hebb 学习是一类相关学习,它的基本思想是:如果两个神经元同时兴奋(被激活),则它们之间的连接强度的增强与它们的激励的乘积成正比。以 $o_i$ 表示单元 $i$ 的激活值(输出),$o_j$ 表示单元 $j$ 的激活值,$w_{ij}$ 表示单元 $i$ 到单元 $j$ 的连接权值,则 Hebb 学习规则可用下式表示

$$\Delta w_{ij}(k) = \eta o_j(k) o_i(k) \tag{5-41}$$

式中 $\eta$——学习速率。

上式表明两神经元间连接权的变化量与它们的激活值相关,显然 Hebb 学习是一种无

监督(无教师)学习。

② 有监督的 Delta 学习规则或 Widrow - Hoff 学习规则。在 Hebb 学习规则中,引入教师信号,将式(5 - 41)中的 $o_j$ 换成网络期望目标输出 $d_j$ 与实际输出 $o_j$ 之差,就组成有监督的 Delta 学习规则,即

$$\Delta w_{ij}(k) = \eta[d_j(k) - o_j(k)]o_i(k) \tag{5-42}$$

即两神经元之间的连接强度的变化量与教师信号 $d_j(k)$ 和网络实际输出信号 $o_j(k)$ 之差成正比。

③ 有监督的 Hebb 学习规则。将无监督的 Hebb 学习规则和有监督的 Delta 学习规则两者结合起来可以组成有监督的 Hebb 学习规则,即

$$\Delta w_{ij}(k) = \eta[d_j(k) - o_j(k)]o_j(k)o_i(k) \tag{5-43}$$

采用 Hebb 学习和监督学习规则两者相结合的学习策略,使神经元通过关联搜索对未知的外界做出反应,即在教师信号 $d_j(k)-o_j(k)$ 的指导下对环境信息进行相关学习和自组织,使相应的输出增强或削弱。

(2) 单神经元自适应 PSD 控制器及其学习算法。传统的 PID 调节器结构简单、调整方便,因而在过程控制中获得广泛应用,但对一些复杂过程且参数慢时变系统,由于 PID 参数不易实时在线调整,因而在应用中遇到一些困难。另外,一般的自适应控制算法需要对过程进行辨识,然后设计自适应控制率。这样必须在每个采样周期内进行一些复杂的数值运算,且由辨识所得到的数学模型其准确性也很难保证。因而限制了自适应控制算法的应用。由 Marsik 和 Strejc 提出的无须辨识的自适应控制算法,其机制是根据过程误差的几何特性建立性能指标,从而形成自适应 PSD(比例、求和、微分)控制规律,该方法无须辨识过程参数,只要在线检测过程的期望输出与实际输出以形成自适应控制律,因而这类自适应控制器具有明显的简单性和可实现性。

用单神经元实现自适应 PSD 控制的结构框图如图 5 - 87 所示。图中转换器的输入反映被控过程及控制设定的状态,如设定为 $y_r(k)$,输出为 $y(k)$,经转换器后转换成为神经元学习控制所需要的状态量 $x_1$, $x_2$, $x_3$。这里

$$\begin{aligned} x_1(k) &= e(k) \\ x_2(k) &= \Delta e(k) = e(k) - e(k-1) \\ x_3(k) &= e(k) - 2e(k-1) + e(k-2) \\ z(k) &= y_r(k) - y(k) = e(k) \end{aligned} \tag{5-44}$$

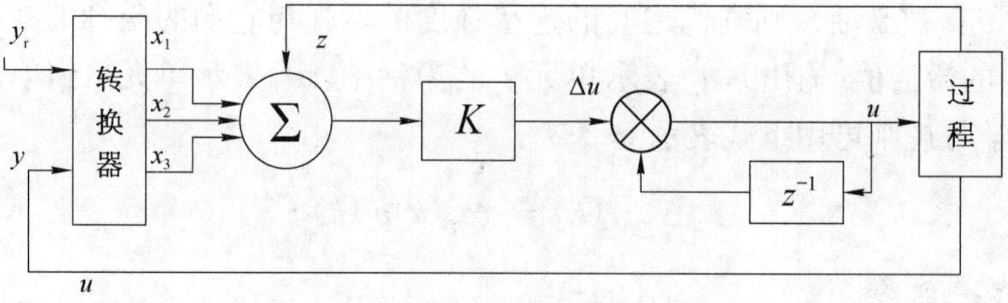


**图 5 - 87 单神经元自适应 PSD 控制框图**

$z(k)$为性能指标或递进信号，设 $w_i(k)$为对应于 $x_i(k)$的加权系数，$K(k)$为神经元的比例系数。神经元通过关联搜索来产生控制信号，即

$$u(k)=u(k-1)+K(k)\sum_{i=1}^{3}w_i(k)x_i(k) \tag{5-45}$$

单神经元自适应控制器通过对加权系数的调整来实现自适应、自组织功能，而加权系数的调整采用有监督的 Hebb 学习规则，它与神经元的输入、输出和输出偏差三者的相关函数有关，即

$$\begin{aligned}w_i(k+1)&=(1-c)w_i(k)+\eta r_i(k)\\ r_i(k)&=z(k)u(k)x_i(k)\end{aligned} \tag{5-46}$$

式中　$r_i(k)$——递减信号，$r_i(k)$随过程的进行逐渐衰减；

$z(k)$——输出误差信号，$z(k)=y_r(k)-y(k)$，类似于式(5-43)的 $d_j(k)-o_j(k)$；

$\eta$——学习速率，$\eta>0$；

$c$——常数，$c>0$。

将式(5-46)两式合并后，有

$$\Delta w_i(k)=-c\left[w_i(k)-\frac{\eta}{c}z(k)u(k)x_i(k)\right] \tag{5-47}$$

其中
$$\Delta w_i(k)=w_i(k+1)-w_i(k)$$

如果存在一函数 $f_i(w_i(k),\ z(k),\ u(k),\ x_i(k))$，则有

$$\frac{\partial f_i}{\partial w_i}=w_i(k)-\frac{\eta}{c}\gamma_i(z(k),\ u(k),\ x_i(k)) \tag{5-48}$$

则式(5-47)可写成

$$\Delta w_i(k)=-c\frac{\partial f_i(\cdot)}{\partial w_i(k)} \tag{5-49}$$

上式表明：加权系数的修正按函数 $f_i(\cdot)$对应于 $w_i(k)$的负梯度方向进行搜索。应用随机逼近理论可以证明：当 $c$ 充分小时，使用上述学习算法，$w_i(k)$可收敛到某一稳定值 $w_i^*$，且其与期望值的偏差在容许范围内。

将式(5-45)改为如下的增量形式

$$\Delta u(k)=K(k)\left[e(k)+r_0(k)\Delta e(k)+r_1(k)\Delta^2 e(k)\right] \tag{5-50}$$

其中
$$\begin{aligned}e(k)&=y_r(k)-y(k)\\ \Delta e(k)&=e(k)-e(k-1)\\ \Delta^2 e(k)&=e(k)-2e(k-1)+e(k-2)\end{aligned}$$

式中　$\Delta u(k)$——控制器输出增量；

$K(k)$——控制器增益；

$r_0(k)$——比例系数；

$r_1(k)$——微分系数。

参数 $r_0(k)$、$r_1(k)$ 可进行自动调节，使组成增量型控制律的各项绝对值平均值满足如下关系

$$\overline{|e(k)|} = r_0(k)\overline{|\Delta e(k)|} = r_1(k)\overline{|\Delta^2 e(k)|} \tag{5-51}$$

通常满足式(5－51)总会获得较好的控制效果。

由式(5－50)可看出：在控制律中比例、求和、微分所占的比例相等，因而控制量对期望输出的变化特别敏感，因此将式(5－50)修改为

$$\Delta u(k) = K(k)[\alpha e(k) + \beta r_0(k)\Delta e(k) + \gamma r_1(k)\Delta^2 e(k)] \tag{5-52}$$

式中，$\alpha$、$\beta$、$\gamma$ 是在一定范围的正常数，可自由设定，用以改善效果。

由式(5－51)推得

$$\begin{aligned} r_0(k) &= \overline{|e(k)|}/\overline{|\Delta e(k)|} \\ r_1(k) &= \overline{|e(k)|}/\overline{|\Delta^2 e(k)|} \end{aligned} \tag{5-53}$$

设 $r_0(k) = \overline{|e(k)|}/\overline{|\Delta e(k)|} = T_e(k)$，则 $r_1(k)$ 可表示成如下的两者之积

$$r_1(k) = \frac{\overline{|e(k)|}}{\overline{|\Delta^2 e(k)|}} = \left(\frac{\overline{|e(k)|}}{\overline{|\Delta e(k)|}}\right)\left(\frac{\overline{|\Delta e(k)|}}{\overline{|\Delta^2 e(k)|}}\right) = T_e(k)T_v(k) \tag{5-54}$$

其中
$$T_v(k) = \overline{|\Delta e(k)|}/\overline{|\Delta^2 e(k)|}$$

Marsik 与 Strejc 推导出增量 $\Delta T_e(k)$ 的递推算式为

$$\Delta T_e(k) = L^* \operatorname{sign}[|e(k)| - T_e(k-1)|\Delta e(k)|] \tag{5-55}$$

这里，$0.05 \leqslant L^* \leqslant 0.1$，$e(k)$、$\Delta e(k)$ 为瞬时值。

同理可推出增量 $\Delta T_v(k)$ 的递推算式为

$$\Delta T_v(k) = L^* \operatorname{sign}[|\Delta e(k)| - T_v(k-1)|\Delta^2 e(k)|] \tag{5-56}$$

$T_v$ 和 $T_e$ 的最优比例值为 0.5，即

$$T_e = 2T_v \tag{5-57}$$

因而改进后的控制律算式变成

$$\Delta u(k) = K(k)[\alpha e(k) + 2\beta T_v(k)\Delta e(k) + 2\gamma T_v^2(k)\Delta^2 e(k)] \tag{5-58}$$

Marsik 给出增益 $K(k)$ 的递推算式为

$$\Delta K(k) = CK(k-1)/T_v(k-1) \tag{5-59}$$

其中
$$0.025 \leqslant C \leqslant 0.05$$
这样 $\Delta K(k)$ 只能单调增加，因此当 $\operatorname{sign}[e(k)] \neq \operatorname{sign}[e(k-1)]$ 时，取
$$K(k) = 0.75K(k-1) \tag{5-60}$$
即 $K(k)$的增加速度反比于 $T_v(k)$，但当控制误差改变符号时，下降到上一时刻值的75%。

为保证上述单神经元自适应PSD控制学习算法式(5-52)的收敛性和鲁棒性，对上述学习算法进行规范化处理，有
$$\left.\begin{aligned}
&u(k) = u(k-1) + K(k)\sum_{i=1}^{3} w'_i(k)x_i(k)\\
&w'_i(k) = w_i(k)/\sum_{i=1}^{3} |\, w_i(k)\,|\\
&w_1(k+1) = w_1(k) + \eta_I z(k)u(k)x_1(k)\\
&w_2(k+1) = w_2(k) + \eta_P z(k)u(k)x_2(k)\\
&w_3(k+1) = w_3(k) + \eta_D z(k)u(k)x_3(k)
\end{aligned}\right\} \tag{5-61}$$
$$K(k) = K(k-1) + C\frac{K(k-1)}{T_v(k-1)}(\text{当}\ \operatorname{sign}[e(k)] = \operatorname{sign}[e(k-1)]\ \text{时})$$
$$K(k) = 0.75K(k-1)(\text{当}\ \operatorname{sign}[e(k)] \neq \operatorname{sign}[e(k-1)]\ \text{时})$$
其中
$$T_v(k) = T_v(k-1) + L^* \operatorname{sign}[\,|\,\Delta e(k)\,| - T_v(k-1)\,|\,\Delta^2 e(k)\,|\,]$$
式中　$\eta_I$、$\eta_P$、$\eta_D$——积分、比例、微分的学习速率。

应用单神经元自适应PSD智能控制算法取代控制框图中的PID调节器对三峡高架门机结构控制系统进行仿真研究，得到的仿真结果如图5-88～图5-93所示。从图中可以看出，在相同的 $K(0)$条件下，采用单神经元自适应PSD智能控制算法的系统由于引入了增益 $K$ 的自动调整方法，因而比采用一般PID调节的系统抗风载荷干扰的能力、系统的鲁棒性提高了许多，是一种有效的单神经元自适应智能控制算法。

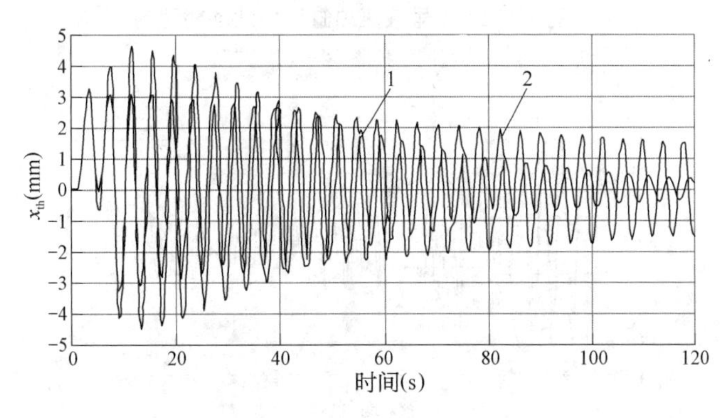


**图5-88　振荡位移曲线对比**

1—神经网络控制；2—PID控制

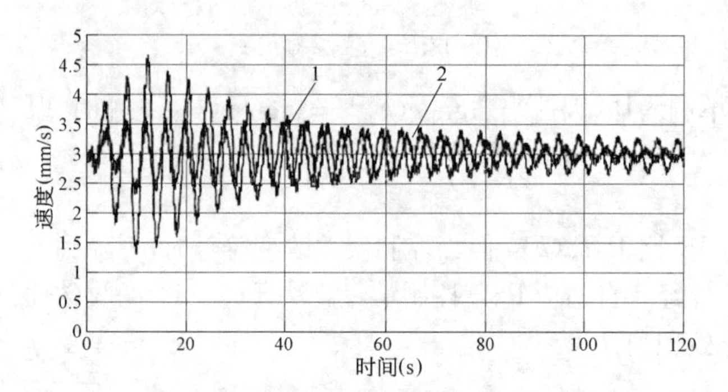


图 5-89　2 号液压油缸速度曲线对比

1—神经网络控制；2—PID 控制

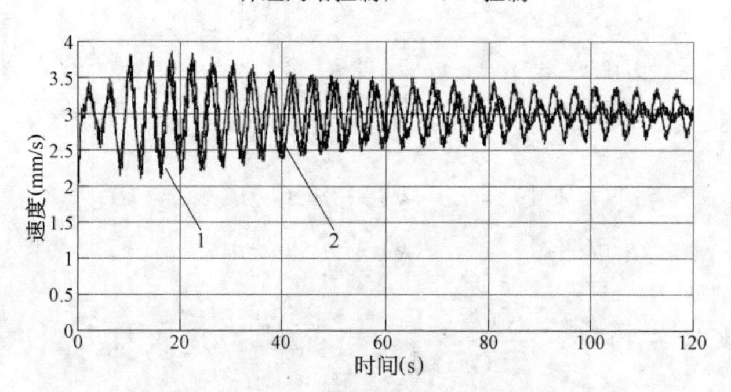


图 5-90　1 号液压油缸速度曲线对比

1—神经网络控制；2—PID 控制

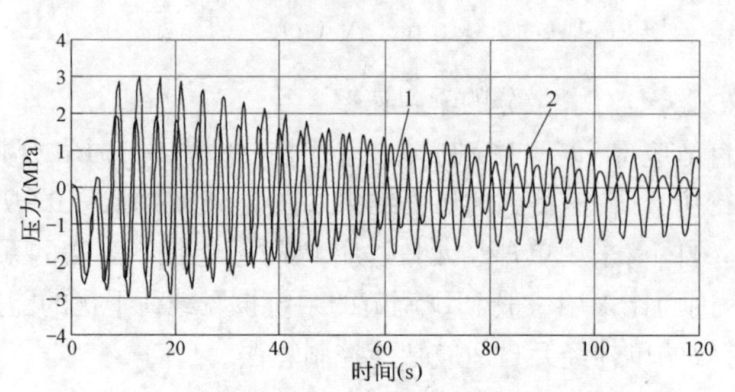


图 5-91　1 号液压油缸压力波动对比

1—神经网络控制；2—PID 控制

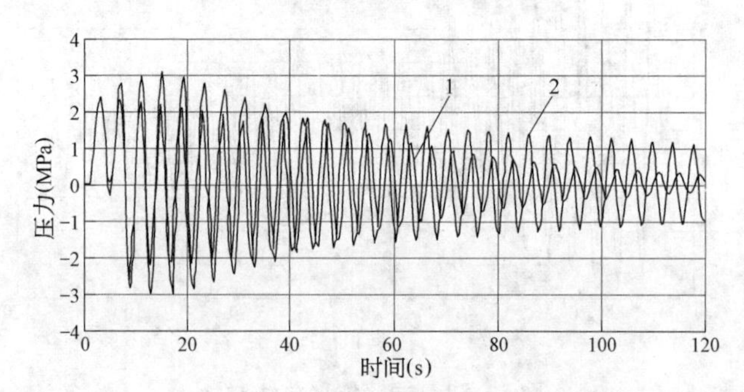


图 5-92　2 号液压油缸压力波动对比

1—神经网络控制；2—PID 控制

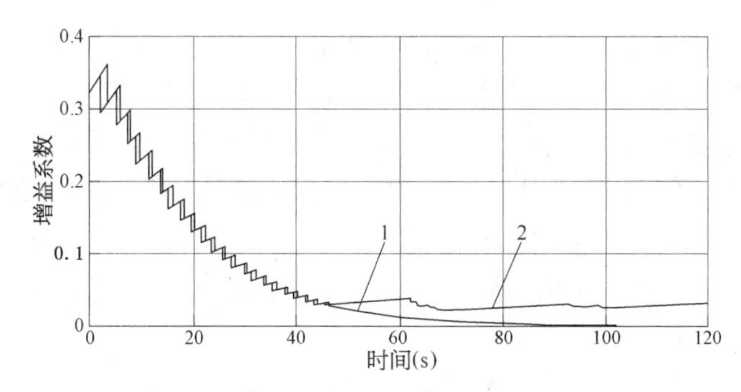


**图5-93 增益系数变化曲线**

1—K2,K3; 2—K4

## 5.2.5 液压同步提升台架试验

用试验装置模拟高重心结构件的提升过程要求施加一定大小的惯性载荷,但是在试验中施加这样的惯性载荷有很大的困难,首先惯性质量要有一定的大小(如300 t),另外惯性质量施放要有一定的高度。考虑到试验成本等方面的原因,这在以现有的试验设备为基础而建立起来的试验台中很难实现。因此在现有的试验条件下既能方便地实现又能在一定程度上反映仿真结果的加载方法,就是给系统施加一定的周期性变载荷(如正弦)。它能够反映载荷的大小,但不能反映载荷的相位。因为它能通过计算机方便的实现;而且因为惯性载荷的作用时间很短,周期性变化的载荷则在整个提升行程中都存在。考虑到液压同步提升的速度较低,惯性载荷的作用不是很大,如果在交变加载的方式下控制系统也具有较好特性,则认为系统是可行的。

在整个液压同步提升及加载试验台建成并通过调试后,就可以根据本书第4章的仿真分析并结合实际情况进行各种工况下的液压同步提升试验并实时地把试验得到的结果记录下来进行分析。在液压同步提升试验中主要针对以下几种工况进行试验。

1) *对加载液压缸施加恒定或交变载荷* 在控制程序中,数组pwm_i[6]中的pwm_i[4]和pwm_i[5]分别为加载液压缸 *B*、*A* 比例溢流阀的脉冲宽度调制电流:pwm_i[4]/[5]=Const,施加恒定载荷;pwm_i[4]/[5]=Const+A * sin(ωt),施加交变载荷。

2) *控制算法*

(1) 增量式PID算法(算法一)。增量式PID算法控制量的递推公式为

$$\Delta u(kT)=K_P[e(kT)-e(kT-T)]+K_Ie(kT)+K_D[e(kT)-2e(kT-T)+e(kT-2T)]$$

(2) 改进的PID算法(或称为双限幅PID)(算法二)。双限幅PID算法是液压同步提升工程中最常用的算法。它是一种改进的PID增量式算法。它的基本思想是:由于调节过程极快(10 ms),如果每次PWM的变化太大,将造成比例阀超调。且由于比例阀滞环特性的影响,比例阀对电流的变化有一个滞后的响应过程。因此,在调节过程中要尽量避开滞环的影响。也就是在一阶段调节过程中比例阀的电流只能单调地增加或减少。比如在液压同步上升时,当高差为负,说明此吊点的提升速度比主令吊点提升速度慢,它的比例阀电流需要加大,但每个循环的PWM只增加一个固定的值。而把比例阀的初值与根据当前误差计算出的PID控制算法的控制增量相加之和作为比例阀电流增加的最大限值。随着比例阀电流的不断增加,误差越来越小,根据误差计算出的控制增量也就越来越小,当比例阀的电流值

等于比例阀初值与控制增量之和时，调节过程结束，系统达到一个平衡状态，维持一定的静差。当高差为正时，调节过程相反。实践表明这是一种有效的算法。

（3）单神经元自适应控制算法（算法三）。这是根据第4章的算法编制的程序。

3）控制策略　在液压同步提升控制系统中，根据传感器安装布置等具体情况，目前主要有高差调节（控制策略一）以及液压缸压力与高差调节相结合（控制策略二）两种控制策略。由第4章的仿真结果可知：对高重心结构件，液压缸压力的波动能够反映高重心结构件摆动位移的变化。

表5-6列出了各种试验工况。

**表5-6　试验工况**

| 控制策略 | 同步上升 | | | 同步下降 | | |
|---|---|---|---|---|---|---|
| | 算法一 | 算法二 | 算法三 | 算法一 | 算法二 | 算法三 |
| 一 | 图5-94 | 图5-96 | 图5-98 | 图5-95 | 图5-97 | 图5-99 |
| 二 | | 图5-100 | | | 图5-101 | |

注：算法一增量式PID算法，算法二双限幅PID算法，算法三单神经元自适应算法；控制策略一高差调节，控制算法二高差、压力调节。

4）试验结果分析　图5-94～图5-101是各种工况下的参数实时曲线。在每一个图中，图a、b分别表示2号液压缸、3号液压缸的高差、压力以及PWM随时间的变化曲线。而图c则是主令液压缸的压力（比例阀出口压力）、加载液压缸$B$的压力和加载液压缸$A$的压力随时间的变化曲线。从前面的介绍中已经知道：主令液压缸和2号液压缸是由加载液压缸$A$通过一个与之铰接的连接件加载的。3号和4号液压缸是由加载液压缸$B$通过一个与之铰接的连接件加载的；所以主令液压缸和2号液压缸两个测量点的位移存在一定程度的耦合现象。3号液压缸和4号液压缸两个测量点的位移也存在一定程度的耦合现象。但3号、4号液压缸与2号液压缸、主令缸之间没有位移耦合关系，它们是两个相互独立的系统。下面对各曲线进行分析。

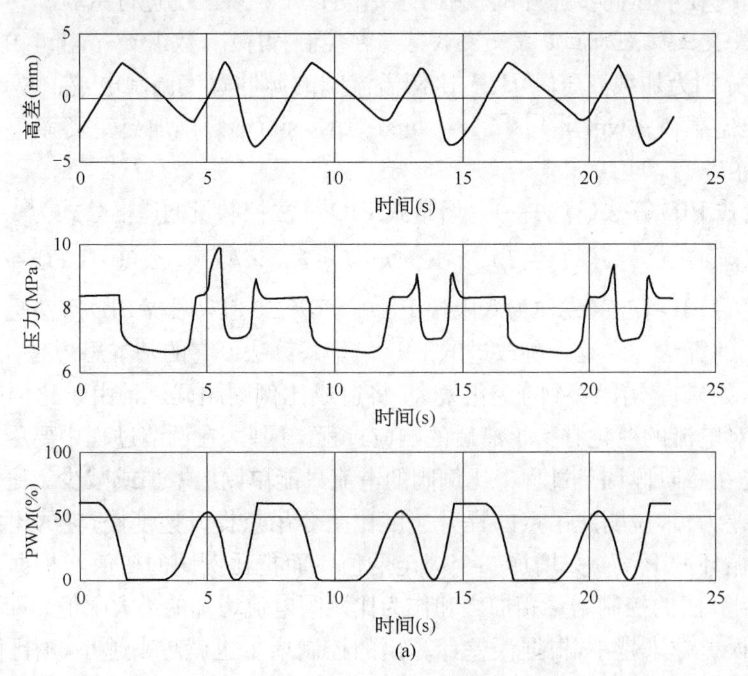

(a)

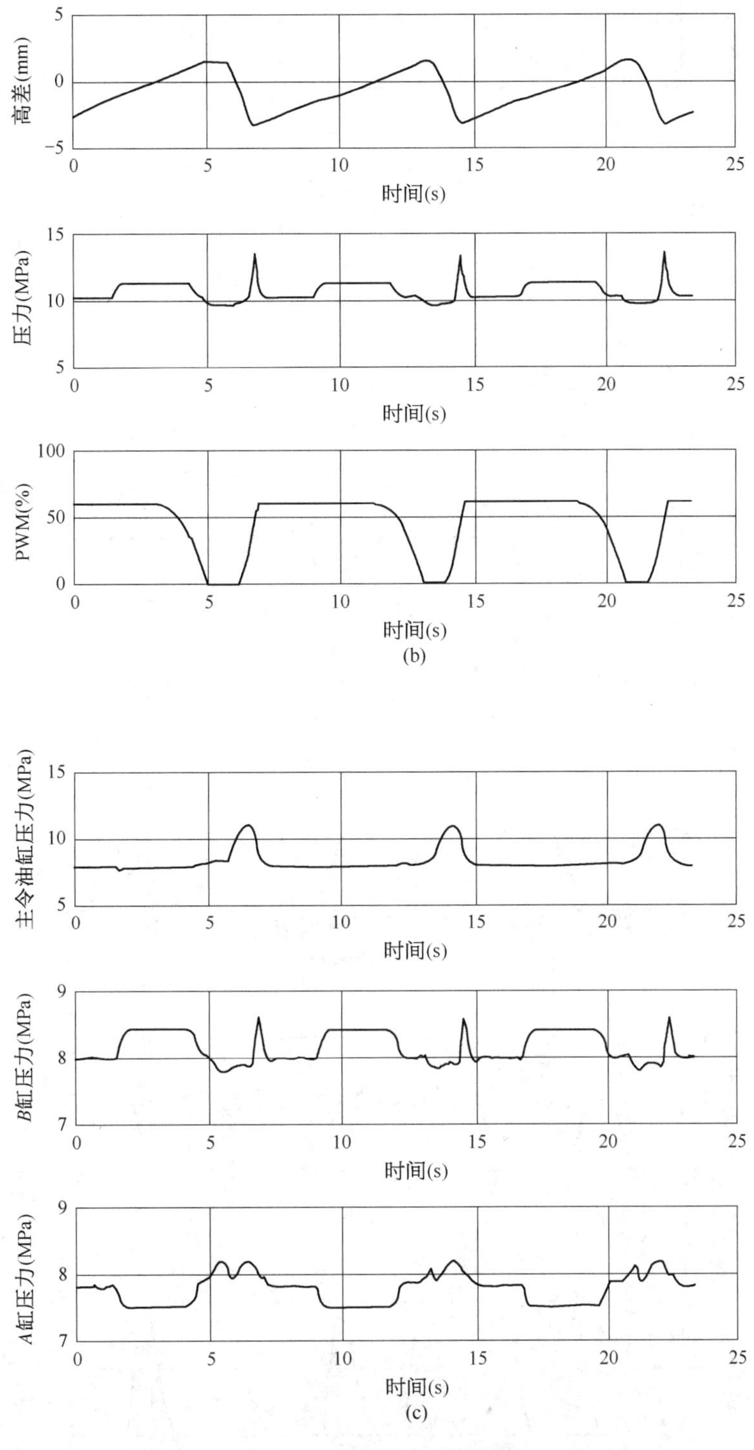


**图 5－94　参数实时曲线一**

(a) 2 号液压缸；(b) 3 号液压缸；(c) 主令油缸、*B* 缸、*A* 缸压力

工况：同步上升算法，增量式 PID；策略：高差反馈加载，*A* 缸恒定、*B* 缸恒定。

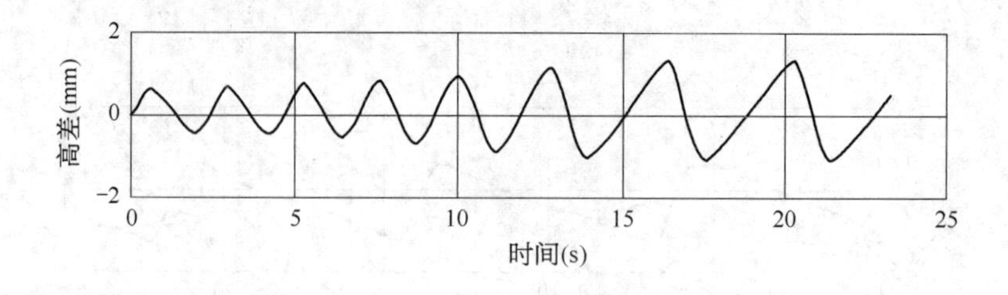

高差(mm)
2
0
−2
0
5
10
15
20
25
时间(s)


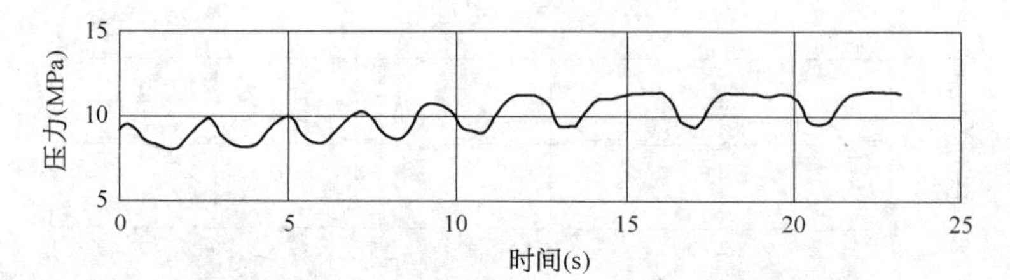

压力(MPa)
15
10
5
0
5
10
15
20
25
时间(s)


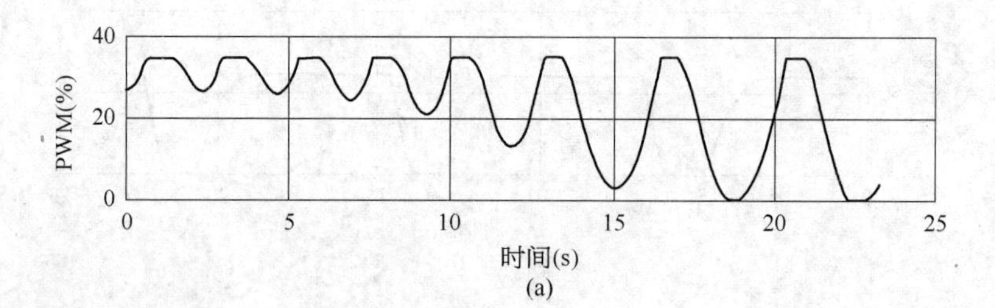

PWM(%)
40
20
0
0
5
10
15
20
25
时间(s)


(a)

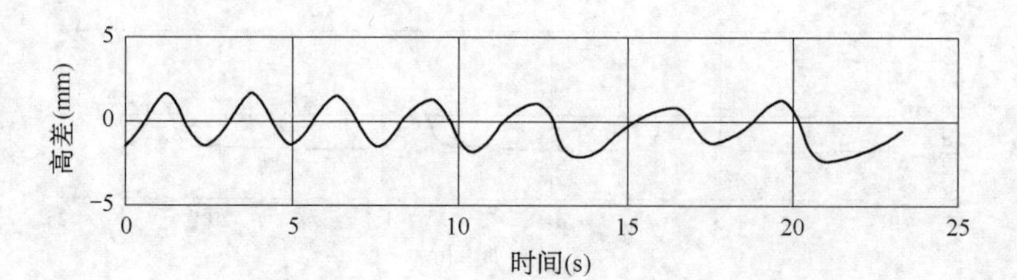

高差(mm)
5
0
−5
0
5
10
15
20
25
时间(s)


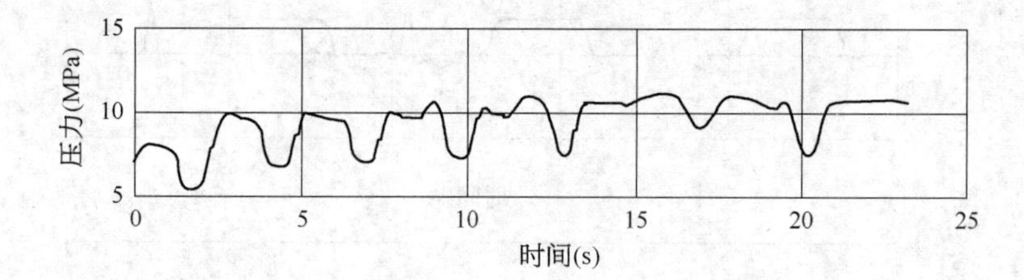

压力(MPa)
15
10
5
0
5
10
15
20
25
时间(s)


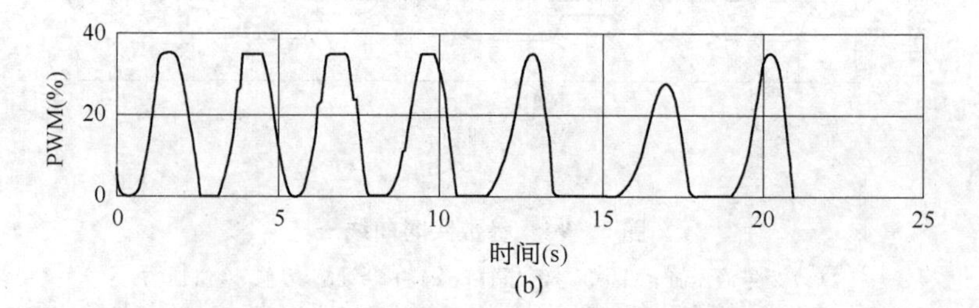

PWM(%)
40
20
0
0
5
10
15
20
25
时间(s)


(b)

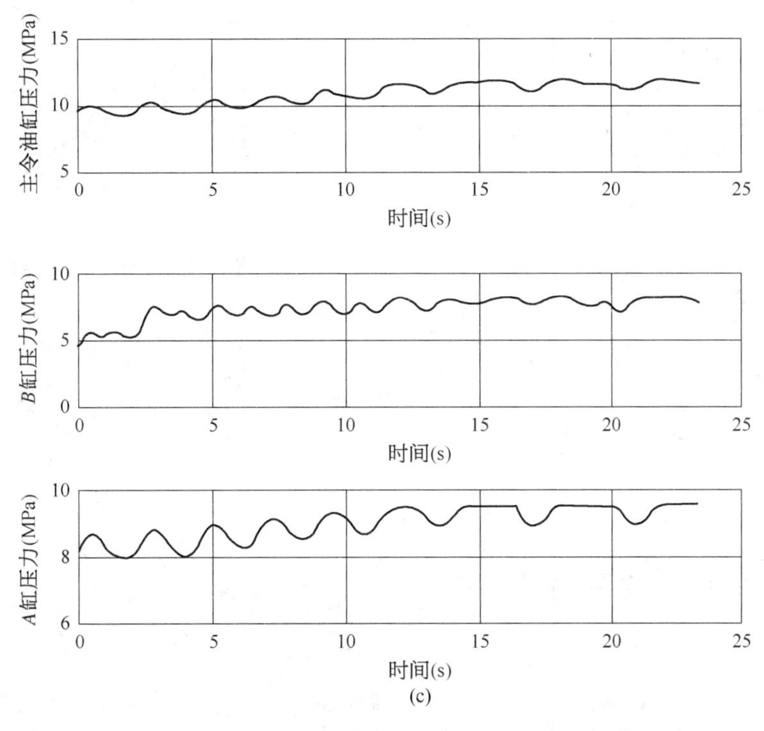


**图 5-95 参数实时曲线二**

(a) 2号液压缸；(b) 3号液压缸；(c) 主令油缸、$B$缸、$A$缸压力

工况：同步下降算法，增量式PID；策略：高差反馈加载，$A$缸恒定、$B$缸恒定。

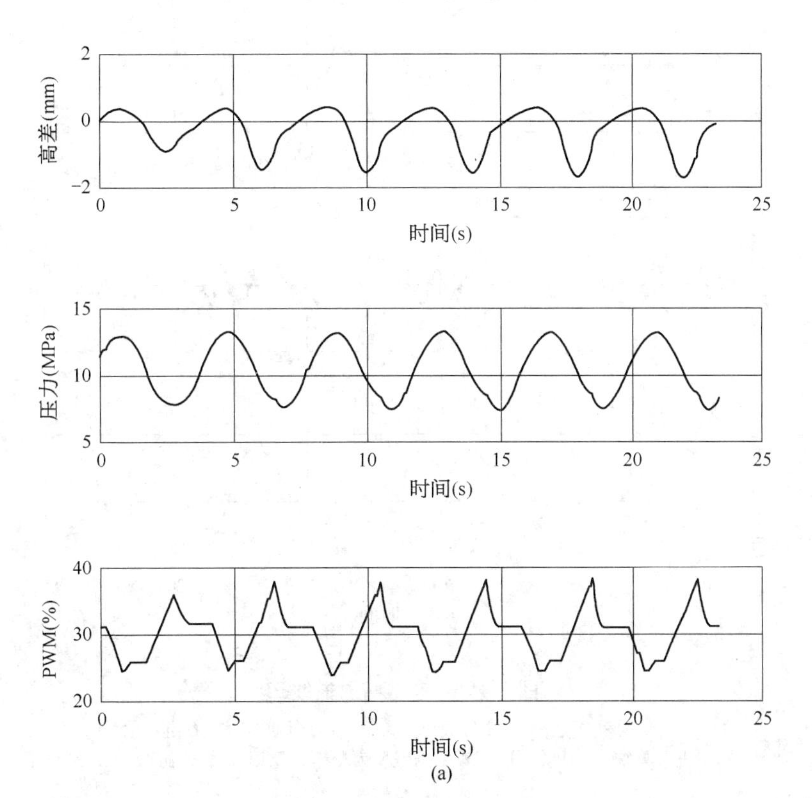

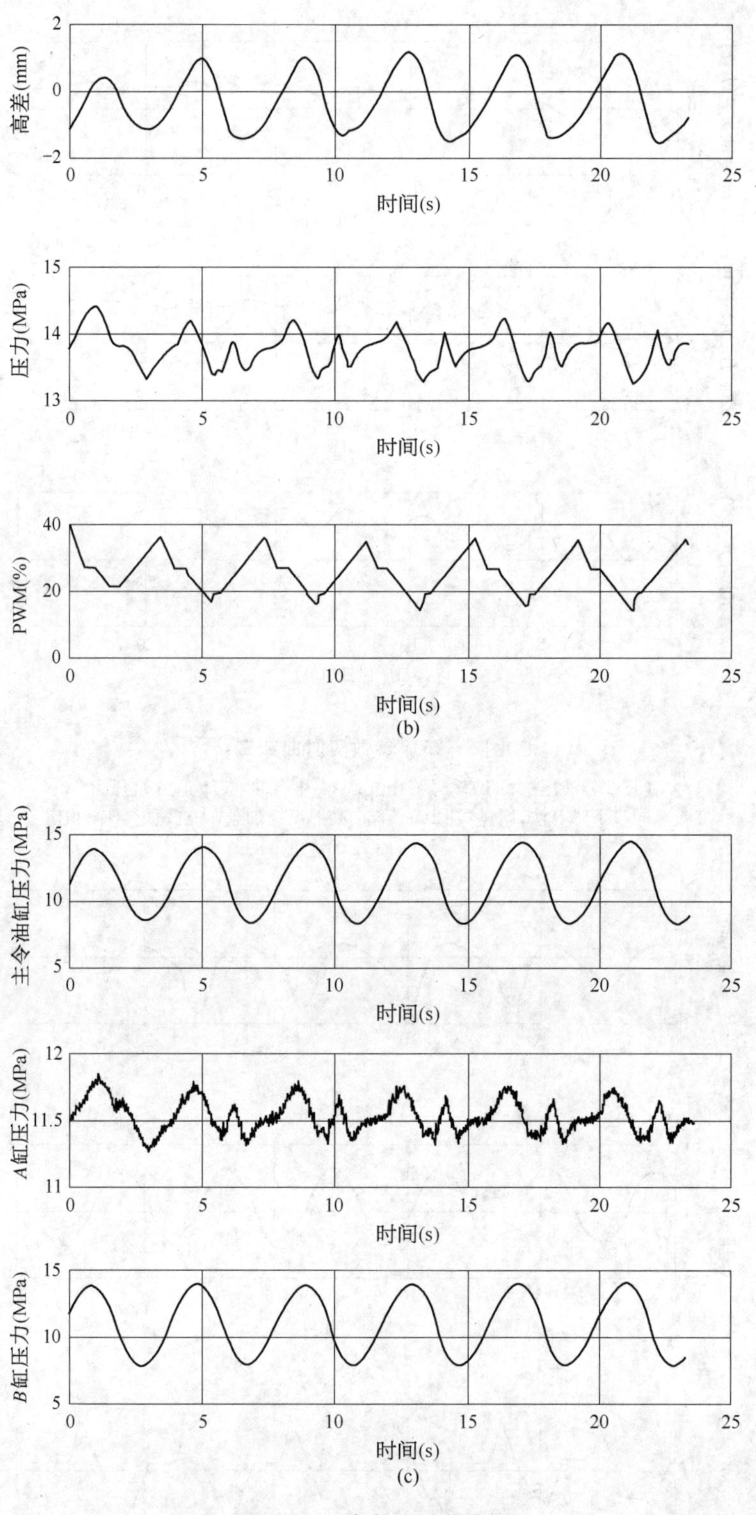


**图 5-96　参数实时曲线三**

(a) 2 号液压缸；(b) 3 号液压缸；(c) 主令油缸、*A* 缸、*B* 缸压力

工况：同步上升算法，双限幅 PID；策略：高差反馈+压力反馈加载，*A* 缸交变、*B* 缸恒定。

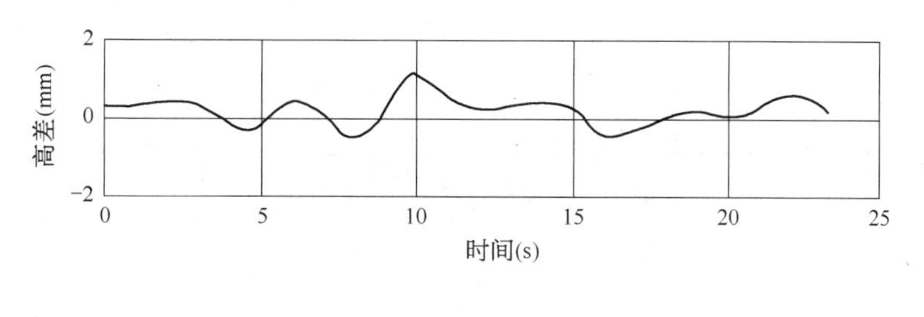
高差(mm)
2
0
−2
0
5
10
15
20
25
时间(s)

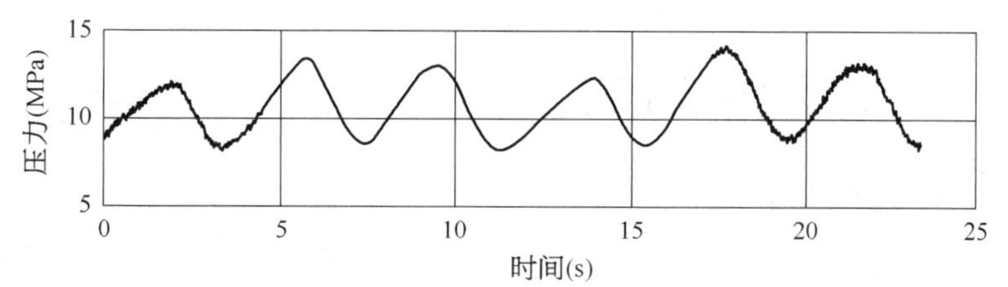
压力(MPa)
15
10
5
0
5
10
15
20
25
时间(s)

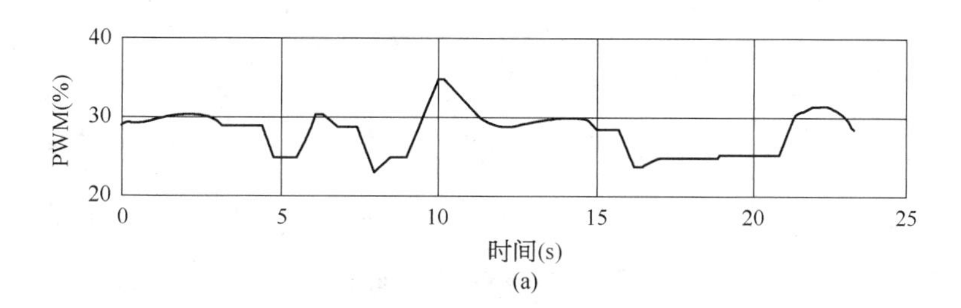
PWM(%)
40
30
20
0
5
10
15
20
25
时间(s)

(a)

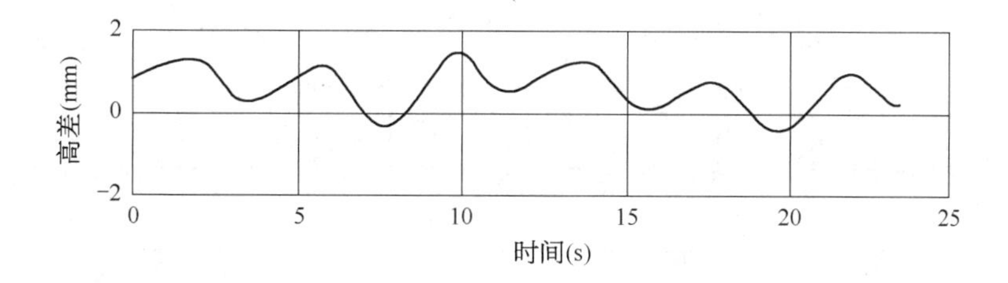
高差(mm)
2
0
−2
0
5
10
15
20
25
时间(s)

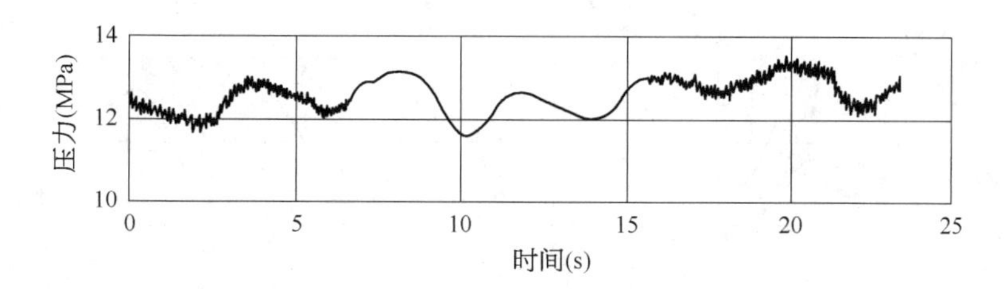
压力(MPa)
14
12
10
0
5
10
15
20
25
时间(s)

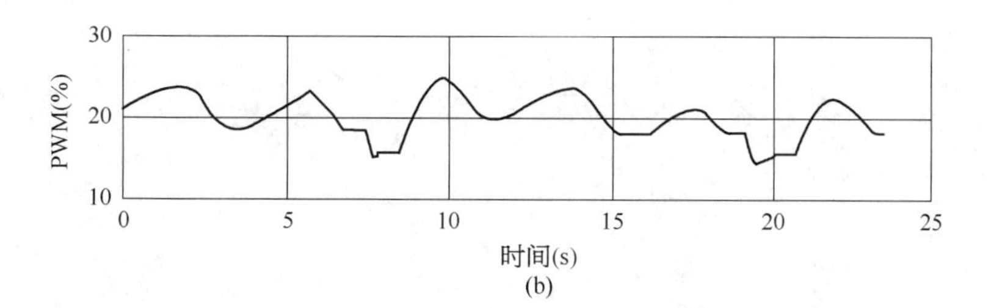
PWM(%)
30
20
10
0
5
10
15
20
25
时间(s)

(b)

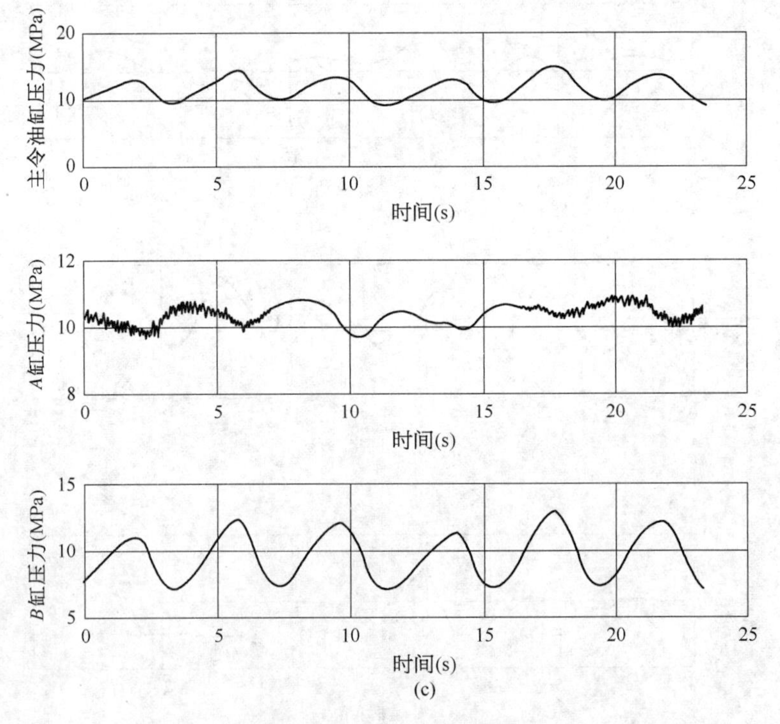


(c)

**图 5-97　参数实时曲线四**

(a) 2 号液压缸；(b) 3 号液压缸；(c) 主令油缸、*A* 缸、*B* 缸压力

工况：同步下降算法，双限幅 PID；策略：高差反馈加载，*A* 缸交变、*B* 缸恒定。

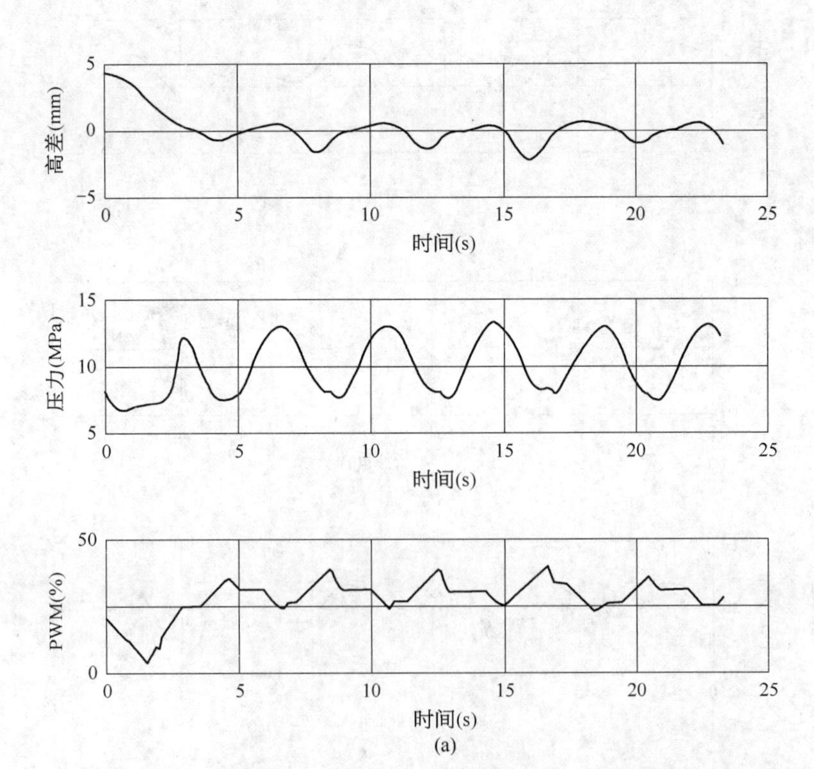


(a)

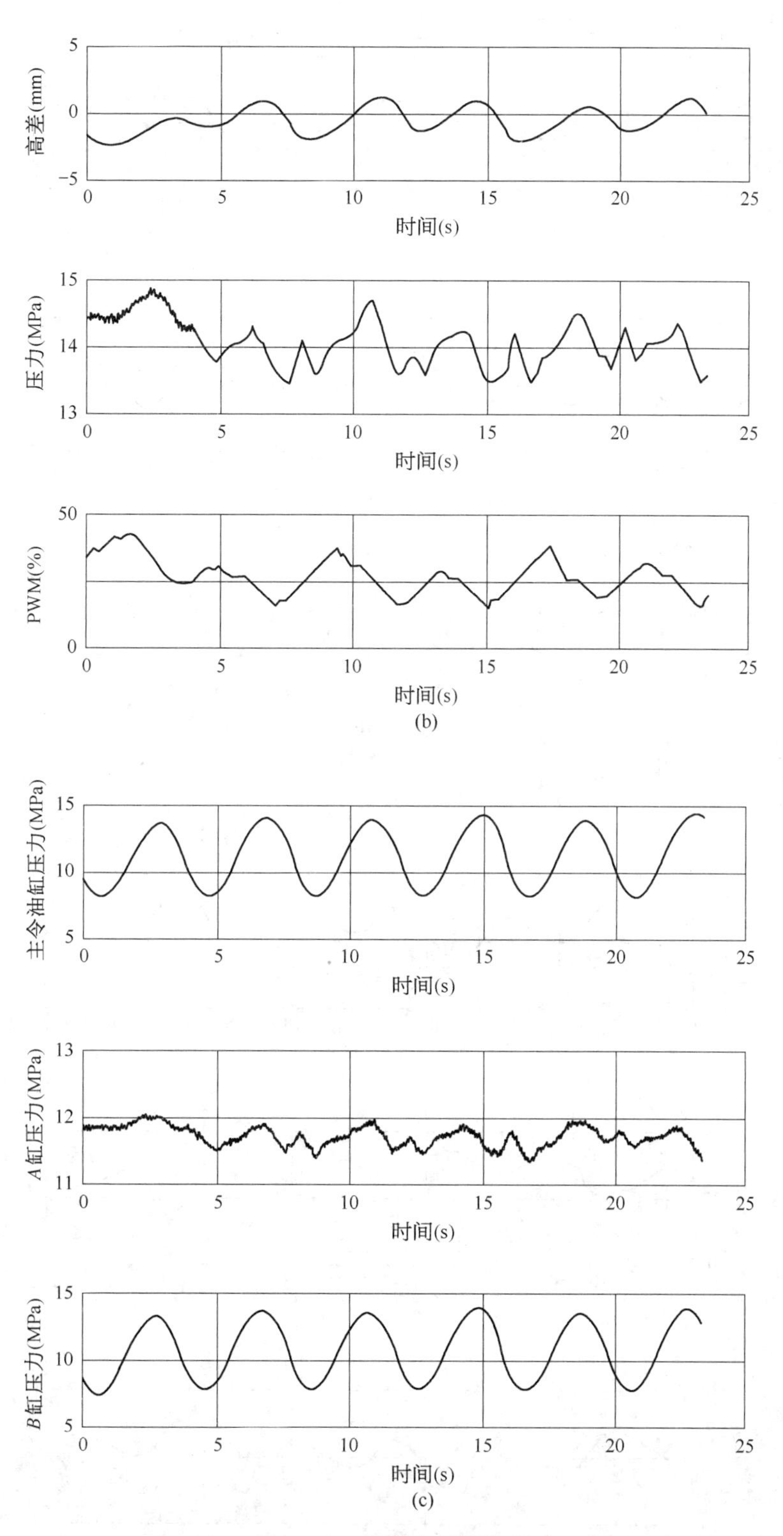


**图 5－98　参数实时曲线五**

(a) 2 号液压缸；(b) 3 号液压缸；(c) 主令油缸、$A$ 缸、$B$ 缸压力

工况：同步上升算法，单神经元自适应控制；策略：高差反馈加载，$A$ 缸交变、$B$ 缸恒定。

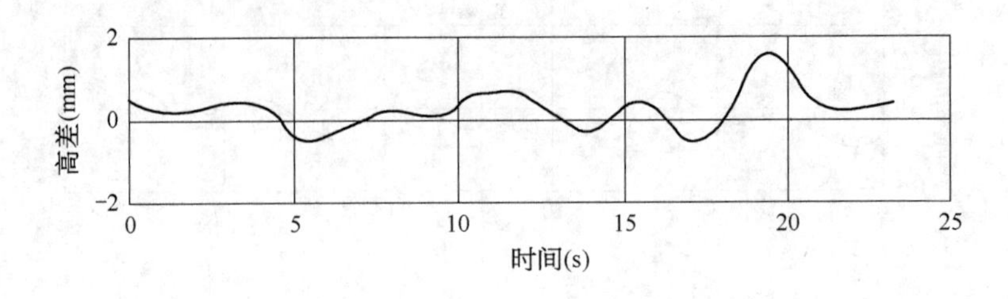
高差(mm)
2
0
−2
0
5
10
15
20
25
时间(s)

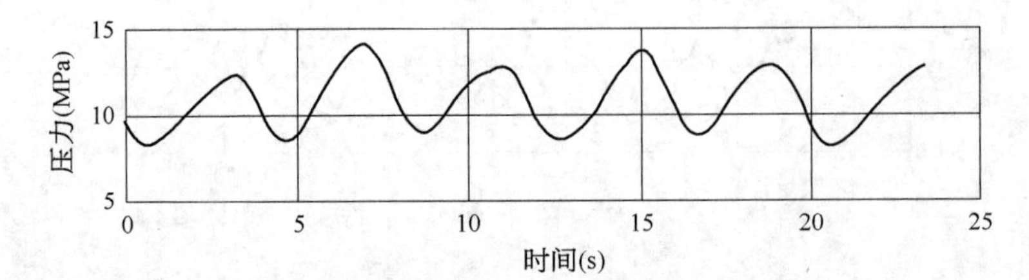
压力(MPa)
15
10
5
0
5
10
15
20
25
时间(s)

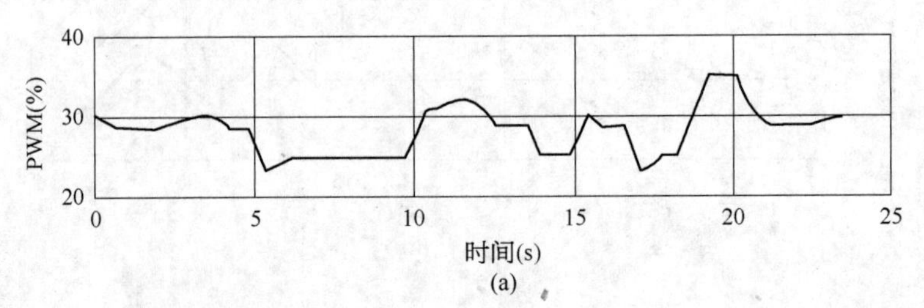
PWM(%)
40
30
20
0
5
10
15
20
25
时间(s)

(a)

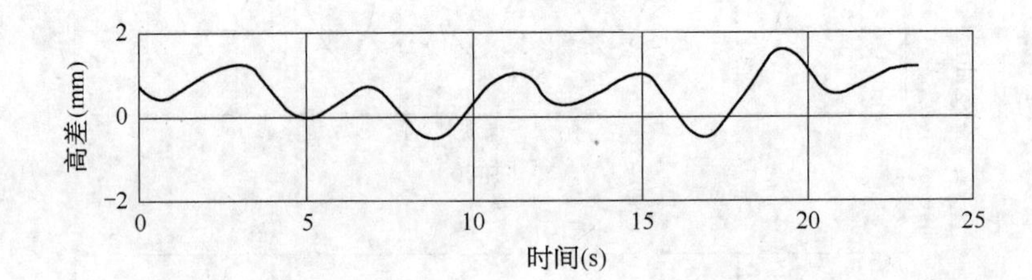
高差(mm)
2
0
−2
0
5
10
15
20
25
时间(s)

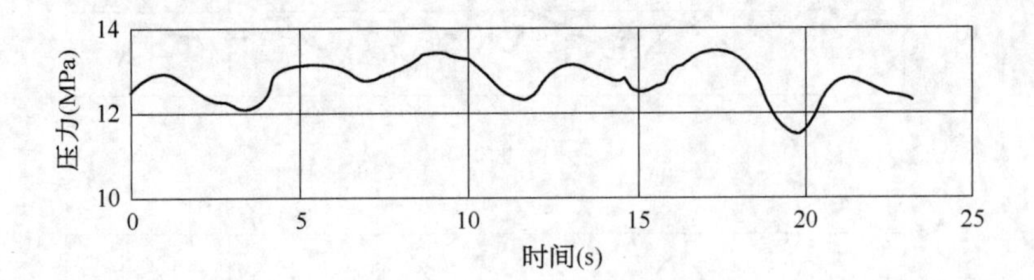
压力(MPa)
14
12
10
0
5
10
15
20
25
时间(s)

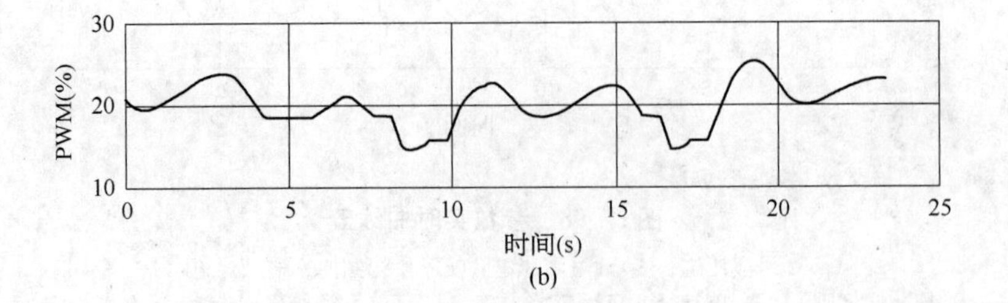
PWM(%)
30
20
10
0
5
10
15
20
25
时间(s)

(b)

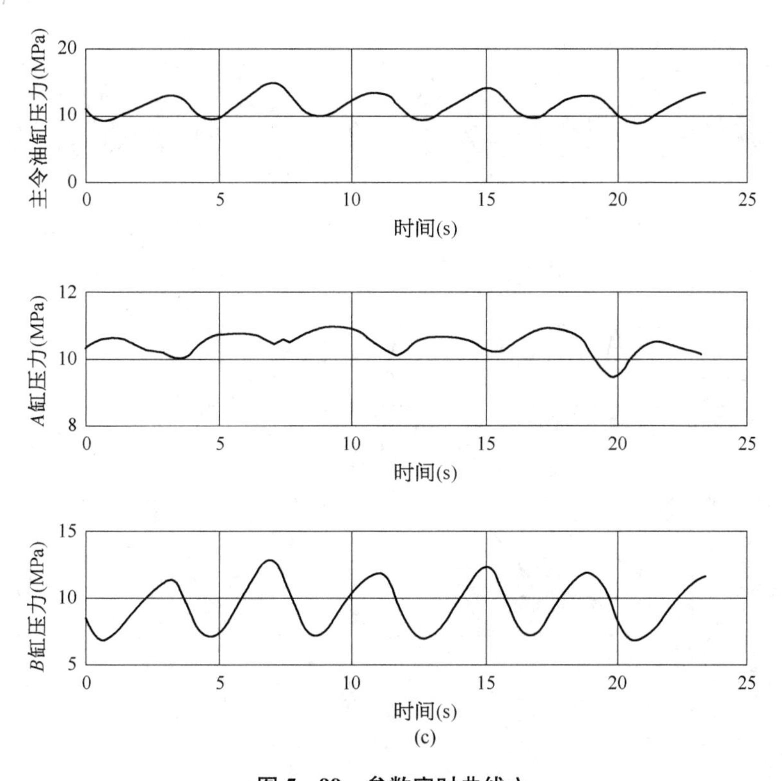


**图 5-99　参数实时曲线六**

(a) 2 号液压缸；(b) 3 号液压缸；(c) 主令油缸、$A$ 缸、$B$ 缸压力

工况：同步下降算法，单神经元自适应控制；策略：高差反馈加载，$A$ 缸交变、$B$ 缸恒定。

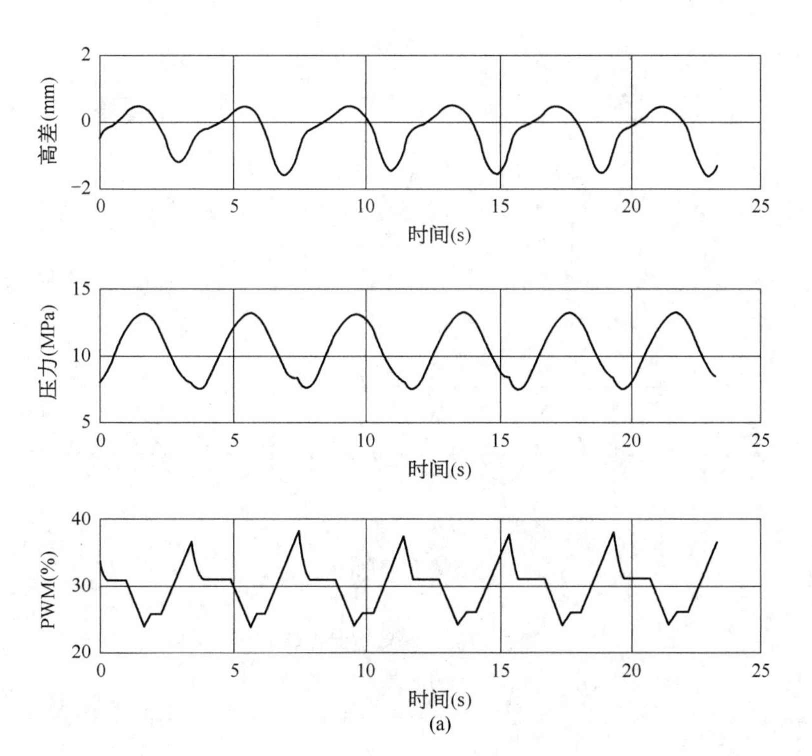

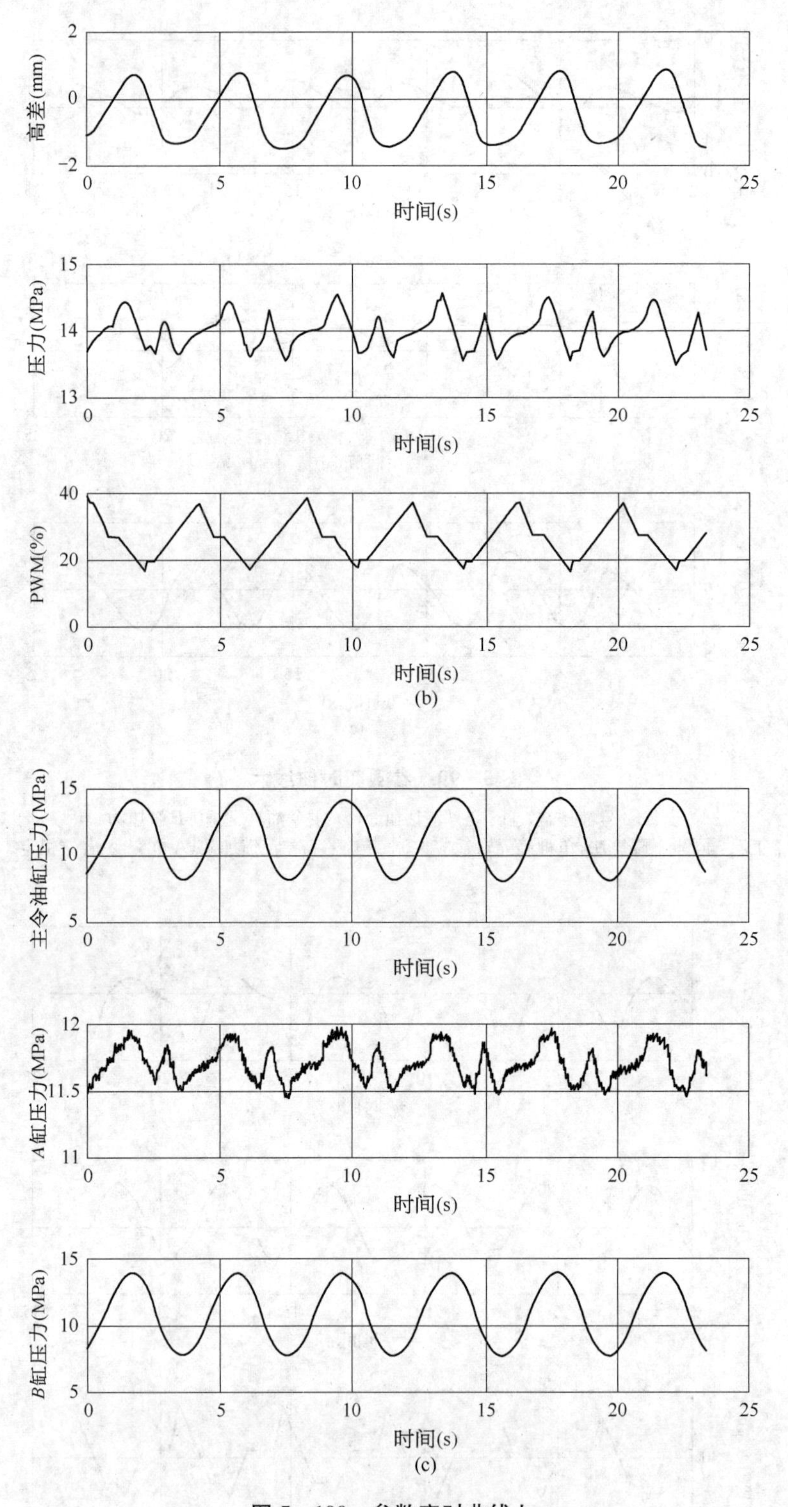


**图 5-100　参数实时曲线七**

(a) 2 号液压缸；(b) 3 号液压缸；(c) 主令油缸、*A* 缸、*B* 缸压力

工况：同步上升算法，双限幅 PID；策略：高差反馈＋压力反馈加载，*A* 缸交变、*B* 缸恒定。

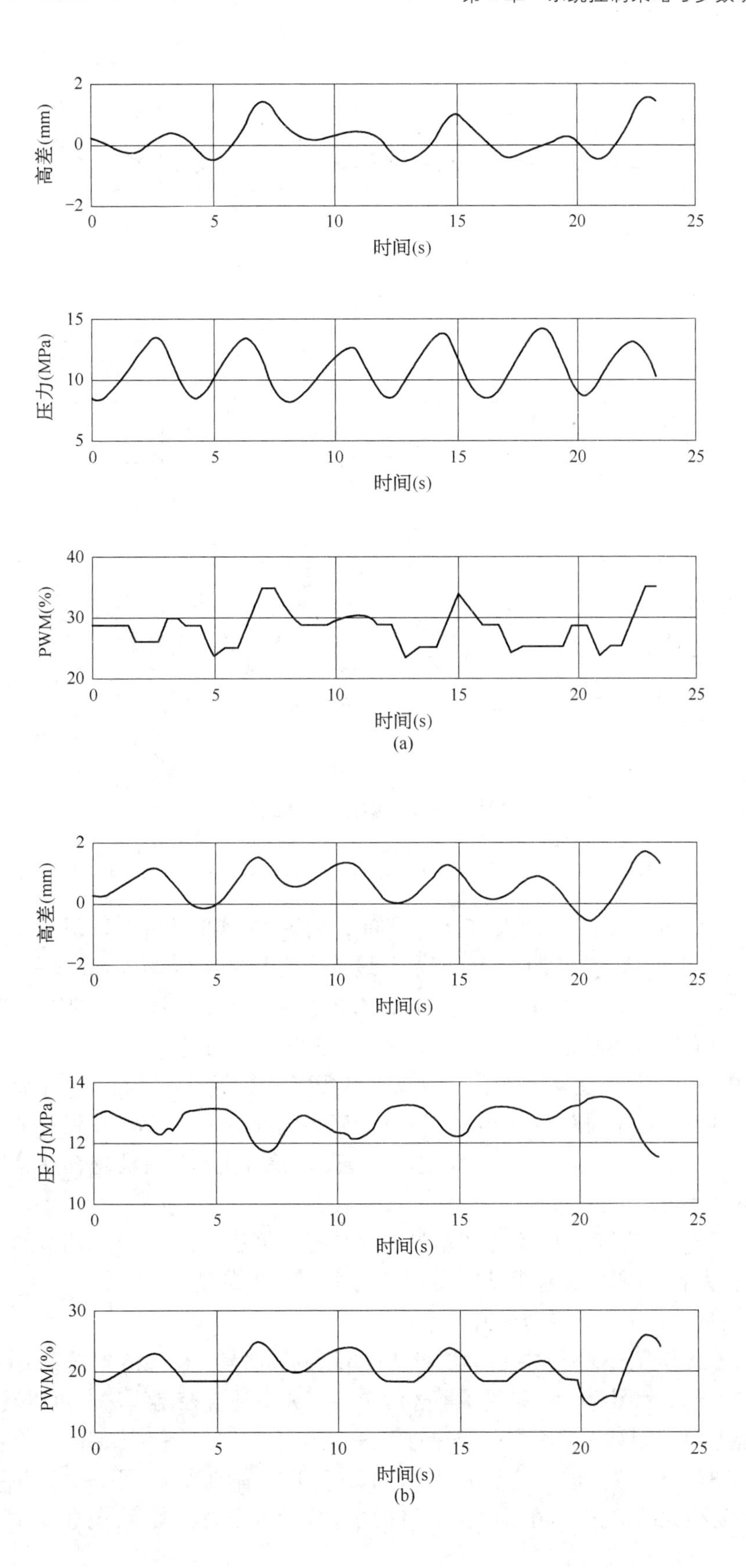


(a)

(b)

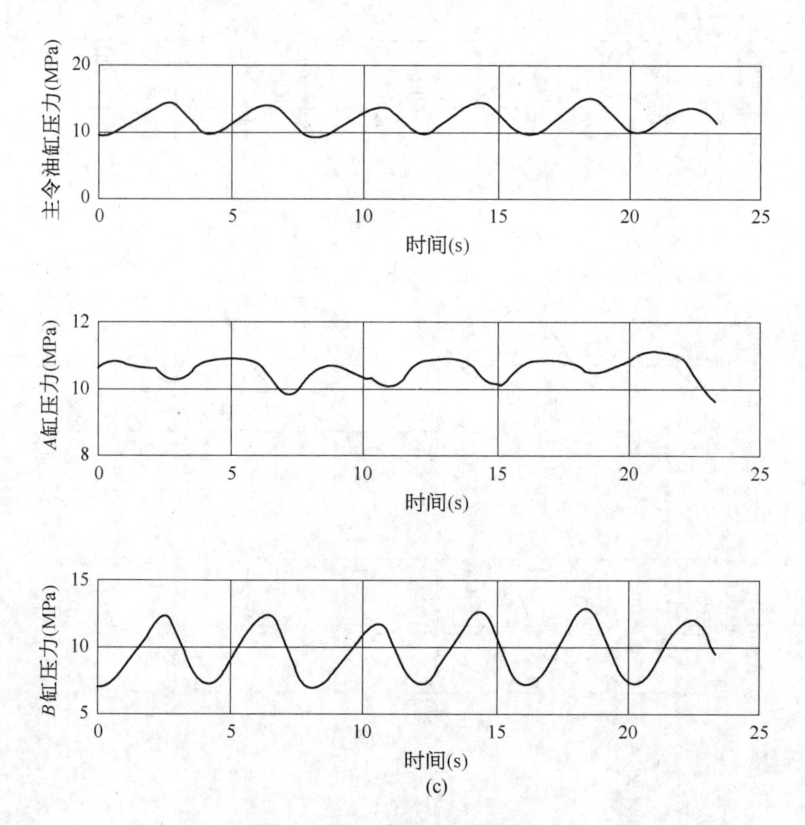


**图 5－101　参数实时曲线八**

(a) 2 号液压缸；(b) 3 号液压缸；(c) 主令油缸、$A$ 缸、$B$ 缸压力

工况：同步下降算法，双限幅 PID；策略：高差反馈＋压力反馈加载，$A$ 缸交变、$B$ 缸恒定。

图 5－96 和图 5－97 分别是同步上升及同步下降时的实时曲线。采用了双限幅 PID 算法，从图 c 可以看出 $A$ 缸施加了一交变载荷，最大载荷大约为 14 MPa，最低为 8 MPa 左右。而 $B$ 缸载荷固定不变，为 12 MPa 左右。可以看出主令缸和 2 号液压缸的压力曲线与 $A$ 缸的压力曲线具有完全相似的形状。$B$ 缸加载尽管 PWM 是固定的，但压力还是有一定的波动，波动范围在 0.5 MPa 左右。从图 a 可以看出，PWM 的调节总比高差变化要滞后一定的时间。误差的变化也是周期性的，其频率和 PWM 的变化频率一样，但 PWM 的变化要滞后一个时间 $T$。这是因为控制系统包含许多惯性环节，并且比例阀有滞环存在。误差始终保持在一定的较小范围内。

再看图 5－94 和图 5－95，采用了增量式 PID 控制算法，由于 PWM 调节的变化幅度较大，出现了较大的超调量，误差明显增大，出现了摇摆上升的情况。这在实际提升时是不允许的，所以增量式算法不能应用于工程实际。

比较增量式和双限幅两种控制算法可知：双限幅算法具有明显的工程实用性。

再看图 5－98 和图 5－99，采用了前述的单神经元自适应控制算法。可以看出，它的结果与双限幅 PID 控制结果差不多，但误差要大一些。

再比较图 5－96、图 5－97 与图 5－100、图 5－101，两者的结果差不多。这说明在液压缸负载波动不是很大的情况下，在 2 号缸的控制方案中引入压力反馈(液压缸 2 和主令液压缸的压力差）和只引入高差反馈的控制方案一样。只有在压力波动很大的情况下且又有位移耦合时，引入压力反馈才有效果。

综上所述，采用双限幅 PID 控制的算法控制效果最好，最符合工程实际应用。在液压缸负载变化不大的情况下，只采用高差反馈，就能很好地解决问题。由于试验条件的限制，利用单神经元的控制算法和利用压力反馈来减少高重心结构件振荡的验证工作，有待在实际工程中验证。

# 第6章 液压同步提升系统的抗振试验

## 6.1 液压同步提升系统简介

计算机控制液压同步提升技术是一项成熟的构件提升(下降)安装施工技术,它采用柔性钢绞线承重、提升油缸集群、计算机控制、液压同步提升的原理,结合现代化施工工艺,将成千上万吨的构件在地面拼装后,整体提升(下降)到预定位置安装就位,实现大吨位、大跨度、大面积的超大型构件超高空整体同步提升(下降)。计算机控制液压同步提升系统由钢绞线及提升油缸集群(承重部件)、液压泵站(驱动部件)、传感检测及计算机控制(控制部件)和远程监视系统等组成。钢绞线及提升油缸是系统的承重部件,用来承受提升构件的重量。用户可以根据提升重量(提升载荷)的大小来配置提升油缸的数量,每个提升吊点中油缸可以并联使用。钢绞线符合国际标准 ASTM A416—87a,其抗拉强度、几何尺寸和表面质量都得到严格保证。

液压泵站是提升系统的动力驱动部分,它的性能及可靠性对整个提升系统稳定可靠工作影响最大。在液压系统中,采用比例同步技术,这样可以有效地提高整个系统的同步调节性能。传感检测主要用来获得提升油缸的位置信息、载荷信息和整个被提升构件空中姿态信息,并将这些信息通过现场实时网络传输给主控计算机。这样主控计算机可以根据当前网络传来的油缸位置信息决定提升油缸的下一步动作,同时,主控计算机也可以根据网络传来的提升载荷信息和构件姿态信息决定整个系统的同步调节量。液压同步提升系统内部组成如图 6-1 所示。

## 6.2 液压同步提升装置的配置

穿心式提升油缸是液压提升系统的执行机构,提升主油缸两端装有可控的上、下锚具油缸,以配合主油缸对提升过程进行控制,其外形结构如图 6-2 所示。

图 6-3 是提升油缸内部结构图。构件上升时,上锚具利用锚片的机械自锁紧紧夹住钢绞线,主油缸伸缸,张拉钢绞线一次,使被提升构件提升一个行程;主油缸满行程后缩缸,使载荷转换到下锚具上,而上锚具松开。如此反复,可使被提升构件提升至预定位置。构件下

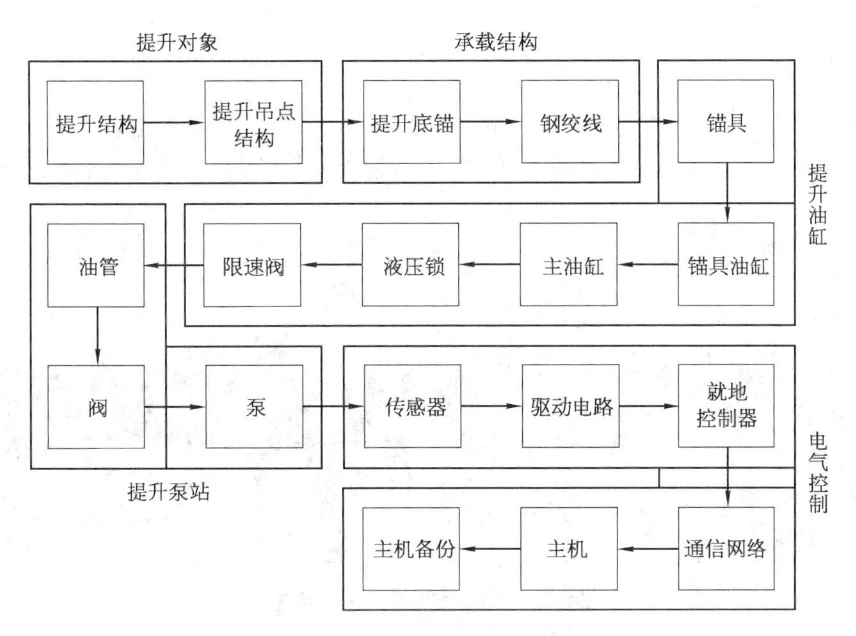


图 6-1　液压同步提升系统总体框图

图 6-2　液压提升油缸外部结构图

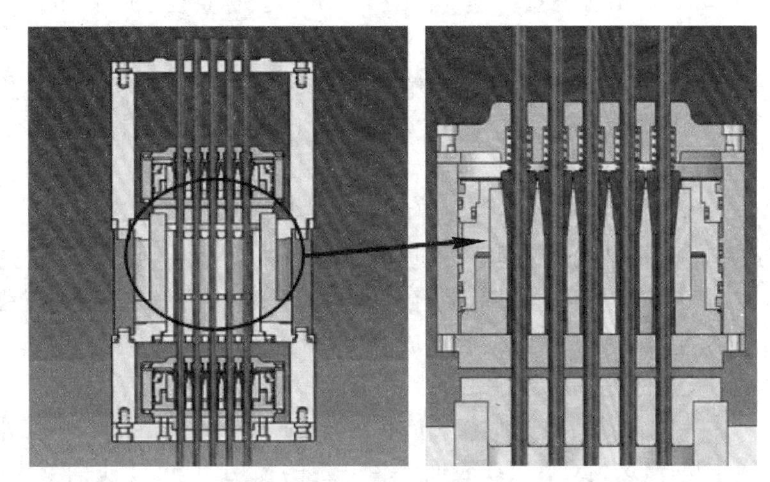

图 6-3　液压提升油缸内部结构图

降时，将有一个上锚具或下锚具的自锁解脱过程。主油缸，上、下锚具缸的动作协调控制均由计算机通过液压系统来实现。该套技术已经成功应用于国内外众多重大工程施工中，并且获得了国家科学技术进步奖二等奖、上海市科学技术进步奖二等奖等。

## 6.3　钢绞线液压提升装置安全性能分析与试验

本节主要分析各个模块的故障形式、故障发生率及其对安全性能的影响。

### 6.3.1 钢绞线

钢绞线作为提升系统的承载机构，至关重要。钢绞线与锚夹具的啮合(图6-4)，保证被提升对象与提升油缸之间无相对滑移，使得提升油缸带动被提升对象安全上升或者下降。

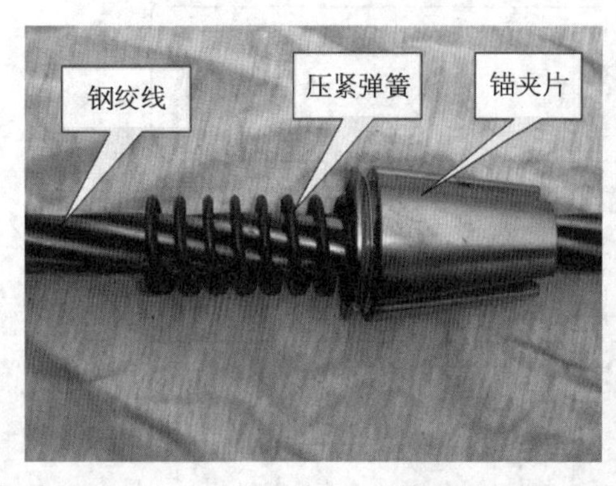

图6-4 钢绞线与锚夹具配合关系

1) 钢绞线的标准 采用美国钢结构预应力混凝土用钢绞线标准ASTM A416—90a；级别：270 kpsi；公称抗拉强度：1 860 MPa；公称直径：17.8 mm；最小破断载荷：353.2 kN；1%伸长时的最小载荷：318 kN。

2) 钢绞线失效形式以及保护措施

(1) 牌号选错。提升钢绞线公称抗拉强度1 860 MPa，如果选用1 720 MPa的预应力钢绞线，会影响锚具的夹紧或脱锚。

(2) 钢绞线受伤。在工程施工过程中，钢绞线保护不当容易造成弯折等机械损伤，从而影响其在提升油缸锚具中的通过性能，影响安全使用。钢绞线是高强度钢，当通过强电流时，其力学性能有所下降，应避免像电焊等作业时使钢绞线通过强电流。另外，钢绞线为高碳钢，电焊碰到其表面时会形成不可见的损伤，也会影响其强度。

上述问题，只要加强保护，可以确保钢绞线的失效率为0。

3) 钢绞线重复使用损伤试验 液压提升系统利用钢绞线来承重，锚夹具与钢绞线之间产生啮合，这会对钢绞线表面产生一定的损伤，有可能使钢绞线产生疲劳，从而降低强度。为此人们做了大量的试验来分析这种损伤的危害程度，如图6-5～图6-8所示。

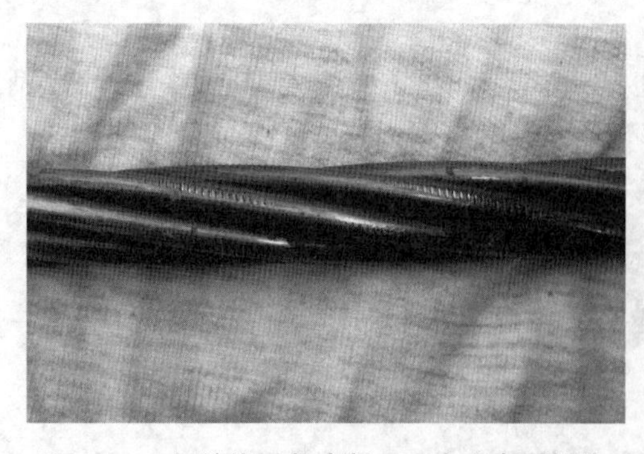

图6-5 钢绞线反复夹紧100次后表面损伤

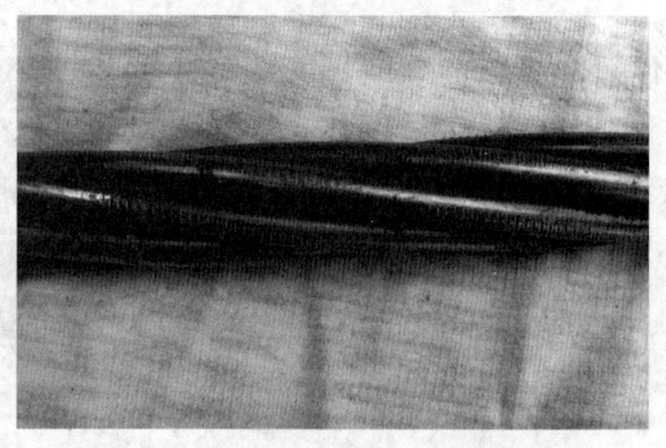

图6-6 钢绞线反复夹紧200次后表面损伤

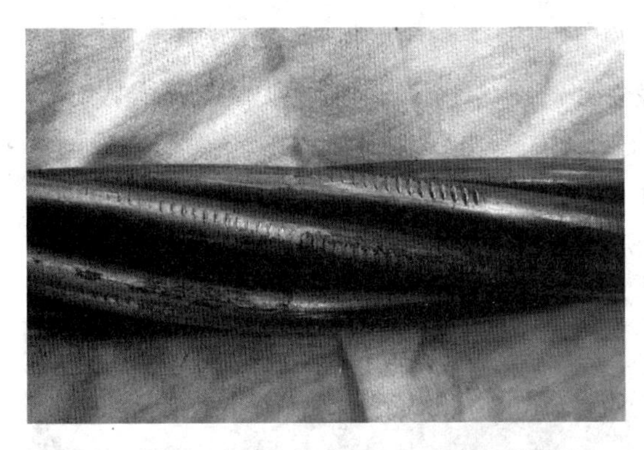

图 6-7　钢绞线反复夹紧 300 次后表面损伤

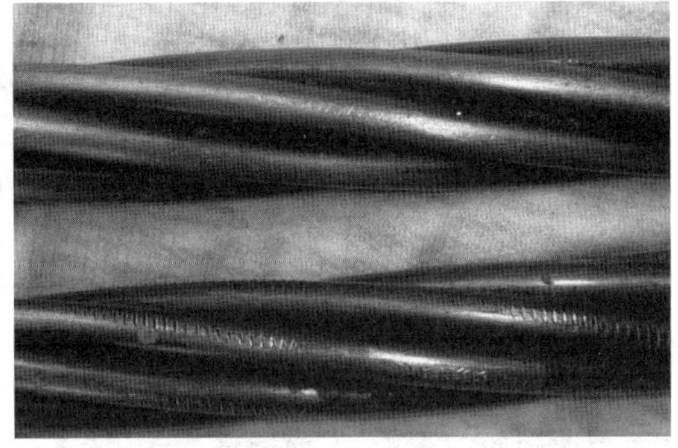

图 6-8　使用前与使用 200 次后钢绞线比对

通过大量的试验发现，在钢绞线反复夹紧 100 次时，钢绞线虽然表面出现压痕，但是脱锚工作正常；在反复夹紧约 300 次时，表面压痕明显加剧，并且出现"松股"现象，这时钢绞线不能再次重复使用。试验结果见表 6-1。

表 6-1　钢绞线重复夹紧后试验数据

| 试验次数(次) | 最小破断载荷(kN) | 1%伸长时的最小载荷(kN) | 抗拉强度(MPa) | 表面损伤 | 综合评判 |
|---|---|---|---|---|---|
| 0 | 353.2 | 318 | 1 860 | 无 | 可使用 |
| 25 | 353.7 | 319 | 1 860 | 轻微 | 可使用 |
| 50 | 353.3 | 318 | 1 860 | 轻微 | 可使用 |
| 75 | 351.3 | 315 | 1 860 | 轻微 | 可使用 |
| 100 | 346.5 | 310.5 | 1 860 | 轻微 | 可使用 |
| 125 | 349.1 | 313 | 1 860 | 轻微 | 可使用 |
| 150 | 349.2 | 311 | 1 860 | 中等 | 可使用 |
| 175 | 347.1 | 313 | 1 860 | 中等 | 可使用 |
| 200 | 344.7 | 310 | 1 860 | 中等 | 可使用 |
| 225 | 343 | 310 | 1 860 | 中等 | 可使用 |
| 250 | 343.1 | 305 | 1 860 | 中等 | 可使用 |
| 275 | 342 | 307 | 1 860 | 中等 | 可使用 |
| 300 | 342 | 307.1 | 1 860 | 中等 | 松股 |

注：1. 试验钢绞线为 17.8 规格的预应力钢绞线，生产厂家为上海申佳。
2. 夹紧试验时施加载荷为每根钢绞线 18 t。

对试验数据进行分析得到，钢绞线表面啮合产生压痕之后，钢绞线的最小破断载荷降低了，在重复夹紧 300 次时，钢绞线的最小破断载荷约为新钢绞线的 97%(与新钢绞线比较)，但是由于钢绞线重复使用之后，出现了"松股"现象，导致钢绞线报废。由此可以看出，在液压提升中，在额定载荷之下钢绞线的主要破坏形式为"松股"，牙痕损伤对钢绞线的强度影响不大。

4）钢绞线极限承载试验

(1) 试验目的。验证钢绞线破断拉力以及在多次夹紧之后的破断拉力。

(2) 试验方法。利用试验支架，将钢绞线的一端用P锚压紧，另一端放置在提升油缸内部。提升油缸逐步加载，观察在不同的压力之下钢绞线的承载情况，并且记录钢绞线破断时的油压值。对不同夹紧程度的钢绞线重复试验，观察多次夹紧的钢绞线的破断值是否出现变化。

(3) 试验步骤。

第一步：将承载钢绞线布置于试验设备中，如图6-9～图6-11所示。

图6-9　试验支架

图6-10　钢绞线P锚固定端

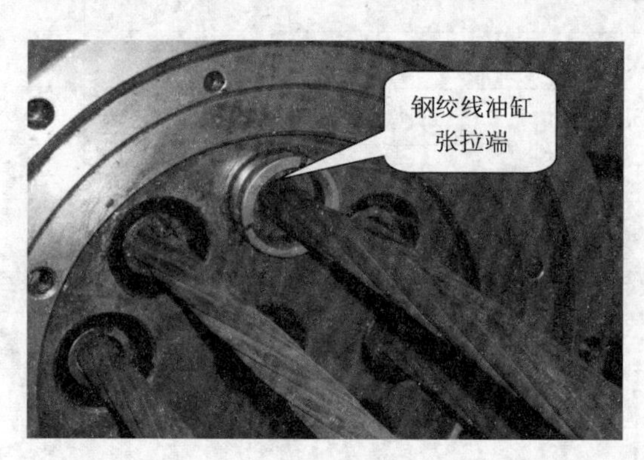


图6-11　钢绞线油缸张拉端

第二步：提升油缸逐步加载，并记录破断时的压力值，如图6-12和图6-13所示。

图6-12　试验加载油缸

图6-13　试验记录仪表

第三步：对不同的钢绞线重复试验，并记录试验值。

(4) 试验结果，见表 6-2。

表 6-2　不同类型钢绞线破断载荷表

| 序号 | 钢绞线状况 | 平均破断压力(MPa) | 提升油缸面积($m^2$) | 破断载荷(kN) |
|---|---|---|---|---|
| 1 | 新钢绞线 | 10.6 | 0.039 | 413.4 |
| 2 | 重复 25 次 | 10.9 | 0.039 | 425.1 |
| 3 | 重复 50 次 | 10.7 | 0.039 | 417.3 |
| 4 | 重复 100 次 | 10.4 | 0.039 | 405.6 |
| 5 | 重复 200 次 | 10.1 | 0.039 | 393.9 |

## 6.3.2　锚夹片

1) 工作原理　提升底锚与提升油缸内部装有锚夹片，锚夹片内部布满“牙齿”，保证与钢绞线咬合紧密，外部为一个圆柱体，与锚座之间的楔形结构能够形成自锁，从而避免了钢绞线产生滑移，如图 6-14～图 6-16 所示。

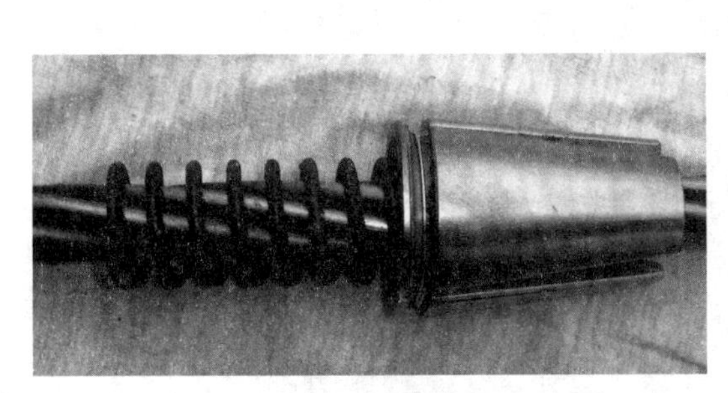

图 6-14　锚片装配图

图 6-15　提升专用锚夹片

图 6-16　锚夹片与压紧弹簧

2）失效形式以及保护措施　常用的锚片牙型为圆弧齿，虽然容易咬紧钢绞线，但是钢绞线损伤大、齿根强度低。通过研究与试验之后，将圆弧齿改成三角齿，这样，提高了加紧强度，降低了钢绞线下滑量；同时，增加了齿根强度，牙齿不易折断。这种齿形的锚片已在工程施工中稳定使用10年，确保锚夹具失效率为0。具体如图6-17和图6-18所示。

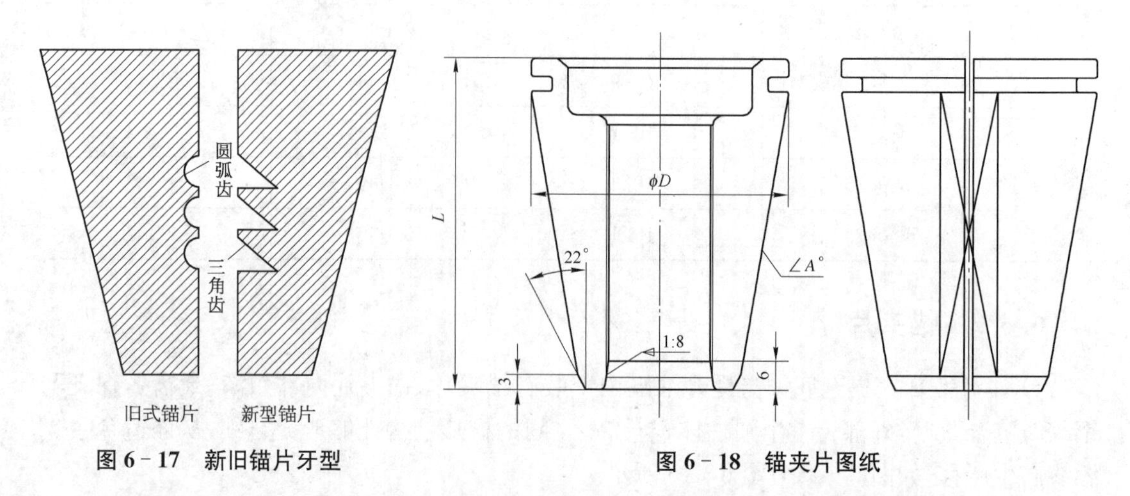


图6-17　新旧锚片牙型

图6-18　锚夹片图纸

3）锚片试验　除了牙型之外，圆柱体的直径、长度和外体倾角对于锚夹片的夹紧和脱锚性能影响最大，为此对多种锚夹片进行了对比试验，如图6-19所示。

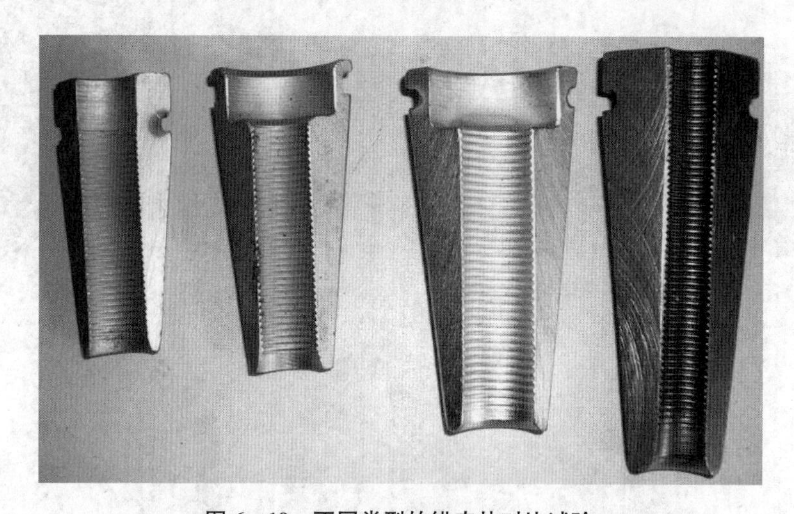

图6-19　不同类型的锚夹片对比试验

对不同长度、不同角度的锚夹片的脱锚效果做了对比试验，见表6-3，以锚固和脱锚失效率为评判锚夹片优良的标准，其中失效率最低的最优。每种锚夹片做1 000次夹紧和脱锚试验。锚夹具失效包括脱锚时有异常声响，钢绞线出现“松股”现象，或者锚片卡死。在该试验中，没有出现卡死现象。

经过多次对比试验之后，发现角度为7°40′时失效率最低，此时对钢绞线表面损伤也最小。

表6-3　不同长度锚夹片脱锚效果对比

| 角度 \ 长度(mm) | 45 | 60 | 70 | 80 |
|---|---|---|---|---|
| 7° | 0.1% | 0.2% | 0.2% | 0.3% |
| 7°20′ | 0.2% | 0.2% | 0.2% | 0.2% |
| 7°40′ | 0.2% | 0.1% | 0.1% | 0.2% |
| 8° | 0.2% | 0.1% | 0.2% | 0.3% |

### 6.3.3　上、下锚具

1) 工作原理　上、下锚具位于提升油缸的上部和下部，是提升油缸夹紧钢绞线的“手”和“脚”。锚具利用锚片牙齿咬紧钢绞线，依靠锚片与锚座之间的楔形机构形成自锁。上、下锚具中锚夹片可在小油缸的作用下夹紧或打开。上、下锚具中锚夹片可主动夹紧，避免了被动夹紧引起的不可靠问题，确保锚夹片压紧在锚板内部，与钢绞线咬合更加紧密。

2) 半开放式结构　国内许多厂家的锚具油缸一般设计成开放式结构，异物很容易进入锚具油缸。经过多年的实践，将锚具油缸改进为一个半开放式结构，这样就避免了异物进入锚具油缸影响夹紧的情况，大大提高了系统的安全性。经过多个重大工程的检验，没有出现失效的情况，并且比其他形式的锚具油缸更加稳定和安全，如图6-20所示。

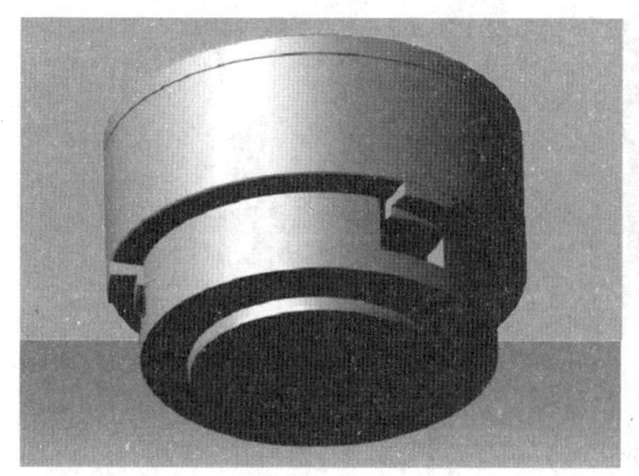

图6-20　锚具油缸半开放式结构

3) 主动加载　利用锚具夹紧油缸、顶管和压紧弹簧组成一种新型的脱锚机构，在脱锚与紧锚时通过辅助外力施加影响，使得脱锚和紧锚的效果更好，如图6-21和图6-22所示。

4) 常规试验

(1) 试验依据。

GB/T 14370—2007《预应力筋用锚具、夹具和连接器》

GB/T 2828.4—2008《计数抽样检验程序 第4部分：声称质量水平的评定程序》

GB/T 699—1999《优质碳素结构钢》

GB/T 230.1—2004《金属洛氏硬度试验 第1部分：试验方法》

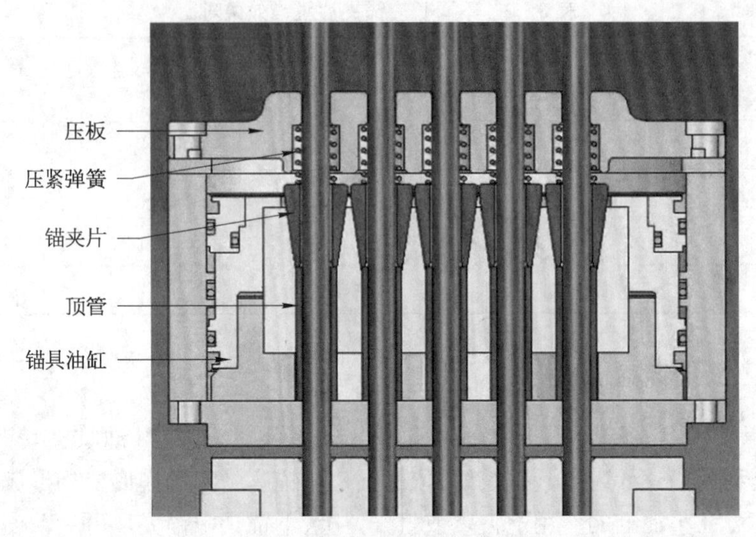


图 6-21　锚夹具装配示意

图 6-22　锚夹具内部关键部件

GB/T 228—2002《金属材料 室温拉伸试验方法》

GB/T 1591—2008《低合金高强度结构钢》

(2) 试验与检测。按照上述标准进行检验,结果如图 6-23 所示。

图 6-23　锚夹具内部结构

5）上、下锚具锚夹片均载分析　在液压同步提升系统中，提升油缸是承重机具，它直接承受被提升对象的重量，其结构如图6-24所示。

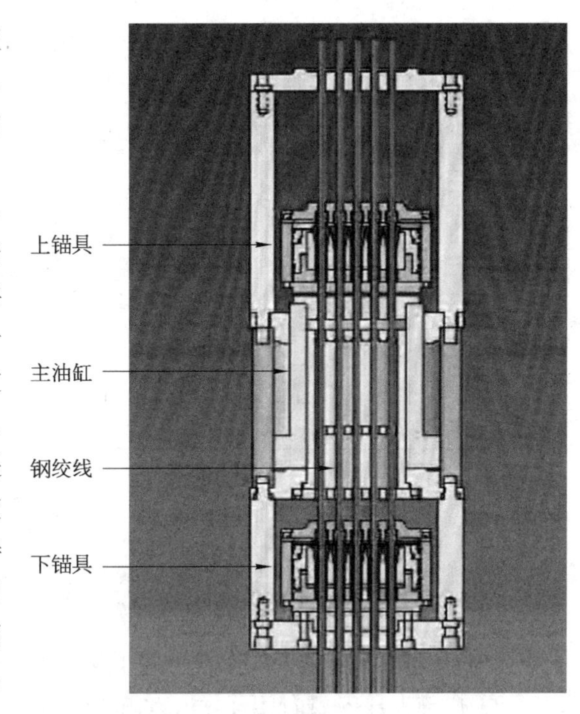


图6-24　提升油缸的结构示意

通过提升油缸上、下锚具的切换动作，提升油缸可以沿着钢绞线将被提升对象安装到预定位置。提升油缸中多根钢绞线共同承受被提升对象的重量。为了确保提升安全，各根钢绞线负载必须均衡，不能超过钢绞线强度极限，否则会造成恶劣结果。在上海东方明珠广播电视塔钢天线桅杆提升过程中，为了避免同一提升油缸中钢绞线负载分配不均而引起灾难性的后果，特地制作了钢绞线负载均衡监测传感器，以备在钢绞线负载不均衡的情况下人为地调整其负载分配。但后来的工程实践证明：图6-24所示结构的同一提升油缸中的各根钢绞线在提升过程中能够实现负载的自动均衡。这一结论在后继的北京西站、北京首都国际机场四机位和上海大剧院等提升工程中得到了进一步的证明。在同步提升技术不断应用于重点工程的同时，人们也就同一提升油缸中钢绞线负载自动均衡这一关键技术问题展开了研究。通过大量的试验研究发现：同一提升油缸中钢绞线负载自动均衡是由于提升油缸所承受的负载在从其上锚具承受转换到下锚具承受的过程中，受力钢绞线相对于锚具产生滑移，通过具有弹性的钢绞线最终实现负载的自动均衡。

在提升过程中，提升油缸由于行程的限制，必须通过不断的伸缩动作不连续地将被提升对象送至最终位置。在提升油缸的一次伸缩动作过程中，要经过两次负载转换：第一次是提升油缸带载伸缸时负载从下锚具承受转换至上锚具承受；第二次是提升油缸空载缩缸时负载从上锚具承受转换至下锚具承受。因此，同步提升的过程就是负载不断在上锚具和下锚具之间转换的过程。无论是上锚具承载，还是下锚具承载，在锚具锚夹片夹紧钢绞线的过程中，钢绞线相对于锚具均会产生一定的滑移。这种滑移经分析可以分为以下四个部分：

（1）消除锚具初始间隙而产生的滑移。尽管在负载转换前锚具油缸向锚夹片施加了一定的液压预紧力，但由于施力的锚具油缸的作用力有一定的限制，还未达到锚具的完全锁紧。锚孔与锚夹片之间、锚夹片与钢绞线之间还存在初始间隙。在上、下锚具负载转换过程中，锚具会利用锚具油缸作用而产生的锚夹片与钢绞线之间的摩擦力首先消除这个初始间隙。在消除这个间隙的过程中，钢绞线相对于锚具会产生一定的滑移。由于初始间隙与诸多因素有关，因此这个滑移是不确定的。大量的试验表明，这个滑移的量值在2～3 mm。

（2）锚孔变形引起的钢绞线相对于锚具的滑移。随着初始间隙的进一步消除，钢绞线与锚夹片咬合锁紧在锚孔中。锚孔内壁将会受到如图 6－25 所示的作用力。锚孔内壁受力产生变形，这样使得钢绞线与锚夹片一起向下滑移。这个滑移量的大小与锚具承受的载荷、锚孔的表面硬度等因素有关。

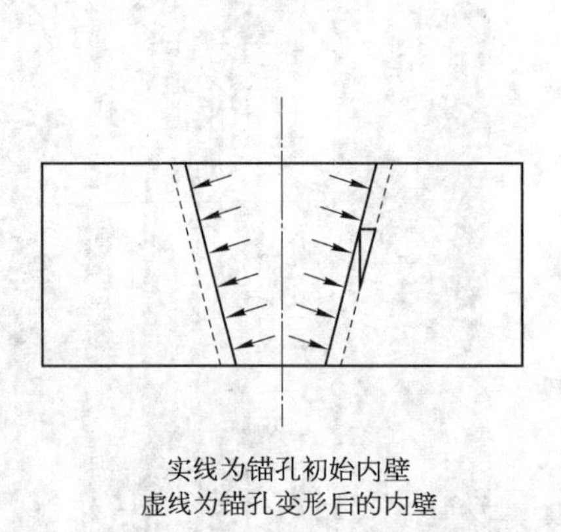


**图 6－25　锚孔内壁受力及变形示意**

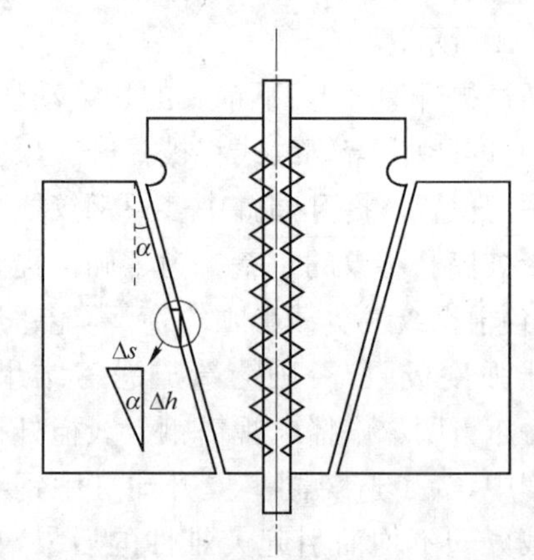


**图 6－26　锚夹片牙齿引起滑移示意**

(3) 锚夹片咬合钢绞线而产生的滑移。如图 6－26 所示，为了增加锚夹片与钢绞线之间的摩擦力，锚夹片内表面具有牙齿。由于钢绞线的表面硬度远低于锚夹片牙齿的表面硬度，因此在钢绞线与锚夹片接触的表面上将会产生弹塑性变形。锚夹片牙齿嵌进钢绞线之后，钢绞线将与锚夹片一起产生向下滑移。这个滑移量的大小与锚具所承受的载荷、钢绞线的表面硬度等因素有关。

(4) 钢绞线与锚夹片之间产生的滑移。钢绞线与锚夹片之间除了上述的锚夹片牙齿咬合钢绞线而产生的滑移之外，由于所承受的垂直负载的作用，钢绞线与锚夹片之间还会产生与负载方向一致的垂直滑移。这个滑移量的大小也与锚具负载有关。

通过上面分析可以知道，钢绞线相对于锚具的滑移量与锚具所承受的负载有关，而且通过试验与理论分析有以下结论：锚具所承受的负载越大，钢绞线相对于锚具的滑移量就越大；反之，锚具所承受的负载越小，钢绞线相对于锚具的滑移量就越小。下面就利用这一结论来进一步说明提升油缸中钢绞线负载的自动均衡过程。

现假设如图 6－27 所示有一提升油缸使用三根钢绞线提升一重物，提升油缸的行程为 $C$，钢绞线的长度为 $L$，钢绞线的伸长率为 $K$，钢绞线的滑移量 $s$ 与所承受的载荷 $F$ 的函数关系为 $s(F)$。由于某种原因使得三根钢绞线承载严重不均，现假设初始的状态为：钢绞线 2 不受力，处于松弛状态，即 $F_2(0)=0$，重物 $M$ 由钢绞线 1 和 3 均匀承受，即 $F_1(0)=F_3(0)=M/2$。

假设如图 6－27 所示初始状态下锚具承受负载，则提升时的第一个过程就是将载荷从下锚具转移到上锚具。如果提升油缸伸缸进行上、下锚具负载转换时，钢绞线相对于锚具不产生滑移，则提升油缸伸缸 $X$ 时其下钢绞线的长度将缩短为 $L-X$，但是，由于钢绞线相对于锚具产生滑移，并且在先不考虑钢绞线 2 的情况下，钢绞线 1 的滑移量 $s_1$ 和钢绞线 3 的滑移量 $s_3$ 应为 $s_1=s_3=s[F_1(0)]$，这样，提升油缸 1 和 3 下面的钢绞线长度应为 $L-X+s_1$。在提升过程中，由于三根钢绞线的长度始终保持一致，因而迫使钢绞线 2 在锚具负载转换时略有伸长，钢绞线 2 承载，这样将减小钢绞线 1 和 3 所受载荷。

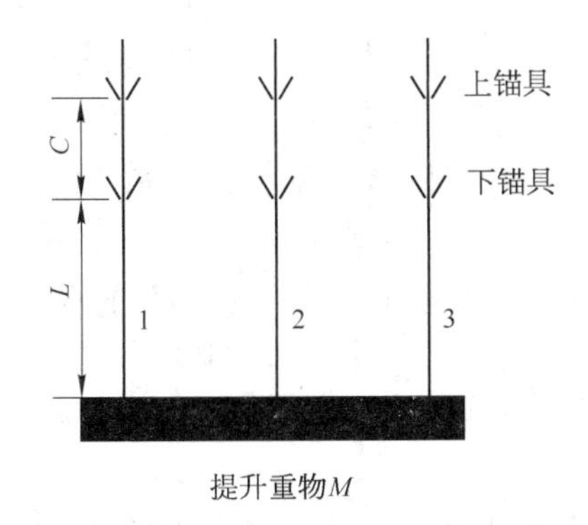


图 6-27 三根钢绞线承载示意图

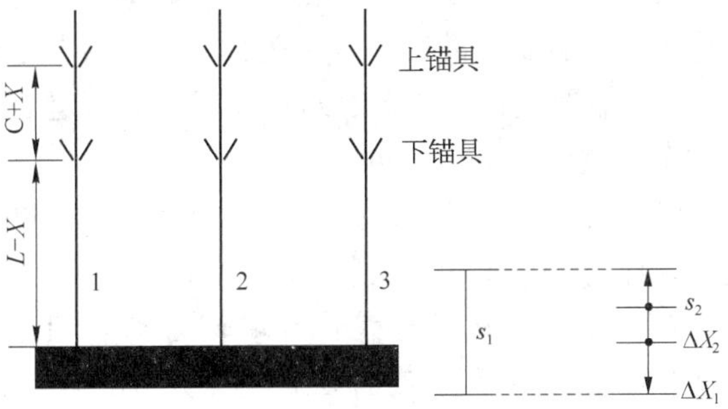

图 6-28 钢绞线新的平衡位置

如图 6-28 所示，$s_1$ 为钢绞线 1 的滑移量，$s_2$ 为钢绞线 2 的滑移量，$\Delta X_2$ 为钢绞线 2 的伸长量，$\Delta X_1$ 为钢绞线 1 的延伸减少量。若提升油缸 1 下面的钢绞线长度为 $L_1$，提升油缸 2 下面的钢绞线长度为 $L_2$，则有 $L_1 = L - X + s_1 - \Delta X_1$，$L_2 = L - X + s_2 + \Delta X_2$。

因为 $L_1 = L_2$，所以有

$$\Delta X_2 = s_1 - s_2 - \Delta X_1 \tag{6-1}$$

假设钢绞线承载变化量与其延伸变化量满足胡克定律，则经过锚具第一次切换之后，钢绞线 1、2、3 承受载荷的变化量 $\Delta F_1(1)$、$\Delta F_2(1)$、$\Delta F_3(1)$ 分别为

$$\Delta F_1(1) = F_1(1) - F_1(0) = K\Delta X_1 \tag{6-2}$$

$$\Delta F_2(1) = F_2(1) - F_2(0) = K\Delta X_2 \tag{6-3}$$

$$\Delta F_3(1) = F_3(1) - F_3(0) = K\Delta X_3 \tag{6-4}$$

由于钢绞线 2 增加的载荷等于钢绞线 1 和 3 载荷减小量之和，即 $\Delta F_2(1) = \Delta F_1(1) + \Delta F_3(1)$，又 $\Delta X_1 = \Delta X_3$，因此有，$\Delta X_2 = 2\Delta X_1 = 2\Delta X_3$。

将上式代入式(6-1)，则有

$$\Delta X_1 = (s_1 - s_3)/3 \tag{6-5}$$

由于钢绞线滑移量与其所受载荷存在如下关系

$$S_1 = S[F_1(0)],\ S_2 = S[F_2(0)]$$

由式(6-2)和式(6-5)可以得到经过第一次锚具负载转换之后，三根钢绞线所受载荷的大小。

由此可见，经过第一次锚具负载转换之后，钢绞线受力状态已不同于初始状态，钢绞线 2 已经开始受力，钢绞线 1 和 3 受力不再是 $M/2$，略有减小。

同理，可以推导出经过若干次锚具负载转换之后，三根钢绞线所受载荷大小的计算公式。

根据上面的分析可知，随着提升过程中锚具负载的不断转换，钢绞线 2 的载荷将逐渐增加，而钢绞线 1 和 3 的载荷将逐渐减小，最终三根钢绞线载荷趋于均衡。当三根钢绞线的滑移量趋于相等时，即 $S_1 = S_2 = S_3$，则每根钢绞线的载荷趋于相等，即为 $M/3$。

对于多根钢绞线提升油缸，可以用类似的分析方法对钢绞线负载均衡问题加以分析。无论提升油缸状态的钢绞线载荷如何分配，但是经过若干次锚具负载转换之后（试验和实践表明：一般要经过6或7次），钢绞线负载将趋于均衡。这一结论对液压同步提升系统的安全性至关重要。

6）上、下锚具耐污试验　提升油缸在安装钢绞线之前，必须进行严格的检查，确保钢绞线穿入保持外表干净无污物，穿束以后，应将其锚固夹持段及外端的浮锈和污物擦拭干净。但是在实际使用中，由于工作环境较为恶劣，工作时间较长，不可避免地会在钢绞线上面附着灰尘或者其他污物，有必要研究锚夹具的耐污能力。

试验方法是在锚夹片内部装有不同介质的污物，如铁锈、煤灰，进行锚夹具的紧锚和脱锚试验，观察是否对其有影响。经过多次试验发现，由于锚夹片的牙齿啮合作用，以及锚夹具楔形机械特性，使得在夹片无损伤的情况下，不会影响其紧锚和脱锚的性能。但是，必须防止一些如铁丝之类的物品进入锚夹片，这类物品会对锚夹片产生损伤。

### 6.3.4　底锚

底锚是钢绞线与闸门连接的关键部件，底锚必须保证在恒载和动载状况下受力百分之百安全。底锚主要的工作原理是利用锚片牙齿咬紧钢绞线，并且依靠锚片与锚座之间的楔形机构形成自锁。提升底锚将钢绞线与被提升对象固结起来，使得钢绞线能够带动被提升对象上升或者下降，如图6-29所示。

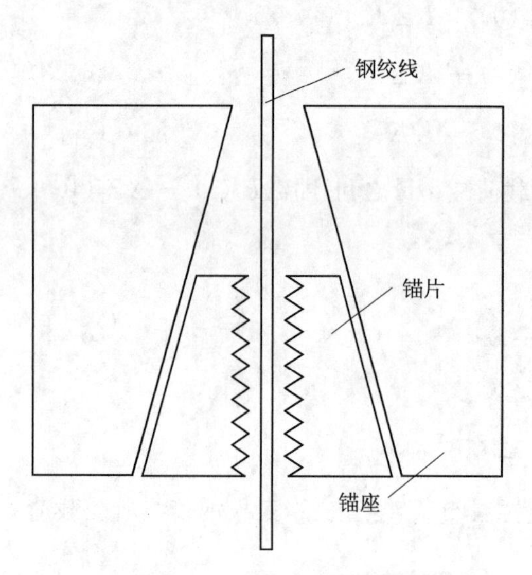


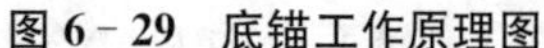
图6-29　底锚工作原理图

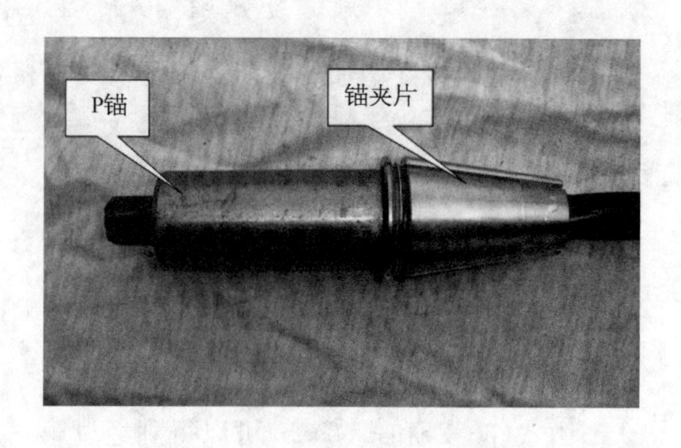


图6-30　P锚与锚夹片安装形式

1）失效形式以及采取的措施　底锚失效一般有两种形式：一是锚座开裂；二是锚片打滑。锚座开裂主要是由于制造过程中热处理造成的，只要加强对热处理过程的控制和检验，这种失效完全可以避免。通过后期的静载试验也可以甄别锚座是否开裂。底锚直接与闸门相连，动水对闸门造成的振动冲击直接作用在底锚夹紧锚片上，长期振动容易引起锚片夹紧效果下降。为此，在每一根钢绞线的末端增加了一个安全锚——P锚，如图6-30和图6-31所示，确保底锚的失效率为0。

2）底锚检测与试验

（1）试验依据。

GB/T 14370—2007《预应力筋用锚具、夹具和连接器》

GB/T 2828.4—2008《计数抽样检验程序 第 4 部分：声称质量水平的评定程序》

GB/T 699—1999《优质碳素结构钢》

GB/T 230.1—2004《金属洛氏硬度试验 第 1 部分：试验方法》

GB/T 228—2002《金属材料 室温拉伸试验方法》

GB/T 1591—2008《低合金高强度结构钢》

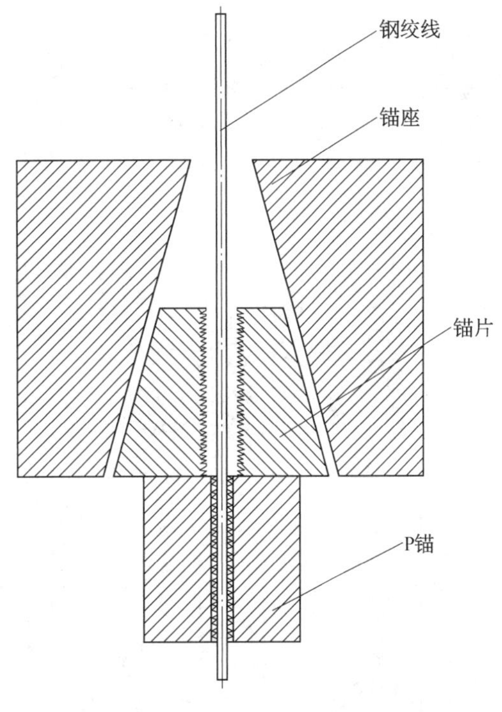

图 6 - 31　P 锚的安装示意

（2）静载试验。根据设计要求，对每一个底锚都进行 50%超载试验，经过疲劳载荷和周期载荷的作用之后，无裂纹、无变形，满足使用要求。根据试验分析以及工程施工经验可以看出，底锚的失效主要是由加工质量问题而引起的，尤其是热处理不当，造成底锚内部有裂纹或者残余应力过大，导致底锚开裂。在正确的设计和严格的加工工艺保证之下，每个锚具都经过超载试验，能够确保底锚不失效，如图 6 - 32 和图 6 - 33 所示。

图 6 - 32　底锚装配

图 6 - 33　底锚试验

### 6.3.5　提升油缸故障分析

1）锚具油缸故障分析　根据工程施工的经验，总结起来锚具油缸的主要故障为：异物进入，影响夹紧；密封件损坏；接头漏油。

锚具油缸为一个半开放式结构，这样就避免了较大的异物进入锚具，从而影响夹紧的情况，大大提高了系统的安全性。这种锚具油缸结构，经过多个重大工程的检验，没有出现失效的情况，故障率极低。密封件是易损件，密封件的磨损与密封件的使用频率和油缸

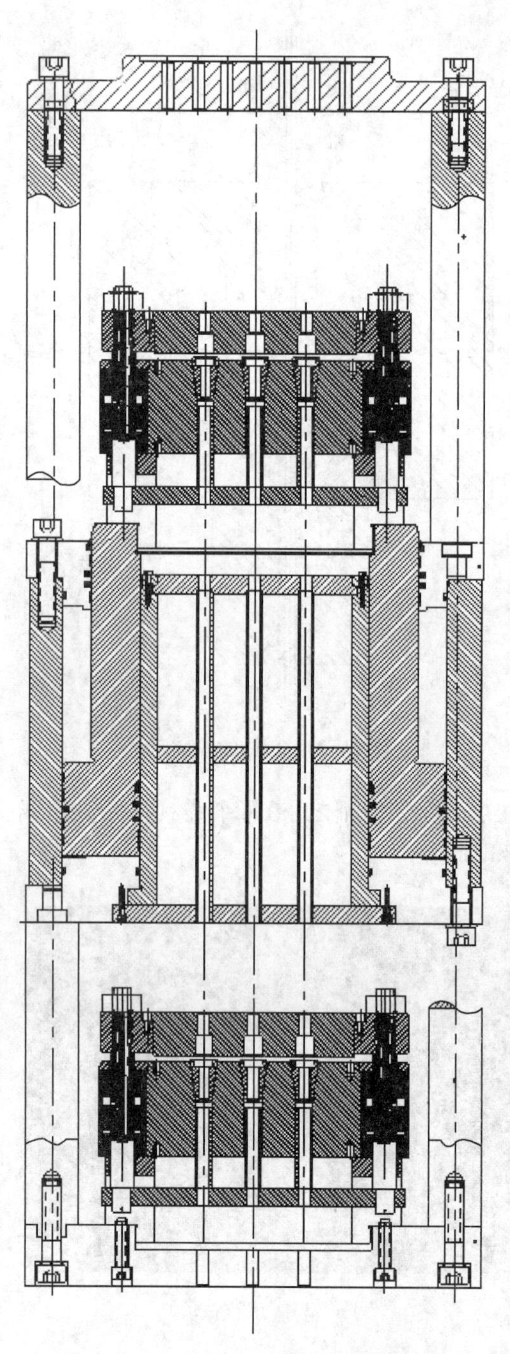

图 6 - 34 主油缸内部钢绞线导向图

的线速度有关;密封件的磨损会导致油缸内泄漏增加。接头漏油故障不会影响施工的安全与进度。

2）*主油缸故障分析*　根据工程施工经验,总结起来主油缸的主要故障为:钢绞线折弯在油缸腔内;密封件损坏;接头漏油。

主油缸在腔内加入了导向钢管,保证钢绞线能够顺利通过油缸,大大降低了钢绞线折弯的概率。图 6 - 34 所示为主油缸内部钢绞线导向图。

### 6.3.6 液压系统故障分析

1）*液压阀及阀块的故障分析*　提升油缸上面安装有组合阀块,能够实现保压、限载和节流调速的作用。液压锁的主要作用是锁紧主油缸大腔的压力,确保不会因为油管漏油而产生急速下滑的情况。限速阀主要用于下降过程,防止油缸出现急速下滑的现象;限载阀的主要作用是防止油缸承受过大的载荷导致密封件或者机械结构破坏。所有关键阀件均有安全认证及保证,具体如图 6 - 35 和图 6 - 36 所示。

液压泵站的制造,采用了模块化设计理念,使得系统在高集成度的情况下,便于更换和维护。液压系统采用高精度比例流量系统,通过比例阀来调节油缸上升和下降的速度,从而达到同步升降。

2）*油管*　油管分为高压硬管和高压软管,其主要作用是连接泵站和油缸。高压硬管选用液压用流体管,根据流量、流速以及额定压力选型,主要是避免现场被破坏;高压软管根据额定压力选型,主要是避免现场被破坏。如果使用中发生油管断裂,可以更换备用油管,不会影响施工安全和进度。

3）*阀和泵*　电磁阀的作用是实现油缸的各种动作,比例阀的作用是实现油缸速度的调节,泵的作用是提供动力。阀和泵主要的故障形式有:泵头产生故障;电磁阀吸力不够或者被垃圾卡住。经过长时间严格的试验,发生这种故障的概率比较低;如果出现上述问题,可以更换备件,不会影响系统的安全和进度。图6 - 37所示为液压泵站组合阀块。

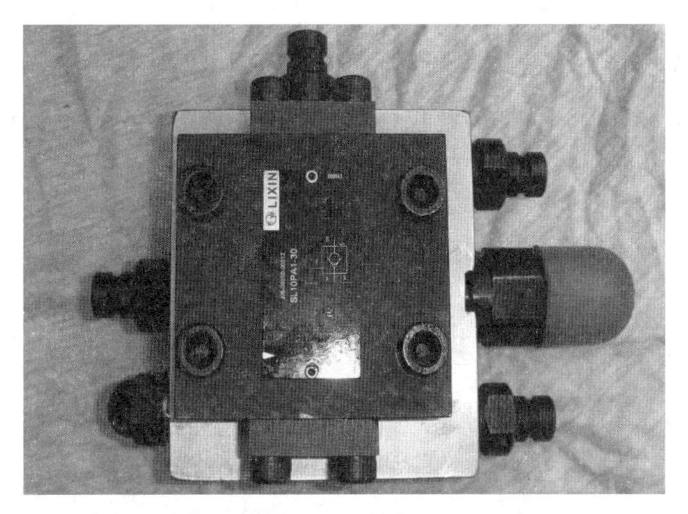


图 6-35　单向阀

图 6-36　油缸阀块

图 6-37　液压泵站组合阀块

### 6.3.7 通信网络

采用现场总线 CAN,控制器局域网 CAN(controller area network)是由 Bosch 公司于 20 世纪 80 年代初开发的一种串行多主总线通信协议。它具有高传输速率,高抗电磁干扰性,并且能够检测出发生的几乎任何错误。由于其卓越性能,CAN 已广泛应用于交通、工业自动化、航天、医疗仪器以及建筑、环境控制等众多领域。CAN 技术在我国也正迅速普及推广。

1) 电磁干扰　CAN 总线规范中采取了下列措施尽力提高数据在高噪声环境下的可靠性:

(1) 发送电平和回收电平相校验。

(2) CRC 校验。

(3) 位插入校验。

(4) 报文格式校验。

(5) 发送端报文响应校验。

另外,在硬件方面,也采取了下列措施:

(1) 信号采集光电隔离。

(2) 信号输出光电隔离。

(3) 通信接口光电隔离。

(4) 通信介质使用屏蔽的双绞线。

2) 出错率　通过上述各种校验,可以发现网中的全局性错误、发送站的局部性错误和报文传输中 5 个以下的随机分布错误、小于 15 个突发错误和任意奇数个错误。CAN 剩余出错概率为 $4.7\times10^{-11}$。当节点发送错误的计数器大于 255 时,监控器要求物理层置节点为脱离总线状态,以切断该节点与总线的联系,使总线上其他节点及其通信不受影响,具有较强的抗干扰能力。图 6-38 所示为总线监管器以及容错模块。

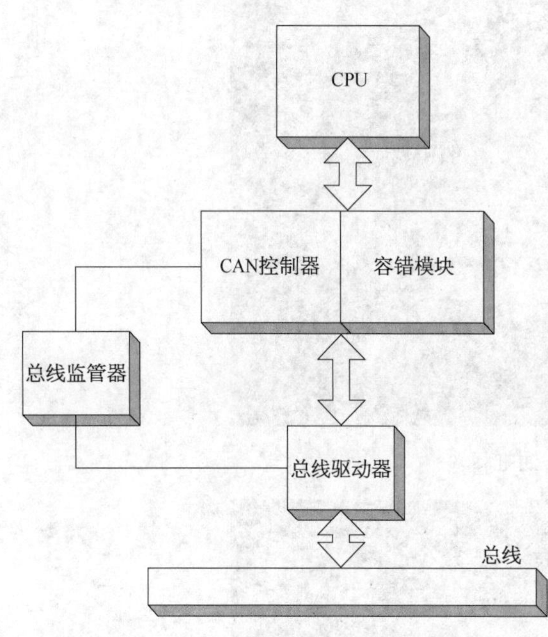

图 6-38　总线监管器以及容错模块

3) 控制器软件故障　如果一个节点的控制器出现软件故障,不停地向总线发送数据,从而阻止其他节点的发送,称为混串音故障。在节点上安装一个总线监管器(bus guardian),实时监控总线上的这种故障,如果监控到某一个节点出现类似问题,则切断该节点与总线的联系。

4) 总线容错设计　在软件上增加一个容错模块,用于存储发送和接收的数据,如果发生通信故障,根据预设的故障类型判断信息是否可用,并且数据不会因为故障而丢失。

5) 通信断线　因为现场情况复杂,容易出现通信线断掉的情况,为此在泵站接收模块中预设,如果在 1.5 s 接收不到信号则自动停止所有的动作,防止误操作。

### 6.3.8　主机故障

采用基于 PC104 的中央处理器，其硬件体系与操作系统完全满足工业环境的应用。虽然采用高性能的工业控制用处理器，但是为了确保安全，采用了多主控制系统。即一台从机始终处于热备份状态，当主机死机后，从机立即切换到主机模式，而主机重启后进入热备份模式。具体如图 6 - 39～图 6 - 41 所示。

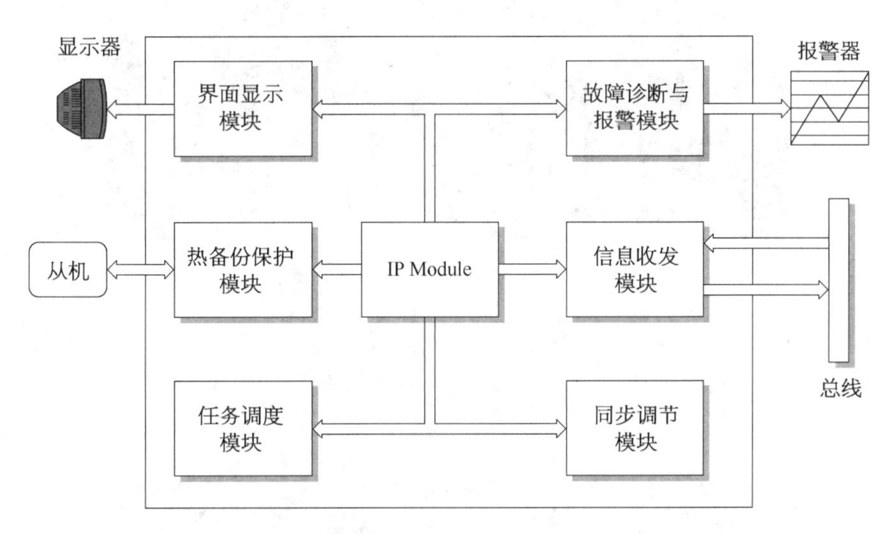


图 6 - 39　CPU 软件模块

图 6 - 40　主控制器

### 6.3.9　传感器系统故障

每台液压提升油缸配备一组传感器：油缸行程传感器、锚夹具位置传感器和压力传感

图 6-41 分控制器(就地控制器)

器,如图 6-42 所示。传感器均为外置且模块化,随时可以更换,而不用对系统进行修改。传感器故障主要是传感器本身失效、电气系统失效和通信失效。无论出现哪种情况,都可以进行整体更换。

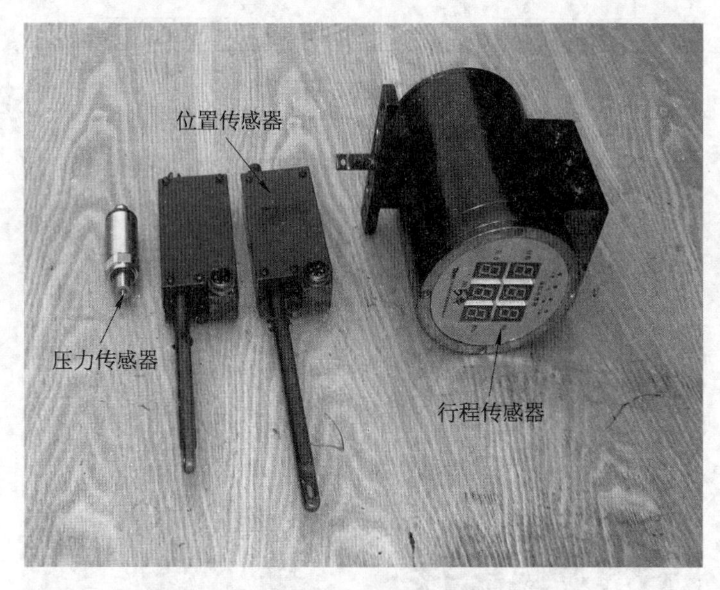


图 6-42 组合传感器

### 6.3.10 系统误差分析

系统误差主要由电气控制误差和机械结构误差造成。

1) 电气控制误差　影响电气控制误差的主要因素有传感器分辨率的高低、PWM 输出的精度、网络延时以及控制策略的好坏。

(1) 传感器分辨率造成的误差。采用激光测距仪采集高差信号,则激光测距仪分辨率

$\delta_1=\pm 1.5$ mm；信号可靠采集误差 $\delta_1'=3\delta_1=\pm 4.5$ mm。

如果采用长距离传感器，则仪器分辨率 $\delta_s=\pm 0.25$ mm；信号可靠采集误差 $\delta_s'=3\delta_s\approx\pm 1$ mm。

客户可以根据提升的精度要求选择合适的传感器。

(2) PWM输出精度造成的误差。比例阀采用PWM(计算机控制下的脉冲调宽功放装置)驱动，PWM输出的位数为8位，即由8位的数字量0～256代表PWM的占空比0～100%。

油缸伸缸时的最大速度 $v=7.5$ m/h $=2$ mm/s；PWM输出精度 $\delta=v/256\approx 0.01$ mm/(s·n)。

根据系统的实时性能分析可知，系统最大响应时间 $t_r=293$ ms $=0.293$ s，则系统的响应频率 $f_r=1/t_r=3.4$ Hz。假设泵站连续两次没有发送PWM信号，则最大误差 $\delta_p=\delta\times 2t_r\times 256=1.5$ mm。

(3) 网络延时。由于CAN通信网络负载增加，造成信息传输延迟，会导致控制系统的调节滞后，根据实时通信网络实时性能的分析可知，一帧信息的最大延迟时间为250 μs，整个系统的最大响应时间为293 ms。对于此类问题，在一般的应用中可以忽略；在精度要求特别高的场合，可以通过超前PID校正算法进行修正。

用频率法对系统进行超前校正，是利用超前校正网络的相位超前特性来增大系统的相位裕量，以达到改善系统瞬态响应的目的。为此，要求校正网络最大的相位超前角出现在系统的截止频率(剪切频率)处。

用频率法对系统进行串联超前校正的一般步骤可归纳为：根据稳态误差的要求，确定开环增益 $K$；根据所确定的开环增益 $K$，画出未校正系统的伯德图，计算未校正系统的相角裕度 $\gamma$；验证已校正系统的相角裕度。

(4) 控制方法与控制策略。不同的吊装结构要求制定不同的控制策略，控制策略的好坏直接影响系统控制误差大小。

2) 机械结构误差　主要由以下几种情况：

(1) 提升结构变形。这是结构本身固有的变形造成的，一旦结构受力稳定，变形量就会减小。

(2) 锚夹具滑移。锚夹具与钢绞线之间存在3～4 mm的滑移量，控制所有的油缸同步动作，可以整体消除锚夹具滑移尺寸对整体提升系统误差的影响。

(3) 油的压缩。这是由液体本身的性质决定的。

(4) 钢绞线变形。选用的钢绞线满足提升要求，并且由于钢绞线受力均衡，即可以认为所有的钢绞线变形相同，所以钢绞线的变形对于整个提升系统误差的影响很小。

## 6.4　钢绞线液压提升装置抗振性能分析与试验

本节主要对钢绞线液压提升装置抗振性能进行分析和试验。

### 6.4.1 系统振动仿真分析

1) 系统的运动方程　假设每个提升器工作时承受的重量为 $m_i$，有如下运动学方程成立，其中 $p(t)$ 为外部作用力。

$$\sum_{i=0}^{6} m_i \ddot{x} + \sum_{i=0}^{6} c_i \dot{x} + \sum_{i=0}^{6} k_i x = p(t) \tag{6-6}$$

式中，$m_1 = m_2 = \cdots = m_6$，且 $\sum_{i=0}^{6} m_i = m$，$c_1 = c_2 = \cdots = c_6$，$k_1 = k_2 = \cdots = k_6$。

上式化简得

$$m\ddot{x} + c\dot{x} + kx = p(t) \tag{6-7}$$

式中　$m$——闸门的总质量；

$c$——系统等效阻尼；

$k$——等效弹性系数。

系统的有阻尼固有频率为

$$f = \frac{\omega_d}{2\pi} = \frac{\sqrt{1-\xi^2}\omega_n}{2\pi} \tag{6-8}$$

其中
$$\omega_n = \sqrt{k/m},\ \xi = c/(2\sqrt{km})$$

2) 系统在简谐激励下的幅频响应特性

$$m\ddot{x} + c\dot{x} + kx = p(t) = p_u \sin(\omega t + \theta) \tag{6-9}$$

该微分方程的一个解为

$$x(t) = x_u \sin(\omega t + \theta_x) \tag{6-10}$$

将上式代入微分方程可得到系统稳态振动的振幅和相位角分别为

$$\begin{aligned} x_u &= h_u p_u \\ \theta_x &= \theta_h + \theta \end{aligned} \tag{6-11}$$

式中　$h_u$——幅频特性；

$\theta_h$——相频特性。

$$\begin{aligned} h_u &= \frac{1}{\sqrt{(k-\omega^2 m)^2 + (\omega c)^2}} \\ \theta_h &= -\arctan\frac{\omega c}{k - \omega^2 m} \end{aligned} \tag{6-12}$$

为了能得到任意钢绞线长度时系统的幅频响应曲线，这里利用 Simulink 建立了分析模型，如图 6-43 所示，其中 L 处可输入钢绞线的长度值。

当 $l = 48.5$ m、57.5 m、65.5 m、72.5 m 时得到的仿真曲线分别如图 6-44～图 6-47 所示。

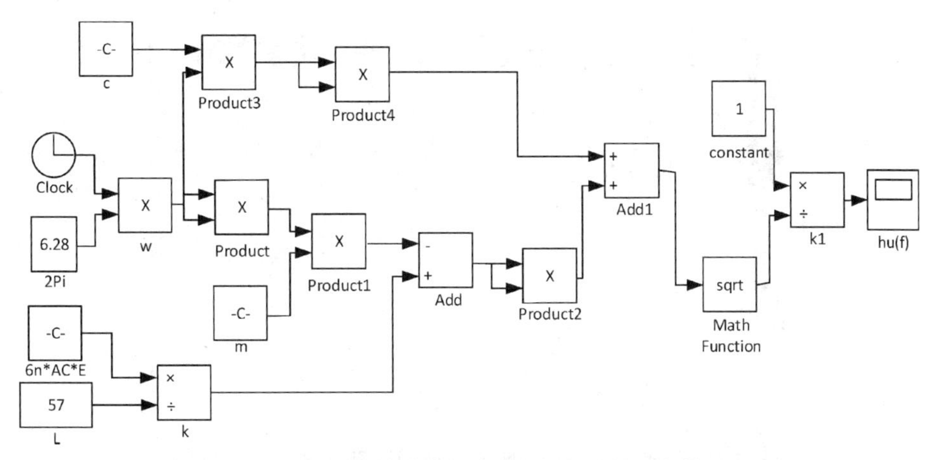


图 6 - 43　任意钢绞线长度下的幅频特性仿真模型

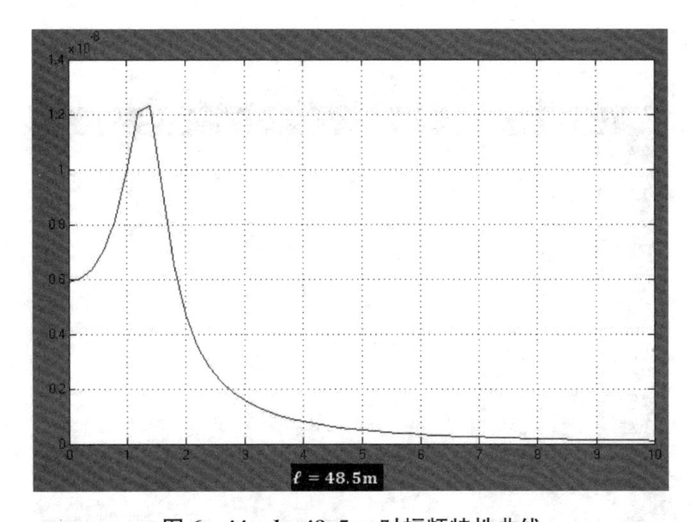


图 6 - 44　$l$=48.5 m 时幅频特性曲线

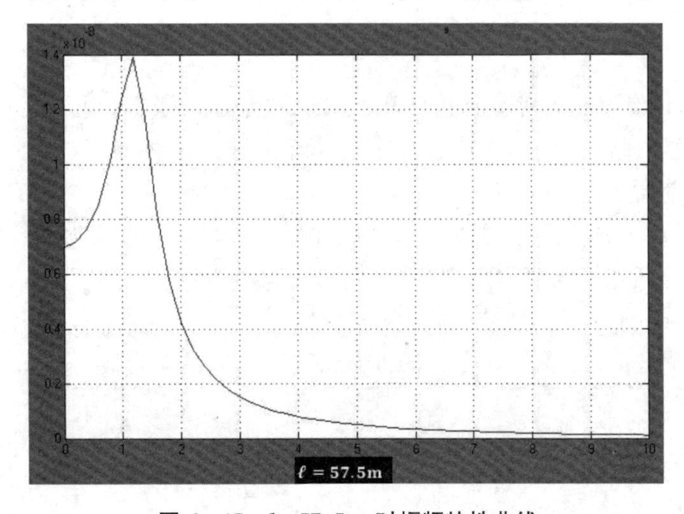


图 6 - 45　$l$=57.5 m 时幅频特性曲线

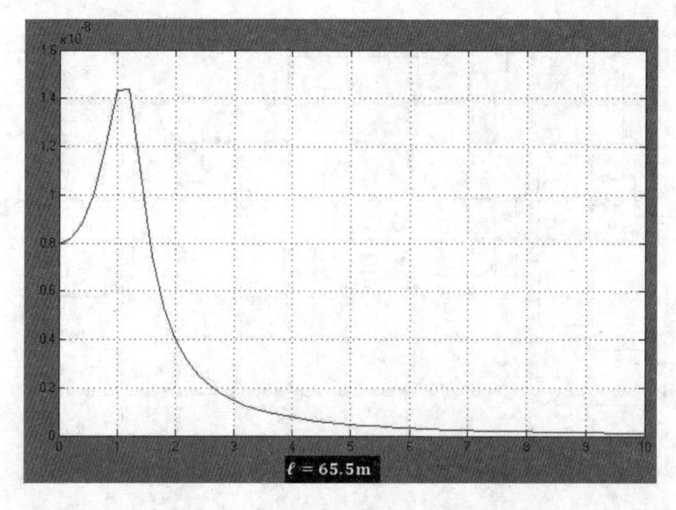


图 6-46　$l=65.5$ m 时幅频特性曲线

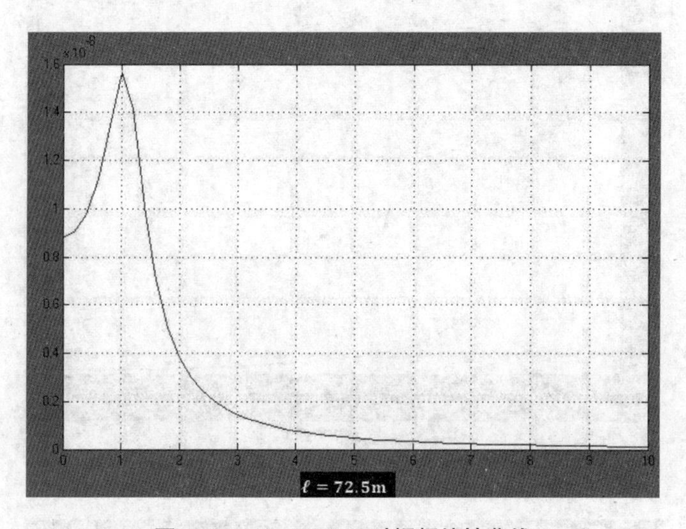


图 6-47　$l=72.5$ m 时幅频特性曲线

3）系统在简谐激励下的时域特性仿真　由运动微分方程 $\ddot{x}=-c\dot{x}/m-kx/m+p/m$ 知，如对输出加速度做适当的二次积分可求得相应的输入位移响应，用 Simulink 建立的仿真模型如图 6-48 所示。

其中：tha、f、A 分别为激振力 $p(t)$ 的初始相位、频率、幅值；L 为钢绞线的长度值。仿真分析时它们可为任意指定值。

模型中的 translator 子模型结构如图 6-49 所示。

钢绞线长度 $l=60$ m，激励 $p(t)=100\sin(6.28\,t)$ 时的仿真波形如图 6-50 和图 6-51 所示。

### 6.4.2　系统抗振试验

液压提升系统目前广泛应用于桥梁、建筑、港口码头、船舶、水利电力、石油化工和冶金

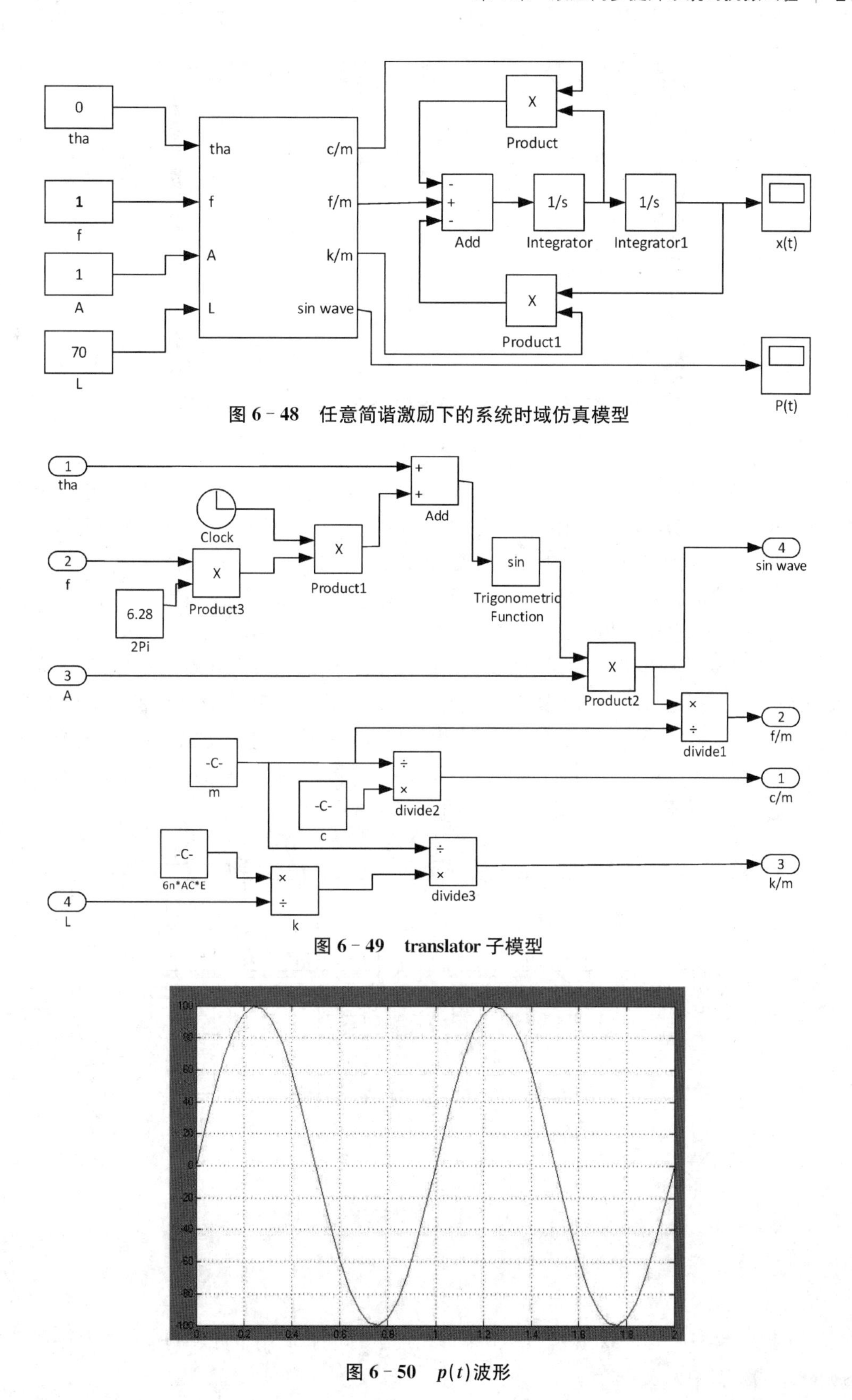


图 6－48　任意简谐激励下的系统时域仿真模型

图 6－49　translator 子模型

图 6－50　$p(t)$波形

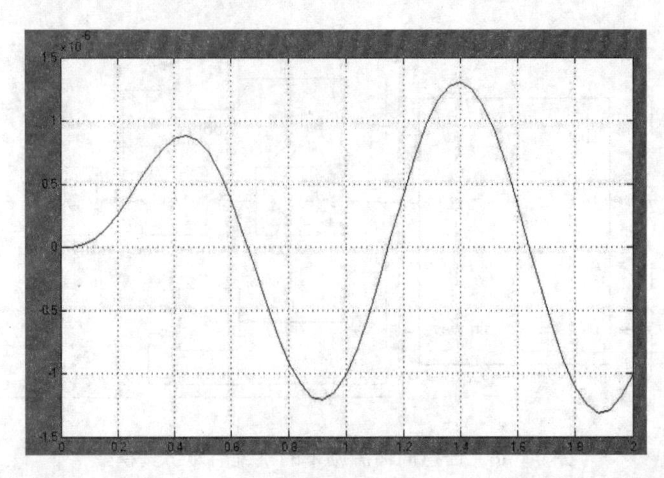

图 6-51 $x(t)$波形

建设等领域，使用环境一般为无水或者静水。在向家坝同步闸门下放工程中，由于向家坝导流底孔封堵闸门为动水操作，操作水头高，水下环境复杂，在封堵的过程中，封堵闸门会出现振动，有可能影响钢绞线和锚夹具之间的夹紧性能。

试验的目的是通过一套试验装置来验证闸门振动对钢绞线夹紧性能的影响。整个提升系统的敏感频率基本在 1～2 Hz。

1）*试验方法* 利用两台激振油缸带动钢绞线以一定的振幅和频率反复运行，来模拟闸门的振动；利用一台提升油缸，用锚夹具夹紧钢绞线，来模拟提升过程中的液压提升装置；通过改变激振油缸和抗振油缸之间的距离，来模拟提升中各个位置的变化（即钢绞线的不同长度）；用千分尺测量抗振油缸锚夹具的位移，来反映抗振油缸锚夹具的夹紧效果。试验方案和激振液压系统原理图分别如图 6-52 和图 6-53 所示。

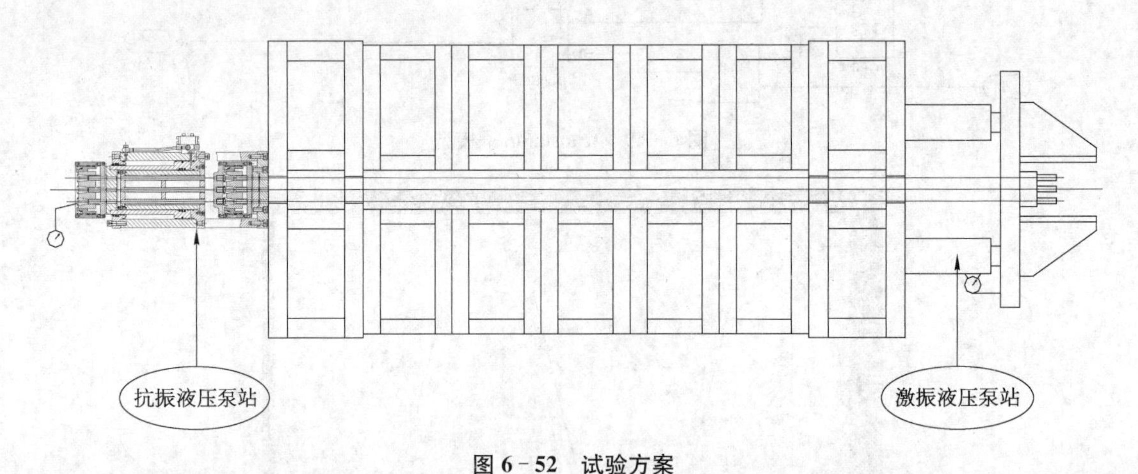


图 6-52 试验方案

2）*试验设备* 见表 6-4。

3）*试验结果*

(1) 振动频率 $f = 1\,\text{Hz}$，振幅 $A = 10\,\text{mm}$，根据不同的 $L$，用千分尺测量锚夹具中锚夹片的振动。试验结果见表 6-5。

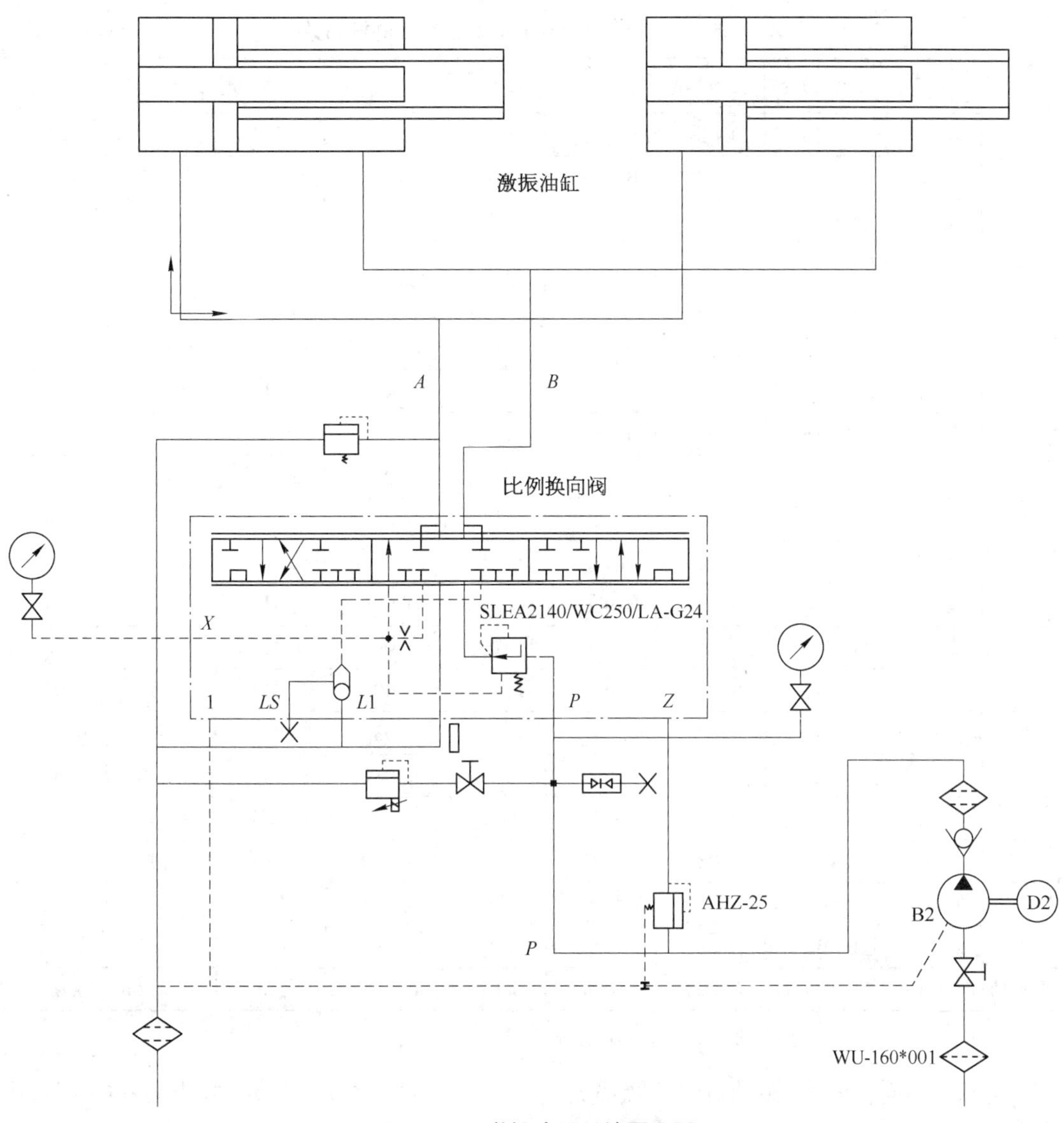


**图 6-53 激振液压系统原理图**

**表 6-4 实验设备**

| 序号 | 名称 | 数量 | 规格 |
| --- | --- | --- | --- |
| 1 | 抗振油缸 | 2 台 | 额定加载能力为 100 t/台 |
| 2 | 激振油缸 | 1 台 | 额定加载能力为 100 t/台 |
| 3 | 激振液压泵站 | 1 台 | |
| 4 | 抗振液压泵站 | 1 台 | |
| 5 | 钢绞线 | 5 根 | 1 860 MPa,直径 18 mm |
| 6 | 千分尺 | 1 台 | 精度 0.01 mm |
| 7 | 行程传感器 | 1 台 | 检测激振油缸的振幅,精度 1 mm |
| 8 | 反力座 | 30 个 | 调节钢绞线的长度,每个 500 mm |

表 6-5 $f=1$ Hz、$A=10$ mm 时锚夹片的振动数据 (mm)

| 序号 | $L=7$ m | $L=6.5$ m | $L=6$ m | $L=5.5$ m | $L=5$ m | $L=4.5$ m | $L=4$ m | $L=3.5$ m | $L=3$ m |
|---|---|---|---|---|---|---|---|---|---|
| 1 | 0.01 | 0.015 | 0.02 | 0.025 | 0.03 | 0.035 | 0.035 | 0.04 | 0.05 |
| 2 | 0.01 | 0.02 | 0.02 | 0.025 | 0.03 | 0.032 | 0.035 | 0.045 | 0.045 |
| 3 | 0.01 | 0.015 | 0.02 | 0.025 | 0.03 | 0.035 | 0.035 | 0.045 | 0.045 |
| 4 | 0.02 | 0.015 | 0.02 | 0.025 | 0.03 | 0.03 | 0.035 | 0.045 | 0.05 |
| 5 | 0.01 | 0.015 | 0.02 | 0.025 | 0.025 | 0.03 | 0.035 | 0.045 | 0.05 |
| 6 | 0.02 | 0.02 | 0.025 | 0.025 | 0.025 | 0.035 | 0.04 | 0.04 | 0.05 |
| 7 | 0.01 | 0.02 | 0.025 | 0.03 | 0.025 | 0.03 | 0.04 | 0.04 | 0.045 |
| 8 | 0.02 | 0.015 | 0.025 | 0.03 | 0.03 | 0.035 | 0.036 | 0.04 | 0.05 |
| 9 | 0.01 | 0.015 | 0.02 | 0.025 | 0.03 | 0.032 | 0.037 | 0.04 | 0.045 |
| 10 | 0.01 | 0.015 | 0.02 | 0.025 | 0.025 | 0.035 | 0.04 | 0.045 | 0.045 |
| 11 | 0.02 | 0.015 | 0.02 | 0.025 | 0.03 | 0.03 | 0.035 | 0.04 | 0.05 |
| 12 | 0.01 | 0.015 | 0.02 | 0.025 | 0.025 | 0.035 | 0.035 | 0.04 | 0.045 |
| 13 | 0.02 | 0.02 | 0.02 | 0.025 | 0.025 | 0.035 | 0.04 | 0.05 | 0.05 |
| 14 | 0.01 | 0.015 | 0.025 | 0.03 | 0.03 | 0.032 | 0.04 | 0.04 | 0.045 |
| 15 | 0.02 | 0.015 | 0.02 | 0.03 | 0.03 | 0.033 | 0.04 | 0.045 | 0.045 |
| 16 | 0.01 | 0.02 | 0.03 | 0.03 | 0.03 | 0.03 | 0.035 | 0.045 | 0.05 |
| 17 | 0.01 | 0.02 | 0.02 | 0.03 | 0.03 | 0.03 | 0.035 | 0.045 | 0.05 |
| 18 | 0.01 | 0.02 | 0.02 | 0.025 | 0.03 | 0.035 | 0.035 | 0.04 | 0.05 |
| 19 | 0.01 | 0.02 | 0.03 | 0.025 | 0.035 | 0.033 | 0.035 | 0.04 | 0.045 |
| 20 | 0.01 | 0.015 | 0.02 | 0.025 | 0.03 | 0.03 | 0.035 | 0.04 | 0.045 |
| 平均值 | 0.013 0 | 0.017 0 | 0.022 0 | 0.026 5 | 0.028 8 | 0.032 6 | 0.036 7 | 0.042 5 | 0.047 5 |

注：由于数据样本较大，随机选取了 20 组数据进行分析。

分析：不同长度下，振动对钢绞线锚夹具的影响较大。当 $L>7$ m 时，锚夹片的振动基本在 0.015 mm 之内，没有明显变化，锚夹具处于夹紧状态，不会影响锚夹具的夹紧性能。只有当 $L<1$ m 时，锚夹片的振动较大，达到 0.5 mm 左右，处于不安全状态。

(2) 振动频率 $f=1.5$ Hz，振幅 $A=10$ mm，根据不同的 $L$，用千分尺测量锚夹具中锚夹片的振动。试验结果见表 6-6。

表 6-6 $f=1.5$ Hz、$A=10$ mm 时锚夹片的振动数据 (mm)

| 序号 | $L=7$ m | $L=6.5$ m | $L=6$ m | $L=5.5$ m | $L=5$ m | $L=4.5$ m | $L=4$ m | $L=3.5$ m | $L=3$ m |
|---|---|---|---|---|---|---|---|---|---|
| 1 | 0.01 | 0.015 | 0.02 | 0.03 | 0.03 | 0.035 | 0.035 | 0.04 | 0.05 |
| 2 | 0.01 | 0.02 | 0.02 | 0.025 | 0.035 | 0.035 | 0.04 | 0.04 | 0.05 |
| 3 | 0.012 | 0.015 | 0.02 | 0.03 | 0.035 | 0.035 | 0.04 | 0.04 | 0.05 |
| 4 | 0.015 | 0.015 | 0.02 | 0.025 | 0.03 | 0.03 | 0.035 | 0.045 | 0.05 |
| 5 | 0.015 | 0.015 | 0.02 | 0.025 | 0.03 | 0.03 | 0.04 | 0.04 | 0.05 |

（续表）

| 序号 | $L=7$ m | $L=6.5$ m | $L=6$ m | $L=5.5$ m | $L=5$ m | $L=4.5$ m | $L=4$ m | $L=3.5$ m | $L=3$ m |
|---|---|---|---|---|---|---|---|---|---|
| 6 | 0.02 | 0.02 | 0.025 | 0.025 | 0.03 | 0.035 | 0.04 | 0.04 | 0.05 |
| 7 | 0.01 | 0.011 5 | 0.02 | 0.03 | 0.03 | 0.03 | 0.04 | 0.045 | 0.045 |
| 8 | 0.015 | 0.015 | 0.025 | 0.03 | 0.03 | 0.035 | 0.04 | 0.045 | 0.05 |
| 9 | 0.015 | 0.015 | 0.02 | 0.025 | 0.03 | 0.035 | 0.04 | 0.04 | 0.045 |
| 10 | 0.01 | 0.015 | 0.02 | 0.03 | 0.035 | 0.035 | 0.04 | 0.045 | 0.045 |
| 11 | 0.015 | 0.015 | 0.02 | 0.03 | 0.03 | 0.03 | 0.035 | 0.04 | 0.05 |
| 12 | 0.01 | 0.015 | 0.02 | 0.025 | 0.03 | 0.035 | 0.035 | 0.04 | 0.045 |
| 13 | 0.02 | 0.02 | 0.02 | 0.025 | 0.03 | 0.035 | 0.04 | 0.045 | 0.05 |
| 14 | 0.01 | 0.015 | 0.025 | 0.03 | 0.03 | 0.035 | 0.04 | 0.04 | 0.045 |
| 15 | 0.02 | 0.015 | 0.02 | 0.027 | 0.03 | 0.035 | 0.04 | 0.045 | 0.045 |
| 16 | 0.01 | 0.02 | 0.02 | 0.03 | 0.03 | 0.03 | 0.035 | 0.045 | 0.05 |
| 17 | 0.01 | 0.015 | 0.02 | 0.03 | 0.03 | 0.03 | 0.035 | 0.045 | 0.05 |
| 18 | 0.01 | 0.015 | 0.02 | 0.025 | 0.03 | 0.035 | 0.04 | 0.045 | 0.05 |
| 19 | 0.01 | 0.015 | 0.02 | 0.03 | 0.035 | 0.035 | 0.035 | 0.045 | 0.05 |
| 20 | 0.01 | 0.015 | 0.02 | 0.025 | 0.03 | 0.035 | 0.04 | 0.045 | 0.05 |
| 平均值 | 0.012 9 | 0.015 82 | 0.020 75 | 0.027 6 | 0.031 | 0.033 5 | 0.038 25 | 0.042 75 | 0.048 5 |

注：由于数据样本较大，随机选取了 20 组数据进行分析。

分析：在频率为 1.5 Hz 时，试验数据与频率为 1 Hz 时基本吻合。当 $L>7$ m 时，锚夹片的振动基本在 0.015 mm 之内，没有明显变化，锚夹具处于夹紧状态，不会影响锚夹具的夹紧性能。只有当 $L<1$ m 时，锚夹片的振动较大，达到 0.5 mm 左右，处于不安全状态。

（3）振动频率 $f=1.5$ Hz，钢绞线有效长度 $L=7$ m，根据不同的振幅 $A$，用千分尺测量锚夹具中锚夹片的振动。试验结果见表 6-7。

**表 6-7 $f=1.5$ Hz、$L=7$ m 时锚夹片的振动数据** (mm)

| 序号 | $A=6$ mm | $A=8$ mm | $A=10$ mm | $A=12$ mm | $A=14$ mm | $A=16$ mm | $A=18$ mm | $A=20$ mm | $A=22$ mm |
|---|---|---|---|---|---|---|---|---|---|
| 1 | 0.01 | 0.015 | 0.01 | 0.015 | 0.02 | 0.02 | 0.02 | 0.015 | 0.02 |
| 2 | 0.01 | 0.01 | 0.01 | 0.02 | 0.015 | 0.02 | 0.02 | 0.015 | 0.025 |
| 3 | 0.01 | 0.015 | 0.012 | 0.02 | 0.02 | 0.02 | 0.02 | 0.02 | 0.02 |
| 4 | 0.015 | 0.015 | 0.015 | 0.02 | 0.015 | 0.015 | 0.02 | 0.02 | 0.02 |
| 5 | 0.015 | 0.015 | 0.015 | 0.015 | 0.015 | 0.015 | 0.015 | 0.02 | 0.015 |
| 6 | 0.01 | 0.01 | 0.02 | 0.015 | 0.02 | 0.02 | 0.015 | 0.015 | 0.015 |
| 7 | 0.01 | 0.01 | 0.01 | 0.015 | 0.02 | 0.015 | 0.015 | 0.015 | 0.015 |
| 8 | 0.015 | 0.015 | 0.015 | 0.015 | 0.015 | 0.015 | 0.015 | 0.02 | 0.015 |
| 9 | 0.015 | 0.015 | 0.015 | 0.02 | 0.015 | 0.02 | 0.02 | 0.02 | 0.02 |

（续表）

| 序号 | $A$=6 mm | $A$=8 mm | $A$=10 mm | $A$=12 mm | $A$=14 mm | $A$=16 mm | $A$=18 mm | $A$=20 mm | $A$=22 mm |
|---|---|---|---|---|---|---|---|---|---|
| 10 | 0.01 | 0.01 | 0.01 | 0.02 | 0.015 | 0.02 | 0.02 | 0.015 | 0.02 |
| 11 | 0.015 | 0.015 | 0.015 | 0.015 | 0.02 | 0.015 | 0.015 | 0.02 | 0.015 |
| 12 | 0.01 | 0.015 | 0.01 | 0.015 | 0.02 | 0.015 | 0.015 | 0.02 | 0.015 |
| 13 | 0.01 | 0.01 | 0.02 | 0.015 | 0.02 | 0.015 | 0.02 | 0.02 | 0.02 |
| 14 | 0.01 | 0.015 | 0.01 | 0.015 | 0.015 | 0.015 | 0.02 | 0.02 | 0.02 |
| 15 | 0.01 | 0.015 | 0.02 | 0.012 | 0.015 | 0.02 | 0.02 | 0.015 | 0.02 |
| 16 | 0.01 | 0.01 | 0.02 | 0.02 | 0.015 | 0.02 | 0.015 | 0.015 | 0.02 |
| 17 | 0.01 | 0.01 | 0.01 | 0.015 | 0.015 | 0.015 | 0.015 | 0.015 | 0.015 |
| 18 | 0.01 | 0.01 | 0.01 | 0.015 | 0.015 | 0.02 | 0.015 | 0.015 | 0.015 |
| 19 | 0.01 | 0.015 | 0.01 | 0.015 | 0.02 | 0.02 | 0.02 | 0.015 | 0.02 |
| 20 | 0.01 | 0.015 | 0.01 | 0.015 | 0.015 | 0.015 | 0.02 | 0.015 | 0.02 |
| 平均值 | 0.011 25 | 0.013 | 0.013 35 | 0.016 35 | 0.017 | 0.017 5 | 0.017 7 | 0.017 25 | 0.018 25 |

注：由于数据样本较大，随机选取了20组数据进行分析。

分析：在频率为1.5 Hz时，钢绞线有效长度$L$=7 m，在振幅变化的情况下测量锚夹片的振动。通过试验数据可以得知，在钢绞线长度为7 m的情况下，振幅从6 mm增大到22 mm，对锚夹具的夹紧性能影响不大。

4）试验结论　由试验数据可知，影响锚夹具夹紧性能的主要因素是钢绞线的有效长度。在封堵闸门下放的实际过程中，闸门的振幅和振动频率不高，钢绞线的初始长度也远大于试验值，因此不会影响锚夹具的夹紧性能。

由于激振液压系统的比例换向阀最高频率为2 Hz，因此试验振动频率为1.5 Hz。如果要对大于2 Hz的振动情况进行试验，需要对激振液压系统进行改造。

5）试验照片　如图6-54～图6-57所示。

图6-54　试验整体结构

图 6－55　激振液压系统

图 6－56　抗振液压系统

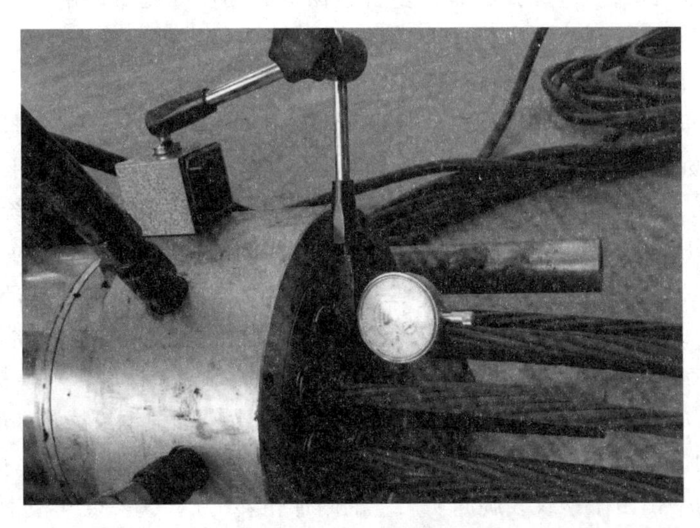

图 6－57　锚夹具振动测量

# 第7章 液压同步提升技术的应用实例

## 7.1 上海东方明珠广播电视塔钢天线桅杆整体提升工程

### 7.1.1 工程概述

上海东方明珠广播电视塔钢天线桅杆全长118 m，总重450 t，属当时世界上最长最重的天线桅杆。将其从地面整体地提升到标高为350 m的电视塔混凝土单筒体顶部安装就位，是电视塔建造工程的关键技术。在上海石洞口电厂240 m钢烟囱液压顶升工程取得成功的基础上，提出了柔性钢绞线承重、提升器集群、计算机控制、液压同步整体提升的技术方案，并专门设计、研制了钢天线桅杆液压提升设备，于1994年4月20日—5月1日，将钢天线桅杆整体提升到位，实现了安全、可靠、准确、快捷的预定目标。

国内外电视塔天线杆的安装，一般常用的方法有卷扬机滑轮组提升、液压千斤顶顶升。加拿大多伦多电视塔天线桅杆采用直升机分级吊装，每次吊装1 t，但对于上海东方明珠广播电视塔钢天线桅杆，采用上述提升方法，无论从安全性、可靠性、先进性及经济性等角度来看，都无法满足需要，甚至有着难以解决的问题。比如用卷扬机滑轮组提升，势必耗用大量的钢丝绳，受到卷扬机绳容量的限制，且多台卷扬机的同步问题难以解决；再如用液压千斤顶顶升，天线杆需空中组装，高空作业非常危险，组装质量也难以保证，而且施工周期长；直升机吊装由于存在空中定位问题，也难以采用。

与以往的提升方法不同，上海东方明珠广播电视塔钢天线桅杆采用柔性钢绞线承重、提升器集群、计算机控制、液压同步整体提升新原理。该方法的核心是一套液压提升设备，它包括承重钢绞线、提升器、液压动力系统、传感检测系统以及计算机控制系统等。

钢天线桅杆由多段截面形状不同的箱形结构组成，内部为空心，根部段为3.8 m×3.8 m正方形。20只液压提升器分成东、南、西、北4组，每组5只，设置在天线桅杆根部段外侧四周。天线桅杆根部段内底层为动力舱，布置4套液压动力系统，分别控制四侧的提升器；上层为控制舱，布置4台就地控制柜，分别控制4套液压动力系统，总控制台则控制和监视整套提升设备。

提升器为穿心式结构，且上、下端各有6副楔形夹具；120根钢绞线从350 m单筒体混凝土平台挂到地面，上端用天锚锚固；每6根钢绞线为一束，从提升器的穿心孔和上下6副夹具中间穿过。为平衡由于钢绞线旋向所产生的附加扭转力矩，这一束6根钢绞线须左旋、右旋间隔布置。20只提升器托着百余米长的钢天线桅杆根部，沿着120根钢绞线，通过提升器的伸缩和上下夹具的协调动作，同步地向上攀升。

整套提升设备在计算机控制下，具有同步升降、负载均衡、姿态校正、应力控制、操作闭锁、过程显示以及超限报警等一系列功能。

### 7.1.2　负载均衡原理

提升器上、下各 6 副楔形夹具具有单向自锁性，只能向上运动，而向下运动时，夹片会自动卡紧在钢绞线上，必须依靠夹具油缸来控制夹具的夹紧与松开，这就保证了提升过程的安全性。图 7 - 1 所示是多提升器油路并联情况下的一只提升器升降过程。

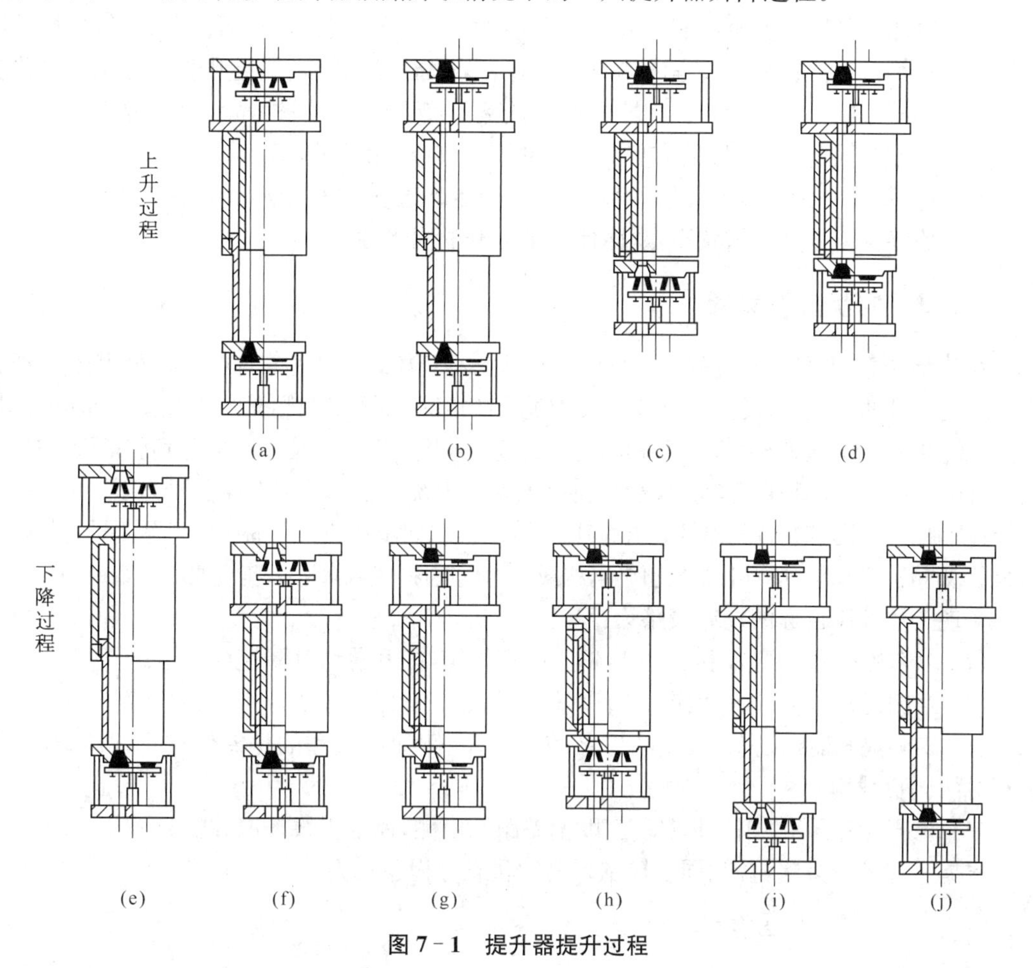


**图 7 - 1　提升器提升过程**

1) 上升过程

(1) 提升器同步伸(上夹具松)，任一提升器达到“全伸”，所有提升器都停止，如图 7 - 1a 所示。

(2) 上夹具夹紧，下夹具松开，如图 7 - 1b 所示。

(3) 提升器非同步缩(下夹具松)，所有提升器都达到“全缩”，停止，如图 7 - 1c 所示。

(4) 下夹具夹紧，上夹具松开，如图 7 - 1d 所示。

如此往复，将重物同步提升。

2）下降过程

(1) 提升器同步伸(上夹具松)，所有提升器都达到“全伸”，停止，如图 7-1e 所示。

(2) 提升器同步缩，任一提升器缩到“全缩+Δ”，所有提升器都停止，如图 7-1f 所示。

(3) 上夹具夹紧，下夹具松开，如图 7-1g 所示。

(4) 提升器非同步缩(下夹具松)，所有提升器都达到“全缩”，停止，如图 7-1h 所示。

(5) 提升器非同步伸，各自伸到“全伸-Δ”，各自停止，如图 7-1i 所示。

(6) 下夹具夹紧，上夹具松开，如图 7-1j 所示。

如此往复，可将重物同步下降。

由于每侧 5 只提升器通过 U 形吊杆与天线桅杆根部段刚性连接，且油路并联，各提升器油压必定相等，因此，在上升过程的第(1)步，对应某束较松钢绞线的提升器会首先伸出并首先达到“全伸”，这时，该侧所有提升器都停止，较松的钢绞线便会被张紧，使一侧 5 束钢绞线张力趋于一致。因此，这一步具有各束钢绞线张力自动调整的功能。同样，下降过程的第(2)步也有类似的“松者紧，紧者松”的自动均衡功能。通过自动调整，使东、南、西、北四侧 20 束钢绞线始终保持张力均衡状态，从而保证了提升的同步性。

### 7.1.3 同步控制策略

在钢天线桅杆整体提升过程中，为使 118 m 天线桅杆始终保持垂直，同时保证各侧钢绞线张力均衡，避免出现对侧受力过大而另对侧受力过小的情况，需要对四侧提升器组进行同步升降控制和负载跟踪控制，这是本次提升工程的技术关键。采用一对垂直度传感器分别测量天线杆东、西方向和南、北方向的垂直度，将其偏差反馈给计算机系统，通过调节各侧液压动力系统电液比例流量阀的阀口开度，控制各侧提升器组的升降速度，实现同步；同时，用油压传感器测量各侧提升器组负载油压，反馈给计算机调节比例阀，构成压力反馈速度控制回路，实现四侧负载跟踪。

实现上述控制目标的控制策略为：

(1) 以东侧提升器组为主令组，比例阀电流设定，提升器组升降速度恒定。

(2) 西侧提升器组以东、西向垂直度偏差跟踪东侧，保证天线杆东、西向垂直。

(3) 南侧提升器组以东、西侧油压之和与南、北侧油压之和的偏差值进行油压跟踪，保证相对两侧负载均衡。

(4) 北侧提升器组以南、北向垂直度偏差跟踪南侧，保证天线杆南、北向垂直。

根据上述控制策略，各侧同步控制系统的状态方程通式为

$$
\begin{bmatrix} \dot{X}_1 \\ \dot{X}_2 \\ \dot{X}_3 \\ \dot{X}_4 \end{bmatrix} = \begin{bmatrix} -\dfrac{1}{T_V} & 0 & 0 & 0 \\ \dfrac{4\beta/V}{1+\dfrac{M}{K_s}\omega_h^2} & 0 & -\dfrac{M\omega_h^2/A}{1+\dfrac{M}{K_s}\omega_h^2} & 0 \\ -\dfrac{B\omega_h^2/AK_s}{1+\dfrac{M}{K_s}\omega_h^2} & \dfrac{A}{M} & -\dfrac{B/M}{1+\dfrac{M}{K_s}\omega_h^2} & -\dfrac{K}{M} \\ 0 & 0 & 1 & 0 \end{bmatrix} \begin{bmatrix} X_1 \\ X_2 \\ X_3 \\ X_4 \end{bmatrix} + \begin{bmatrix} \dfrac{CK_E K_V}{T_V} \\ 0 \\ 0 \\ 0 \end{bmatrix} \Delta U \tag{7-1}
$$

各侧控制量 $\Delta U$ 为(下标 E：东侧，W：西侧，S：南侧，N：北侧)

$$\left.\begin{aligned}\Delta U_{\mathrm{E}} &= U(\text{提升速度主令信号}) \\ \Delta U_{\mathrm{W}} &= K_{\mathrm{yE}}X_{4\mathrm{E}} - K_{\mathrm{yW}}X_{4\mathrm{W}} \\ \Delta U_{\mathrm{S}} &= (K_{\mathrm{pE}}X_{2\mathrm{E}} + K_{\mathrm{pW}}X_{2\mathrm{W}}) - (K_{\mathrm{pS}}X_{2\mathrm{S}} + K_{\mathrm{pN}}X_{2\mathrm{N}}) \\ \Delta U_{\mathrm{N}} &= K_{\mathrm{yS}}X_{4\mathrm{S}} - K_{\mathrm{yN}}X_{4\mathrm{N}}\end{aligned}\right\} \tag{7-2}$$

由上述同步控制策略所构成的系统框图如图 7-2 所示。

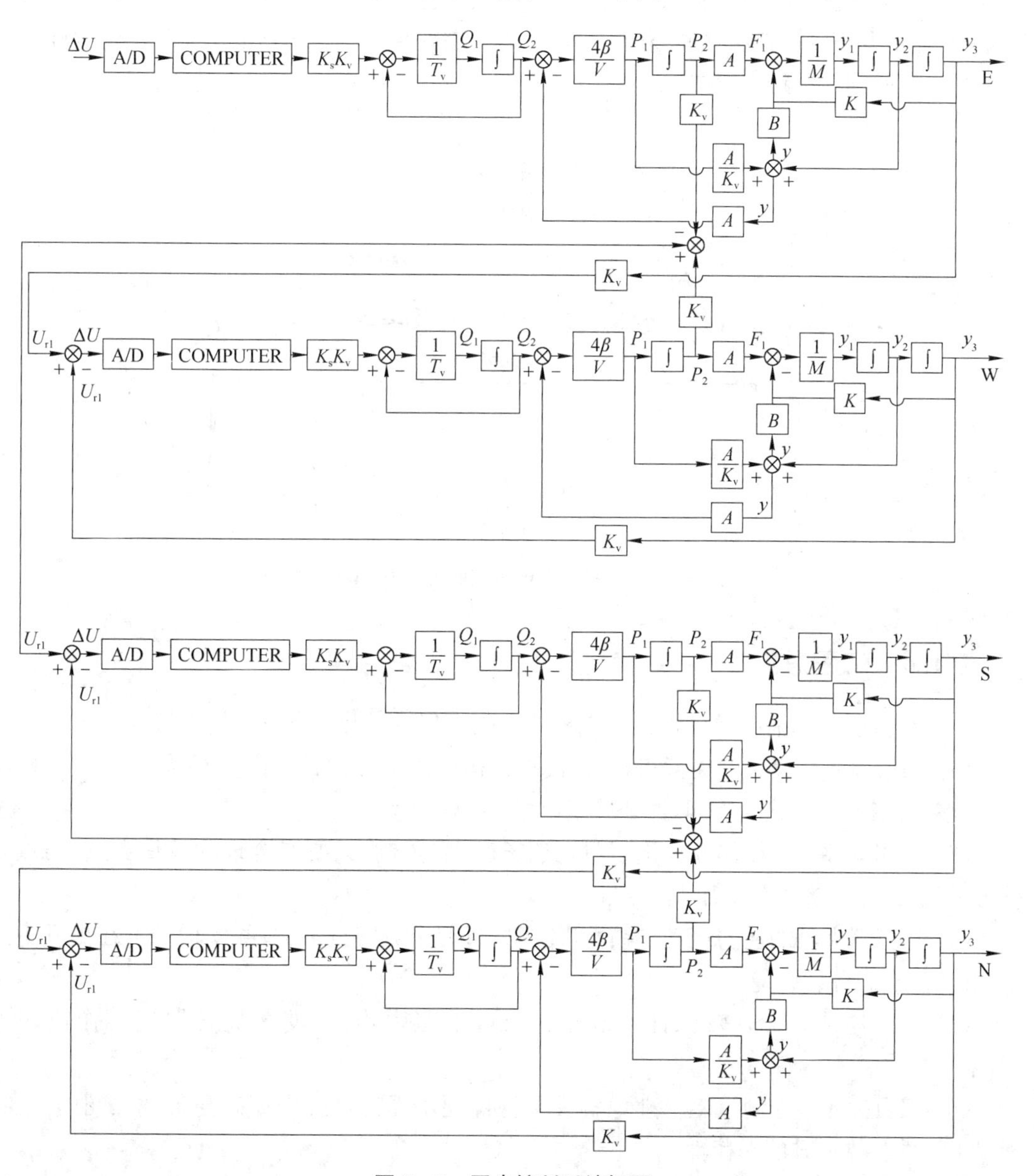


图 7-2 同步控制系统框图

式中或图中(认为四侧系统参数相同，省去下标)：$Q_{\mathrm{L}}$ 为负载流量，$Q_{\mathrm{L}} = X_1$；$p_{\mathrm{L}}$ 为负载油压，$p_{\mathrm{L}} = X_2$；$\dot{y}_{\mathrm{L}}$ 为负载速度，$\dot{y}_{\mathrm{L}} = X_{\mathrm{S}}$；$y_{\mathrm{L}}$ 为负载位移，$y_{\mathrm{L}} = X_4$；$C$ 为控制算法；$K_{\mathrm{E}}$ 为

驱动电路增益；$K_V$ 为比例阀流量增益；$T_V$ 为比例阀时间常数；$\beta$ 为油液容积弹性模量；$V$ 为油液综合容积；$A$ 为提升器油缸活塞有效面积；$M$ 为提升器组等效负载质量；$B$ 为提升器组油缸黏性阻尼系数；$K$ 为等效负载刚度；$\omega_h$ 为液压固有频率，$\omega_h=\sqrt{4\beta A^2/VM}$；$K_s$ 为钢绞线刚度；$K_y$ 为垂直传感器增益；$K_p$ 为油压传感器增益。

上述控制策略，不仅解决了多吊点同步提升的控制问题，而且有效地提高了系统抗侧向负载干扰(通常是风负载)的能力。在实际提升过程中，垂直度偏差始终保持在±0.2°以内，油压均衡度偏差在5 MPa以内。天线桅杆以极其平稳的姿态穿过狭小的电视塔中间平台和筒体，没有发生任何倾斜和碰撞，获得了满意的控制效果。图7-3所示为钢天线桅杆提升到145 m处的同步跟踪实测曲线。

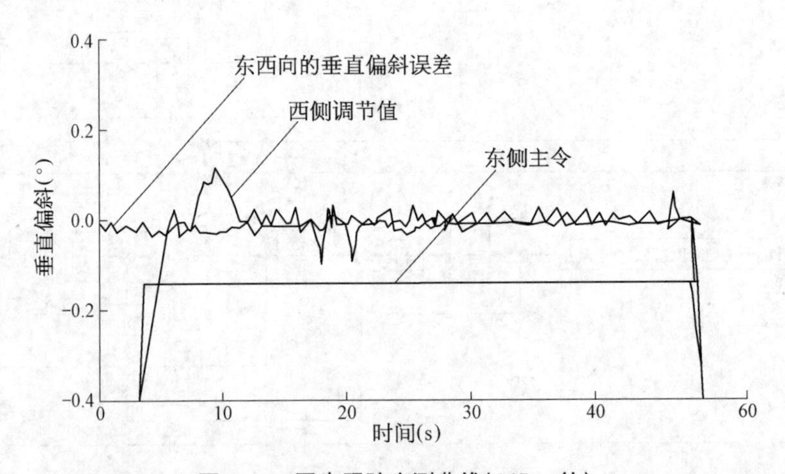


图7-3　同步跟踪实测曲线(145 m处)

### 7.1.4　工程总结

上海东方明珠广播电视塔钢天线桅杆液压同步整体提升具有以下技术特点：

(1) 通过模块化设备的集群组合，使被提升构件的重量、面积、跨度不受限制，实现地面拼装，整体提升，缩短施工周期，保证施工质量。

(2) 采用柔性钢绞线作为承重索具，其长度不受限制，只要有合理的承重支点(吊点)，就可实现长距离、超高空提升。

(3) 提升器夹具的逆向运动自锁性，使提升过程十分安全可靠；并使构件可在提升中的任意位置长期、可靠锁定。

(4) 自动均载方法有效保证了承重钢绞线的张力均衡，使多提升器集群作业成为可能。

(5) 双目标同步控制策略合理地解决了构件同步提升过程中姿态与负载之间的矛盾，确保了构件整体提升的平稳性。

(6) 设备体积小，自重轻，承载能力大，特别适于在狭小空间或室内进行大吨位构件提升安装。

(7) 设备自动化程度高，操作方便灵活，现场适应性强。

# 7.2 广州丫髻沙大桥转体工程

## 7.2.1 工程概述

丫髻沙大桥是广州市东南西环高速公路上跨越珠江的一座标志性特大桥，主桥为76 m+360 m+76 m的三跨连续自锚中承式钢管混凝土拱桥，桥型布置如图7-4所示。主桥基础均为钻(挖)孔灌注桩，主墩承台为上、下游群桩布置的整体式刚性承台，墩身为两个实体式钢筋混凝土拱座。主拱拱肋为中承式钢管混凝土双肋悬链线无铰拱，边拱拱肋为上承式双肋悬链线半拱钢管劲性骨架外包钢筋混凝土的单箱单室等截面曲梁结构。结合桥位地形、环境条件和结构特点，主桥采用竖转加平转的转体施工工艺。

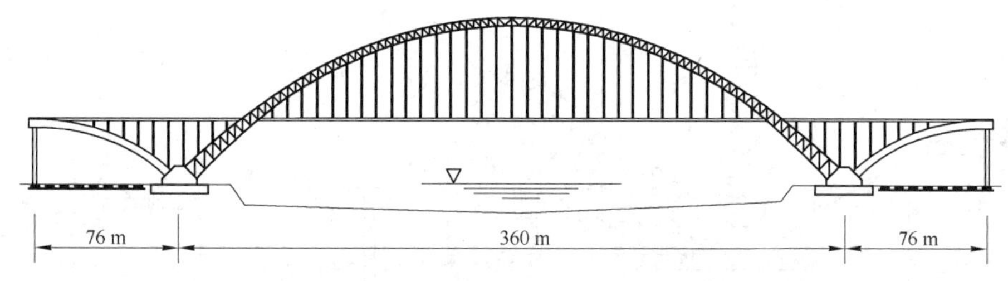


图7-4 丫髻沙大桥桥型总体布置

1) 竖转施工 竖转施工是先在两岸岸边顺河堤卧拼半跨主拱桁架，拼装边拱劲性骨架，浇注边拱钢管混凝土和配重节段混凝土，在拱座上拼装临时索塔，然后布设扣索和平衡索，利用液压同步提升技术，通过安装在边跨尾部同步液压千斤顶连续张拉扣索，使主拱脱架，然后连续竖转(提升)至设计高程。在整个竖转过程中实行索力和高程双控，既保证同一条主拱肋的两束扣索索力的合理比例关系，又保证两条主拱肋的实际高程和相对高差均控制在允许范围内。

2) 平转施工 平转施工是在主拱竖转到位后，解除边拱竖向约束，边拱脱离支架，通过扣索和平衡索使半跨主拱与边拱形成前后平衡的自平衡体系。然后张拉平面转动牵引索使上转盘(拱座及其横系梁)沿转轴中心旋转，带动设置在上转盘上的主拱和边拱自平衡体系，平面转动到桥轴线位置合龙，最后封固转盘，主拱肋合龙成拱。

本桥单个竖转结构重量2 058 t，平转结构重量13 685 t，广氮岸平转角度117.11°，沙贝岸平转角度92.23°。转动体几何尺寸为257.71 m×39.4 m×86.3 m，转盘环道直径33 m。

3) 主要施工工艺流程

(1) 主墩桩基础和转盘防水围堰施工。

(2) 承台和下转盘施工，包括承台挖基、混凝土浇注、环道(即环形滑道)劲性骨架预埋和环道钢板安装等，与此同时，搭设主、边拱拼装支架。

(3) 上转盘施工：拼装上转盘劲性骨架、试转、浇注上转盘混凝土和张拉预应力束。

(4) 在支架上拼装边拱劲性骨架、灌注边拱钢管内混凝土及配重节段混凝土，同时在支架上卧拼主跨拱肋节段和主拱上撑架。

(5) 上转盘施工完毕后，及时安装临时索塔和索鞍，压注索塔钢管混凝土。

(6) 布置扣索、平衡索和预备平衡索，张拉预备平衡索，安装竖转设备，安装平转牵引系统。

(7) 按要求张拉扣索,提升主拱肋(半跨)竖转。

(8) 竖转到位后,拆除边拱竖向约束,边拱脱架,张拉平转牵引索进行平转。

(9) 平转到位后,布置抗风缆,精确调整主拱高程,进行瞬时合龙。

(10) 焊接合龙段。

(11) 按程序松扣索,完成全桥合龙。

### 7.2.2 竖转体系构造及其施工

整个转动体系分竖转体系和平转体系。竖转体系由前后各半拱、索塔、扣索、撑架和竖转提升控制系统等组成,如图 7-5 所示;平转体系由上转盘、下转盘和牵引系统组成。

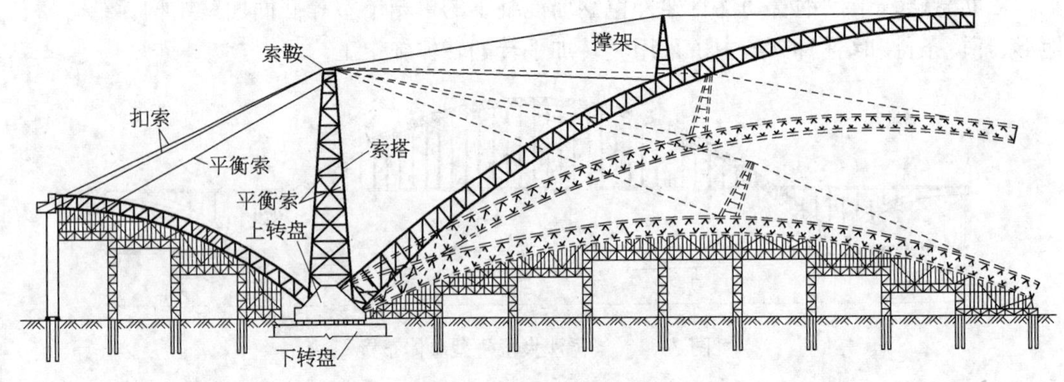


图 7-5 竖转体系示意

1) *索塔及索鞍* 索塔为钢管混凝土组成的变截面桁架结构。为增加索塔的稳定安全度及横向刚度,索塔顺拱肋方向设计成变截面。索塔构造如图 7-6 所示。

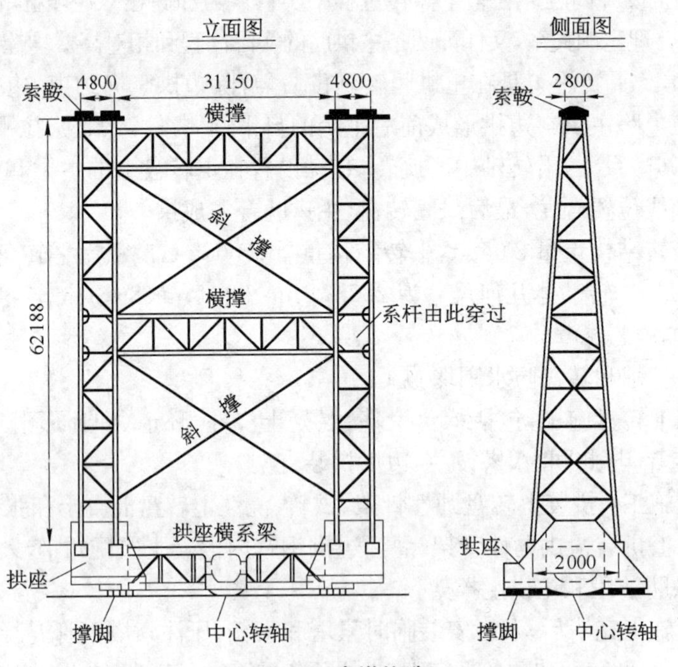


图 7-6 索塔构造

索塔分段制作，焊接拼装。为保证索塔拼装的安全，充分考虑吊装设备的能力，每根塔柱分8段制作，节段长为7～8 m，节段最大重量小于12 t，塔脚第一和第二节段采用汽车式起重机吊装，以上部分采用自行设计的扒杆设备吊装。每根塔柱配置一套扒杆，每套扒杆由4根5 299 mm×12 mm无缝钢管、2根5 600 mm×10 mm钢管、2根36号工字钢、12副滑移或定位抱箍及2个跑车等构成。扒杆构造如图7-7所示。索塔横撑不分段，采用整体吊装，X形斜撑单管提升到位后组拼成形。

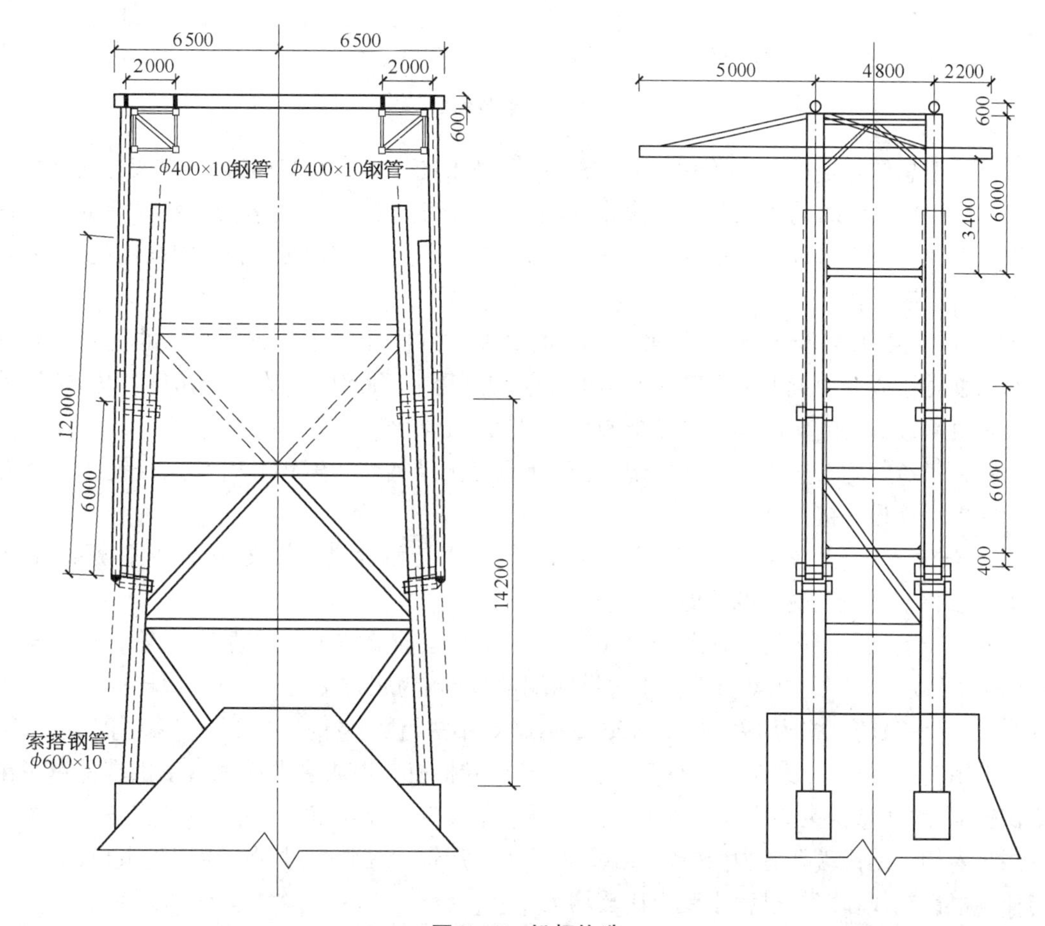


图7-7　扒杆构造

索鞍只起转向作用，由钢板焊成整体结构，为减小扣索在塔顶的摩阻力，与扣索接触面设置滑轮。滑轮与轴采用动配合，辊轴上抹四氟黄油以减小摩擦力。为防止钢绞线移位，在滑轮表面刻槽；为减小扣索各根钢绞线间的相互影响，以分束分轮设置。每条肋共10束竖转扣索，在塔顶布置于同一层面，每束用隔板隔开。索鞍与索塔通过高强螺栓连接，索鞍构造如图7-8所示。两个索塔上共设8个索鞍，每个索鞍重约23 t(不含塔顶底板及轮轴滑轮等)，受吊装能力的制约，每个索鞍分两半制作，采用扒杆起吊就位组拼焊接成整体，然后安装辊轴及滑轮。

为降低索塔高度和调整主拱桁架受力，在主拱$L/4$处设撑架支撑第一组扣索，撑架为钢管组成的桁架结构，撑架高17 m，主管为5 600 mm×16 mm，连接管为5 299 mm×8 mm。

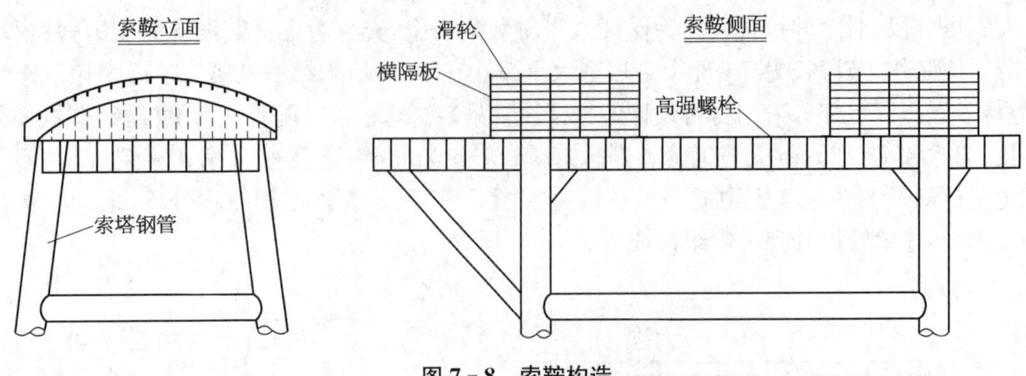


图 7-8 索鞍构造

为保证撑架总体稳定性，还设钢管 K 形撑连接两肋上的撑架。在制作时，将撑架分两部分制作，第一部分为脚段，与主拱肋上弦管焊接，第二部分为撑架塔柱，为方便安装在两部分连接处设转动铰。撑架塔柱整段重约 17 t，采用 45 t 汽车吊提升至主拱肋上与脚段铰接，然后转动提升就位后焊接。

2) 扣索锚固端(扣点)和张拉端　主拱肋处扣索锚固端锚于经钢板加劲的上弦管和腹杆间的临时锚固反力梁上。主跨扣索角度在竖转过程中不断变化，为适应角度变化，锚固前端设置由钢板焊成的转向架。扣点结构与主拱肋一起制作。

扣索张拉端均布置于边拱肋端部，为钢筋混凝土结构。扣索钢套管与系杆钢套管相互影响时进行连通焊接处理。

3) 扣索　扣索共分两类：第一类竖转束，是为竖转而设置的扣索；第二类平衡束，是为平衡索塔和改善边拱受力设置的扣索。

一个转动体系采用两组连通竖转扣索，第一组扣索前端锚于主拱肋端部，第二组扣索前端锚于主拱肋 $L/4$ 处，扣索后端锚于边拱肋端部(此端为张拉端)。为适应液压同步千斤顶的张拉，每一束的规格为 18×$\phi$15.24 mm 钢绞线，第一组竖转扣索采用 2×6 束，第二组竖转扣索采用 2×4 束。扣索在主拱端部下料后，利用卷扬机单根或多根成束由主拱端部牵引至边拱端部(须注意钢束的梳理)，按工艺设计要求在索鞍上合理布索分束，然后将各束钢绞线两端穿入相应的锚端孔道内，在锚固端安装 P 形挤压锚。在整个过程中梳理钢束极为重要，能使各根钢绞线在张拉过程中受力比较均匀。

由于扣索通过索鞍转向，塔两侧扣索角度不同，塔顶水平力无法平衡，因此通过增设平衡束来平衡索塔所受水平力。平衡束采用三组，设计为每组张拉端均在塔顶，一组锚于边拱肋上，另两组锚于索塔前后的拱座上。锚于边拱肋的平衡束除平衡索塔力外，还改善了边拱肋受力。为便于操作，实施时将平衡束的张拉端和锚固端对换，索塔上为锚固端。锚于边拱肋的平衡束采用 2×2 束，索塔前、后平衡束为 2×1 束，平衡束用普通千斤顶张拉。平衡索锚固端亦采用 P 形挤压锚。

4) 转铰　主拱肋竖转是以拱脚为转动中心，在拱脚设有尺寸为 $\phi$1 500 mm×50 mm×3 450 mm的钢管混凝土转铰，在拱座上设半圆的槽形钢板作为铰座，铰与铰座接触面抹黄油以减小摩擦和防锈。为保证转铰与铰座配合良好，在制作时除严格控制制作工艺外，转铰还进行了车削加工，以减小转动的摩阻力。

5) 同步液压提升控制系统　该系统由竖转承重系统(包括提升油缸、安全锚、钢绞线等)、液压动力系统(即液压泵站,包括提升主系统和锚具辅助系统)、电气控制系统(包括传感器测量系统、动力控制与功率驱动系统及计算机控制系统等)和传感检测系统(包括油缸位置传感器、锚具状态传感器、油压传感器和高差传感器)等组成。整个竖转提升系统共使用40台油缸(千斤顶)、8台泵站、4台阀块箱、2台控制计算机、若干套传感器以及其他相应的配套装置,系统总体布置如图7-9所示。在提升张拉过程中,1号扣索7台千斤顶和2号扣索3台千斤顶各自同步,1号和2号扣索索力以合理比例关系同步。根据设备配置情况,钢绞线的实际张拉速度为212 m/h,每岸竖转过程历时约12 h。扣索单根钢绞线实际最大平均荷载为8 916 kN,与计算荷载基本一致,单根钢绞线的最小安全系数达到2.9。

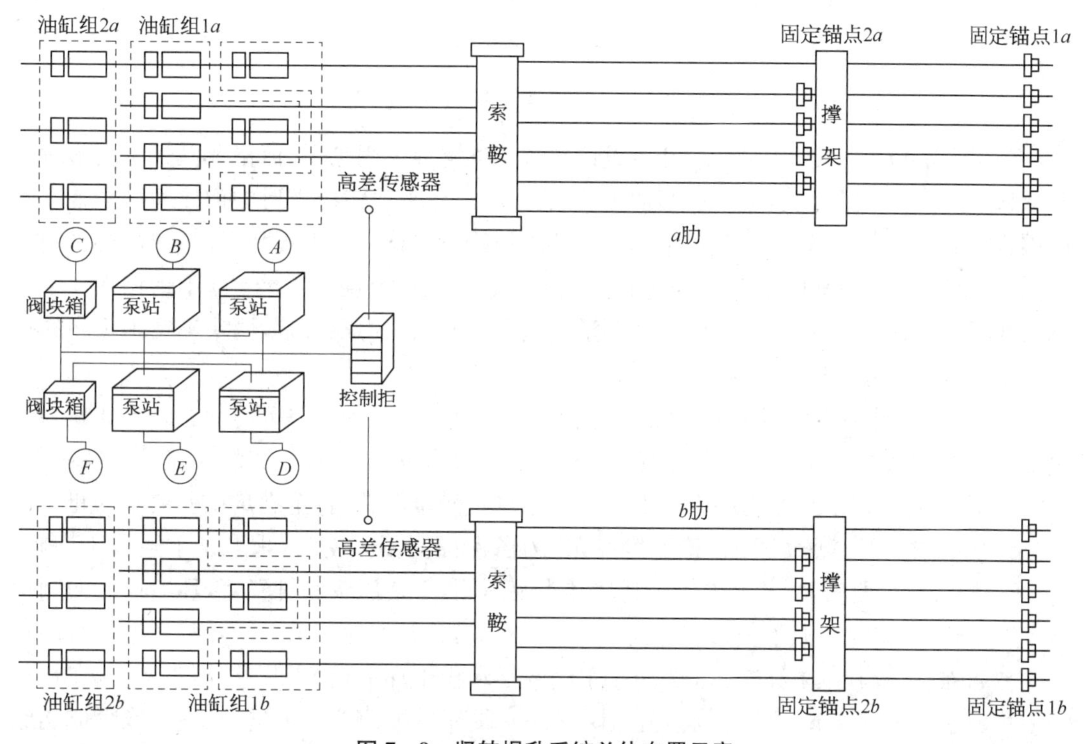


图7-9　竖转提升系统总体布置示意

### 7.2.3　平转体系构造及其施工

1) 下转盘　下转盘主要包括转轴、环道和牵引体系等,下转盘平面布置如图7-10所示。

(1) 环道。环道直径为33.0 m,宽1.10 m。转动体系的主要重量通过上转盘撑脚直接传递到环道上,环道加工质量(主要是平整度和光洁度)直接影响转体的成败。环道由镀铬钢板和环形钢劲性骨架组成。钢板下面焊加劲角钢,在钢板接缝处前进方向的底面设一角钢,以防止搬运和转体过程变形。钢板与预埋劲性骨架用螺栓连接,调平后再浇注钢板下混凝土。

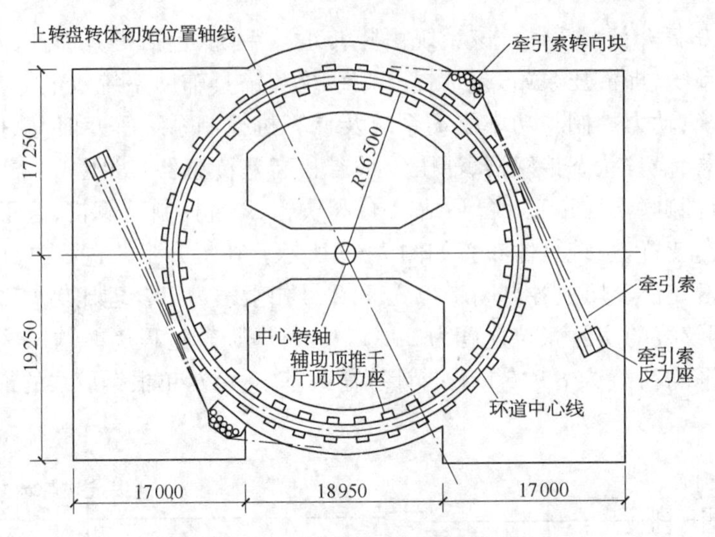


**图 7-10 下转盘平面布置示意**

为保证钢板平整度与光洁度，开始设计要求环道钢板采用刨平、镀铬及抛光。实施时因环道板平面几何尺寸太大，上磨床精加工费用太高，经刨平镀铬抛光后的钢板表面平整度不能满足设计要求，模拟滑移试验结果亦显示撑脚的四氟蘑菇头与钢板间摩擦系数过大(超过12%)。为保证平转施工的安全，经过研究决定在镀铬钢板上增设 3 mm 厚不锈钢板。不锈钢板与环道钢板用螺栓连接，同时又在环道钢板上表面涂强力黏合剂，两块不锈钢板间的接缝除留少量胀缝外均进行焊接。

环道钢板安装精度要求较高，钢板平面高差控制在±0.5 mm，局部平面度小于0.5 mm，钢板接缝相对高差 0.2 mm，转动时前进方向只能为负误差。为减小测量误差，专门购买了一台精密水准仪。安装时每块钢板测 5 个点，逐块板测量调整，直至满足误差要求为止。由于环道预留槽内钢筋密集，预留槽宽度有限，为了保证混凝土密实，采取了下述施工措施：① 环道板实行分段安装，并用混凝土封堵端头及两侧，安装压浆和排气管，环道板底面则形成一个密封槽，待封头混凝土强度达到设计要求后，分段压注水泥浆；② 安装环道板时两端头涂抹高强黏合剂，以防漏浆；③ 为防止水泥浆泌水积于环道板下和保证压浆密实，在环道板上均匀钻 4 个 $\phi$8 mm 的排气排水孔；④ 安好一段环道板即按要求进行试验，取得成功经验后再全面施工。

通过上述施工技术处理，环道质量达到了设计要求，平转时实际启动静摩擦系数很理想，摩擦系数在 0.022～0.042，远低于预计值 0.07。

(2) 中心转轴。中心转轴由上钢板、下钢板、钢板间四氟蘑菇头及中心定位轴构成，中心转轴构造如图 7-11 所示。上钢板厚 50 mm，底面钻孔、镶入蘑菇头(蘑菇头外露 10 mm)，钢板上表面涂强力黏合剂，两块不锈钢板间的接缝除留少量胀缝外均进行焊接。顶面焊接 $\phi$1 800 mm×20 mm 钢管，便于与上转盘劲性骨架形成整体。下钢板厚 50 mm，顶面刨平，粗糙度为 6.3 级。上、下钢板用角钢对加劲，防止钢板在加工、搬运过程中变形。中间定位轴直径为 300 mm，长为 800 mm，伸入上、下转盘分别为 200 mm 和 600 mm。在下转盘内对应中心转轴下钢板的位置预埋型钢骨架，保证安装精度。

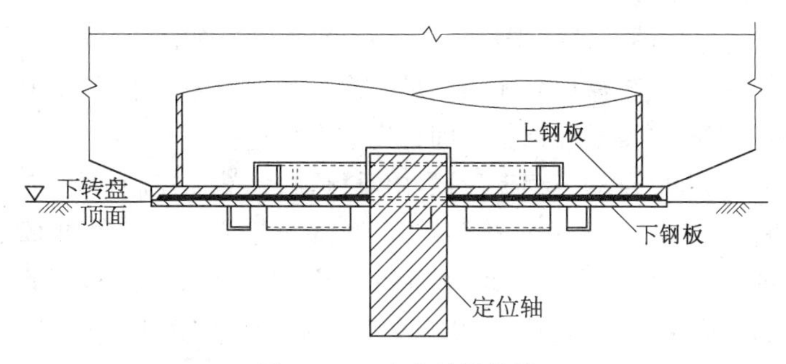


图 7-11　中心转轴构造

2) 上转盘　上转盘由上游拱座、下游拱座、拱座间连接横梁、撑脚等组成，上转盘构造如图 7-12 所示。上部结构的重量全部作用在上转盘上，转盘内设置劲性骨架，以保证预埋件的埋设精度和加强上转盘整体性。

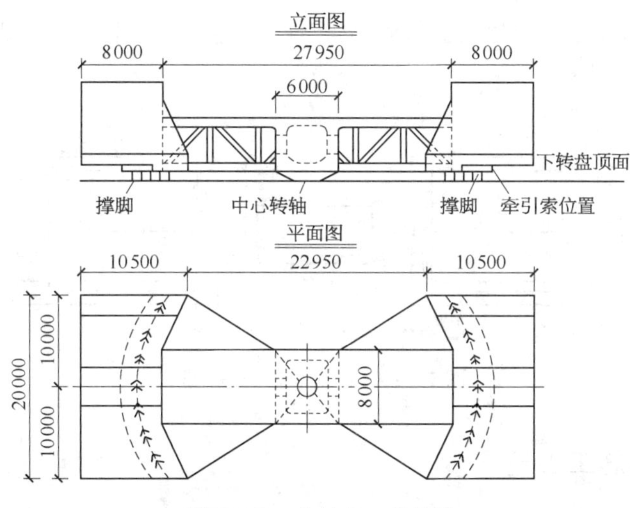


图 7-12　上转盘一般构造

(1) 连接横梁。横梁高 6 m，由顶板、底板、腹杆构成，顶板、底板为厚 1 m 的钢筋混凝土板，腹杆为 $\phi$500 mm×12 mm 空钢管，中心转轴处为 6 m×8 m、壁厚 1 m 的钢筋混凝土封箱，并在箱的两侧开人孔。

(2) 撑脚。每个拱座设置 7 个撑脚，分两种形式：位于两端的为加强型撑脚，由 3 根 $\phi$800 mm×14 mm 钢管混凝土组成；位于中间的为普通型撑脚，由 2 根 $\phi$800 mm×14 mm 钢管混凝土组成。撑脚上端埋于上转盘内，下端支撑在下转盘环道上，与环道接触部分设置千岛走板，走板厚 50 mm，内嵌四氟蘑菇头，四氟蘑菇头外露 5 mm。

(3) 横向预应力束。由于拱座中心偏离撑脚中心，横梁承受负弯矩，并考虑因环道不平整所带来的影响，在连接横梁的顶板、底板内布置横向预应力束，供转体时使用。上转盘劲性骨架在现场制作，撑脚走板由机械厂加工，劲性骨架以正位(成桥位)拼装，按设计要求压注钢管内混凝土，然后转动一个平转角度。拱座、连接横梁均用支架现浇，在达到要求强度后张拉横向预应力束，拆除支架。

3) 平转牵引体系　平转牵引体系由牵引索、牵引千斤顶、辅助顶推千斤顶等组成，对应设置牵引千斤顶反力座和辅助顶推千斤顶反力座，平面布置如图 7 - 10 所示。

由于平转角度较大，上转盘尺寸无法满足一次平转到位的要求，因此在下转盘上增设转向滑轮组，使平转时不需更换千斤顶位置即可完成平转过程。

牵引千斤顶采用 ZTD 自动连续千斤顶，由千斤顶、泵站和控制台组成，它能够实现多台千斤顶同步不间断地匀速张拉牵引结构转体到位，两岸分别用了 8 台和 10 台千斤顶。实际转体时两岸启动牵引力分别为 5 600 kN 和 4 200 kN，远低于设计值，因此未使用辅助顶推千斤顶。平转时动摩擦系数均不超过 0.02，转体极为顺利，两岸平转均用了不足 8 h。

### 7.2.4 合龙段结构

考虑结构受力和施工的可行性，主拱钢管拱肋于拱顶预留长 100 cm 为合龙段。转体施工设计设置瞬时合龙构造，一方面满足瞬时合龙要求，减少合龙段在焊接过程中温度影响，另一方面可调整拱肋内力和拱轴线。瞬时合龙构造放置于弦管间的平连板位置，主要装置为花篮螺栓，螺杆和螺母用钢管加工而成，为方便手工操作，在钢管上车细牙梯形螺纹，合龙装置结构如图 7 - 13 所示。

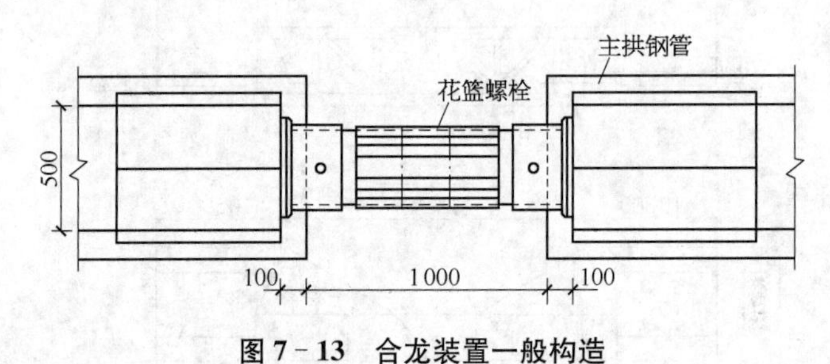


图 7 - 13　合龙装置一般构造

### 7.2.5 竖转施工工艺

对大跨度结构进行竖转，无论是位置控制还是荷载控制均有较大的难度，最近几年发展起来的计算机控制液压同步提升技术为大桥竖转提供了技术和安全保障。

1）竖转前的检查验收　竖转前对主、边拱结构拼装、竖转设施的质量以及竖转设备器材进行全面检查验收，包括主拱桁架卧拼和边拱劲性骨架竖拼的几何线形（轴线、标高），主拱桁架及边拱劲性骨架节段各接头焊缝质量，主、边拱横撑安装接头焊缝质量，拱座结构的几何尺寸、混凝土强度、预应力束张拉情况，边拱钢管混凝土、配重块及端横梁混凝土强度、预应力束张拉情况，索塔、索鞍安装几何尺寸、焊缝质量，索塔立柱钢管混凝土强度，撑架安装几何尺寸及焊缝质量。检查扣索钢绞线、锚具的外观质量、产品出厂合格证，做钢绞线强度和锚具硬度抽样试验。对边跨锚固、P 形挤压锚试验、索夹试验、监测点安装、扣索及平衡索安装、张拉平衡索、安装扣索张拉千斤顶、扣索初张拉、安装助升千斤顶、风缆设施检查、围堰排水设备等进行检查，以及通信设备的调试、资料处理系统的试运作。

2）脱架　脱离拱架前按设计计算启动张拉力的 85%、90%、95%、100%分级同步张拉，每级加载持荷 10～30 min，监控组测取测点应力、应变值，测量组观测标高及轴线位置，观察组检查结构及张拉系统状况，经与监控组提供的实测值进行对比分析，确认结构及拉索内力均处于正常状态。总指挥据此发出继续(或调整、加固)指令,受令小组遵照执行,直至分级张拉完成。

脱架状态静置12 h以上,观察组对主拱及边拱钢管焊缝、主拱铰、扣点、索塔脚、索鞍、撑架顶部及架脚、转盘撑脚、环道受压变形等各重要部位进行详细检查,竖转操作组对千斤顶及夹片有无滑移情况进行观察,均未发现异常。

3) 竖转提升

(1) 监控组和测量组在正式竖转前测取有关数据作为初始读数,并与脱架时(或经调整后)测取的有关数据进行比较,确认变化不明显。

(2) 实施纲要要求竖转要分级(−0.701 4°~3°、3°~12°、12°~24°)张拉。每个分级竖转过程均保持1号、2号索力的合理比例关系,保持两条主拱肋相对高差控制在允许范围内(通过在两条主拱肋拱顶处设置沉降仪和跟踪测量来控制),即实行索力和高程双控。在实际竖转时由于双控的效果很好,未进行严格的分级张拉,基本上是连续张拉提升。

(3) 最后一级竖转即将到位时即停止,预留不小于400 mm高度(低于设计标高),以便合龙时标高调整。正常竖转时间大约为12 h。

4) 边拱卸架与平衡配重,形成自平衡体系

(1) 竖转到位后,根据监控组测取的边拱锚杆内力,与相应阶段边拱各锚点的计算内力比较。

(2) 张拉3号平衡索,实际总索力为2 000 kN。

(3) 按照拆除临时增加的锚固拉杆—观测锚杆应力变化—由拱脚至拱顶顺序拆除除拉杆位置以外的所有支撑—观测锚杆应力变化—根据观测结果采取从拱脚至拱顶顺序拆除锚固拉杆的顺序卸架,最后保留边拱后端一组锚杆不松。

(4) 分别调整索力使主、边拱结构及扣索内力基本达到设计状态。

(5) 通过索力调整仍无法使结构平衡(边拱端较重),根据千斤顶秤重情况,在边拱端横梁及拱肋端部配重。经监控组对调整配重后的内力状况进行实测,测量组对结构位移变化进行观测,技术组核实确认结构处于平衡状态后,放松边拱后锚(但未解除)。

5) 锁定扣索　因温度变化和风载振动可能使结构产生位移,限制扣索沿索鞍前后滑动,在索鞍顶部分组安装索夹将扣索锁定。

6) 拉风缆和主拱肋临时固结

(1) 在两条主拱肋 $L/2$ 和 $L/4$ 处挂临时风缆,以增强抗风能力。

(2) 索力调整完成后,接着安装主拱脚上、下弦杆临时连接段,形成无铰结构,以增强平转过程的结构强度及刚度。

(3) 在平转前6:00~24:00进行拱顶温差变化观测,每隔2 h观测各特征截面标高,并记录当时气温,整理数据并绘出主拱肋随气温、体温变化曲线,作为合龙参考。

### 7.2.6 平转施工工艺

1) 平转施工准备工作

(1) 清理滑道、转轴表面和周围的防护材料、杂物及障碍物,在走板前端抹黄油四氟粉。

(2) 平转千斤顶标定,布置平转牵引千斤顶、钢绞线牵引索和助推千斤顶,安装牵引索

锚固端锚具,安装助推反力梁。

(3) 放置主拱风缆。

(4) 竖转到位后,解除边拱曲梁的竖向约束,边拱肋脱架,在索鞍上安装夹板固结扣索。

(5) 观察组再次检查结构关键部位。

(6) 测量组测量记录主、边拱特征断面、索塔顶部、拱座角点等观测点的初始平面位置及标高数据,监控组测取平转前初始状态各监测部位的内力值,再次确认转体是否处于平衡状态。

(7) 边拱支架卸架,清除平转半径范围内可能影响转体的障碍物,如树木、房屋、电线等。

2) *平转启动* 经检查确认一切准备就绪后,进行平转启动。首先同步张拉 ZTD 连续牵引千斤顶,吨位按计算动摩阻力控制(摩擦系数根据试转结果和理论值综合调整确定)。然后助推千斤顶分级加力直至撑脚走板确实产生水平位移,并记录静摩擦力。沙贝岸启动总动力为 560 t,静摩擦系数为 0.041 4;广氮岸启动总动力为 420 t,静摩擦系数为 0.022。

3) *正常平转* 平转启动后,转动体系进入同步张拉牵引索匀速平转(已拆除助推千斤顶及反力梁),直至牵引索接近脱离转向滑轮,平转过程中测量组跟踪观测拱肋及索塔轴线偏位和各特征截面(主拱拱顶、边拱拱顶、索塔顶部)的高程变化情况,监控组连续监测各测点应力、应变变化情况。

当牵引索接近脱离转向滑轮时,牵引千斤顶回油,将牵引索脱开转向滑轮,用人工重新排列好钢绞线束并收紧,然后张拉端初张拉并锚固,检查锚固端情况。同时,观察组检查各重点部位,测量组观测记录轴线偏位和各特征观测点标高,监控组测取各监测点应力、应变值无异常,继续匀速牵引平转,直至基本到位。

根据测量组实测轴线偏差值决定微调幅度(考虑惯性位移),测量组观测微调闭合情况并适时发出停转信号,经反复微调直到轴线重合,使精度满足设计要求。实际操作时根据推算的撑脚就位线,在两侧前进方向的第一个撑脚前面,分别利用助推反力座设置反力梁和液压千斤顶,在沿滑道中心线距终点最后 50～100 mm 时,将反向千斤顶顶住撑脚,然后先张牵引千斤顶后放撑脚处的反向千斤顶进行微调,直至轴线达到设计要求为止。最后转体就位轴线偏差仅为 5 mm,平转时间为 8 h 左右。

4) *安装支座* 轴线校正后立即安装两边墩墩顶支座,锚固边跨尾端竖向拉杆,并依次恢复边拱支架。

5) *收紧两组风缆索*

6) *固接上、下转盘* 焊接上、下转盘固结钢管,将撑脚走板与滑道钢板及中心转轴上、下钢板焊接,焊接上、下转盘预埋钢筋,浇注上、下转盘间混凝土。

### 7.2.7 拱顶合龙

(1) 拆除索塔顶索夹,放松主拱风缆索,解除主拱肋脚段临时固结杆件,测取结构内力与相应状态下理论计算值对比,确认主拱脚转铰接后当前结构处于安全状态。

(2) 安装拱顶临时合龙花篮螺栓,测量拱顶高程,考虑实际合龙温度与设计合龙温度差的影响,选择深夜 2:00 为合龙时间,通过张拉扣索微调主拱拱顶标高至设计合龙标高。

(3) 旋转并顶紧拱顶花篮螺杆，根据监测的当时主拱结构内力及特征截面标高情况，反复调整主拱肋内力及线型，直至达到设计理想状态，固定花篮螺杆，完成瞬时合龙。

(4) 焊接拱顶合龙段，完成主拱合龙。在接近合龙温度时实测合龙段的长度，现场进行拱顶合龙段钢管切割下料，遵照上、下游两肋对称的原则，按照先下弦管后腹杆再上弦管的顺序安装主拱合龙段钢管，然后按合龙设计焊接工艺要求，进行弦管、腹杆和平连板的焊接，并对焊缝进行100%超声波探伤检测。

(5) 拆除撑架、卸除扣索及拆除扣点，焊接拱脚上、下弦管连接钢管，主拱形成无铰拱。

(6) 在合龙段焊接，上、下转盘封固混凝土达到设计强度的85%和边拱支架恢复完成后，经设计、监理、监控与施工各方研究，同意按照两岸及上、下游对称和均衡同步的原则，卸除扣索。卸扣顺序如下：卸1号扣索、2号扣索、3号平衡索—卸4号、5号平衡索—松拱座上体外预应力索。按照设计工艺焊接拱脚连接段钢管，浇注拱脚封固混凝土，主拱成为无铰拱结构。

至此，转体施工全部结束。

### 7.2.8　工程总结

1) *转体实施效果*　本桥的转体施工从方案选择到最后实施，大量吸收了国内专家的意见，不断优化。通过工程实施，证明大跨径桥梁采用转体施工方法安全可靠，合龙精度高，平转结构重量国内第一、世界第二，第一次将同步液压提升系统用于桥梁建设领域，具有创新特色。该桥采用竖转加平转的施工方法，充分结合了桥位地理环境和桥型结构特点。施工对航运繁忙的珠江通航影响很小，做到不占用主航道，不中断主航道通航，将大量高空作业变为低空作业，减小了施工难度，转体合龙时间短(仅8天)，避免了遭遇台风侵袭，亦缩短了工期。

2) *值得探讨和改进之处*

(1) 滑道钢板可只刨平不锈钢板，取消镀铬和抛光；由于滑道与走板的静摩擦系数小，相应可取消助推反力座。

(2) 若适当加大下转盘环道直径让拱座中心与撑脚中心重合，可减小上转盘悬臂，减小上转盘偏心弯矩，还可适当减少横向预应力束。

(3) 为了让临时索塔能重复利用，若能设计制作成可拆卸的拼装式结构，则可以降低工程成本。

3) *应用前景*　通过该桥的施工，为同类型桥梁的修建积累了可靠的经验。实践表明，转体施工无论是竖转还是平转，重量均可加大，可适应更大跨径类似桥型的施工。

## 7.3　上海大剧院钢屋盖整体提升工程

### 7.3.1　工程概述

上海大剧院工程是上海市重大工程，钢屋盖重量达6 000 t，若采用传统的施工方法即使用承重脚手架，则规模将相当庞大，施工难度大且危险，因而采用地面焊接组装、再用液压同

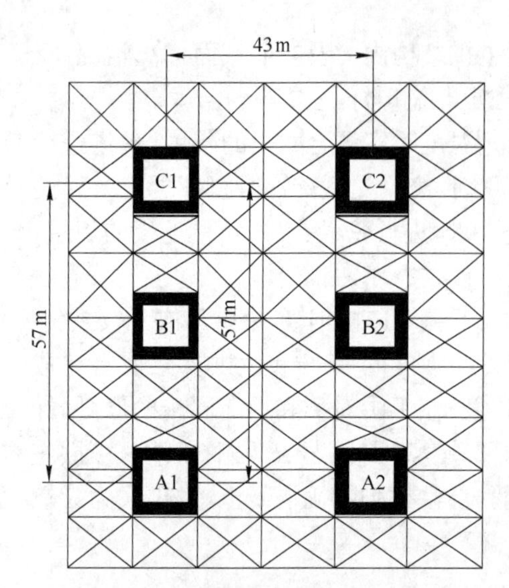


图 7-14　吊点位置与网格状钢屋盖

步提升技术整体提升安装就位。用这一最新施工方法不仅施工速度快、成本低，而且安全，真正体现了优质、高效、安全的施工原则。钢屋盖在地面焊接组装，整个钢屋盖长 100 m、宽 90 m、高 12 m，截面呈倒月牙形。6 根钢筋硅立柱在钢屋盖焊接组装前先施工好作为人行楼梯和电梯通道用。同时，其中 4 根的顶部作为安装液压提升设备用，立柱高约 28 m。图 7-14所示为 4 个吊点的相对位置与网格状钢屋盖。

### 7.3.2　液压同步提升系统

液压同步提升系统是一套机、电、液一体的同步控制系统。它主要由油缸执行机构系统、钢绞线承重系统、泵站液压系统、计算机和电气控制系统、传感器测量系统等组成。

根据上海大剧院钢屋盖整体提升工程的现场施工情况以及钢屋盖的容许变形范围，现场施工中采用了 4 个吊点，分别为 A1、A2、C1、C2 点。A1、A2 中心相距 43 m，A1、C1 中心相距 57 m。其中 A1 点作为主令吊点，其提升速度在操作前调定；C1、C2、A2 为从吊点，在 A1 点和 A2、C1、C2 点之间有主从联络通信。根据载荷及结构特点，液压同步提升系统共使用了 44 个液压千斤顶、792 根钢绞线、8 套液压泵站。每个吊点上安装 2 套液压泵站、11 个液压千斤顶，每个液压千斤顶穿 18 根钢绞线；每个吊点上有一套泵站向 5 个油缸供油、另一套向 6 个油缸供油，油箱之间连通。另外，每套泵站配备一台启动电气柜以控制泵站的启动、运行、停止，计算机和电气同步控制柜设计为可扩展系统。每一台主柜可以带动 3 台从柜，每台从柜又可以带动 3 台从从柜，每台从从柜又可以带动下一级从柜，形成一个无限扩展控制系统。主柜在主令吊点 A1 点，3 台从柜分别在 A2、C1、C2 这 3 个从吊点上。每台柜又由同步柜、操作柜、通信柜、电源柜及备用柜组成。计算机输入信号从传感器获得，在每个吊点上安装有高差传感器 2 台；每个油缸上安装有油缸位置传感器 1 套以及上下锚具状态传感器各 1 套，把检测到的信号(开关量和模拟量)送到计算机处理。此外，提升系统还有其他一些辅助设备。

1）*油缸执行机构系统*　液压油缸采用 LSD-200 型 200 t 液压千斤顶，为穿心式结构。钢绞线从油缸中间穿过，便于锚具锁紧钢绞线，伸缸时油缸大腔进油、小腔回油；缩缸时油缸小腔进油、大腔回油。在活塞上端和缸体下部装有夹紧钢绞线的夹具，称为上锚具和下锚具，由各自小液压油缸的伸缩来控制锚具的夹紧和松开。主油缸活塞最大行程为 300 mm，考虑到缓冲以及下降过程的需要，实际工作行程为 280 mm。工作时钢绞线穿过上锚、活塞杆空心部分和下锚，通过锚具的切换和主油缸的伸缩来完成结构的提升动作。

2）*钢绞线承重系统*　根据油缸的结构及工程要求，采用高强度低松弛预应力钢绞线。公称直径 15.24 mm，抗拉强度 1 860 kN/mm$^2$，破断拉力 260.7 kN，伸长率 1%时的最小负荷为 221.5 kN，每米重 1.1 kg。该产品按国际标准生产，单根制作长度可达千米，呈盘状。在工程中选其作提升索具用，有安全、可靠等性能，承重件自身重量轻，便于安装、运输，中间不必镶接且使用后仍可回收利用。

3）泵站液压系统　泵站液压系统由主泵供油系统和辅泵供油系统组成，主泵系统向主油缸提供压力油，辅泵系统向小液压油缸供油以实现锚具的夹紧和松开。系统主要由电机、泵、电液比例阀、液控单向阀、单向阀、换向阀、油箱及管路等组成。主泵为变量柱塞油泵，额定压力 31.5 MPa，全开实际流量可达 35 L/min；齿轮泵为辅泵，其压力根据经验为 3～5 MPa；电液比例阀将计算机输出的脉宽调制信号转换为液压流量的大小以控制提升速度；液控单向阀用于油管爆裂等故障情况下系统的保护。

4）计算机和电气控制系统　计算机和电气控制系统由同步控制柜和启动柜组成。启动柜负责泵站电机的启动、运行、停止；同步控制柜是控制系统的核心，完成提升过程的自动操作和自动调节，其核心是可编程控制器和单片微型计算机，控制原理框图如图 7－15 所示。可编程控制器负责油缸的动作控制，它不断扫描伸缩油缸的位置信号和上、下锚具的状态信号，根据当前操作指令决策油缸的动作步序，决定主油缸的伸缩和上、下锚具的松紧以及多缸集群作业时的动作协调。单片微型计算机在系统中负责数字调节，控制提升构件各吊点之间的同步高差、提升速度等参数，其 A/D 转换输入可以直接接收反馈模拟信号，其高速输出口(high speed output, HSO)可以直接发出脉宽调制信号，用于电液比例阀驱动，调节相应吊点的提升速度以达到同步提升的目的。

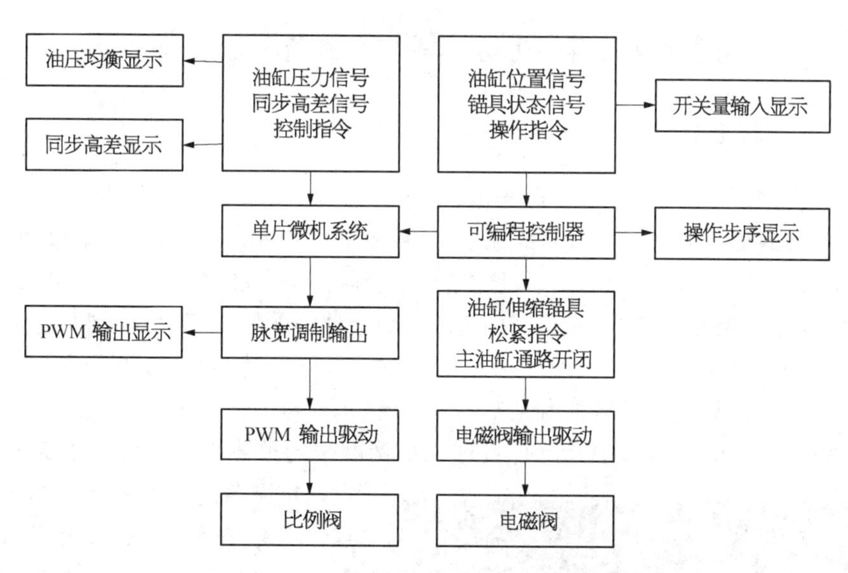


**图 7－15　计算机和电气控制系统原理框图**

5）传感器测量系统　同步控制系统的传感器有油缸位置传感器、锚具状态传感器及提升构件高差传感器。锚具状态传感器测量锚具的状态（夹紧和松开）；油缸位置传感器测量油缸动作位置，获得的参数均为开关量；提升构件高差传感器的敏感元件为自整角机，有两套独立的高差传感器，分别作控制和监视用。监视用的传感器不参与控制，用于高差的冗余测量，在控制传感器损坏情况下可作后备。在主令吊点 A1 上安装有发射机，在各从吊点 A2、C1、C2 上安装有接收机（自整角变压器），把提升构件各吊点的高差（从吊点相对主令吊点的高差）信号转换为电压信号输出，电压信号再经相敏解调、A/D 转换输入计算机进行处理。

### 7.3.3 系统操作方式

为了兼顾控制的可靠性和灵活性，设置了自动、顺控、手动三种控制方式以及单机和联机两种状态。手动方式(单机状态)用于系统的初始调试，提升过程中个别油缸的调整、安装以及提升工程结束后设备的拆除。顺控方式是提示式的单步操作，是备用运行方式。自动方式是系统运行的主方式，整个提升过程的80%(联机状态)在此方式下运行，它由计算机控制，自动化程度高、功能完善，只要按一下按钮整个提升过程便自动、连续不断地进行，直到按停止按钮或系统出现故障才停下来，三种控制方式相互取长补短，动作互相监督，以保证系统运行的可靠性和灵活性。

### 7.3.4 工程总结

经过江南造船厂、同济大学上海建设机器人工程技术研究中心、上海基础公司的共同努力，上海大剧院钢屋盖整体提升工程经过 20 h 的连续作业，顺利提升到 26.5 m 的空中安装高度，提升速度为 1.5 m/h，创造了国内大型构件整体提升的重量之最，在整个提升过程中同步高差始终控制在 4 mm 内，达到工程预定要求。

## 7.4 北京首都国际机场 A380 机库钢屋盖整体提升工程

### 7.4.1 工程概述

北京首都国际机场 A380 机库工程由中德合资企业 AMECO 投资建设，位于机场 3 号航站楼北侧，建筑面积 64 000 $m^2$，局部地上三层，地下一层，由机库大厅和附楼两部分组成，其中机库大厅 41 000 $m^2$，相当于 6 个足球场大小。网架下弦高度 30 m，檐高 40 m。主体结构为钢筋混凝土框架和钢结构，屋盖结构为球形焊接球钢网架，建成后可同时容纳维修 4 架 A380 空中客车或 2 架 A380 加 4 架 B747 大型客机，是目前世界上最大的飞机维修库。

A380 机库在世界航空领域具有高知名度、高技术含量的特点，除设计加工难度较大，施工中面临的困难也非常多，其中 3 层焊接球钢结构网架的整体提升是施工中最大的技术难点。钢屋盖的网架节点为焊接空心球节点，下弦支承，网格尺寸为 6.0 m×6.0 m，高度为8.0 m，跨度为 176.3 m+176.3 m，进深为 114.5 m，屋盖顶标高为 39.8 m，总重量达到 1.08 万 t，提升面积和重量都将刷新历史纪录。机库大门处采用焊接箱形截面钢桁架。大门中间支座桁架节点采用铸钢节点，屋盖支座均采用万向抗震球铰支座，屋盖结构坐落在结构周边格构柱及中轴钢骨混凝土柱上，如图 7-16 所示。

图 7-16 北京首都国际机场 A380 机库

### 7.4.2 施工方案的选择

根据本工程特点以及以往类似工程经验，针对本工程大屋盖钢结构可行的施工方法主要有以下三种：

1）*高空散拼* 须搭设满堂红承重脚手架，或采用部分滑移脚手架与满堂红脚手架组合，在高空进行网架和桁架拼装。该方法工程成本高，搭拆脚手架工作量巨大，对工程进度管理、工程安全生产管理、工程质量控制和吊装设备布置都会带来不利影响。

2）*地面拼装后分片提升* 在地面分别拼装网架和箱形截面钢桁架，然后进行四次或多次提升。即网架部分分两片或多片分别提升，大门桁架分两段提升，然后各片块之间的杆件在高空合龙。该施工方法需要使用大量支撑架及支撑架基础，且工序复杂，工程成本高。在工程质量控制方面，由于高空对接单元增多，网架安装精度也很难控制。

3）*地面拼装后整体提升* 在地面整体拼装网架和箱形截面钢桁架，钢结构安装过程中可插入主、次檩条安装和消防、机电等相关专业安装，大量工作都可以在地面完成，减少了工装脚手架用量，避免了高空作业，降低了工程安全管理的难度，且可以形成多点、多面流水作业，加快地面拼装进度，有利于工程安装精度控制。另外，整体提升结构受力也最大限度地满足了结构设计的边界条件。

综合比较了三种施工方案后，本工程选择了地面拼装后整体提升这一技术先进、经济可靠的技术方案。

### 7.4.3 整体提升的关键技术

1）*整体提升总体方案*

（1）整体提升过程介绍。A380机库钢屋盖安装工程采用的安装方案为液压千斤顶整体提升安装法。具体来说，就是利用液压千斤顶将在地面已拼装好的网架提升到所需要的高度，提升就位后进行网架合龙，最后将合龙后的网架结构卸载。整个施工过程具体可分为以下五个步骤：

① 胎架搭设。

② 屋盖网架与大门桁架的地面拼装。网架拼装从中间向南北两边拼装，随着网架拼装，行走塔向两边后退。行走塔在后退过程中，导轨也随之拆除，以免影响网架拼装。因大门桁架下弦钢梁标高较网架低2.3 m，在大门桁架拼装时需开挖大门桁架拼装位置基础，在基坑底部布置拼装胎架，并对开挖部分进行必要的防护。大门桁架随着网架从中间向南北两侧拼装，使用塔吊吊装就位。

③ 在网架结构及大门桁架拼装完成后进行整体提升。网架及大门桁架地面拼装完毕，所有提升工装设备已经安装就位，经检查系统一切正常后，进行提升。

试提升：一切准备就绪后，断开网架及大门桁架与胎架连接部位，专业安装人员对现场提升系统以及提升上、下锚点进行最后一次检查，开始提升，提升20 cm后，停滞12 h，期间对设备以及桁架的变形情况进行实时监测，所有情况正常后，才可继续提升。

整体提升：提升速度控制在3 m/h左右，期间提升行程约28.8 m，耗时约9.6 h。

提升就位：锁紧钢绞线提升装置。

④ 整体提升合龙。在机库屋盖整体提升就位后，就要进行结构的合龙。该阶段根据合

龙位置的不同分为网架部分杆件合龙和大门桁架处杆件合龙。

⑤ 卸载。所有构件合龙焊接完毕，经质量检验验收合格、网架整体稳定后开始卸载。卸载前要用测量仪器对网架的稳定性进行监测，确保网架在水平和竖直方向没有相对位移反复出现情况下卸载。

整体提升的施工流程如图 7－17 所示。

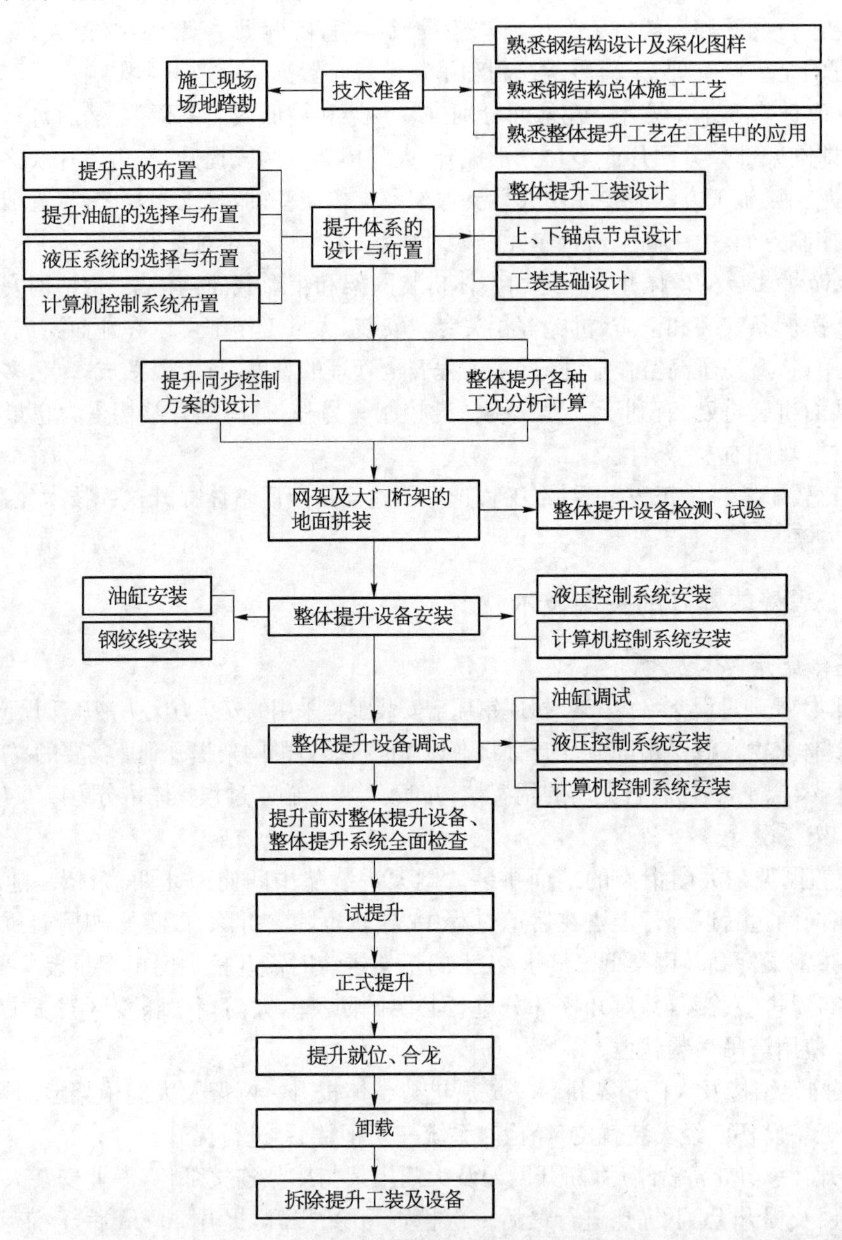


**图 7－17　A380 机库钢屋盖整体提升施工流程**

(2) 提升吊点及设备布置。结合结构特点，在机库南、北侧和西侧将网架的提升上锚点布置于格构钢柱柱顶，下锚点固定在边网架下弦提升梁的两端。东侧门头桁架则利用工装支撑架支撑上锚点，下锚点固定在桁架上弦杆件上。本工程整体提升共设置 45 个提升点，千斤顶138台，其中，40 t千斤顶80台，100 t千斤顶28台，200 t千斤顶22台，350 t千斤顶8台，共用泵站25台。支撑系统和提升设备承载力的确定是整体提升主要关键技术之一，根据本工程特点以及以往工程经验，采用了逐点失效准则进行支撑系统和提升设备荷载工况计算。计算方法是假定任意一个支撑失效，要保证整个整体提升系统不发生破坏，按此准则设计提升支撑系统、选择设备并加强网架结构。

2）*提升系统一体化建模模拟分析技术*　根据本工程规模大的特点，采用钢屋盖结构、提升设备、提升支撑系统一体化建模进行提升工况分析。

（1）针对起提过程中网架自身、塔架、拉索将产生弹性变形的实际情况，通过一体化建模分析得到各提升点的起提量、索力大小、结构受力状态。

（2）针对结构提升全过程、不均匀提升及不同提升高度下风荷载的不同结构响应等进行分析。

（3）在风荷载作用下考察合龙过程中节点连接顺序对整体结构受力性能的影响；并通过温差工况分析，考察了温度荷载对结构成形内力的影响。

（4）通过拉索升温法实现对落架的全过程模拟，并分步实现均匀卸载。

（5）针对在不同的提升阶段，提升塔架（柱）的顶部约束状况、荷载的相应变化的情况，对不同工况、不同约束条件下塔架（柱）的稳定承载力进行全过程分析。

3）*同步控制提升技术*　同步控制提升技术是整体提升的关键技术，通过对各种可行的控制策略进行比较，最终采用了位置同步和载荷分配相结合的控制方案进行多组、多点同步控制提升。

（1）提升控制系统。由主控系统、泵站控制系统、油缸传感器（包括行程传感器、锚具状态传感器和压力传感器）组成。主控系统负责接收油缸传感器传送来的油缸信息，根据这些信息通过手动或自动方式传送控制信号给泵站控制系统，通过液压系统控制油缸动作。泵站控制系统通过接收主控系统传来的控制信号或泵站手动信号控制电磁阀的动作。

（2）位置同步和载荷分配相结合的控制方案设计。根据本工程的实际情况，在同步提升过程中，需要实现的理想控制目标是：

① 位置同步。45个提升吊点，各点之间实现位置同步控制，相邻点同步误差小于10 mm。

② 载荷控制。在提升过程中，各点的实际载荷分配与理论计算载荷差小于10%。

根据这一控制目标，经过对结构的分析，采用了位置同步和载荷分配相结合的控制策略。在全部45个提升吊点中，大门桁架的14个吊点采取位置同步控制为主与载荷分配相结合的控制策略，其中以两侧的提升点为主令吊点，其余为跟随点，其余31个提升吊点采取载荷分配为主与位置同步相结合的控制策略。

4）*提升全过程应力动态监测*　为保证提升过程中结构的安全，设置了提升应力监测点进行实时监测。中柱附近是重要监测区域，对该部位的网架结构布置了监测点，共监测杆件42根，布置传感器84个。每个监测点布置1个BGK－4000振弦式应变计，用于监测结构应力；布置2台DT615数据采集器，在结构提升时，进行实时监控。提升过程中，数据系统的采样时间间隔为1 min，夜间不操作时，采样时间间隔调为10 min或30 min。整个监测过程中杆件受力数据表明，结构杆件受力均在合理范围之内，即提升过程没有对结构造成不良影响。本次监测是国内首次大规模对网架提升进行全过程实时监测，无论是监测的规模，还是监测的完整性，均为国内领先，为今后此类监测工作起到了借鉴作用。

### 7.4.4 工程总结

该工程表明特大型(40 000 $m^2$)机库屋盖采用整体提升施工技术是可行的,具有较好的技术经济效益。采用逐点失效准则进行支撑系统和提升设备荷载工况计算是高效、可靠的;采用钢屋盖结构、提升设备、提升支撑系统一体化建模进行提升工况分析,对大跨度超重钢屋盖提升分析是必要的;大跨度超重钢屋盖提升宜采用位置同步和载荷分配相结合的控制方案进行多组、多点同步控制提升;钢结构整体提升实时监测技术对结构安全是必要的。

## 7.5 国家图书馆钢结构万吨整体提升工程

### 7.5.1 工程概述

国家图书馆二期暨数字化图书馆工程(图 7-18)采用了巨型钢桁架体系,钢结构体型巨大,单个杆件重量大,空中组拼难度较大。

图 7-18 国家图书馆效果图

图 7-19 国家图书馆施工现场

经多种施工方案分析比较,工程总体施工方案选用逆作法施工,先施工临时支撑桩及拼装平台基础,进行钢结构地面拼装,四层至顶层钢结构地面拼装完成后,再进行土方开挖,施工地下三层结构,如图 7-19 所示。钢结构采用了"地面拼装,整体提升"的施工方案,利用结构体系中的 6 个钢筋混凝土核心筒作为主要提升承力结构。为缓解施工进度压力,钢结构的 10 榀桁架以及主悬臂梁、主连系梁等主要构件在地面拼装完成以后进行整体提升,次梁及五层结构在整体提升完毕以后，混凝土结构施工期间在空中穿插散拼。最终确定整体提升重量约为 10 388 t。整体提升后安装焊接劲性柱和 Y 形支撑，再整体下降与 Y 形支撑对接卸载，形成主体结构。钢结构工程"地面拼装，整体提升"的施工方案是此工程施工组织的主线，由此确定了其他结构分项施工方式，用一系列施工方案配合总体方案的实现。工程主要施工流程如图 7 - 20 所示。

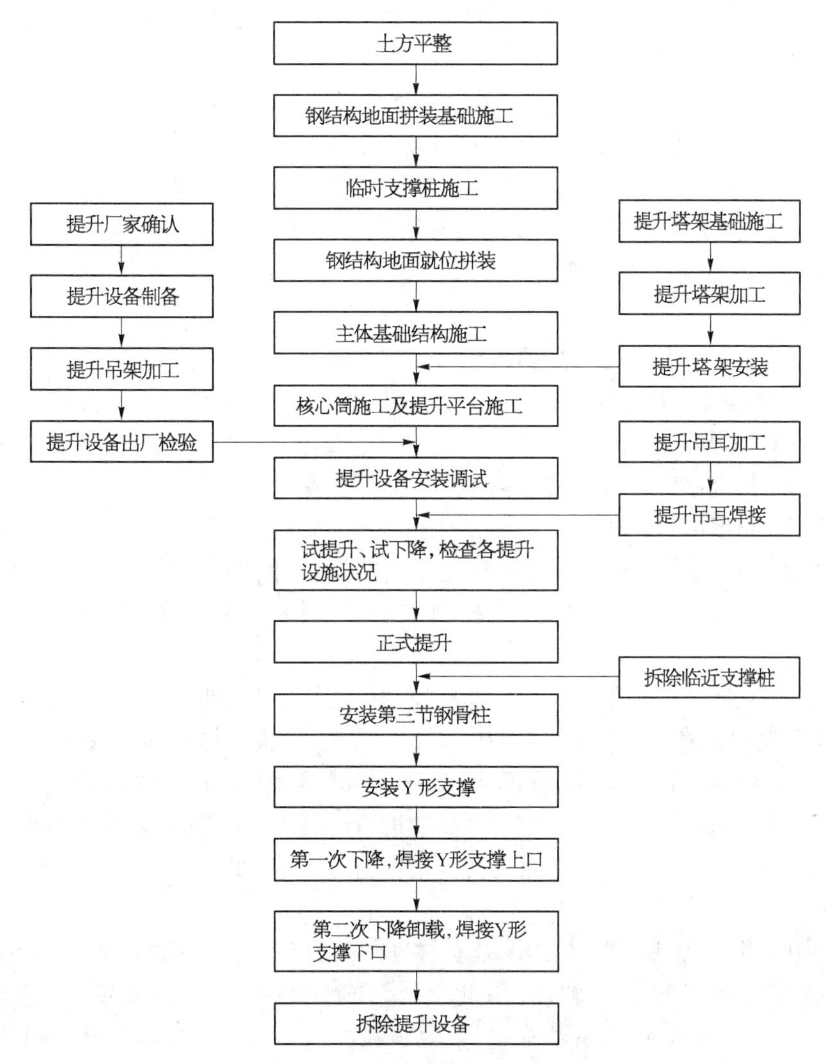


**图 7 - 20　国家图书馆工程施工流程**

## 7.5.2　提升施工特点、难点分析及应对措施

1) 提升吊点的确定　整体提升重量重，需提升的结构面积大，钢结构构造复杂，杆件刚度差异较大，合理布置提升吊点，确保提升施工安全和被提升构件应力和变形在规范允许范围内，是提升施工方案的重中之重。

应对措施：应用计算机有限元计算分析软件，顺序模拟提升施工各工况，结合工程设计状况，通过计算分析，使结构应力比在 0.5 以下，从而确定了最佳提升吊点位置和提升吊点所需提升力。通过计算、分析、优化，最终确定共布置 28 个提升吊点。

2）安全性要求高　提升重量 10 388 t，在国内外以前的工程中前所未有，提升钢结构的平面尺寸为 116 m×106 m，约 12 300 $m^2$，面积巨大。

应对措施：

(1) 多使用提升油缸，在 28 个提升吊点上，共布置 64 台提升油缸，其中 44 台 350 t 提升油缸，20 台 200 t 提升油缸；选用控制系统具有较强的控制能力，可以控制 64 台提升油缸和 18 台液压泵站的协调动作。

(2) 适当提高安全系数，64 台提升油缸总体提升能力为 19 400 t，提升油缸的整体安全储备系数为 1.86，钢绞线的安全系数为 4.42。

3）同一提升平台上各点的载荷在提升过程中波动较大　在同一核心筒上，各吊点之间的距离近，结构刚度大，对位置同步控制极其敏感。只要位置稍有误差，各点的负载将重新分配而发生较大的波动，可能引起结构的不安全。

应对措施：

(1) 采用位置同步和载荷分配相结合的控制策略，在计算机控制系统软件设计时，在每个核心筒各吊点之间采取负载分配同步控制策略，使提升结构在每个核心筒位置上各吊点的负载与理论计算基本一致。

(2) 在每个提升吊点，选用高精度的压力传感器，测量精度在 5‰内。

(3) 使用高精度的计算机控制系统。

4）同步控制要求精度高　在提升过程中，各吊点之间的同步误差要求控制在 10 mm 内，同时，同一核心筒上各吊点的载荷要控制在与理论计算基本一致的范围内。

应对措施：

(1) 采用位置同步控制策略。在计算机控制系统软件设计时，6 个核心筒提升吊点之间采取位置同步控制策略，同步误差控制在±5 mm 之内，使提升结构的位置保证同步。

(2) 在测量钢结构位置时，使用 20 m 长距离传感器，测量精度可达 0.25 mm。

(3) 提升液压系统选用同步调节精度高的进口比例阀进行提升速度的控制。

5）整体下放距离长，下放就位精度高　根据施工工艺，在结构就位前，需要将结构整体下放 600 mm。

整体提升是主动加载过程，整体下放是被动加载过程，一旦下放同步控制不好，将造成某点的负载超载而引起结构破坏，因此整体下放比整体提升难度更大，危险性更高。10 388 t 结构、28 个吊点和 64 台油缸整体下放，在国内外还未有先例。就位前的整体下放卸载，是提升施工成功与否的关键所在。

应对措施：

(1) 采取位置同步和载荷分配相结合的控制策略，以确保整体下放过程中各点之间的位置同步和载荷合理分配。

(2) 使用高精度的长行程传感器和压力传感器分别测量钢结构位置和各点的载荷。

(3) 在提升油缸上，安装节流阀，控制提升油缸的缩缸速度，防止提升油缸失控，保证同步；安装溢流阀，控制提升油缸的负载，防止提升油缸超载。

(4) 使用高精度、控制能力强的计算机控制系统。

6）空中悬停时间长　钢结构提升到位后，需要在空中悬停 60 多天，在完成劲性柱和 Y

形支撑的安装施工后，整体下放就位。

应对措施：

(1) 机械锁定。将负载转换到下锚上，提升油缸进入安全行程，锁定上锚；另外在提升油缸下部增设了安全锚，确保安全。

(2) 防风措施。结构悬停期间，核心筒与桁架之间安装木楔，防止因风载产生晃动。

(3) 悬停期间所有施工电焊机双线到位，防止电弧损伤提升钢绞线。

*7) 钢结构在提升过程中与核心筒间距短*　钢结构在提升过程中，其桁架与核心筒之间的平均间距仅 5 cm；要求提升设备的安装需保证较高的定位精度。

应对措施：首先依据吊点隔板实际位置安装提升平台提升油缸埋件，然后根据埋件实际位置向下投点定位提升吊耳位置，确保提升地锚支架和提升油缸安装时的定位准确，两者的垂线误差控制在 5 mm 内。

控制整体提升速度，避免提升结构晃动撞击塔架。同时特别布置安装了提升导向装置作为辅助措施，确保提升顺利。

### 7.5.3　提升施工总体部署

通过系统的理论计算分析，再经多方反复论证，确定了钢结构提升以核心筒为主要提升承力结构，提升吊点确定在钢结构主桁架上弦杆件的节点处。由于 TG－3、TG－4 轴桁架重心超出核心筒范围，在这两个桁架端部对称增设提升钢门式塔架用以辅助提升。钢结构提升吊点共计 28 个。

### 7.5.4　提升控制方案

结合理论计算结果分析，确定了提升施工计算机同步提升控制方案。提升过程中采用了以下两种方案。

*1) 动作同步控制方案*　整套提升系统中配备 18 台液压泵站和 64 台提升油缸，在同步提升控制方案中，编制了动作同步控制程序，实现多台泵站和油缸的同步协调动作。

*2) 位置同步和载荷分配相结合的控制方案*　根据工程的实际情况，在同步提升过程中，需要实现的理想控制目标如下：

(1) 位置同步。28 个提升吊点，各吊点之间实现位置同步控制，同步误差小于 10 mm。

(2) 载荷恰当分配。同一核心筒上的吊点在提升过程中，各点的实际载荷分配与理论计算载荷基本一致。

在这种控制策略中，某些吊点的控制采取位置同步控制策略，而其余吊点采取载荷按一定规律分配的控制策略。

### 7.5.5　核心筒结构及提升平台施工

工程主体混凝土结构的施工以±0.0 m 为界分为两个阶段：±0.0 m 以下完全按设计图样施工；±0.0 m 以上只进行核心筒筒体施工，其余结构待提升完成后再行施工。

正式结构的核心筒高度不能满足提升要求，在核心筒顶部增加提升平台，满足提升高度要求，提升平台高 6.3 m，混凝土结构，局部增设钢骨提高强度。

在提升平台提升油缸固定埋件埋设时，首先对钢结构提升吊点区域进行板材探伤，确保吊点区域板材无夹层、夹渣等轧制缺陷，再利用超声波探伤仪直探头进行箱形梁吊点构造隔板准确位置的标定，由构造隔板准确位置利用激光铅锤仪向上投点来确定提升油缸埋件的准确中心线，安装和验收埋件，埋件的垂直度利用磁力线坠调整。通过以上措施，最终检查24组提升油缸埋件中心偏差绝大部分在5 mm内，垂直度偏差4 mm，达到提升施工需要。

### 7.5.6 提升施工过程

国家图书馆钢结构整体提升距离为15.65 m，超过设计标高600 mm，以便安装Y形支撑，钢结构整体提升施工共分为六个过程：试提升过程、正式提升过程、空中悬停阶段、整体下降过程、部分卸载过程、最终卸载过程。

1）提升应力监测　在试提升和正式提升过程中，进行了钢结构应力实时监测，钢桁架上布置了24个应变测试点，提升吊耳上布置了12个应变测试点，对钢结构提升受力时的应力进行测试，与理论分析计算进行比较，调整提升施工控制，使提升过程中结构受力始终在允许范围内。另外，应力监测对试提升逐级加载也起到了指导作用，每级加载通过应力反映稳定后才进行下级加载，使提升加载过程安全可靠。

2）试提升　试提升包括提升试验和下降试验两部分，是对整个提升施工系统的实际工作质量状态、理论计算分析准确性的最终检验。试提升采用逐步加载过程，也是对系统内难以检查的结构部分(包括钢结构主体、提升吊耳、提升塔架、提升平台等)的测试，它的成功与否直接关系提升施工与否安全顺利，所以试提升阶段检查工作非常重要，是整个提升施工的关键工序。

试提升使结构脱离拼装胎架，提升300 mm，下降150 mm，通过提升和下降动作试验，充分检验提升系统，细部调整控制参数符合要求后，悬停72 h，对钢结构、提升平台、提升塔架、核心筒进行检查，特别是对提升吊耳进行了重新探伤。

3）正式提升　提升施工期间，由一台计算机控制全部提升设备动作，通过动作同步和位置与载荷同步两个控制回路共同作用，满足提升施工质量要求。

4）空中悬停　提升到位后锁紧油缸下锚，将载荷转移到下锚使油缸下部结构受力，液压系统不再受力，上锚再次锁紧为安全提供二次保障。钢结构与六个核心筒在上、下弦杆位置利用木楔楔紧，对钢结构水平固定，保持在原轴线位置。开始安装劲性柱和Y形支撑。

5）整体下降　Y形支撑安装完成后，开始下降，将结构整体降至设计标高，与Y形支撑上口对接。

6）卸载　钢结构卸载过程是指由提升系统受力向正式结构自身受力逐渐转化的过程，卸载实施的成败直接关系到整体结构是否安全，是整个工程施工质量的最终检验。Y形支撑上口焊接完成后，进行下口焊接和提升系统卸载，由于提升油缸下锚开启需将结构提升20 mm，提升剩余钢绞线只有6.3 m，靠钢绞线剩余的弹性变形无法将下锚开启，这就需要卸载过程分为两步进行。

钢结构提升系统卸载工艺流程如下：钢结构整体下降→Y形支撑上口焊接→HJ-4立柱焊接、Y形支撑H型钢连梁焊接→卸载滑靴下段焊接→提升载荷调平下降→焊接滑靴上段→提升设备卸载40%→正式焊接Y形支撑下口→提升设备逐级卸载。

提升设备卸载步骤：首先进行40%卸载，提升设备所卸载荷由该滑靴板焊缝承受。部分卸载后锁紧油缸锚具立即进行Y形支撑下口的焊接，焊接期间该滑靴板不能拆除，焊接完成后，再利用提升钢绞线剩余弹性变形将提升油缸下锚开启，进行油压控制的钢结构单点分级卸载，卸载比例为 20%、20%、10%、10%。卸载完成后拆除提升设备。

### 7.5.7　工程总结

通过系统细致的理论计算与分析，科学地安排施工，对提升过程遇到的问题，从理论上分析原因，提出处理方案，调整施工细节，确保了提升施工安全顺利完成。最终测量结果是：提升后钢结构水平位移在 3 mm 内，结构标高误差小于 10 mm，提升卸载时吊点载荷与理论计算值偏差在 9%内，达到了预期目的。

## 7.6　广州新电视塔核心筒整体提升工程

### 7.6.1　工程概述

广州新电视塔总高 610 m，由 1 座高达 454 m 的主塔体和 1 根高 156 m 的天线桅杆构成，建筑结构由一个向上延伸、旋转、缩放的椭圆形钢外壳不断变化生成，如图 7－21 所示。

图 7－21　广州新电视塔

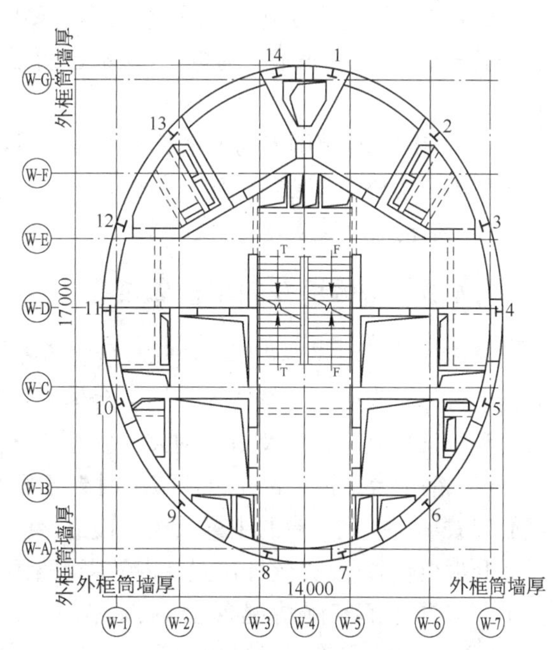


图 7－22　核心筒平面示意

注：1～14 表示 14 根劲性柱。

主塔体由钢筋混凝土核心筒、钢结构外框筒以及连接两者的组合楼层组成。钢筋混凝土核心筒总高 451.3 m，共 87 层，标准层层高为 5.2 m。截面呈椭圆形，内径 17 m×14 m。筒壁厚度从 1 000 mm 递减至 400 mm。筒壁内共设 14 根钢骨，在－10.0～428.0 m 标高段采用 H 型钢，在 428.0～448.8 m 标高段采用钢管。竖向结构采用 C80～C45 混凝土，水平结构采用 C30 混凝土。整个核心筒平面布置如图 7－22 所示。外框筒由 24 根钢管柱、46 组钢管圈梁以及部分斜撑组成，钢管柱内填充 C60～C45 混凝土。连接核心筒和外框筒的楼层采用型钢梁、自承式钢模板和钢筋混凝土组合结构，共 37 层。

### 7.6.2 工程特点和难点

本工程体形特殊、工期紧、质量要求高，需要一个适合结构特点的钢平台系统，并选择适合的施工工艺完成。以往的钢平台施工，一般都是先施工垂直结构，后做水平结构，而本工程的核心筒侧向刚度较弱，设计上也需要同时施工水平结构以增加核心筒在施工状态下的刚度。同步施工水平结构，曲率不断变化的外墙断面，狭小而深长的井道，都使钢平台设计变得复杂，而且本工程的钢平台支撑立柱利用结构劲性柱，同时还使用自爬升的内筒外架体系，形成广州新电视塔钢平台的特色。

本工程具有以下特点及难点：

(1) 结构超高，而且核心筒需要领先于外框筒，需要采用超高层结构中常见的钢平台体系。但是本工程核心筒外墙中存在 14 根劲性柱，以往钢平台支撑体系除了东方明珠广播电视塔施工时采用的自爬升内筒外架体系外，都采用专用的格构柱，施工成本高，而本工程成本压力大，尽量考虑利用结构本体爬升。

(2) 和以往钢平台施工不同，本工程需要同时施工垂直结构和水平结构。由于核心筒的平面尺寸小，相应水平结构更小，钢平台的平台梁显得很密集，这将给水平结构施工带来麻烦。

(3) 椭圆形外墙随着高度增长而墙体变薄，外墙面曲率发生变化。模板需要特殊设计，一套就能适应整个核心筒的施工需要。

(4) 结构内隔墙多，使得模板系统复杂，且造成钢平台内挂脚手架数量多且分散。

### 7.6.3 整体提升钢平台体系

1) 设计　本工程为超高层结构，核心筒 38.0～448.8 m 标高段采用自行研制的整体提升钢平台体系来施工。整体提升钢平台体系由钢平台、钢平台支撑系统、内外挂脚手架、升板机和电气控制系统以及组合钢大模板五部分组成。

(1) 钢平台。钢平台在正常施工时处于整个体系的顶部，作为施工人员的操作平台及钢筋堆放场所。钢平台的主梁及次梁均由 I40a 组成，位于同一水平面。钢梁的布置应综合考虑升板机位置(受力丝杆位置)、内外脚手架位置、钢平台的整体受力情况等诸多因素。在钢梁上根据施工实际情况覆盖钢板，作为操作平台，平台钢板由 6 mm 厚花纹钢板及 40 mm×60 mm 方管焊接组成。部分位置采用可翻起式钢板，施工需要时将该位置平台板翻起。在钢平台外周边一圈设置 2 m 高挡板网，以防止人、物等高空坠落。整个钢平台面积约 320 $m^2$。

(2) 内、外挂脚手架。根据使用位置的不同，悬挂脚手架系统分为用于核心筒外墙面的外悬挂脚手架和用于电梯井道墙面施工的内悬挂脚手架。内、外挂脚手架以螺栓固定于钢平台的钢梁底部，随钢平台同步提升，由槽钢、钢管组成框架，共 7 层。上 3 层为钢筋、模板施工区；下 4 层为拆模整修区。上 6 层走道板由角钢框架加钢板网组成，底层走道板由角钢框架加花纹钢板组成。外挂脚手架外侧由角钢框加钢丝网组成的侧挡板封闭。在外挂脚手架的每一层设置安全防护栏杆。脚手架底部靠近混凝土墙体处设防坠闸板，提升时闸板松开，施工时闸板闸紧墙面，防止构件坠落。

核心筒内电梯井及楼梯间等无水平结构或水平结构滞后施工部分采用内挂脚手架，高度与外挂脚手架相同。利用核心筒内的2个电梯井安装拆分式脚手架，总高度为31.6 m(6个楼层高度)，作为施工电梯到达钢平台的主要通道。内、外挂脚手架如图7-23所示。

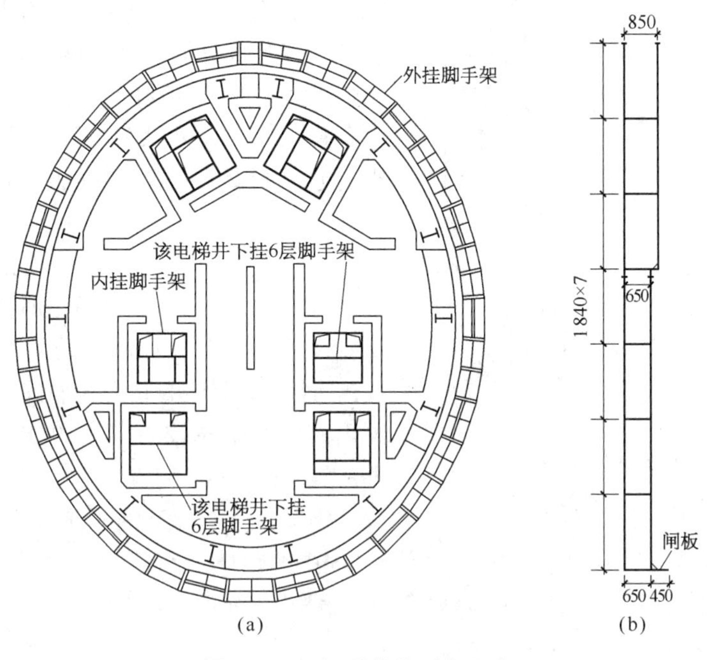


**图7-23　内、外挂脚手架示意**

(a) 平面图；(b) 立面图

(3) 钢平台支撑系统。钢平台支撑系统既是整体提升钢平台的承重构件，又是提升时钢平台系统的导轨。支撑系统一般分为内筒外架支撑系统和钢柱支撑系统两种，钢柱支撑系统目前有预埋施工格构柱和结构劲性柱两种。

内筒外架支撑系统是提升整个钢平台承力支柱的一部分。每根支柱上端安装一组(2个电动升板机、1个电动机)提升机，通过提升螺杆，将上部外构架、钢平台自重及部分堆载全部传至支柱底座大梁上，再通过大梁端部的转动压力销传力于附着在混凝土墙体上的牛腿。

格构柱支撑体系由格构柱和承重支撑装置组成，专门为钢平台支撑设置。进行格构柱布置时，在受力合理的前提下，以方便整体钢平台施工为主要原则，布置间距一般控制在6 m左右。布置过程中还需要考虑结构的施工要求，在结构暗柱位置，由于钢筋密度较大，布置格构柱会影响钢筋绑扎工作，所以应避开该位置；在窗、门洞口位置，设置格构柱会影响模板施工，也应避开该位置。

结构劲性柱支撑体系由结构劲性柱、钢平台支撑牛腿、提升机支撑装置等组成。由于格构柱和内筒外架投入大于劲性柱，因此应尽可能利用劲性柱。钢平台支撑劲性柱的布置和节点形式根据主体结构设计的劲性柱确定，选用部分或全部劲性柱，而进一步根据劲性柱截

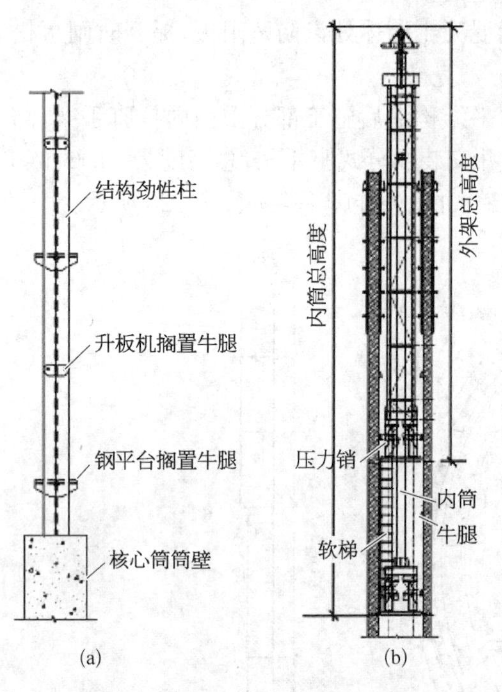


图 7-24 钢平台和升板机布置

(a) 搁置牛腿；(b) 内筒外架

面确定系统的支撑形式和支撑节点。当选定的劲性柱不能满足钢平台支撑系统时，还能补充格构柱或内筒外架。

本工程核心筒筒壁内的 14 根钢骨（即结构劲性柱）可用作钢平台支撑立柱。在满足整体稳定性要求的前提下，对钢骨进行局部更改：增加钢平台和升板机的搁置牛腿（图 7-24a）。为了减小钢平台梁的跨度，在核心筒内部（楼梯间部位）再布置 2 个内筒外架（图 7-24b）。钢平台和升板机通过承重销搁置于 14 根支撑立柱和 2 个内筒外架上。

(4) 升板机和电气控制系统。升板机是提升钢平台的动力设备，常规施工时固定于钢平台支撑立柱顶部。电气控制系统对整个施工钢平台及内、外挂脚手架的爬升进行全程监控。本工程采用人机界面与较为实用的施工工艺相组合的办法施工。

钢平台整体提升的同步性、稳定性是平台在爬升时的安全所在，着重对施工钢平台提升过程中的传感器承载力、信号传输、模拟信号与数字信号转换、容量限定数值界定、超载和失载报警、界面设置、传感器和变送器互换进行了论证，为钢平台安全施工提供了可靠保证。

(5) 组合钢大模板。组合钢大模板具有周转次数多、不易变形、损耗小、适用于各种结构体形等优势。组合钢大模板主要由钢面板、竖围檩和横围檩三部分体系组成。基本每块钢模板顶部设置 2 个吊耳，对拉螺栓采用 3 节尼龙螺母系统。钢模板下部为防止混凝土水泥浆渗漏设置止浆条，止浆条正面用自攻螺钉固定在钢模板上。

2) 安装　广州新电视塔整体钢平台体系包括内筒外架体系和支撑立柱（劲性柱），两体系安装同时进行。主要分为：

(1) 准备阶段。主要包括钢平台体系安装支架埋件的设置、安装脚手架的搭设以及内筒外架压力销牛腿的安装。

(2) 安装内筒外架和钢平台体系。内筒外架的安装是将内筒体和外框筒的压力销分别支承在各自的附墙牛腿上，钢平台安装则是先在安装支架上铺设钢梁、钢板、吊点板等，再安装内、外挂脚手架。

(3) 升板机和电控设备安装。升板机安装在劲性钢柱顶部，电控操作室则布置在钢平台外侧平台边。

3) 施工工艺　根据广州新电视塔核心筒混凝土结构特点，采用整体提升钢平台体系进行核心筒施工。同时坚持以核心筒水平结构与竖向结构同步施工为原则，主要是为了提高核心筒的平面刚度和减少浇捣混凝土的次数。

钢平台的爬升动力使用升板机系统，由计算机控制，同步提升。爬升支架利用核心筒外筒壁的14根劲性柱，并结合楼梯间内的2个内筒外架，内、外挂脚手架长度超过2层结构。为便于水平结构施工，钢平台超升半层，以提供操作空间。

整体提升钢平台的施工流程如下：钢平台体系安装就位→提升钢平台→搭设排架、绑扎竖向结构钢筋→安装竖向结构模板→铺设水平结构模板→超升钢平台后绑扎水平结构钢筋→浇注核心筒混凝土→提升钢平台后重复搭设排架、绑扎竖向结构钢筋。

### 7.6.4　核心筒劲性柱变形控制

核心筒14根劲性柱截面从底部的650 mm×300 mm向上逐渐收缩变小，在335.0～376.6 m标高段截面变为200 mm×300 mm，属于最弱部位，经过验算，虽然在强度和稳定性上能够满足钢平台支撑需求，但是该范围内劲性柱特别柔弱，在外力或其他不确定因素作用下容易产生偏位而影响安装精度，因此有必要对劲性柱采取措施控制变形。作为控制变形的措施，最简单有效的办法就是使用临时连系梁将劲性柱连接起来。由于广州新电视塔核心筒的特殊形状，连系梁在椭圆切线方向能形成有效约束，却无法控制其法线方向变形，而法线方向恰恰是劲性柱的弱轴方向，因此选择若干劲性柱布置法线方向支撑(抛撑)，可控制劲性柱的整体偏位，如图7-25所示。

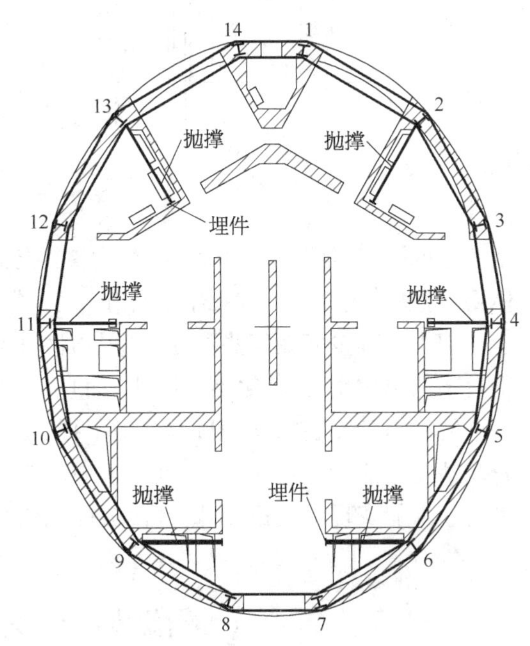


图7-25　核心筒劲性柱临时支撑平面布置示意

注：1～14表示14根劲性柱。

由于只能选择已浇注的平台为支撑作用点，为不影响施工，尽量做到：① 支撑杆要避开现浇平台；② 支撑杆与劲性柱作用点尽量布置在模板上方(图7-26a)。但是在弱轴东西方向由于平台的存在，支撑布置还是不能满足以上两点要求，因此在劲性柱上焊接长耳板，斜撑杆对伸出模板外的耳板进行支撑，把支撑对模板施工的影响降到最小(图7-26b)。

### 7.6.5　整体提升钢平台体系的拆除

拆除流程：将钢平台停放在顶层施工完毕的楼层结构上→拆除控制室及管线→清除平台及脚手架上垃圾→拆除局部钢平台梁和平台板→拆除钢平台下方钢模板→拆除外圈平台梁及脚手架→拆除升板机提升支架→拆除筒体内挂脚手架→拆除筒体上平台板、钢梁。

### 7.6.6　工程总结

整体钢平台体系施工技术在整个施工过程中既满足了核心筒标准段结构施工要求，在核心筒顶部标高段的钢平台高空拆分也满足非标准段特殊结构施工的需要。另外，本次施工中，应用整体钢平台体系施工实现了竖向、水平结构同步施工，在降低施工风险和节约施

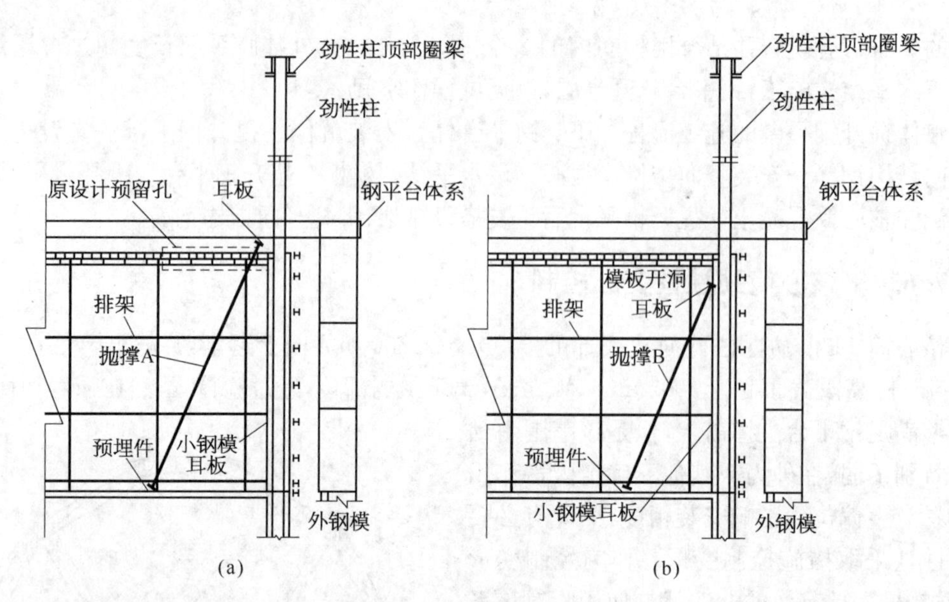


图 7-26 抛撑立面示意

工工期的同时，加强了结构稳定性。整个施工过程快捷、方便、安全，较好地体现了钢平台整体稳定性好，超高结构施工中系统化、工具化的特点。

但本工程也存在一些不足，采用劲性柱与内筒外架的复合支撑系统虽然能有效改善钢平台梁的结构受力，使之截面减小，而且能大幅度减小劲性柱承担的施工荷载，也有利于劲性柱的稳定和安装精度；但是，增加了提升工序和管理复杂性，在能保证劲性柱受力安全和安装精度的前提下，简化操作有利于加快施工进度。由于劲性柱的承载力原因，本工程的钢平台还未能实现带模板提升，带模板提升能有效减少人工操作量，也有利于加快施工速度。

## 7.7 景德镇白鹭大桥整体竖转提升工程

### 7.7.1 工程概述

白鹭大桥位于景德镇市昌江大桥下游约 1 km 处，为连接东岸西瓜洲、西岸韭菜园的重要工程。大桥亦是规划外环线的重要结点，按双向四车道城市主干道标准建设。大桥全长 795 m，其中桥梁范围为 487 m，桥面总宽度为 29 m，如图 7-27 所示。

白鹭大桥主桥结构形式为三跨连续单索面独塔无背索竖琴式斜拉桥，主跨跨径为 120 m，两边跨跨径为 45.29 m，总长 210.58 m。江中距两岸 40 m 左右各设一主墩和副墩。主梁为钢梁，采用连续结构，在塔梁处与塔、墩固结。钢梁采用封闭型扁平钢箱梁加大挑臂结构形式，横隔梁及大挑臂横向间距 3.75 m，梁高 2.7 m，箱梁顶宽 29 m。其中封闭钢箱宽 20 m，挑臂为 2×4.5 m。索塔的主体结构为矩形钢箱三室结构，桥面上垂直高度 74.628 m，塔身倾斜 58°。索塔顺桥向截面尺寸由塔顶端 5.6 m 渐变到根部的 8 m，横桥向宽 3.5 m。索塔钢箱内填充 C30 微膨胀混凝土，采用焊钉来加强钢箱与混凝土的连接。顺桥向翼缘板钢板厚度为 12～25 mm，横桥向腹板厚 10～20 mm，纵向加劲采用Ⅰ型扁钢，横向设环向加

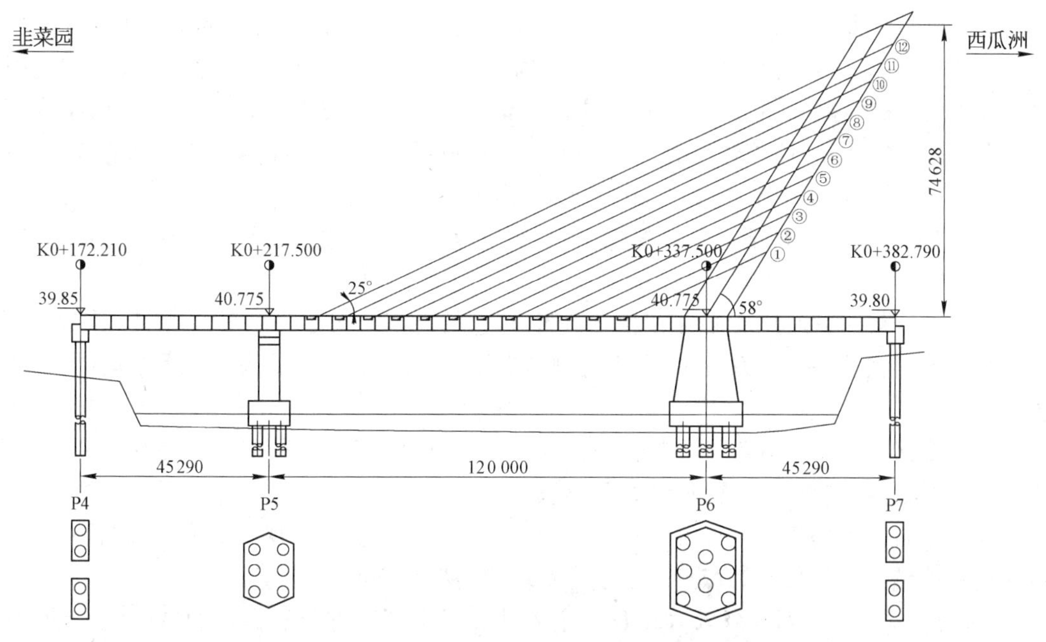


图7-27　景德镇白鹭大桥主桥布置

劲和横隔板。钢梁钢塔均为全焊接结构，钢材为Q345q-D，主桥结构设计用钢量共计3 200 t，其中钢塔重量为600 t。斜拉索采用竖琴式平行钢索，主梁上索距为7.5 m，全桥共12根。斜拉索水平夹角约25°，规格为SNS/S-7×187高强度低松弛镀锌钢丝，标准抗拉强度为1 670 MPa。

## 7.7.2　计算机控制液压同步提升技术

计算机控制液压同步提升技术是一项新颖的构件提升安装施工技术，它采用柔性钢绞线承重、提升油缸集群、计算机控制、液压同步提升新原理，结合现代化施工工艺，将成千上万吨的构件在地面拼装后，整体提升到预定位置安装就位，实现大吨位、大跨度、大面积的超大型构件超高空整体同步提升。本次钢塔竖转提升设备是上海同新机电控制技术有限公司提供和操作的，其技术特点、系统组成和控制原理如下。

1）计算机控制液压同步提升技术的特点

（1）通过提升设备扩展组合，提升重量、跨度、面积不受限制。

（2）采用柔性索具承重，只要有合理的承重吊点，提升高度与提升幅度不受限制。

（3）提升油缸锚具具有逆向运动自锁性，使提升过程十分安全，并且构件可在提升过程中的任意位置长期可靠锁定。

（4）提升系统具有毫米级的微调功能，能实现空中垂直精确定位。

（5）设备体积小，自重轻，承载能力大，特别适宜于在狭小空间或室内进行大吨位构件提升。

（6）设备自动化程度高，操作方便灵活，安全性好，可靠性高，适应面广，通用性强。

2）系统的组成　计算机控制液压同步提升系统由钢绞线及提升油缸集群（承重部件）、液压泵站（驱动部件）、传感检测及计算机控制（控制部件）和远程监视系统等部分组成。

(1) 钢绞线及提升油缸是系统的承重部件,用来承受提升构件的重量。可以根据提升重量(提升载荷)的大小来配置提升油缸的数量,每个提升吊点中油缸可以并联使用。本工程采用 350 t 提升油缸,为穿心式结构。钢绞线采用高强度低松弛预应力钢绞线,公称直径为 15.24 mm,抗拉强度为 1 860 N/mm,破断拉力为 260.7 kN,伸长率在 1%时的最小载荷 221.5 kN,每米重 1.1 kg。钢绞线符合国际标准 ASTMA 416—87a,其抗拉强度、几何尺寸和表面质量都得到严格保证;根据方案要求,需要钢绞线 18 t 左右,其中左旋 9 t,右旋 9 t。

(2) 液压泵站是提升系统的动力驱动部分,它的性能及可靠性对整个提升系统稳定可靠工作影响最大。在液压系统中,采用比例同步技术,可以有效地提高整个系统的同步调节性能。

(3) 传感检测主要用来获得提升油缸的位置信息、载荷信息和整个被提升构件空中姿态信息,并将这些信息通过现场实时网络传输给主控计算机。主控计算机可以根据当前网络传来的油缸位置信息决定提升油缸的下一步动作,同时,主控计算机也可以根据网络传来的提升载荷信息和构件姿态信息决定整个系统的同步调节量。

3) *同步提升控制原理及动作过程* 主控计算机除了控制所有提升油缸的统一动作之外,还必须保证各个提升吊点的位置同步。在提升体系中,设定主令提升吊点,其他提升吊点均以主令提升吊点的位置作为参考来进行调节。主令提升吊点决定整个提升系统的提升速度,操作人员可以根据泵站的流量分配和其他因素来设定提升速度。根据现有的提升系统设计,最大提升速度不小于 8 m/h。主令提升速度的设定是通过液压系统中的比例阀来实现的。

在提升系统中,每个提升吊点下面均布置一台长距离传感器,在提升过程中,这些长距离传感器可以随时测量当前的构件高度,并通过现场实时网络传送给主控计算机。每个跟随提升吊点与主令提升吊点的跟随情况可以用长距离传感器测量的高度差反映出来。主控计算机可以根据跟随提升吊点当前的高度差,依照一定的控制算法,来决定相应比例阀的控制量大小,从而实现每一跟随提升吊点与主令提升吊点的位置同步。

为了提高构件的安全性,在每个提升吊点都布置了油压传感器,主控计算机可以通过现场实时网络监测每个提升吊点的载荷变化情况。如果提升吊点的载荷有异常突变,则计算机会自动停机,并报警示意。

提升油缸数量确定之后,每台提升油缸上安装一套位置传感器,传感器可以反映主油缸的位置情况、上下锚具的松紧情况。通过现场实时网络,主控计算机可以获取所有提升油缸的当前状态。根据提升油缸的当前状态,主控计算机结合控制要求(例如,手动、顺控、自动)可以决定提升油缸的下一步动作。

### 7.7.3 钢塔整体竖转施工方案

1) *施工方案的选择*

(1) 方案一。使用一个 40~50 m 的塔架进行安装。先将钢塔拖拉到位、穿销。然后搭设安装塔架:用顶升方法将塔架逐节(每个标准节为 5 m)安装到位,拉紧缆风绳。随后将钢绞线连接在油缸和地锚之间,通过铰销将其分别与钢塔和塔架横梁的耳板相连,最后通过油缸拉钢绞线使钢塔竖转，到钢塔与水平面成 58°角时停止，如图 7－28 所示。

优点：整个系统受力较小，尤其是钢塔本身。

缺点：整个塔架需要顶升安装，需高空作业。另外，塔架横梁与立柱间的联系受力较大，不易设计，塔架的投资也较大。同时，塔架需要设置后拉杆，如果采用缆风绳代替后拉杆则钢丝绳尺寸较大。

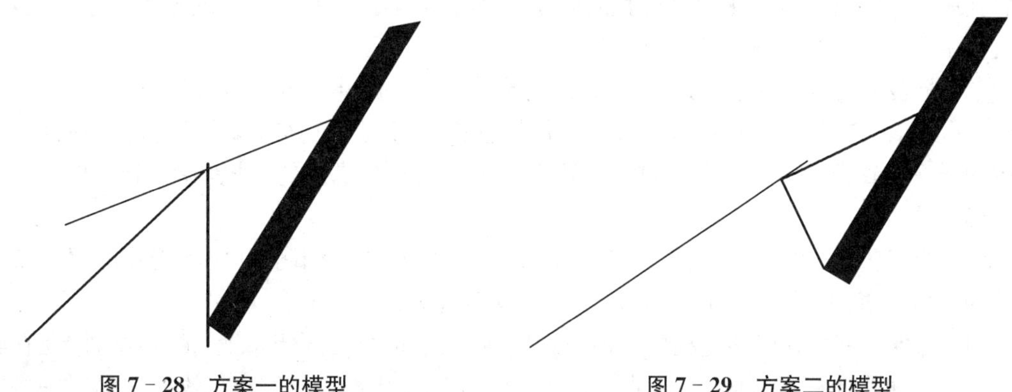

**图 7－28　方案一的模型**　　**图 7－29　方案二的模型**

（2）方案二。扳起法安装，即在钢塔上安装一个临时起吊支架（由拉杆、压杆、横梁和天锚组成）。先将钢塔拖拉到位，用起重机将压杆吊起，穿销安装到钢塔压杆支座上，将压杆用适当支架支撑好，然后安装压杆横梁和拉杆，将拉杆、天锚和横梁的耳板穿销连接，油缸底座与钢梁上拉点的耳板连接。接着安装油缸，然后将钢绞线穿入油缸和天锚之中，启动液压泵站将钢绞线张紧，逐渐提升拉压杆到位，将拉杆穿销安装到钢塔拉杆支座上，使整个体系稳定。此时就可以进行钢塔整体竖转，到钢塔与水平面成 58°角时停止，如图 7－29 所示。

优点：没有高空作业，整个竖转系统安装和拆卸迅速方便，使用辅助设备少，整个工程作业量小，12 h 以内可完成竖转，适合现场施工条件要求，在整体提升方案中也是较为先进的施工方式。

缺点：整个体系受力较大，需布置较多油缸，钢塔本身亦需要适当加强，拉点部位的基础受力较大，所以该点最好借用桥梁本身结构，本桥也具备这个条件，可以利用钢梁上斜拉索锚箱作为拉点。

经过比选，决定采用方案二，系统的具体布置如图 7－30 所示。

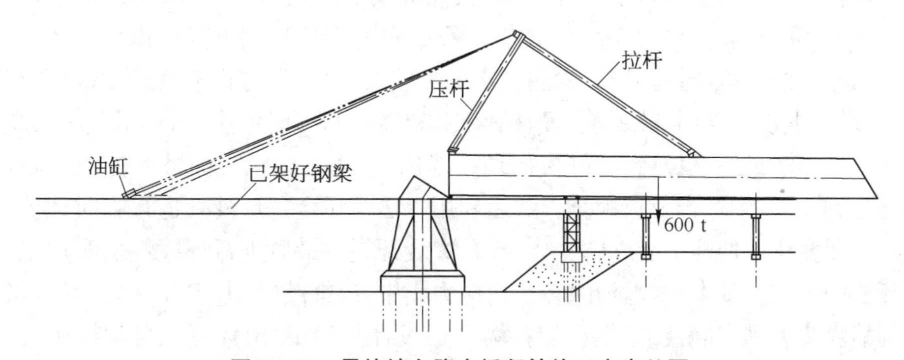


**图 7－30　景德镇白鹭大桥竖转施工方案总图**

2）主要技术特点

（1）景德镇白鹭大桥主桥结构形式为三跨连续单索面独塔无背索竖琴式斜拉桥，钢梁钢塔，塔身倾斜 58°，钢塔材料为 Q345q－D，全焊接结构，钢材重量为 600 t，塔内填充 C30 微膨胀混凝土。对于长达 88 m 的钢塔，整体采用扳起法竖转施工方案为国内首创。其实现方式为：钢塔在平台上组拼焊接完成全部节段，再纵向拖拉钢塔使钢塔转轴精确进入转角窝，然后利用拼焊钢塔节段的龙门吊机和钢塔竖转临时索起升安装人字架，使整个体系稳定，此时就具备了进行钢塔整体竖转的条件。

（2）竖转施工全过程采用计算机控制液压同步整体提升技术，它可以全过程反映结构的受力大小，其提升设备具有逆向运动自锁性，使提升过程十分安全，并且构件可在提升过程中的任意位置长期可靠锁定。同时竖转提升系统具有毫米级的微调功能，能实现空中垂直精确定位。

（3）铰座和铰轴的设计和安装：铰座和铰轴均采用 30 锻钢制造，实际操作时保证铰座和铰轴等机加工件的制作安装精度，同时保证其耦合面充分润滑。

（4）为保证钢塔在竖转过程中的横向稳定，除在塔顶横向两侧布置了缆风绳外，还在转轴侧安装了防横向稳定耳板，与转轴同心，焊接固定在钢梁和塔座上，有效地加强了钢塔竖转过程中的横向稳定。

（5）采用主梁斜拉索锚箱作为地锚承重。

（6）为保证钢塔安装精度，还在塔座上设置了槽钢作为导向和限位装置。

（7）人字架由压杆、拉杆及其连接横梁组成，压杆与横梁用高强螺栓连接，拉杆通过横梁上拉杆拉耳穿销连接，拉杆和压杆分别同钢塔上拉杆支座和压杆支座穿销轴连接，这样人字架本身、被竖转的钢塔之间所有连接均为铰接，受力计算更为简单明确。

3）具体施工步骤

（1）竖转提升设备安装。

（2）竖转设备调试。

（3）竖转前整体检查。

（4）试提升。

（5）正式提升。

（6）结构就位。

就位操作应根据需要进行上下锚具松紧、伸缸或缩缸操作；位置调整完成后，将负载转换在下锚具上，完成油缸安全行程；在单点下降过程中，严格控制下降操作程序，防止油缸偏载；在单点卸载过程中，严格控制和检测各点的负载增减状况，防止某点过载；钢塔在竖转过程中，应在塔座上设置导向和限位装置，确保钢塔在转到 58°时停止，同时用全站仪观测钢塔上到位标记。钢塔最终就位后，拉好横向调节缆风绳，用全站仪观测塔上标记，如有误差用缆风绳进行调节，直到符合要求为止。然后利用外法兰在合龙环缝处进行临时锁定，以防止钢绞线在温度变化下伸缩引起缝宽变化，导致焊缝开裂。最后进行环缝焊接实现钢塔固结，为保证环缝四周应力基本一致，消除转角窝应力集中，应继续驱动 350 t 油缸，通过张拉钢绞线来达到消除应力集中的目的（钢绞线拉力需通过计算确定，由计算机自动控制）。环焊缝焊接完成后拆卸转角窝部件，补上因安装转角窝切下的钢塔部分腹板和底板，挂设张拉 12

号斜拉索，拆除提升结构，此时钢塔竖转施工全部完成。

景德镇白鹭大桥钢塔整个竖转过程于2006年12月6日完成，从钢塔平躺状态到精确竖转到位成58°，历时8.3 h，合龙精度达到了2 mm，实际提升时油缸反映的最大荷载为786 t，理论计算值为781.14 t，误差仅为0.6%，这表明荷载控制是成功的、有效的。

### 7.7.4 工程总结

白鹭大桥主桥结构形式采用三跨连续单索面独塔无背索竖琴式斜拉桥，对于长达88 m的钢塔，整体采用扳起法竖转施工方案为国内首创。与其他方案相比，最少节约成本150万元，工期提前30天以上，体现了其创新性和先进性，并具有较明显的经济效益。

竖转施工全过程采用计算机控制液压同步整体提升技术，这是目前国内最新颖、最先进的大型构件提升安装施工工艺在桥梁建设中的应用。随着科技进步和技术创新的不断加快，先进的施工工艺会不断在桥梁施工中得到应用，并且在提高安全控制能力、降低施工成本等方面发挥越来越重要的作用。竖转施工中，从节约成本的角度出发，后锚点如何考虑利用桥梁本身结构是值得探讨的一个问题，它可以利用桥梁墩台及其基础结构，也可以在上部结构上设置锚点。本次直接采用钢梁斜拉索锚箱作为锚点非常成功、非常合理，也是非常经济的，同时也为今后类似桥梁施工提供了借鉴。

依靠先进的技术和设备，进行专业化作业，在单项工程施工中具有明显的优势，既加强了安全质量控制，也促进了施工技术的创新和发展。同济大学计算机控制液压同步整体提升技术目前已在国内很多桥梁上得到广泛运用，尤其是在钢管拱转体施工方面，随着国内钢管拱、斜拉桥项目的增多，该项技术正逐步形成工法，以利推广应用。继景德镇白鹭大桥钢塔首次竖转成功之后，江苏常州龙城大桥、福建南平跨江大桥钢塔也已顺利完成施工。

## 7.8 广州新光大桥主拱肋整体提升工程

### 7.8.1 工程概述

广州新光大桥是连接广州和番禺的新光快速路上的重点工程，位于洛溪大桥与番禺大桥之间，是跨越珠江主航道的一座特大桥。大桥全长1 083.2 m，桥跨布置为3×50 m+177 m+428 m+177 m+3×50 m，主桥为三跨连续刚架飞雁式钢箱桁系杆拱桥，主跨为柔性系杆的系杆拱，两端与三角钢架主墩固结，主跨桥面系采用钢纵横梁；边跨拱肋与预应力混凝土刚性系杆组成系杆拱，一端与三角钢架主墩固结，一端通过滑动支座支承，边跨桥面系采用预应力混凝土纵横梁。主桥桥型布置如图7-31所示。

全桥拱肋分五大节段，利用液压同步整体提升技术，先安装两边拱，然后提升安装主拱。拱肋大节段整体提升是新光大桥的核心内容，在设计与施工方面有重大创新，代表当今拱桥建设最高水平。因此应按照科学、规范的程序，协调、高效运作，确保提升施工安全、顺利。主拱拱肋又分三大段提升，边段长度60 m，提升重量1 160 t；中段长度168 m，宽30.2 m，高25.0 m，提升重量3 078 t。主拱中段的提升又是新光大桥施工最核心部分，采用16台350 t数控液压连续千斤顶整体提升工艺施工，其提升高度约85 m。

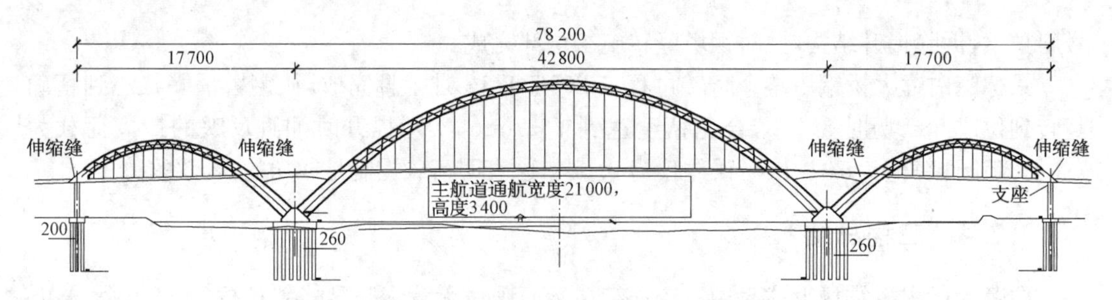


图 7-31 新光大桥主桥桥型布置图(单位: cm)

### 7.8.2 主拱肋整体提升施工工艺

新光大桥拱肋采用在岸上大节段预拼,整体滑移上船,整体提升就位的施工工艺。各阶段对拱肋的节点坐标、应力和线型等指标进行严格的监控。

各大节段间合龙前应对拱肋进行全面的线型、位置调整,并根据需要利用温度变化进行调整。待拱肋线型满足要求后进行临时固定,完成大节段间的合龙连接。

该施工工艺的特点: ① 主拱中段在提升过程中的受力简单明确,只承受自身的重量和向上提升的拉力;② 提升过程易于控制,合龙精度非常高;③ 同步控制。

主跨主拱中段整体浮运、提升工艺流程如下: 拼装场混凝土预制桩基础、承台施工→万能杆件支架、运梁平车、龙门吊安装→在拱肋支架上放样拱肋→拱肋下弦杆安装→腹杆安装→上弦杆安装→接缝焊接→拱肋横撑安装→安装拱肋中段上船滑移支架及滑道,拆除组拼支架,拱肋荷载转移到滑移支架→张拉部分临时系杆→驳船上安装轨道、千斤顶→驳船进场就位,铺设过渡梁、缆绳固定、安装牵引索→数控千斤顶牵引拱肋滑移上驳船→进行加固并安装前端横撑和临时系杆→预抛 14 t 霍尔锚→航道封航,浮运拱肋到主桥提升塔下→锚艇挂好锚绳,绞拉驳船就位→挂提升索吊耳,分阶段张拉临时系杆、平衡索,驳船同时抽排水作业保持恒定标高→对拱肋施加提升力→拆卸滑移支架与拱肋连接件→同步提升主拱中段离船→匀速提升拱肋就位→驳船撤离→精调拱肋位置、线型后,测量合龙段长度→切割合龙段,栓、焊连接拱肋合龙段。

与此同时,在提升前完成施工主拱提升塔架→安装提升千斤顶、吊索、压塔索、背索→进行加载试验。

### 7.8.3 主拱肋整体提升施工方案

主跨是跨径 428 m(净跨 416 m),矢高为 104 m,矢跨比为 1/4,拱轴系数 $m = 1.2$ 的悬链线变桁高拱肋,两拱肋的横向中心距为 28.1 m。拱顶截面径向高为 7.5 m,拱脚截面径向高为 12.0 m,拱肋上、下弦均为箱形断面,箱高为 1.58 m,箱内宽为 2.10 m。钢箱竖板厚度为 30 mm 和 50 mm,箱的顶、底板厚度为 32 mm、40 mm、50 mm。拱肋腹杆为 H 形截面,与上、下弦整体节点板通过高强度螺栓连接。拱肋结构采用 Q345q-C 钢,节点板采用 Q345q-E 钢,主桥拱肋杆件及纵、横梁等主体钢结构总重量约为 13 600 t。

新光大桥跨越的珠江主航道航运繁忙,因此对封航时间限制非常严格。为了保证主桥施工期间的通航，将施工对航道的干扰降为最小，本桥采用了主拱肋大段整体浮运提升架设方法施工。拱肋杆件运到现场后共分五大节段进行拼装：两边跨各一段，主跨拱肋分三大段。主拱肋大段整体提升方案如图 7－32 所示。

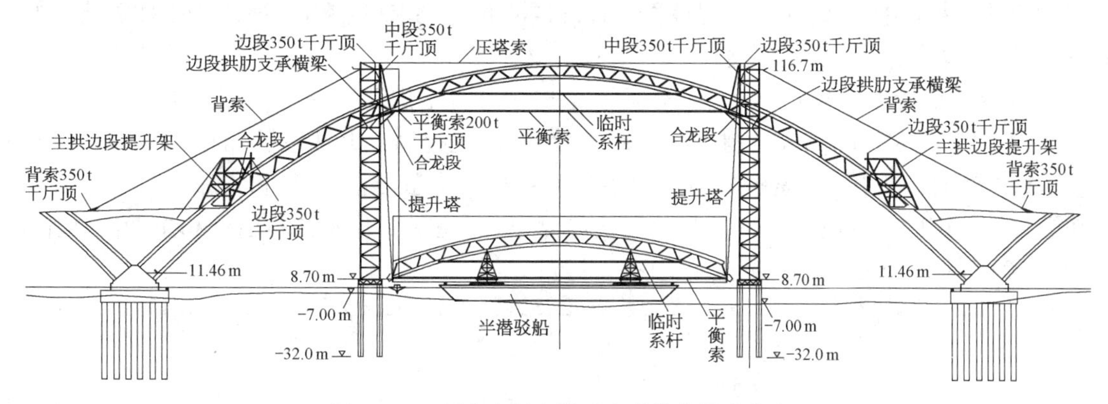


**图 7－32　新光大桥主拱肋大段整体提升方案**

主跨拱肋均在桥位北岸拼装场拼装支架上低位组拼，采用液压同步提升技术整段提升。两边大节段组拼成单片拱肋后用驳船依次浮运至桥位，离船低位安装横撑后再提升就位，每段提升重量约 1 160 t。

主跨中段拱肋轴线长度为 168. 0 m，结构重量约 2 850 t，提升重量 3 078 t，提升高度 85. 6 m。组拼完成后（中段包括横撑），整体大节段牵引滑移上 16 000 t 排水量的半潜驳船，浮运到临时提升塔下水面，同步垂直提升整段拱肋就位、焊接合龙段。主跨的 7 组桁架式横撑上、下弦杆均为箱形断面，与拱肋对应节点板通过高强度螺栓连接。江中两主提升塔塔身结构用钢 2 045 t，基础混凝土用量 3 700 $m^3$。

主拱中段拼装的示意图如图 7－33 所示。拱肋杆件用船运至拼装场码头后，浮吊卸船，通过运梁轨道平车将杆件运至存梁区，采用 50 t 龙门吊在拼装场内组拼支架上进行拱肋组拼。主拱中段拱肋组拼完成后，安装上、下游拱肋间横撑。主拱中段拱肋采用万能杆件拼装支架、预制混凝土管桩基础，桩顶设钢筋混凝土承台，铺设运梁车轨道。龙门吊行走轨道布置在主拱肋拼装支架外侧的承台上。主拱肋杆件用龙门吊按拼装顺序进行组拼。每段拱肋吊装完连续的两段或三段后精确调整线型和高程，对每个接头用螺栓临时固定，然后按照焊接工艺要求进行焊缝的焊接，以此类推，直至全部接头完成。拱肋拼装顺序为：下弦→腹杆→上弦。

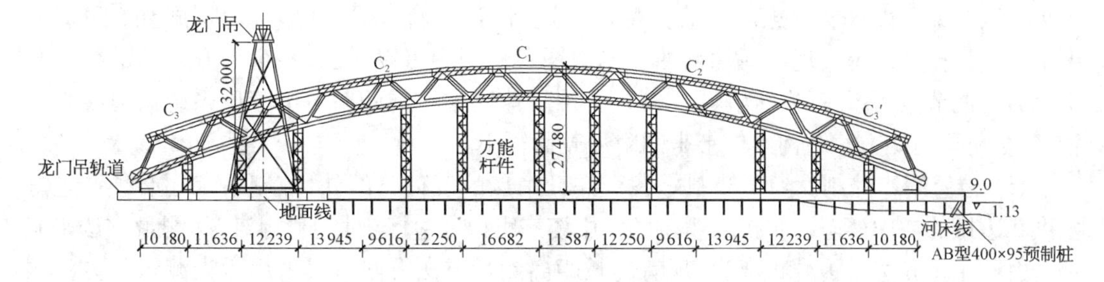


**图 7－33　主拱中段拼装示意**

### 7.8.4 主拱肋整体提升控制方案

在提升时,控制系统要根据不同的提升对象和应用场合,对多种提升油缸的组合实现动作同步的控制要求,同时还要实现各种各样的同步控制要求(位置和载荷)。针对主拱中段的提升要求,采用下列控制方案。

1) 整个提升系统提升油缸的动作同步控制　针对主拱结构,在整体提升时,必须组合使用很多规格的提升油缸,控制系统必须有效、有序地控制提升油缸的动作。在提升系统中,通过实时控制网络,实时收集各个吊点提升油缸的状态信息(锚具和主油缸),中央控制单元根据一定的控制逻辑顺序控制电磁换向阀,从而控制提升油缸的锚具和主油缸动作。图 7 - 34 为提升油缸动作同步控制框图。

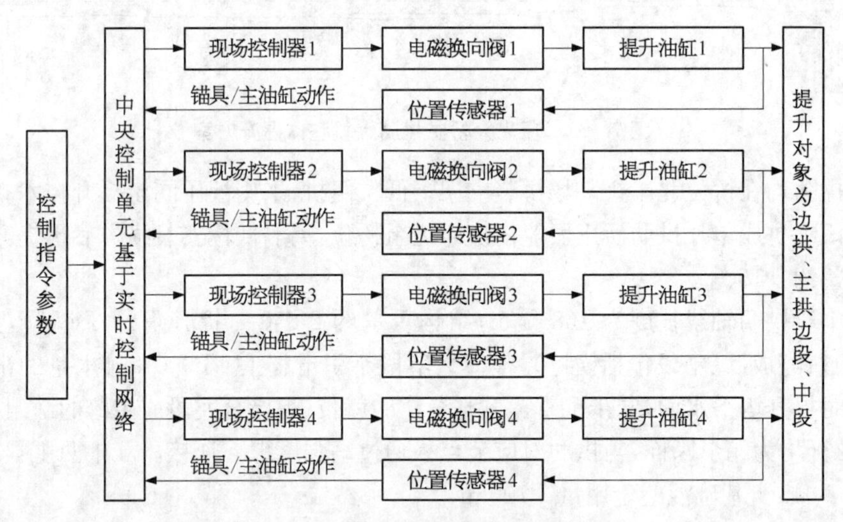


图 7 - 34　提升油缸动作同步控制框图

2) 载荷均衡和位置同步控制方案　在整体提升主拱中段时,由于 4 个提升吊点相距较远,无法采用液压并联方法来形成"3 点吊",只能采用"4 点吊"的方法进行提升。这种吊装方法需要对 4 个吊点的提升载荷进行均衡控制,如果控制不当,会使结构承受纵向附加扭转载荷。由于主拱和边拱纵向联系相对较弱,附加扭转载荷可能会引起主拱和边拱结构破坏。为此,特别制定了如下控制方案:

(1) 载荷均衡控制。在每一个提升吊点布置两个压力传感器,通过压力传感器,中央控制单元可以实时采集各个提升吊点的载荷,从而可以知道各个提升吊点的载荷分配。这样,中央控制单元可以根据理想的载荷分配比例进行实时调整,保证提升载荷分配的正确性。图 7 - 35 为控制系统实现载荷均衡的控制框图。从图中可以看出,整个提升载荷的合理分配是通过调节液压系统的比例阀,控制提升油缸速度来实现的。由于液压系统调节线性度较好,载荷均衡调节对结构本体带来的附加载荷很小。

(2) 位置同步控制。除了控制好各个提升吊点的载荷分配外,控制系统还必须调整好主拱和边拱的空中姿态。主拱和边拱的空中姿态可以通过"绝对"加"相对"的测量方法来确定。由于主拱和边拱提升距离长,现有的长距离测量方法有限。仅采用激光测量的方法很难满足控制系统实时性能的要求,因为激光测距仪随着测量距离的增加,其反应时间会明显

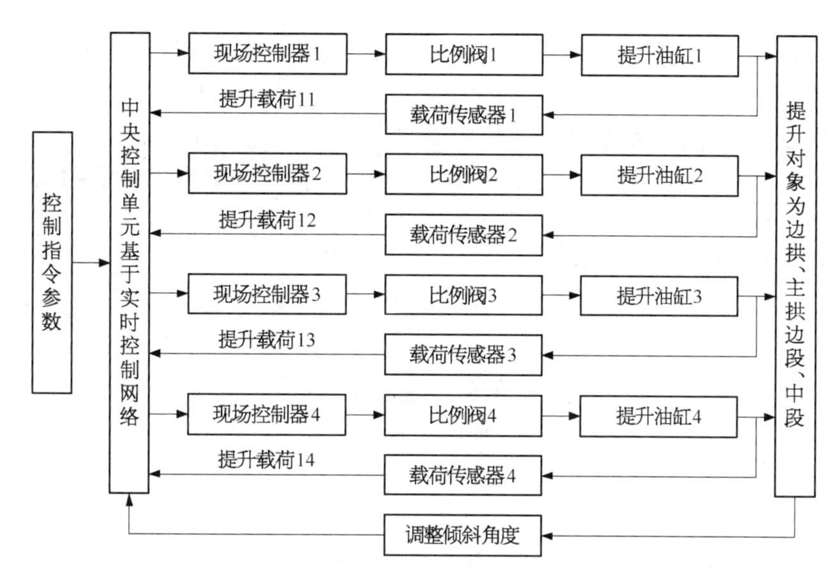


图 7－35　实现载荷均衡的控制框图

增长(但小于 3 s)。图 7－36 为实现位置同步的控制框图。在距离测量系统中,使用两种距离传感器来解决长距离的测量问题。使用激光测距仪来获取“大”的绝对位移,而使用实时性能较好的行程传感器来获取“小”的相对位移。通过这种方法既可以解决长距离的测量问题,又可以解决实时问题,在实际工程应用中取得了较好的效果。

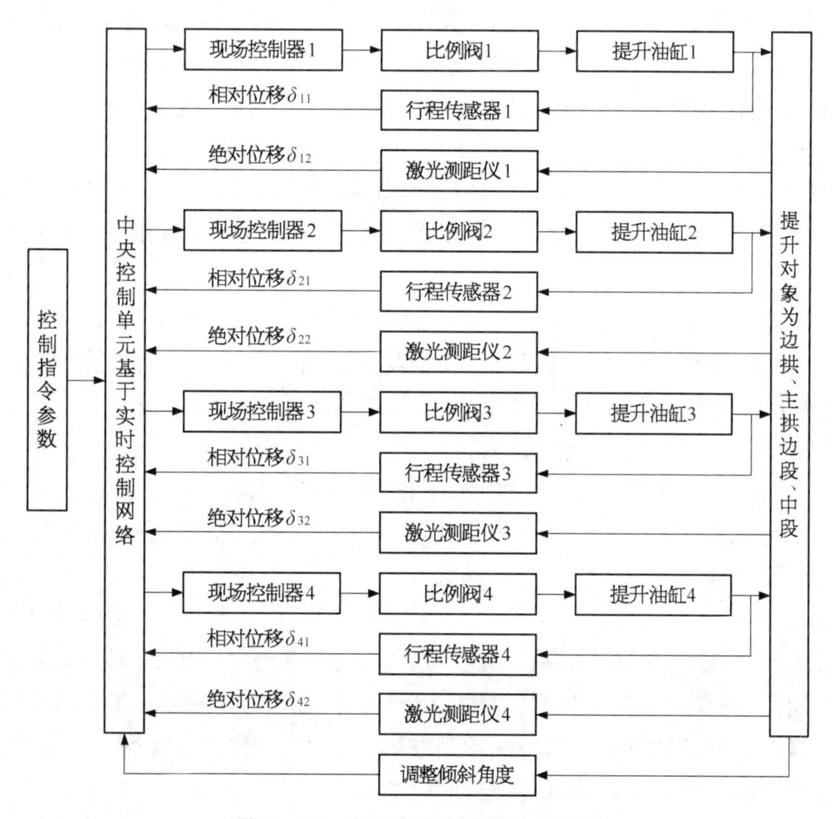


图 7－36　实现位置同步的控制框图

(3) 从拖船起身时的转位载荷随动控制。由于主拱中段是通过拖船运达安装现场的。如何将结构的载荷从拖船承受顺利转移到提升体系中去(主拱中段离开船体),直接影响主拱中段的提升安全。由于风浪的影响,结构摇摆不定,会使4个吊点的受力不均,甚至会造成某个吊点载荷严重超载,这样一方面会破坏结构本体;另一方面也会影响提升支架的安全。在制定提升方案时,充分考虑了这一情形,准备从液压系统方面来解决这一问题。在承载提升油缸中,通过设定其最高油压来保证某一提升载荷的最大值。

(4) 主拱中段提升时背索张拉控制方案。主拱中段采取斜提方式,随着主拱中段的提升,为了保证塔架的垂直度,背索的张力会逐渐增加。为了调整方便与准确,拟采取间歇式背索张拉方案。在提升过程中,以监控塔架的垂直度为目标,在塔架因为提升水平力的增加而偏斜到一规定值后,对背索进行张拉,使塔架恢复垂直位置。

### 7.8.5 主拱肋中段整体提升

1) *主拱中段提升塔* 提升塔采用三角形桁架结构,按12.0 m标准节制作,共分9段,主塔高108 m,主提升塔立柱、支承横梁、吊具等构件采用Q345-B钢。钢管立柱为$\phi$1 000 mm×20 mm和$\phi$800 mm×12 mm;基础分别采用$\phi$2 600 mm、$\phi$1 400 mm的钻孔灌注桩,在支撑横梁上设置砂箱,用于卸架。

为增加主提升塔纵向抗风稳定性,在两个提升塔顶设有压塔索,共4束5×7$\phi$5的钢绞线。同时在塔顶设有4束25×7$\phi$5钢绞线背索,来平衡压塔索和提升时产生的水平分力。

提升塔第一节段钢管立柱与桩基钢护筒用型钢进行焊接连接,同时浇注混凝土,将立柱与桩基固结。第一、第二节段采用浮吊安装完成后,安装万能杆件提升桁架,利用千斤顶进行爬升,逐段安装提升塔。提升塔各杆件采用焊接连接。主提升塔安装验收后,利用千斤顶及拉索进行加载试验。

2) *液压提升系统* 新光大桥主拱提升采用了基于实时网络的计算机控制液压同步提升系统,主要由提升油缸、液压泵站和计算机控制系统三部分组成。吊索采用16×31×7$\phi$5钢绞线束。

提升油缸为专用穿心式油缸,提升索钢绞线从中间穿过。活塞上装有上锚具,底座上装有下锚具。锚具状态传感器通过现场总线将锚具状态信号传递给主控计算机。压力传感器测量提升油缸的工作压力,反映提升油缸的提升或下降负载;油缸行程传感器、长行程传感器用于实时测量提升结构的空间位置。

本桥提升系统主控计算机通过传感器、智能模块采集现场信息,与设定的数据比较,通过电磁阀和比例阀控制液压油缸形成闭合控制回路,并通过实时网络系统将数据传输给远处指挥台的控制计算机进行远程监控、指挥。

3) *提升设备及传感器布置* 主拱中段结构重2 850 t,根据主拱中段的结构特点,共布置4个提升吊点,考虑吊具和临时系杆等重量,每个吊点的平均载荷约770 t,布置4台350 t提升油缸及配套的液压泵站,提升速度可达10 m/h,如图7-37所示。在每个吊点处安装1只长行程位移传感器测量拱肋结构各点的高度,1只压力传感器测量各点的负载压力,每个提升油缸上装有油缸位置传感器,以测量油缸行程。

4) *主拱中段提升安装* 拱肋整体大节段提升的关键在于拱肋的离船脱架技术,要综合

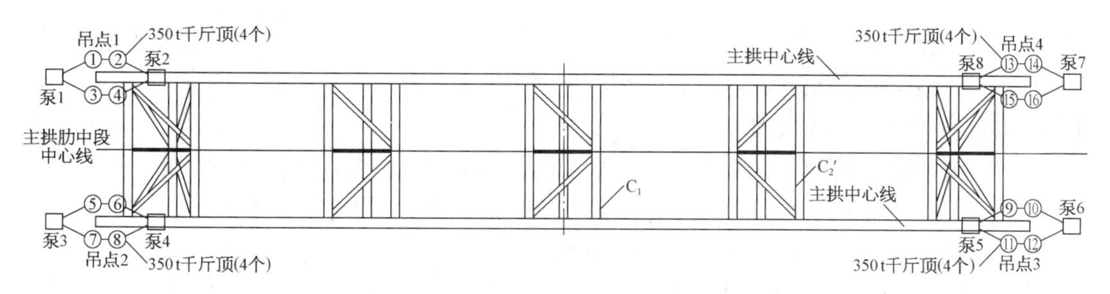


**图 7－37　主拱中段提升油缸、泵站布置图**

考虑保证拱肋在潮水位变化，半潜驳船的压排水影响，临时系杆、水平平衡索预张力变化，吊索提升力的变化四个因素的共同作用下内应力不致过大。为此在拱肋提升时采用了提升力为主和提升位移为辅的双控法，提升前精确计算了各种提升力和系杆预张力状态下拱肋的内应力范围，在拱肋可以承受的范围内分级增加提升力和系杆张拉力，同时观察拱肋支撑点的位移，综合调控，保证了拱肋的顺利离船。

在提升中段过程中，吊索倾角由 3.2°变为 15.4°，故提升千斤顶张拉力也相应变化。为克服吊装时产生的水平力，分级张拉背索。同时，在拱肋吊点处设置了对拉钢绞线水平平衡索，提升前张拉以平衡吊索的水平分力。主拱中段提升安装过程如图 7－38 所示。

**图 7－38　主拱中段整体提升施工实图**

主拱中段浮运至桥位后，抛锚定位驳船，等待低平潮时开始安装提升吊具，这样可以保证吊索不会因潮位下降导致吊索突然受力，连接吊具及提升索加力过程必须在涨潮过程中、落潮前基本完成，从而保证顺利进入拱肋提升施工阶段。

实际浮运、提升过程用了 56 h。其中浮运就位耗时 8 h，主拱肋的吊耳安装、系杆张拉共耗时 6 h。在落潮时提升力已达到设计提升力的 80%。脱架耗时 3.5 h。在拱肋提升至临时系杆高出支架高度后，驳船撤离桥位，解除封航状态，恢复正常通航。

5) 合龙段安装

(1) 主拱中段合龙段施工程序。待主拱中段提升初步到位后，通过提升油缸微调拱肋安装高程，精调拱肋平面位置、高程和线型后，对拱肋合龙段两端位移进行 48 h 观测。根据测量结果，得出合龙温度时合龙段精确长度，切割合龙段弦杆余量，安装合龙段弦杆就位，焊接切割余量端纵向加劲肋板，施拧另一端纵向加劲肋高强螺栓，完成瞬时合龙，随后对拱肋环缝同时对称施焊，完成拱圈合龙。

主拱中段有两个合龙口，每个合龙段杆件的安装顺序为：上弦→下弦→腹杆。

(2) 合龙时间、温度的考虑。拱肋合龙控制应充分考虑温差影响，选择控制实际温度与设计合龙温度差在容许的范围内的最佳合龙时间。

(3) 合龙精度。由于新光大桥控制精度较高，主拱的合龙非常成功。拱肋中段经初步调整后腹杆螺栓孔距合龙要求只差 20 mm，在等待中午温度升高后仅用冲钉就实现了主拱中段腹杆的合龙。弦杆合龙段按设计的切割余量切除约 20 mm 余量后准确合龙。

### 7.8.6 工程总结

主拱大段整体提升安装较缆索吊装扣索悬拼施工具有拱肋安装精度高、结构整体性好、工期短、易于保证质量、简化施工、风险小、安全可靠等优点，但该方法需建专用拼装场，动用特型船舶，要有保证船舶浮运的水深，其应用受外界条件的限制。另外设在水中的提升塔需专门的基础，因离河底高度很大，设计刚度相对较大，成本较高，还有遭过往船舶碰撞的风险，需设置临时防撞墩，采取相应的防撞措施。

为了保证航道通航，在航道管理部门仅同意封航 3 天的情况下，根据地形、水文地质、航道条件，新光大桥采用了拱肋在桥位附近拼装场拼装支架上低位组拼、主拱肋大段整体浮运、液压同步提升技术整体提升方法架设施工，成功架设了结构重量约 2 850 t、轴线长度为 168.0 m 的主跨中段拱肋，提升高度 85.6 m，整体提升规模居国内领先水平，为我国的拱桥架设技术做出了有益的探索，总结出了一整套大跨度拱桥拱肋大段整体浮运、提升施工的成功经验。

液压同步提升技术经过多年的发展，在提升油缸、液压泵站和计算机控制系统方面都有了长足的进步。基于实时网络的液压同步提升技术，已经在京杭运河特大桥、三峡缆机、广州白云国际机场机库、深圳市民中心、上海东海大桥和澳门东亚运动会体育馆和广州新光大桥等不同类型的重点工程中应用，并在美国、德国等国家的一些结构安装工程中应用，发挥了巨大的社会效益和经济效益，同时也创造了整体提升最大重量的高新纪录。

## 7.9 门式起重机安装工程

### 7.9.1 工程概述

门式起重机的主要结构由门架结构、上下小车、行走机构、电气设备和维修用悬臂回转吊等组成。其中门架结构主要由主梁、单柱型刚性腿和人字形柔性腿三大部分组成。主梁为双箱式结构的梯形双梁，在主梁上设置有一台上小车和一台下小车，可以沿轨道移动。主梁在安装时通过法兰与刚性腿连接，通过柔性铰与柔性腿连接。刚性腿为变截面箱式结构，下端通过铰轴与行走台车横梁铰接；柔性腿由上接头(A 字头)、两根撑杆及下横梁组成；撑杆与下横梁采用焊接连接，下横梁通过铰轴与行走台车横梁铰接；维修吊安装于刚性腿顶部，司机室固定在刚性腿内侧壁。门式起重机安装采用“双塔支撑，整体同步提升”方法进行施工。

### 7.9.2　安装施工工艺

门式起重机安装施工的主要流程如图 7－39 所示，主要安装方法如下：

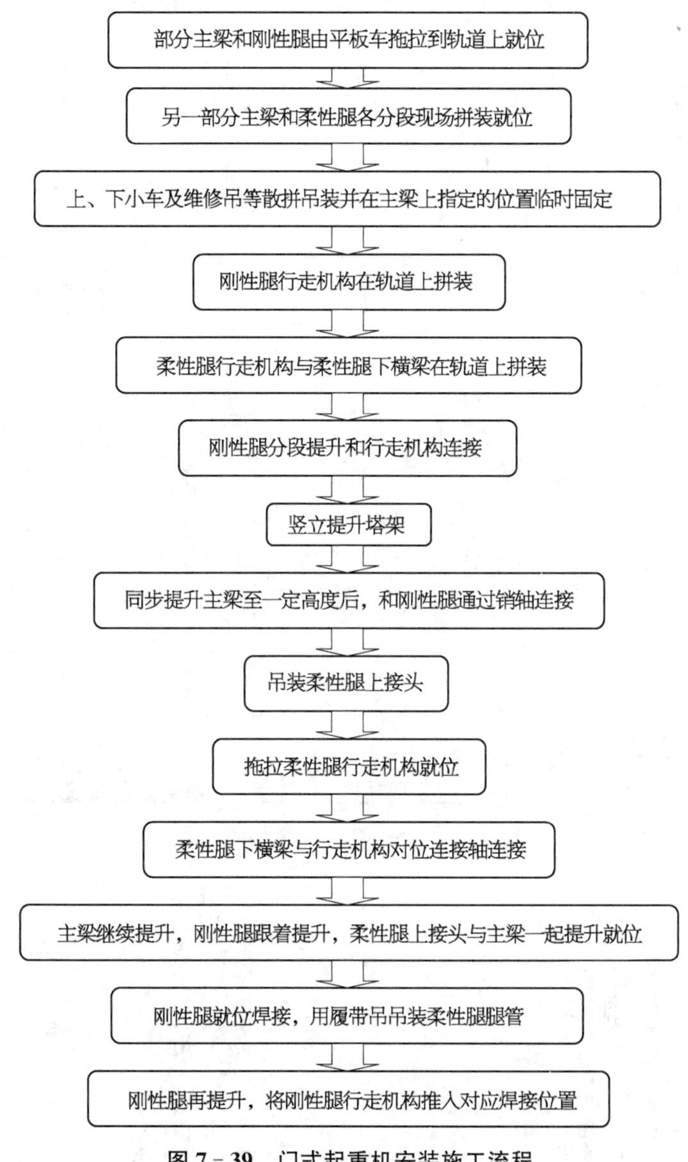


**图 7－39　门式起重机安装施工流程**

1）塔架和塔顶龙门梁的安装　使用两副塔架为提升塔架，塔架的有效高度根据具体门式起重机的不同而有所不同，一般可以高达一百多米，钢管格构式结构，塔架底部与地面基础使用螺栓连接。塔顶龙门梁为箱形结构。每副塔架的载荷能力达两千多吨。横跨门式起重机主梁的两根塔架中心距离为十几米，在两根塔架的顶部设有箱形结构的塔顶龙门梁即提升横梁，提升油缸放置在塔顶龙门梁上，如图 7－40a 所示。塔架和塔顶龙门梁安装完成之后，使用经纬仪校准塔架的垂直度，满足要求后，用缆风绳把它们固定好，并使用夹头将缆风绳的活头夹紧。

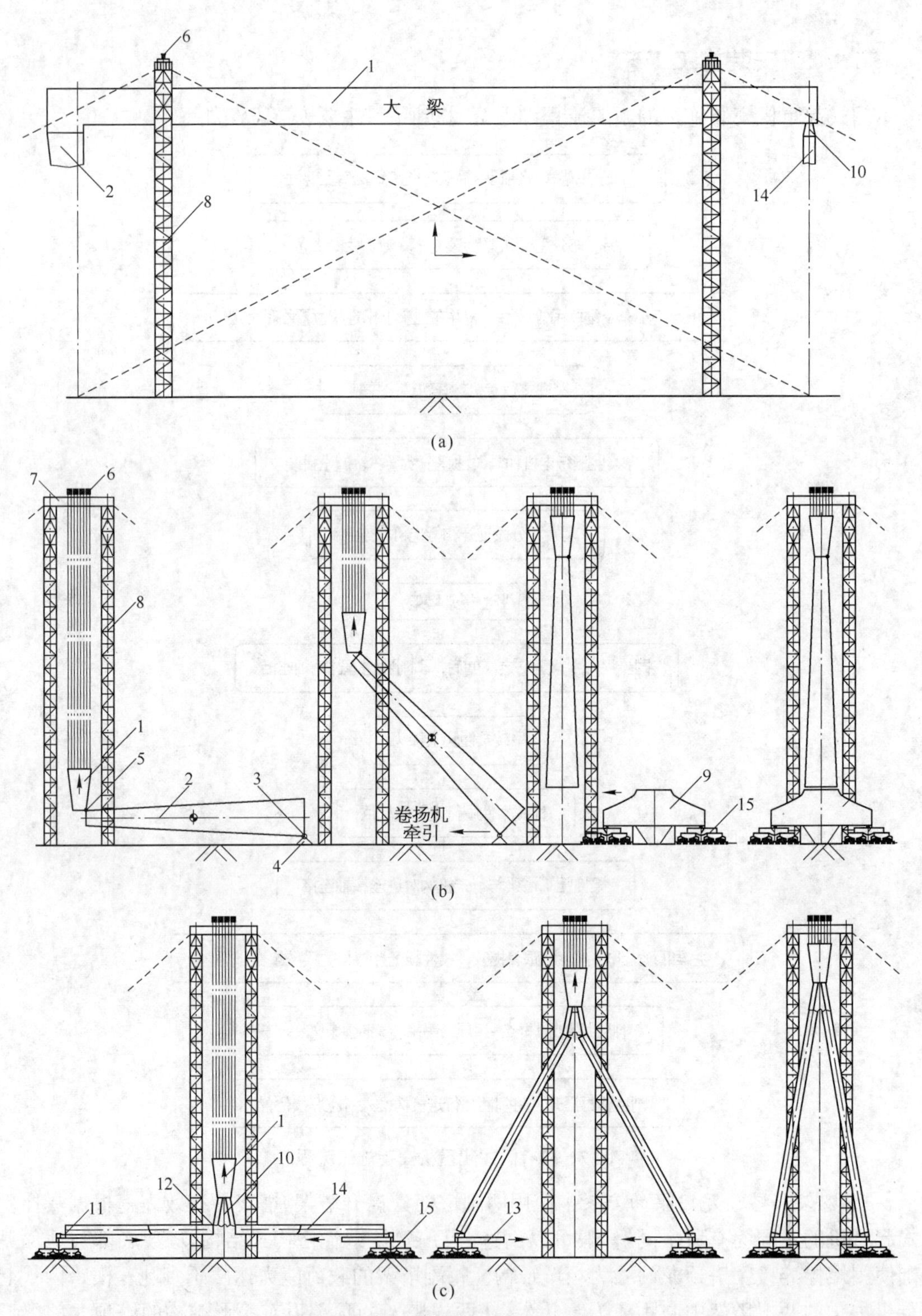


图 7-40 门式起重机安装示意

(a) 门式起重机提升系统；(b) 刚性腿安装；(c) 柔性腿安装

1—主梁；2—刚性腿；3—第一铰点；4—滑块；5—第二铰点；6—提升油缸；7—塔顶龙门梁；8—塔架；9—行走机构；10—A 字头；11—第三铰点；12—第四铰点；13—柔性腿下横梁；14—柔性腿；15—滑移小车

2）主梁的提升 塔架的塔顶龙门梁安装完成之后，开始主梁的提升。第一次提升，提升高度根据具体的情况而定，10 m左右时停下，装上刚性腿上部结构和柔性腿A字头，校准其水平位置，并将其固定好。第二次提升之前，使用第二铰点将刚性腿一端连到主梁上，刚性腿的另一端则放置在两辆滑移小车上。这样，刚性腿就随主梁提升自动就位。就位后，校准轴线，用电焊连接。同时，在第二次提升之前，将柔性腿使用第四铰点连到A字头上，这样主梁到位，柔性腿自动就位。

3）刚性腿的安装 如图7-40b所示，第一步，刚性腿分段放置在预定位置，使用液压千斤顶调整两端上下位置，连接好第二铰点和第一铰点。第二步，刚性腿分段，一段随主梁提升而上升，另一段则使用卷扬机牵引，以克服水平摩擦力。第三步，将已组装好的行走机构慢慢推入刚性腿的下面。最后，主梁下降，将分段处接口校准、焊接。

4）柔性腿的安装 如图7-40c所示，在龙门吊梁第一次提升之后，柔性腿的A字头下端两侧设对称的第四铰点，两侧各一只。第一步，柔性腿平放，腿管一端用第四铰点与A字头相连，另一端用第三铰点与行走机构相连。第二步，主梁提升，柔性腿自然跟随，在柔性腿行走机构的水平方向上，施加一个水平牵引力，可以减小垂直提升力。第三步，主梁到位，柔性腿断口处自然合龙。

由于刚性腿是分段逐步提升，所以很好地解决了重心不稳的问题，再加上使用提升油缸张拉塔架缆风绳，可以准确地调整和测量缆风绳的受力问题。因此，该方法具有实质的特点和显著的先进性。

门式起重机安装工程的主要施工工艺如下（以上海外高桥船舶有限公司400 t×70 m门式起重机安装工程为例）：

本方案中使用两副提升塔架，每副塔架额定承载力为1 250 t，塔架的有效提升高度为54 m，截面2.4 m×2.4 m，自爬升安装，塔架底部与地面基础使用螺栓连接。每副塔架配备6条钢绞线缆风绳；在提升龙门梁搁置提升横梁，提升油缸放置在提升横梁上。为了方便运输，每个标准节可拆成散件。塔架散件运达现场后，可以根据需要拼成6 m标准节，带底座和上横梁。

根据提供的龙门起重机图样情况，整机总重在除去了行走和刚性腿、柔性腿下横梁的重量后约为1 000 t，按照现在新的施工方法，以此为提升总重。选用8台液压提升油缸、2台液压提升泵站，每台提升油缸的提升能力为200 t，提升油缸的提升总能力为1 600 t，因此安全系数为1.6，提升油缸的提升能力利用系数为62.5%，保证了提升油缸的安全；两副提升塔架总的提升能力为2 500 t，塔架安全系数为2.5，塔架提升能力利用系数为40.0%，保证了整个提升系统的安全。

1）主梁和刚性腿轨道上就位 根据实际施工情况，部分主梁和刚性腿通过平板车拖拉就位后，安置在轨道胎架上；另一部分主梁和柔性腿通过履带吊吊装就位。在安装现场的位置对各分段进行拼接，而刚性腿在主梁两端的一侧与主梁平行拼接。

由于刚性腿重量相对较轻，考虑将刚性腿随着提升一次性带上去，刚性腿提升到指定高度后，再拖拉行走机构与刚性腿就位连接。所以，在提升刚性腿的时候，首先在现场将刚性腿各个分段拼装，然后将主梁提升一定高度，将拼装完成的刚性腿和主梁通过工艺铰连接，同时在刚性腿下侧安装滑移小车，当主梁提升时，利用卷扬机牵引滑移小车，实现对刚性腿跟随主梁的同步滑移。待刚性腿提升就位后，将刚性腿和主梁就位焊接，同时拆除下端滑移小车，再拖拉行走机构和刚性腿就位连接。根据另一部分主梁的重量选取履带吊。

2) 主梁上部构件组装　梁上部构件吊装包括：维修吊吊装、上小车吊装、下小车吊装。其中，维修吊的安装，采用现场制作在主梁上拼装的方式。维修吊重约 17.5 t，可以分两次安装就位，第一次立柱吊装，第二次悬臂梁吊装。上小车的安装，也采用现场制作在主梁上拼装的方式，上小车重 119 t，可以使用 120 t 的汽车吊分四次拼装完成：第一次先吊装结构；第二次吊装驱动机构；第三次吊装罩壳；第四次安装钢丝绳。下小车的安装，还是采用现场制作在主梁上拼装的方式，下小车重 67 t，也可以使用 120 t 的汽车吊分四次拼装完成：第一次先吊装结构；第二次吊装驱动机构；第三次吊装罩壳；第四次安装钢丝绳。上小车和下小车安装完成之后，将它们移至计算好的重心位置、固定好，这样，它们可随主梁提升一起就位。吊装前根据上小车、下小车、维修吊吊装最大分段重量选取适合的履带吊。

3) 柔性腿吊装　当主梁提升到预定位置时，用平板车沿轴线方向将 A 字头运输至安装位置。调整平板车位置使上接头上耳板插进主梁上耳板，然后通过链条葫芦调节偏差，穿入销轴。注意当平板车向下收缩时，确保与上接头无任何连接。然后将柔性腿行走机构拖拉就位，柔性腿下横梁通过销轴与行走机构连接，然后焊接左右下横梁。当主梁提升到位后，安装柔性腿下横梁，用履带吊起柔性腿腿管，与就位的下横梁和上接头对位连接。

4) 提升体系安装

(1) 提升塔架的安装：① 测定锚栓水平、竖向偏移是否符合设计规定，同时检查地锚质量；② 塔架散件运到现场后，首先用一台 25 t 汽车吊在地面安装底节塔身、一段标准节塔身、顶节塔身以及横梁、工作平台、套架，同时将顶升系统安装上去，其他的标准节也可在现场组装；③ 双塔同时顶升，每次升 4 m 将标准节从套架镶入(小于 6 级风可操作，9 级风下静止确保强度，大于 9 级风用临时缆风绳加固)；④ 塔架上升到主梁底部 48.5 m 设计标高(此时顶部缆风绳未加状态下可抗 9 级风)，顶部 62.4 m 处加缆风绳(两组塔共 12 根)；⑤ 提升龙门吊(6 级风以下可提升，6～9 级风下静止确保强度)，正式提升之前先提升 100 mm，垫木不移除，测定索拉力和塔垂直度，并对所有螺栓再次检验，一切正常后，继续提升；⑥ 龙门吊提升到设计标高，在未形成自身完整结构体系下，此时龙门吊主梁加备用缆风绳，可抗 10 年一遇大风；⑦ 拆除顶部缆风绳，塔身自卸，下降到底。

(2) 提升设备的安装与拆卸：① 在塔架组装的同时，在地面切割好钢绞线，分成左右旋共 19 股为一组，分别放在提升塔架两侧，并做好钢绞线的准备工作；② 在地面将 8 台提升油缸分别平放在门架两侧，将钢绞线穿入提升油缸，同时用 U 形夹夹住提升油缸顶部的钢绞线，防止钢绞线滑脱，将疏导板拉到钢绞线的尾部，做好标记，并做临时固定；③ 塔架安装完成后，同时确认提升油缸上下锚已压紧钢绞线，分两组分别用塔顶吊将提升油缸和钢绞线一起吊到提升横梁上去。提升油缸重约 1 t、每台油缸使用相应数量的钢绞线，同时将提升泵站等提升设备吊到提升横梁平台上安装就位，提升泵站重约 2 t。

(3) 安装地锚钢绞线，根据疏导板的方向分别将 12 组钢绞线穿入主梁预留孔内，安装好后固定地锚压板。

(4) 预紧提升钢绞线，采用 1 t 的链条葫芦，在提升油缸顶部用每根钢绞线拉提升系统接线，并调试信号到位，油缸动作正确。

经过上述准备工作之后，就具备了龙门吊的整体提升条件。

5) 主梁整体提升

(1) 施工前准备：① 上、下小车移动到位并临时固定；② 主梁提升用油缸(包括钢绞线疏导架)、泵站和控制设备就位，并穿好钢绞线，保证钢绞线平顺；③ 将钢绞线理顺，并通过地锚与主梁固接；④ 钢绞线预紧，每根钢绞线的预紧力约为 1 t；⑤ 控制系统传感器安装和系统调试；⑥ 做好天气预报工作，联系一周及每天的天气情况，根据气象台提供资料来确定提升日期，提升一周内风力应小于 5 级(含 5 级)；⑦ 塔架及主梁做好防雷接地措施，并测试合格；⑧ 记录下塔架基础的初始标高，塔架垂直度及缆风绳预紧力调整到位；⑨ 主梁提升前要组织一次全面检查，对检查意见整改结束后，才能进行主梁的提升工作；⑩ 施工前先由技术员对参加作业人员进行技术、安全交底，以后每天作业前由作业负责人对作业人员进行站班交底，让每一个参加施工的人员都清楚工作内容和注意安全事项，站班交底必须做好记录；⑪ 施工区域内用红白带围好，派专人进行监护，非施工人员不得入内；⑫ 在刚性腿与主梁连接的铰板、柔性腿与上接头连接的铰板处以及各门架底节立柱贴应变片，提升主梁时，用钢丝检测主梁的挠度。

(2) 施工过程，包括刚性腿和柔性腿的同步提升。其中，刚性腿提升过程包括：① 刚性腿随主梁同步提升，启动提升油缸，主梁底提升到可以与刚性腿上吊环连接，刚性腿与主梁用铰板连接，然后继续提升主梁，使刚性腿头部受力，此时用两只 200 t 千斤顶把刚性腿鱼尾段顶高一段距离，安装刚性腿滑移小车(与刚性腿鱼尾段销轴连接)，配两组钢丝绳、两台卷扬机。在提升塔架的两个垂直方向布置经纬仪，监测门架垂直度，控制钢绞线偏差情况(钢绞线垂直度偏差控制在不大于 1°)。当刚性腿头部开始离开胎架后，割除刚性腿下方胎架，铺设轨道。滑移小车底部采用滚轮。要求路面平整度和压力满足荷载要求；② 继续提升主梁，经纬仪监测提升塔架的垂直度，指挥卷扬机牵引小车缓慢跟进。小车在移动过程中注意是否和提升同步，是否保持水平；③ 当刚性腿离地后，继续移动小车拖拉刚性腿内侧垂直；④ 测量刚性腿垂直度和对口尺寸，连接销轴定位，配合焊接；⑤ 拆除小车，继续提升，提升高度 100 mm；⑥ 移动刚性腿行走机构和刚性腿鱼尾段连接。行走机构两侧用八根缆风绳配 10 t 链条葫芦带牢，随行走机构移动而放松。行走机构牵引要听从指挥，卷扬机速度要慢，行走机构前后侧要设置经纬仪监测垂直度。

柔性腿提升过程包括：① 根据图示位置制作安装柔性腿部件，提升至预定位置后，安装上接头继续提升，直到主梁就位；② 使柔性腿行走机构和下横梁连接，然后拖拉就位，再焊接下横梁；③ 用履带吊将柔性腿腿管与下横梁和 A 字头现场配装。

### 7.9.3 工程的施工案例

门式起重机的安装方法已经成功应用于上海外高桥船舶有限公司 400 t×70 m 门式起重机安装、泰州口岸中航 600 t 龙门起重机安装、山东蓬莱中柏京鲁船业 800 t×168 m 门式起重机安装等工程。如图 7 - 41 所示。

(a)

(b)

(c)

**图 7－41　门式起重机的安装施工案例**

(a) 上海长兴岛门式起重机安装施工；(b) 上海外高桥门式起重机安装施工；
(c) 新扬子造船厂门式起重机安装施工

### 7.9.4　工程总结

在门式起重机安装工程中，使用两副门字形塔架为提升塔架，钢结构主梁在地面拼装制作，刚性腿分段和柔性腿铰接在主梁上。在整体提升钢结构主梁的过程中，刚性腿和柔性腿随着主梁的提升一起提升到位，实现整台门式起重机一次成形。通过使用两副提升塔架，缆风绳调整减少，安全可靠；刚性腿和柔性腿随着主梁的提升而逐渐就位，减少了单独安装刚性腿和柔性腿的工作量；使用提升油缸张拉塔架缆风绳，缆风绳受力准确，调整方便。基于以上优点，本小节所提出的门式起重机安装方法可以适用于 400 t、600 t、800 t、1 000 t 等门式起重机的安装。

# 参考文献


[1] 郑飞.液压同步提升系统的研究[D].上海：同济大学硕士学位论文,1996.

[2] 陈华.液压同步提升系统及其模块化技术的研究[D].上海：同济大学硕士学位论文,1997.

[3] 陈健.大型构件液压同步提升系统的稳定性研究[D].上海：同济大学博士学位论文,1998.

[4] 桂仲成.液压同步提升远程控制研究[D].上海：同济大学硕士学位论文,2003.

[5] 潘子申.液压连续提升系统设计与研究[D].上海：同济大学硕士学位论文,2005.

[6] 李志涛.液压连续提升机器人的研究[D].上海：同济大学硕士学位论文,2005.

[7] 潘柳萍.液压连续升降系统关键技术研究[D].上海：同济大学博士学位论文,2006.

[8] 陈浮.超大型构件的结构刚度对于液压同步整体提升系统影响的研究[D].上海：同济大学硕士学位论文,2008.

[9] 谢超.基于 AMESim 的液压同步提升系统中电液比例阀的仿真研究[D].上海：同济大学硕士学位论文,2009.

[10] 徐鸣谦,卞永明,郑飞.液压同步提升的控制系统和控制策略——液压提升技术介绍之一[J].建筑机械,1995(7)：26-29.

[11] 乌建中,卞永明,李伟哲.超大型构件的液压同步整体提升技术——液压提升技术系列文章之二[J].建筑机械,1995(11)：32-35.

[12] 卞永明,赵彬章,邓国萍.液压同步提升中的承重系统及承重索具均载分析——液压提升技术系列文章之三[J].建筑机械,1995(12)：13-17.

[13] 乌建中,卞永明,徐鸣谦.东方明珠广播电视塔钢天线桅杆同步整体提升[J].同济大学学报：自然科学版,1996,24(1)：44-49.

[14] 乌建中.上海东方明珠广播电视塔钢天线桅杆液压同步提升控制[J].液压气动与密封,1996(4)：4-8.

[15] 卞永明,黄庆峰,桂仲成,等.计算机控制液压同步提升技术在桥梁竖转施工中的应用[J].公路,2002(10)：42-45.

[16] 庄卫林,黄道全,谢邦珠,等.丫髻沙大桥转体施工工艺设计[J].桥梁建设,2000(1)：37-41.

[17] 秦立方,许其彪.丫髻沙大桥转体施工技术[J].OVM 通讯,2000(1)：3-5.

[18] 尹浩辉.广州丫髻沙大桥转体工艺设计构思的特色和探讨[J].福州大学学报：自然科

学版，2000，28(4)：60－65.
[19] 胡云江.广州丫髻沙大桥的转体施工[J].公路，2001(6)：16－24.
[20] 李艳明，肖飞.丫髻沙大桥主桥竖转施工控制技术[J].铁道标准设计，2001，21(6)：30－32.
[21] 张联燕，程懋方，谭邦明，等.桥梁转体施工[M].北京：人民交通出版社，2003.
[22] 陈健，徐鸣谦.上海大剧院钢屋架整体提升工程[J].建筑机械化，1997(3)：30－32.
[23] 李耀良.上海大剧院钢屋盖整体提升施工技术[J].上海建设科技，1996(5)：24－27.
[24] 李耀良.上海大剧院 6 075 吨钢屋盖整体提升施工技术[J].建筑施工，1996(5)：4－7.
[25] 游大江，乔聚甫.首都机场 A380 机库屋盖整体提升施工技术[J].施工技术，2008，37(5)：73－74.
[26] 刘彪，刘航，李晨光，等.首都机场 A380 机库屋盖整体提升施工过程分析[J].施工技术，2008，37(4)：50－52.
[27] 高永祥，杨京骜，胡鸿志.首都机场 A380 机库 4 万 $m^2$ 钢屋盖结构整体提升施工技术[J].建筑技术，2008，39(10)：776－778.
[28] 葛冬云，王向东，王维迎，等.中国石油大厦主中庭钢结构索桁架整体提升施工技术[J].建筑技术，2008，39(4)：305－307.
[29] 王勇，曹晓东.中国石油大厦设计[J].建筑学报，2009(7)：54－55.
[30] 陈文想.液压提升技术在三峡船闸完建工程中的运用[J].液压气动与密封，2007(2)：4－5.
[31] 罗蓉，刘佳伟，陈文想.液压提升技术在三峡工程中的运用[J].液压与气动，2007(7)：40－41.
[32] 杨嗣信.北京西客站北站房钢门楼制作提升技术[J].施工技术，1995(10)：1－4.
[33] 杨嗣信.北京西客站北站房钢门楼制作顶升技术[J].北京建筑工程学院学报，1996，12(2)：7－25.
[34] 杨嗣信.北京西客站北站房重型钢门楼的制作与提升[J].建筑施工，1996，18(1)：26－28.
[35] 沈杏林.计算机控制液压同步提升技术在大型门式起重机安装中的应用[J].起重运输机械，2007(11)：84－87.
[36] 张顺，孙浩波，陈新伟.液压同步提升技术在大型起重机吊装中的应用[J].起重运输机械，2007(12)：82－84.
[37] 李兴奎，甘秋萍，刘文，等.LSD 液压同步提升系统在船厂龙门起重机安装工程中的应用[J].装备制造技术，2006(1)：52－55.
[38] 胡攀高.国家图书馆二期工程钢结构提升平台模板施工方法[J].工程质量，2007(8)：18－20.
[39] 张文学，卞永明.国家图书馆钢结构万吨整体提升施工技术[J].建筑技术，1996，39(4)：297－301.
[40] 张文学，刘明国，吕兆华.国家图书馆钢结构万吨整体提升施工理论计算分析[J].建

筑技术，1996，39(4)：302－304.
[41] 徐丽，敖国胜，陈建秋，等. 岭南明珠体育馆穹顶中心提升过程应力监测[J]. 厦门理工学院学报，2006，14(1)：15－17.
[42] 梁桂芬. 佛山岭南明珠体育馆穹顶钢结构屋盖整体提升施工技术[J]. 广州建筑，2007(1)：32－36.
[43] 林锦胜，吴欣之，龚剑，等. 广州新电视塔结构施工技术[J]. 施工技术，2009，38(3)：9－11.
[44] 吴欣之，陈晓明. 广州新电视塔钢结构安装技术[J]. 施工技术，2009，38(3)：12－14.
[45] 王云飞，许勇，潘南明，等. 广州新电视塔天线提升 3D 系统[J]. 建筑机械化，2009(10)：62－65.
[46] 林海，龚剑，倪杰，等. 整体提升钢平台系统在广州新电视塔核心筒施工中的应用[J]. 施工技术，2009，38(4)：29－32.
[47] 李建全，陈至诚，匡礼毅，等. 浦东机场波音机库钢屋盖结构液压整体提升施工技术[J]. 钢结构，2010，25(136)：65－67.
[48] 陈冬冬，姚刚，袁旭东，等. 上海浦东波音机库屋盖整体提升施工技术[J]. 重庆交通大学学报：自然科学版，2010，29(4)：650－653.
[49] 梅洪亮. 厦门西站超长轻薄钢桁架整体提升施工技术[J]. 施工技术，2010，39(8)：112－115.
[50] 王美华，柏国利. 上海世博中心大跨度钢桁架整体提升稳定性分析[J]. 施工技术，2010，38(8)：16－19.
[51] 王美华. 上海世博会世博中心工程关键施工技术[J]. 建筑施工，2009，31(6)：418－421.
[52] 王萱，曹辉. 世博中心钢结构安装施工工艺综述[J]. 建筑施工，2009，31(10)：838－839.
[53] 高兴泽，范大意，杨仁康. 景德镇白鹭大桥钢塔竖向转体施工技术[J]. 铁道工程学报，2007(5)：55－62.
[54] 任自放，颜勇. 中国国家博物馆改扩建工程钢结构桁架整体提升施工技术[J]. 钢结构，2010，25(138)：57－61.
[55] 李跃，罗甲生，郭欣，等. 广州新光大桥主跨主拱中段大段整体提升架设[J]. 中外公路，2006，26(2)：110－114.
[56] 梁天贵. 液压同步整体提升技术在桥梁施工中的应用[J]. 中外公路，2006，26(5)：158－160.
[57] 潘海. 新光大桥主拱中段整体同步提升施工技术[J]. 中国工程机械学报，2006，4(3)：371－374.